面向21世纪高等院校规划教材

工业设计概论

许喜华　编著

北京理工大学出版社
BEIJING INSTITUTE OF TECHNOLOGY PRESS

内容简介

本书以帮助读者建立起工业设计的人文观、文化观、创造观与系统观为主要目的，系统地介绍了工业设计的概念，工业设计的目的与本质，工业设计的特征，工业设计的人化原则、物化原则与环境原则，工业设计与文化、工业设计与技术、工业设计与社会等的关系，以及设计程序、设计方法等；特别注意对工业设计目的、本质与特征的分析，指出设计的文化与人文精神创造的实质。全书结构既照顾到系统性又不失重点，既考虑到工业设计初学者的接受能力，又照顾到一部分读者对相关知识适当拓宽与加深的需要。本书配有大量的图例，有的是书中内容直接涉及的，有的则与说明文字一起成为书中相应内容的佐证。

本书可作为工业设计专业本科生的教材、其他专业选修工业设计的教材，亦可供从事设计的人员及对工业设计有兴趣者参考。此外，也可作具有一定工业设计知识的读者拓宽与加深相关知识之用。

图书在版编目（CIP）数据

工业设计概论／许喜华编著．—北京：北京理工大学出版社，2008.8（2020.1 重印）

ISBN 978－7－5640－1412－4

Ⅰ．工…　Ⅱ．许…　Ⅲ．工业设计－高等学校：技术学校－教材　Ⅳ．TB47

中国版本图书馆 CIP 数据核字（2008）第 123115 号

出版发行／北京理工大学出版社
社　　址／北京市海淀区中关村南大街 5 号
邮　　编／100081
电　　话／（010）68914775（办公室）　68944990（批销中心）　68911084（读者服务部）
网　　址／http：//www. bitpress. com. cn
经　　销／全国各地新华书店
印　　刷／北京九州迅驰传媒文化有限公司
开　　本／889 毫米×1194 毫米　1/16
印　　张／15. 75
字　　数／465 千字
版　　次／2008 年 8 月第 1 版　　2020 年 1 月第 8 次印刷　　责任校对／申玉琴
定　　价／45. 00 元　　责任印制／边心超

图书出现印装质量问题，本社负责调换

目　　录

第一章　设计概述

第一节　设计·生活·文化

我们生活在一个被设计了的世界中。

在我们这个一切都被设计了的世界中，小至一支铅笔、圆珠笔，大至一座建筑、一个城市的规划；简单如一双筷子，复杂如一架航天飞机，都反映了人类的智慧与文明。另一方面，它们又以种种直接的方式渗透进我们的生活、工作、休闲与交往，我们又不得不受到这些人类自身创造物的所有影响。

优良的设计，使我们貌似平淡的生活更有诗意、更加美丽；低劣的设计，不仅不能提高我们的生活质量与生活水平，可能还会给我们带来灾难与不幸。因此，设计作为人类一种最普遍而又最能表征人类特征的创造性活动，就成为人类社会一种最广泛的文化现象、文化活动与文化成果。

今天，设计以人类空前未有的普及性，渗透进人类所有的活动领域，也开拓着人类的生存空间（如图 1－1 所示）。

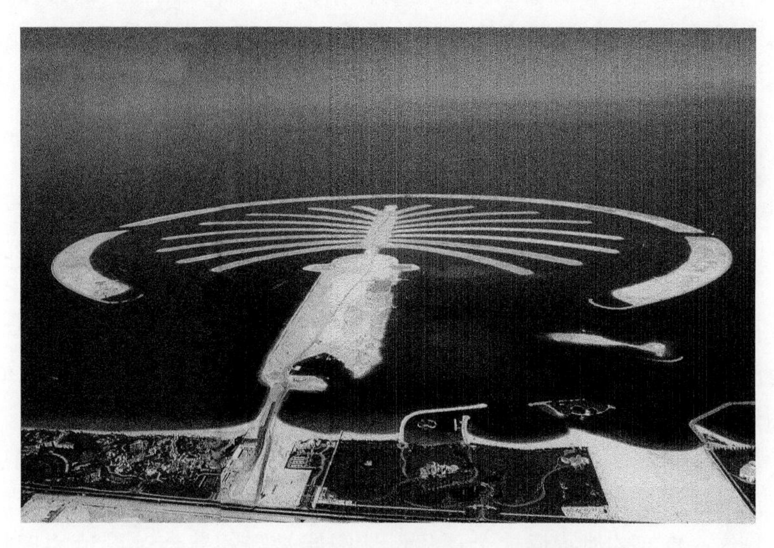

图 1－1　世界上最大的人造海岛——棕榈树状海岛

自 1975 年，这里被探明了有巨大的石油储量之后，迪拜市这个阿联酋的贸易之都不遗余力地改造着自己，要向世人展示一座神秘的中东之城。他们在距离海岸线约 4 800 千米的地方修建了三座大型岛屿：两座形似巨大的棕榈树的人造岛屿，每座岛屿都有 8 000 米长的“树干”和 17 片 100 米长的“叶子”。在那些“叶子”上令人难以置信地分布着别墅、旅馆、码头和商店（建造这两座岛屿共用了近 1.2 亿立方米的砂土和 5 000 万吨石头）。第三座岛是一个由 250 座小岛组成的群岛，名为“世界号”。远远看它就像一幅展开的世界地图，其宽度为 8 000 米，总共需要 566 万立方米砂土和 3 000 万吨石头。它们彼此之间都用高速单轨铁路连接起来。工程师们利用全球卫星定位系统来测绘这座岛的地图，精度达到了 2 厘米，整个工程需耗资 35 亿美元。图为棕榈树状的人造岛屿。

人类创造活动最初始的领域，就是一个物质的世界。任何一种物质性的设计活动，都导致了一种产品的改造与进步或一个新产品的产生。它们的直接效果就是导致人们生存活动效率的提升。当人类的祖先对一块石块进行改造，使之一侧产生稍薄的结构以便更有效地砍削他物的时候起，设计的行为就已经出现了。就是这种当时并未有设计概念的设计行为，将他提升到能制作工具的人的地位。

我们生活的城市、居住的房屋、生产活动使用的各种工具与设备、日常生活中的日用品与服装，这些物质性产品的创造都是人类自身创造活动的表征，都是智慧与文明的证明，当然，它们也都是设计活动的成果。失去这些物质性设计的成果，人类将无法生存在这个世界。虽然，我们的祖先是从原始状态下开始文明之旅的，但是，今天的人类却不可能以文明“归零”的方式重建文明大厦。实际上，不仅不存在这种文化“归零”的事实可能，而且在理论上也难以证明这种逻辑关系的存在。因此，今天的设计就是建筑在一定生活与文化基础上的创造行为，它既包含着对今天生活与文化的继承，又有着对明天生活与文化的希望。设计是与生活、文化密切相关的行为与结果。

我们这个被设计了的世界显然也不只是一个单纯的物质性客体世界，它已经超越物质性的范畴，而走向一个融物质性与非物质性、物质形式与非物质形式于一体的新的更宽泛的客体世界。在这一个世界中，既有着物质性的产品，也有着非物质性产品。特别是近些年正在发展的数字化技术，给当代大量的非物质化产品的诞生与普及提供了技术基础，如各类软件产品等。而对一个产品来说，除了其物质性功能之外，还存在着人对产品所具有的形式感的心理反映——精神性功能。由于现代社会产品种类与数量的急速增加，这种精神性功能对人的作用也就越来越大。于是设计对象的精神性功能正成为现代设计的一个重要因素，受到了空前的重视、研究与利用。

由种种产品所组建起来的人类的生存环境与新世界，被学者们称为“第二自然”。这个新世界的强大的精神力量，影响着我们的心理：或是愉悦的审美享受，或是烦恼的精神压力，无论是哪一种心理感受，都在每时每刻地改变着我们的心理结构，形成人类自身精神性的文化结构。

人类就是这样，一方面出于生存与发展的目的，改造着周围的自然世界使之符合自身的需求；另一方面，却在“不经意”间又改造、提升着自身的生物性结构与精神性结构。通过改造客体又改造主体的内外改造与提升，人类终于成为既创造着客体的文化世界、又创造自己主体文化世界的特殊生灵。

随着设计活动和设计产品在当代社会经济和文化范畴中重要性的突显，人类的设计活动所创造的产品已成为具有重要文化意义的文化表现形式。正如约翰·A·沃克所认为：“很明显，设计是人类文化的一个方面。正是这个原因，它可以合法性地被当作文化研究中的主体事件的部分。”[①]

因此，对设计活动和设计产品的理解，我们就不能仅仅局限于设计产品的物质层面和形式层面，还必须把它们置于人类的整个文化系统中进行理解，阐释设计活动和设计产品在人类文化系统中对人类的生存与发展活动所产生的意义。正是这一点，使人类的设计活动、设计成果与文化紧紧地结合在一起。这一种结合并非是捏合与组合，而是双方互为前提地交融在一起：设计活动与设计成果既是人类文化的产物、人类文明的表征，又是人类下一步设计活动的前提与条件（关于这一点，我们将在第十章“设计与文化”中详细地阐述）。

一般认为，设计是赋予物质性产品以新的形式与秩序的行为，我们也从设计的成果——产品身上强烈地感受到这一点：正是因为设计，才导致产品产生了如此多姿多彩的形式，给我们不同的审美需求提供了选择的可能。正是这一点，才使我们这个现代设计姗姗来迟的社会对设计的理解首先停留甚至仅仅停留在造型设计的意义上。至于设计导致产生的产品的物质效用功能对人及社会生活方式的影响，设计导致产生的产品新的操作方式对人的行为方式的影响，则无法在短短的几秒钟、几分钟内通过视觉的这种形式以审美的方式予以体会及理解。产品在这两大方面对人、对社会的影响，只有通过几个小时、几天、几个月甚至几年的使用，才能由于累积效应而反映出来。因此，对设计本质的理解，并不是仅仅记住像“设计的定义”这类简单的语句所能解决的。设计的成果确实有“静态的观照”这种形式审美的文化意义，但更有建筑在产品功能对人的生存与发展的方式、产品操作方式对人的行为方式的影响等对产品的“动态的体验”上的深层内蕴的文化意义。前者是视觉的、直观的、形式的，后者则是感受性的、综合的、内在的。在某种意义上，正是后者，对人与社会的生存方式产生了更大的影响，因而更具文化意义。这一点，我们也会在后面的章节中予以论述。

因此，对于产品设计的全部意义，由于产品物质性形式的视觉直观化、触觉直接化，其形式审美的文化意义被突显出来，而与人的生存方式紧紧相连、反映了设计更广泛更深刻意义的产品物质效用功能及使用方式由于其体验性、感悟性与整合型的内在性特征，则被深深地屏蔽在形式审美这层文化意义的后边，难以被人们所直接、快速地体会。这正是我们难以迅速地、深刻地、真正地理解与体会设计的本质、设计的意义的主要原因。

虽然，产品设计“赋予物质性形式与秩序”不仅遵循着人的形式审美的原则，而且还必须具备准确反映产品内在品质与特征的设计符号学“语言”意义。正是后者规定并赋予了前者以设计方向与内容，使“形式与秩序”不再是随心所欲的形式与秩序。如电视机，其物质性的“形式与秩序”不是随心所欲状态下的如熊猫、如植物、如花朵般的形式，而必须与电视的声、像传播功能特征相关联。即使这样，产品形式也仅仅是“反映”内在品质与特征而已，而非“具备”。产品巨大的文化意义在于它的“具备”对人、对社会产生的影响。今天的电视机以它那极其简便的操作方式，瞬间即在我们的眼前呈现天下大事、人文地理、社会生活、电影戏剧，对照电视没有进入我们生活的时代，难道不引起我们的震撼吗？电视，已经大大地改变了我们今天的生活方式。因此我们说，电视机的外观形式审美意义无论如何也不会超过电视机内在“具备”的这些特征对人、对社会的巨大生活意义。

英国著名文化学者雷蒙·威廉斯把文化看做一种“特定的生活方式”，这样就在理论上把设计活动与设计成果和文化紧紧地联系在一起，并且在理论上指出设计在人类生活方式中的价值和意义，从而极大地拓展了文化的意义和内涵，使设计与生活、设计与文化几乎构成一个同义的概念。事实上，设计与生活及文化的密切关系也验证了这一点。

在以往的文化观念中，我们一直认为，只有那些观念形态的思想、艺术作品及艺术体系才是构成文化的东西。确实，我们可以从伟大的思想家和艺术家所创造的作品中阅读和体验到某种具有普遍性的意义，这些作品确实体现了一种人类普遍性的价值，人类也确实需要这些作品来探讨人类社会和生命存在中需要的某种普遍性的东西。但是，对于生活中的人们来说，人类所创造的那些物质化产品与非物质化产品同样属于文化的范畴。它们不仅是一种物质性的存在，而且也是文化性的存在。精神性的文化传统影响着一个民族的政治制度、思想、观念、思维方式和行为方式，这是文化中的精神意识方面。同时，我们同样不能否认，一个民族创造出来的产品，如城市、建筑、家用电器、工程设备、交通工具、日用品、服装和家具等，它们也都是通过人的有意识的设计才得以制造出来。它们不仅体现出特定的政治、经济、文化和审美观念，而且也反映着、规定着人们的生活方式与行为方式（如图1－2所示）。

图1－2　上海磁悬浮列车

2003年1月1日，全世界第一条磁悬浮列车在中国上海进入商业运营，速度为430千米/小时。

磁悬浮的构想由德国工程师赫尔曼·肯佩尔于1922年提出。磁悬浮列车快速、低耗、安全、舒适、经济、无污染：常导磁悬浮列车可达400～500千米/小时，超导磁悬浮列车可达500～600千米/小时。磁悬浮列车这一新的交通工具给现代社会人们的生活带来了巨大的影响。

因此，设计、生活、文化三者的逻辑关联就这样建立起来了：设计既是生活的反映，又规定着生活的方式；一个民族特有的全部的生活方式就是这个民族的文化。而文化不是虚无的概念，它确确切切地反映在生活中的每一个领域、社会发展的每一个历史时刻，同样也反映在任何一个物化与非物化的产品中。因此，设计就是设计生活，生活是设计的结果与必然。设计是文化的具体生存状态，也是文化的价值体系与价值表现。

设计，是实实在在的文化创造活动。它以自己的特殊语言，创造出可感的形式及与人亲密的关系结构，传递着自己的价值取向。它比以往观念中的高雅文化（如文艺作品）更普及，包围在现代社会人们的四周，被“携带”在每个人身上，使人无不时时处处陷于文化之中。现代社会中，要想逃离由设计建构起来的文明世界已是不可能的了。

第二节 设计的概念

在今天的日常生活与社会生活中，“设计”一词的使用频率可以与“生活”、“社会”、“文化”等词并齐。这说明，设计已经渗透进我们的生活、我们的社会，成为当今文化结构中的一个重要部分。

我们正处于一个设计飞速发展的时代，不但艺术家与工程师在使用“设计”这个词语，政府机构官员、公务员、企业家、金融从业人员以及大大小小的商场超市也在频繁地使用着“设计”。这说明，设计，在过去被视为只有与艺术家及工程师等结缘的这一字眼，现在正在或已经进入各种学科、各个领域及各种场所。设计正在以中国历史上从未有过的景象，大踏步地进入人们的生活、社会与文化领域，正在创造着各行各业的新的文明景象。

但是，正像我们所使用的许多概念并没有明确定义一样，设计，至今也没有一个公认的确定性的定义。尽管人们对什么是设计没有一个统一的学术性定义，但并不妨碍我们在生存活动中使用它并应用它。而且也明确，设计是一种包括一定创造意识的创造活动，否则，就不认为是“设计”。比如设计一个产品，就意味着这一个产品诞生后必然有不同于已往产品的新颖内容，否则，就是“重复”生产，就是“模仿”，就是“拷贝”（Copy）。因此，“设计”一词中本身就蕴含着的创造因素是不应该被忽视的。

从一般的意义上来说，人类的祖先开始石器工具的制造时，设计就产生了。

今天，在日常生活中，我们常使用“设计”这个词来表达“动脑筋”、“想办法”和“找窍门”等意。随着“设计”使用的普遍性及内涵的不断扩大，“设计”概念的界限日益模糊，以致“设计”进入艺术、工程技术、政治、经济、金融、法律、商业、制造技术等各个社会领域。这就使设计的概念、设计的特征由于对象的复杂性、多元性而模糊不清，使人们只能领会其意而缺乏准确科学的界定。为使对“设计”有一个较为完整的理解，观察并回顾“设计”这个词的历史性变迁及发展是很有必要的。

在我国的《现代汉语词典》中，“设计”被解释为：“在正式做某项工作之前，根据一定的目的和需求，预先制订方法图样等。”结合在社会生活中的应用，“设计”的概念有：

（1）表示设计这一活动的结果，如“这个设计很好”。它可以是工程图、平面图、效果图，也可以是模型、样机甚至生产出的产品。这时设计呈现为一种结果特征的表现。

（2）表示设计这一动作的过程，如“我正在设计”。

英文中与中文“设计”对应的词是“design”。“design”一般译成“图案”，即指“将计划表现为符号，在一定的意图前提下进行归纳”。如果细分的话，“design”还因开头字母的大写与小写而含义略有差异：大写字母开头的“Design”相当于意匠，而小写字母打头的“design”则译为“图案”。

在中国，“意匠”一词最早源于晋代，唐代著名诗人杜甫有诗句：“诏谓将军拂绢素，意匠惨淡经营中。”晋代陆机则有“意司契而为匠”。契指图案，匠为工匠，都有诗文或绘画等精心构思的意思。在近现代，“意匠”一词的使用较少，直至20世纪80年代左右，现代设计在中国开始得到发展，意匠一词的使用才稍见频繁。

图案虽有构思、计划的含义，但在中国，图案普遍被人们理解为装饰纹样，是一种平面的、具体的、实际形象性的指称，容易联想到装饰在产品表面的各种纹样。意匠的解释稍有立体感，有规划、构思之意，是一种立体的、较概括的、概念性的指称。

15世纪前后，design曾定义为："以线条的手段来具体说明那些早先在人的心中有所构思，后经想象力使其成形，并可借助熟练的技巧使其显现的事物。"实际上，这正是指图案的意思。它主要表示为艺术家心中的创作意念，并通过"草图"予以具体化、形象化。到了19世纪，无论是精心制作的工艺美术品，还是大量生产的产品，都对产品的外表进行图案的装饰美化，这是当时design的主要内容。所以当时的设计家实际上是一个典型的装饰图案或花样设计家。

20世纪初期（准确地说是二三十年代左右），由于科学技术的发展，更主要的是机械化生产的发展，设计的中心内容不再是装饰与图案，而是逐步转向对产品的材质、结构、功能及形式美等要素进行规划与整合，这一改变是设计思想与设计观念的一次重大革命，是设计发展史上的一个重要转折，设计开始进入现代设计的阶段。

现代设计的概念，既是一个时间概念，又是一个设计形态的概念。

所谓现代设计的时间概念，是指设计发展到20世纪初期，设计内容与设计概念产生了重大变化，并在德国包豪斯（Bauhaus）时期达到第一个高潮；在第二次世界大战结束后迅速发展，直至今日，以空前的广度与深度，进入现代社会的各个领域与人们生活的各个方面。

所谓现代设计的形态概念，则是指不同于传统工艺美术和19世纪前手工业设计的设计思想与设计观念，因而形成了与以前的设计有着质的差异的崭新的设计形态。

19世纪前所形成的一个较为完整的设计观念，其本质是艺术设计中的图案的概念，其内容基本上是对产品表面进行平面与立体的装饰。通过平面与立体的纹样与花样装饰，创造出产品的形式美感。而现代设计的本质是整合产品的多种构成要素，使之全方位地满足人对产品的需求（而不仅仅是审美需求）。也就是把公众的消费需求与大批量生产方式相结合，综合社会、文化、生理、心理、经济、技术与艺术审美的各个要素来求解设计目标，力求使得人们的生存与发展不仅可能，而且更加舒适、快乐，更有价值。因此，现代设计这种设计性质，已是很难用"图案"来予以表达与概括了。

进入现代设计观念以后，"design"的概念及其语义开始突破美术和纯艺术概念的范畴而趋于宽泛，其概念如英国《韦伯斯特大词典》对"design"的解释：

作为动词，解释有：

（1）在头脑中想象和计划；

（2）谋划；

（3）创造独特的功能；

（4）为达到预期目标而创造、规划、计算；

（5）用商标、符号等表示；

（6）对物体和景物的描绘、素描；

（7）设计及计划零件的形状和配置等等。

作为名词，解释则有：

（1）针对某一目的在头脑中形成的计划；

（2）对将要进行的工作预先根据其特征制作的模型；

（3）文学、戏剧构成要素所组成的概略轮廓；

（4）音乐作品的构成和基本骨架；

（5）音乐作品、机械及其他人造物各要素的有机组合；

（6）艺术创作中的线、局部、外形、细部等在视觉上的相互关系；

（7）样式、纹饰等。

维克特·帕佩纳克在《为真实世界而设计》一书中，从这些方面对设计活动进行描述：

设计是一种赋予秩序的行为；

设计是一种具有意识意向性的行为；

设计是一种组织安排的行为；

设计是一种富有意义的行为；

设计是一种以功能为目的的行为。

1974年版的《简明不列颠百科全书》对“design”又有了更明确、更全面的解释。在这个解释中，“design”语义的核心强调了是为实现一定的目的而进行的设想、计划和方案。这样设计的范畴不仅扩展到一切创造性的、为相关目的而进行的物质（如人造物）的生产领域，也包括文学、艺术等精神生产领域，甚至包括经济规划、科学技术发展的前景、国家大政方针等各方面的决策和方案等。一切为了一定目的而进行的设想、规划、计划、安排、布置、筹划、策划都可定义为“设计”，正如赫伯特·西蒙所说：“凡是以将现存情形改变成向望情形为目标而构想行动方案的人都在搞设计。”

因此，现代设计的概念是指综合社会的、经济的、技术的、文化的、生理的、心理的与艺术的等各种因素，并纳入批量化的大工业生产轨道，在“人—设计对象—环境”系统中，在系统效益最大化前提下，针对设计目标的求解活动。

从另一个角度理解，现代设计也可以是一种按照某种目的进行的有秩序、有条理的创造活动，使设计结果在“人—设计目标—环境”系统中达到最优化。

现代设计创造的价值已经大大突破现代设计以前的以装饰为主要目标的注重形式审美创造的设计概念，而进入人的生命价值与文化价值创造。从这一点上来说，现代设计在人类设计发展史上是一个质的变化与飞跃，是人类对自己这一创造活动的进一步深刻领悟与深化。

现代设计的产生并不是某一伟人思维兴之所至，而是缘于大工业生产的兴起。大工业生产的出现，使产品的生产方式发生了质的变化：单件的手工业生产进入到标准化、规格化、批量化的机器生产。这种生产方式的历史性变革，引发了产品设计的方式、程序、内容乃至设计的目标的重大变化。可以说，现代设计产生的唯一导火线，就是代替手工业生产的批量化大工业生产的出现。

现代设计自产生后，随着社会的不断进步、科学技术的飞速发展、文化观念的不断变迁，处在不断的变革与历史演进中，渐渐发展为一种以系统论为指导思想、以人的生命价值与文化价值创造为总体目标的现代设计新概念。

在本书中，除非有特别的说明，我们提到的设计通常指的就是现代设计。

第三节　设计的分类

人类的所有设计行为可以大致归纳为如图1-3的领域：

人类所有的设计行为可以被归纳在概念形态设计与物化形态设计两大类中。

概念形态的设计，指设计对象的形态是概念化的而非物态化的。概念形态存在于每个人的思维中，是只可意识而不可视见的形态。如政治、军事、经济、文化、金融、法律等领域中的体制、制度、计划、法令、法规与政策等，文学作品中所描述的人物、事物、场景等，IT领域中的各种软件的框架与层次的结构等。

文学作品中的人物形象，最能说明概念形态的特征。《红楼梦》中的人物，特别是宝、黛二人，通过作品的阅读，每一个读者都能在自己的大脑中建立起属于自己的林黛玉与贾宝玉的形象。不同的读者由于主观与客观多种的原因，在自己大脑中建构起来的人物形象是不一样的。小说中人物形象是思维想象的结果。正如“有一千个读者就有一千个哈姆雷特”，一千个读者也有一千个林黛玉与贾宝玉。但是又由于文学作品中文字描述的一元性，以及同一个民族具有较一致的生活文化背景，人物的形象又具有基本特征的同一性。因此每一个读者在自己脑中建构起的林黛玉与贾宝玉形象，应该说都具有较为统一的主要特征，但却存在着千变万化的细节特征。扮演宝、黛二人的影视演员其实是作为一种符号，以外形特

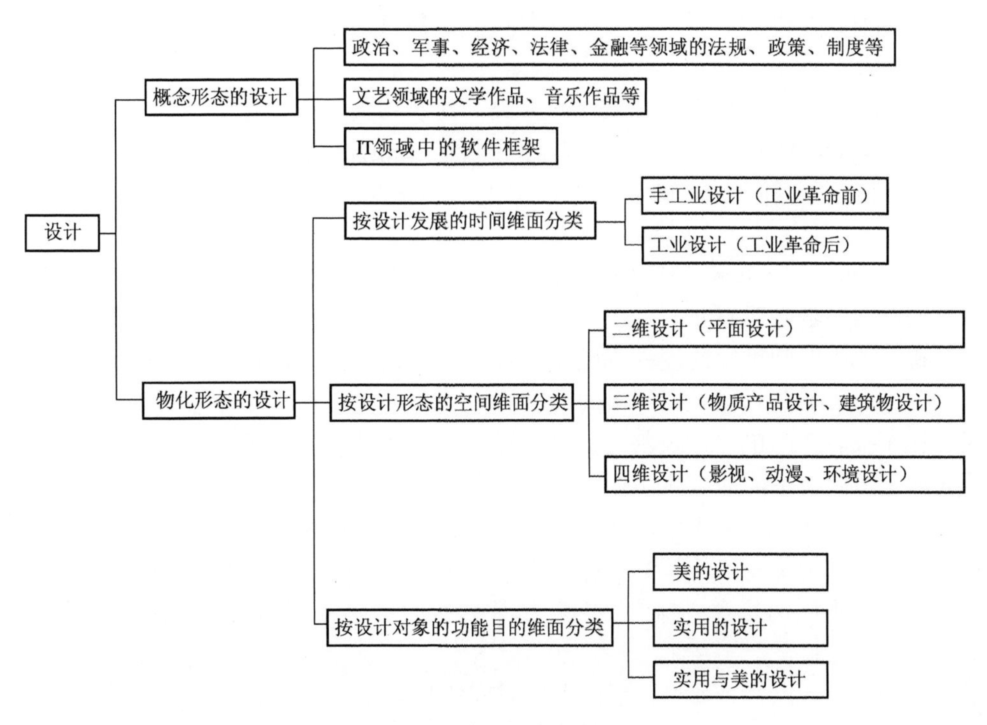

图1-3　设计的领域

征与表演特征尽可能接近却永远无法等同于文学作品中所描写的人物特征。

物化形态是指可视、可触摸的人为形态，至少是可视的人为形态。因此是二维与三维的物化形态。它包括平面的、立体的人为形态。

物化形态按不同的维面类别可有三种分类方法。

（1）按时间维面分类，即按设计发展史，可分为20世纪初之前的艺术品设计、手工业设计与其后的工业设计（如图1-4所示）。这种分类是建筑在人类自身发展史上生产方式的不同之上：手工业生产方式与机器生产出现后的大工业生产方式。生产方式的不同导致产生完全不同的设计思想与设计观念：手工业设计与工业设计。

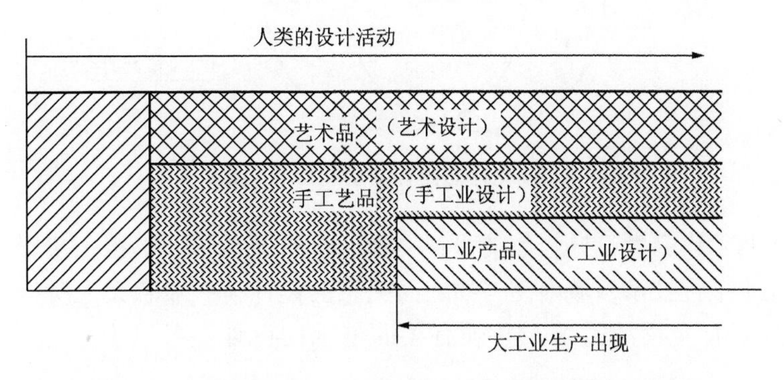

图1-4　设计的分解：艺术设计、手工业设计与工业设计

（2）按设计形态的维面分，分为二维设计、三维设计与四维设计共三大类。

① 二维设计，指平面设计，一般称之为视觉传达设计。

“视觉传达设计”一词产生于20世纪20年代，正式形成于60年代。由英文Visual Communication Design翻译而来。视觉传达设计是人与人之间实现信息传播的信号、符号的设计，是一种以平面为主的造型活动。

② 三维设计，指有三维结构形态的设计，如产品设计、建筑设计等。

产品设计（Production Design）是人类为了自身的生存与发展，在与大自然发生关系时所必需的、以立体的工业品对主要对象的设计活动。产品是人类基于某种目的有意识地改造自然或突破自然的限制而创造的种种工具与用品。

建筑设计可分为建筑物设计与建筑群设计两大类。建筑物设计是三维的设计，而建筑群的设计则属于四维设计的范畴。建筑物设计在本质上是供人们居住的特殊的产品设计。

③ 四维设计，是在三维形态的基础上，加上时间（t）维度而构成的四维结构形态，如环境设计、影视与动漫设计。

环境设计（Environment Design）是以整个社会和人类为基础，以大自然空间为中心的设计，也称空间设计，是自然与社会间的物质媒介。

三维设计基础上加上时间维度的设计不同于三维的立体设计。立体设计的重点是三维产品（包括建筑物）的特征设计。而四维设计则是由于时间维度的加入而产生动态的情感感受，这是四维设计的特征。如建筑群的设计则不仅要考虑单一建筑物的设计，还必须考虑建筑物之间的组合形式，使人们对众多建筑物的体验由于组合方式的不同而产生不同的情感变化。即当人按时间的先后，依次体验一幢幢建筑物给人的感受时，会产生由于时间累积而形成对建筑群的感受，如同由于时间维度而形成的由音符组成的音乐作品与乐章一样。如把每一个建筑物看作一个个不同的音符，那么，建筑物之间的组合方式就如同不同的音符组合而形成不同的乐章一样。不同的乐章表达的情感是不同的，但它们组合的单元（音符）却是相同的。

影视作品、动漫作品、人物、场景、事件由于时间维度的加入，不仅形成了动态的视觉效果，同时也发展为一个情节、一个故事，给人以强烈的情绪感受。当然，影视动漫还必须有其他要素如听觉（音响、音乐、语言等）的加入。因此，影视作品必然是多维度的形态设计。

（3）按功能目的维面分，物化形态可分成纯粹美的设计、实用的设计与实用与美的设计三大类（图1－5）。

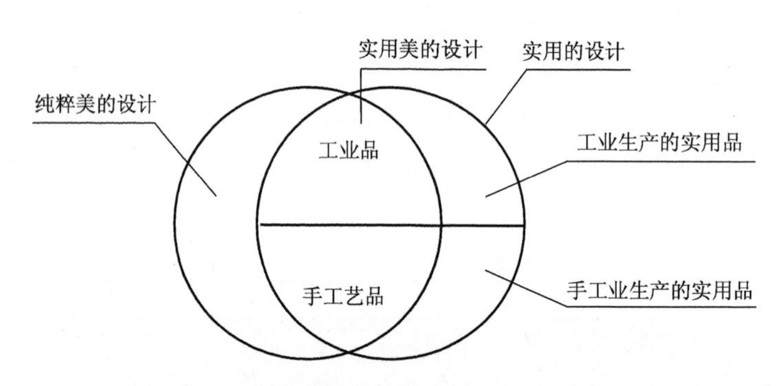

图1－5　物化形态设计按功能目的维面的分类

纯粹美的设计是指艺术作品的设计，如美术、书法、金石、雕塑、影视、摄影、各类美术工艺品等。实用的设计是指完全属于工程技术领域内物与物之间关系的设计，一般意义上所指的工程技术就属此类。实用与美的设计指那些既有实用的需求又必须有美的需求的设计。可以说，这一类是包括范畴最广的设计。

这三种类型的设计中，在某种意义上说，仅是实用而无须美的设计对象范畴是较小的，而且是越来越少。机器结构中的零件、部件均属于这一类中的典型。由于它们是处于产品的内部，又必须达到零件与零件、部件与部件间特定组合的目的关系，他们只能按自己的功能目标来决定形状，不能按照美的要求改变形态而最终导致功能的破坏。

纯粹美的设计，即艺术品的设计，因为属于精神上的审美功用设计，它们在现代社会中仍然不断发展着。艺术品的设计随着社会的发展将向着两个方向发展：为人精神审美服务的艺术将不断发展，不断满足日益发展的精神需求，因为随着社会的发展，竞争的压力愈大，服务于精神解放的审美需求将日益增大。另一方面，艺术品向大众化、实用化发展，人类的未来，所有物品都应具有审美的功能，实现人类艺术化生存的最终目的。

实用美的设计，应该说是我们日常生活与生存中常见的活动。实用美设计的产品将构成人类生存环境的“第二自然”。从理论上来说，凡是构成人的生存环境的任何一个人工物，在实用的基础上，都必须有美的品质，以满足实用和审美的需求。不要说家用电器与日用品，就是矿山机械、水库甚至武器，在它们充分保证各自的实用功能的前提下，有什么理由可以拒绝它们同时又具备美的外表、给人以美的享受?

物化形态设计的分类，是从不同角度进行的分类，因此它们之间是交叉的。采用不同的分类方法，目的是比较不同设计间的特征。如按时间维面分类中的工业设计就包括了按形态的空间维面分类中的除影视、动漫外的所有设计；按功能维面分类中的实用与美的设计就属于工业设计的范畴，而美的设计与实用的设计就不属于现代设计的范畴。

严格来说，对人类设计活动进行准确的分类，是极其困难的。首先，设计已渗透到现代社会生活的各个领域的各个方面，对设计分类实质上意味着对社会生活及行业进行分类。社会生活的复杂性、交叉性使得设计的分类时有矛盾之处。其次，不断变化着的设计形态体系只能产生不稳定的设计分类。我们只能以某一角度或某种原则或某种属性等进行粗略的区分。最后，人类今天的设计，不是以某种单一的设计类型支持着产品的创造，而是以人类迄今为止所掌握的全部设计智慧共同创造着前所未有的事物，创造着人类的一切文明。因此，从某种意义上说，过多强调设计的分类对设计目的论来说，不具有太大的意义，而只具设计方法论的意义。

图1-6是日本本田公司的ASIMO（高级步行智能人性化机器人）在走路的情景。边上的小姑娘与人工制作的机器人的互动，构成了人类实际生活中一个奇特的场景。ASIMO是一个紧凑（1.2米高）、轻巧(52千克重)，具有智能的、完全自动化的小机器人，它拥有人类行动的特点，能够在生活和工作的环境中完全自由行动。自然运用整体传感器、回转仪、伺服系统、电源供应和计算机系统，ASIMO能够灵活地行走、改变方向并对突然出现的周围移动物或障碍物进行特定的反应，这种叫做“我—走路”的运动方式是ASIMO模仿人类走路的最佳写照。ASIMO能够对移动进行预测，这使得它在转弯的时候能够像人一样通过预测重力转移的情况以及身体躯干的动作，把身体的重量转移到自身的某一点上。平滑而灵活地移动是机器人能否被人类接受的关键因素，而这比机器人的自动化要重要得多。

图1-6 日本本田公司的ASIMO机器人（高级步行智能人性化机器人）

ASIMO拥有身体躯干、臂和手的功能，并能模仿人类非常微妙的身体语言，这对无曲解、无冒犯及无威胁性的有效交互与沟通行为非常关键。它通过一个无线连接的工作站或者一台膝上型电脑进行控制，能够通过编程来执行复杂的指令，并能够开发出很多潜在的功能，比如可以进行夜间安全巡视、在公司办公室或博物馆里迎接和陪伴客人（在日本的 IBM 博物馆就用 ASIMO 机器人来接待客人），甚至可以操纵电梯等其他简单的机械装置。

ASIMO 的外形是刻意设计的——它小巧的造型和有意降低的身高尺寸在办公室或家里给人一种非常乖巧、温良听话的感觉，但这种高度也非常适合，ASIMO 能够触摸到开关和门把手，也足够在桌椅边工作，当人坐着的时候，ASIMO 的高度正好能跟人的视线平齐。它对人类行为的成功模仿使得人们开始相信梦想的力量并不断地追逐梦想（如图 1－7 所示）。

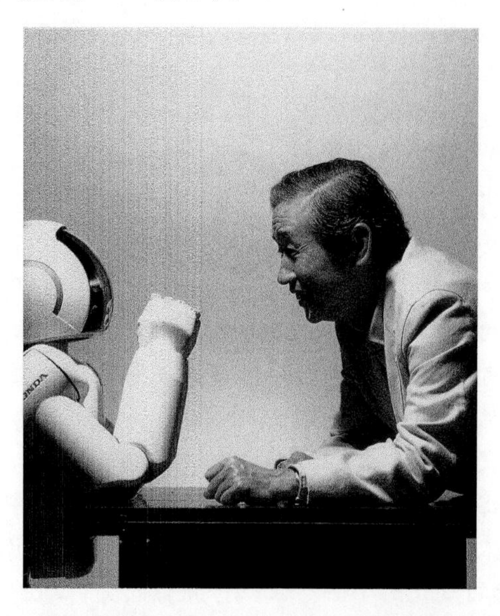

图 1－7　本田总裁兼 CEO 福井五郎和 ASIMO 在一起对话

ASIMO 几乎汇集与综合了人类所有的设计智慧与设计才能。在它的创造过程中，设计的交融保证了设计目的的实现。

实际上，任何的分类方法都存在着不同的优点与缺点。解决这一问题的最好方法就是掌握每一类设计的特征，而不必过分地注意它究竟属于哪一类设计。设计的分类不是解决设计认知的关键问题，对设计本质的理解乃是学习设计的关键，它也将有助于对设计分类的理解。

本书讨论的重点是三维设计中的产品设计。

注释：

① John A · Walker. Design History and the History of Design. London，1989.

第二章　工业设计概述

第一节　工业设计的形态

现代设计的产生是源于大工业生产的出现。

大工业生产的出现，首先是迅速提升了产品的生产效率，满足了市场对各类工业产品的迫切需求，同样也刺激了社会生活节奏的加快，因而促进了现代社会文化的极大变化。这些都促使传统设计思想与观念的转变。特别是批量化的大工业生产，促使设计从生产过程中分离出来成为一个独立的工作程序与职业，传统设计的产品在大工业生产面前遭遇到了诸多极大的难题。这一切都催生了完全有别于传统设计的现代设计思想与观念。

严格地说，现代设计的产生是以工业设计的诞生为标志的。设计史上往往把德国包豪斯的出现视为工业设计的诞生，也被认为是现代设计的开始。因此，现代设计与工业设计二词的使用往往存在着交叉性，以致一提到工业设计，就可能理解为现代设计；一提到现代设计，首先就想到工业设计。

工业设计（Industrial Design）一词最早出现在20世纪初的美国，第二次世界大战后广为流行。工业设计对应于大工业生产产品的设计而产生。由于工业化生产方式的不断发展，工业生产逐步渗透到各种产品的生产领域。因此，工业设计的广泛性以及与社会公众联系的密切性大大地提升，以致日益成为现代设计的代名词。英国设计史家爱德华·卢谢－史密斯（Edward Lucie-Smith）在他的专著《工业设计史》中说："工业设计本身可以涉及从茶杯到喷气式飞机每样东西"，"20世纪的工业设计师被视作公众兴趣的监护人，一个负责引导固执的群众走向开明状态的人。"①

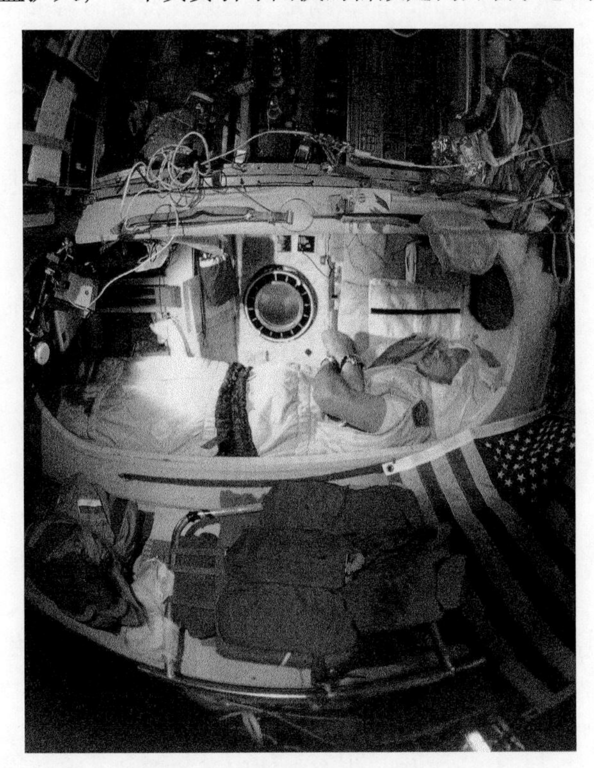

图2－1　航天员在俄罗斯"和平号"太空站中休息

1995年，第一位登上俄罗斯"和平号"太空站的美国航天员诺尔曼·萨加德在太空站休息。

太空站作为一个巨大系统的设计，工业设计发挥着最大的作用。从整体到局部，从观念到制作，无不涉及工业设计的贡献。就是在这局促的航天员休息处，每一个角落、每一个细节都体现了工业设计的思想。

一、广义的工业设计与狭义的工业设计

“工业设计”在今天已成为国际的通用词。各国工业设计的含义及涉及领域都不尽相同，这就使得工业设计的概念有着广义与狭义之分。

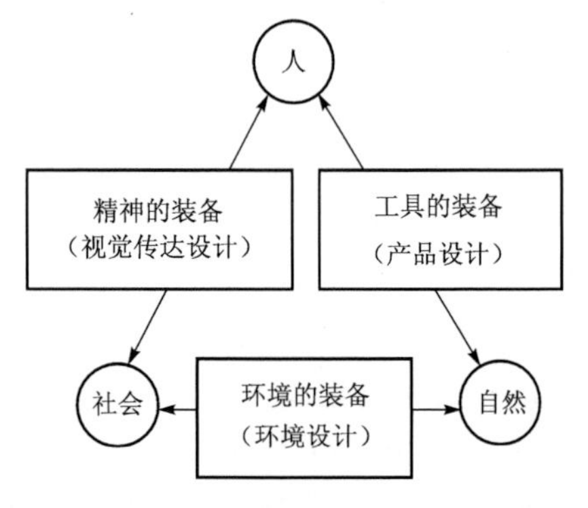

图 2 –2　广义工业设计包括的三大领域

广义的工业设计包括视觉传达设计、产品设计与环境设计三大领域（如图 2 –2 所示）。

也有一些国家仅将工业产品的设计作为工业设计的内容，这就是所谓的狭义的工业设计。

在人的生存活动中，人、社会、自然共同构成了人类生存的环境系统。在这个系统中，人与社会、人与自然、社会与自然分别构成了特定的关系，并因此产生了处理这些关系所必要的装备：人与自然关系的工具的装备、人与社会关系的精神的装备及社会与自然关系的环境的装备。对应于这些装备的设计就是产品设计、视觉传达设计及环境设计。

二、装备设计的涵义

1. 产品设计（Product Design）

人类为了联系大自然、“对话”大自然，在工具的世界中创造了多种产品。人类通过这些产品在与大自然的“对话”中，放大了自己的体力、能力与技巧，使自己的四肢不再直接充当工具与自然“对话”，这种工具的装备对于人类生存来说是必不可少的。

产品设计是人为了自身的生存与发展而在与大自然展开的“对话”中发展出来的、以立体工业品为主要对象的设计活动，是追求产品功能与价值的重要领域，是人与大自然唯一的中介。

产品设计的本质可以表述为：人类通过创造出自我本体以外的产品，满足自己某一特定的需求，这些产品所形成的人类的“第二自然”，将创造更合理的生存方式，提升生存质量。

2. 视觉传达设计（Visual Communication Design）

人类在联系大自然的过程中，必须依靠人与人合作，必须有尽可能多的人团结起来与自然抗争，向自然索取，于是人与人之间需要沟通与理解，便在传递的世界中创造了符号；人与人之间由于利益的关系而产生纠纷、争斗，必须予以平息，这也需要符号的帮助。于是人与人的关系形成社会。人与社会、人与人只有通过符号的传达，才能达到彼此的理解。

视觉传达设计是通过视觉在人与人之间实现信息传播的信号、符号的设计，是一种以平面为主的设计活动。

具体地说，许多事物（包括产品）凭借大小、色彩、形状、材质、肌理等具有视觉符号意义的形式，作为传达的内容，依靠相应的媒体来达到由个人向个人、由个人向团体、由团体向团体传递信息的目的。

据统计，人类的信息 83% 来自视觉，11% 来自听觉，其余 6% 来自其他感觉器官，由此可见视觉的信息传达的重要性。

视觉传达是通过标志、字体、图形、象征符号等组成传递内容，以招贴、电视、杂志、广告等传达媒体向传达受众进行传播。

视觉传达设计的类型包括平面设计（书籍装帧设计、标志设计、平面广告设计、字体设计等）、包装设计与展示设计。

3. 环境设计（Environment Design）

人类在大自然中的活动，需要有特定的空间满足自己居住、工作、集会与休闲等的需求，因此就产

生了环境设计的需求，但是这种环境的需求不仅是个体性的而更是社会性的。因此，环境设计是社会与自然间关系产生的装备，而非个人的装备。

环境设计是以整个社会为基础、以大自然空间中人类生存活动的场所为中心的设计。因此，环境设计必须满足社会对这些空间场所的需求——生活需求、睡眠需求、学习工作需求、休闲需求乃至交往需求等。

环境设计的范围较为宽泛，包括建筑设计、建筑群设计、室内环境设计、城市规划设计、园林设计等。

日本学者川登添在其著作《什么是产品设计》中，曾有过这样一段生动的描述："人类置身于大自然中，在逐渐脱离自然的过程中，产生了两种矛盾。第一种矛盾是人类不在乎自己是大自然的一份子，而勇敢地向大自然挑战；第二种矛盾则在于人类一个人孤单地出生，又一个人孤单地死去，却无法一个人独自生存。为了克服第一种矛盾，人类创造了工具；为了解决第二种矛盾，人类发明了语言。"

这一段话精彩而生动地描述了设计的涵义。

在我国，由于经济体制的原因，真正意义上的产品设计直到20世纪80年代才开始，而环境设计与视觉传达设计的领域涉及的学科，如建筑设计、装潢设计、广告设计、包装设计等早已存在。因此，姗姗来迟的中国工业设计不可能采用工业化开始较早的国家普遍采用的广义概念，而是采用狭义的概念。因而在国内，工业设计已成为产品设计的代名词。

第二节　工业设计的定义

与"设计"概念不同的是，工业设计在不同的国家、不同的时期有着不同的定义。也就是说，工业设计的定义是动态发展着的。主要的原因在于：一是工业设计在世界各国有着不甚相同的理解；二是由于科学技术的不断进步与社会的发展，文化、经济等对设计的影响越来越大，工业设计在其内涵上不断地更新、充实，领域也不断地扩大；三是人们对设计意义的理解越来越深刻。

这样，工业设计就不像一般的学科那样具有自己统一、肯定、清晰的学科范畴与研究对象，这一学科的全貌与本质也便难以一下子被人们完全把握。

因此，对工业设计的真正理解就不能仅仅建筑在了解定义这一点上，还必须了解设计史、不同时期的工业设计定义及工业设计的发展与变化。下面我们略举一些不同时期的工业设计的定义，以便大家初步建立起工业设计的概念。

一、1954年在布鲁塞尔举办的工业设计教育研讨会上所作的定义

"工业设计是一种创造性活动，旨在确定工业产品的外形质量。虽然外形质量也包括外观特征，但主要指同时考虑生产者和使用者利益的结构和功能关系。这种关系把一个系统转变为均衡的整体。

同时，工业设计包括工业生产所需的人类环境的一切方面。"②

二、1980年国际工业设计协会理事会（International Council of Industrial Design，ICSID）第十一次年会对工业设计的定义

"就批量生产的工业产品而言，凭借训练、技术知识、经验及视觉感受而赋予材料、结构、构造、形态、色彩、表面加工及装饰、新的品质和规格，叫工业设计。根据当时的具体情况，工业设计师应在上述工业产品全部侧面或其中几个方面进行工作，而且，当需要工业设计师对包装、宣传、展示、市场开发等问题的解决付出自己的技术知识和经验以及视觉评价能力时，这也属于工业设计的范畴。"③

三、美国工业设计师协会（Industrial Design Society of America，IDSA）的定义

“工业设计是一项专门的服务性工作，为使用者和生产者双方的利益而对产品和产品系列的外形、功能和使用价值进行优选。

这种服务性工作是在经常与开发组织的其他成员协作下进行的。典型的开发组织包括经营管理、销售、技术工程、制造等专业机构。工业设计师特别注重人的特征、需求和兴趣，而这些又需要对视觉、触觉、安全、使用标准等各方面有详细的了解。工业设计师就是把对这些方面的考虑与生产过程中的技术要求包括销售机遇、流动和维修等有机地结合起来。

工业设计师是在保护公众的安全和利益、尊重现实环境和遵守职业道德的前提下进行工作的。”④

四、加拿大魁北克工业设计师协会（the Association of Qucbec Industrial Designers）的定义

“工业设计包括提出问题和解决问题两个过程。既然设计就是为了给特定的功能寻求最佳形式，这个形式又受功能条件的制约，那么形式和使用功能相互作用的辩证关系就是工业设计。

工业设计并不需要导致个人的艺术作品和产生天才，也不受时间、空间和人的目的控制，它只是为了满足包括设计师本人和他们所属社会的人们某种物质上和精神上的需要而进行的人类活动。这种活动是在特定的时间、特定的社会环境中进行的。因此，它必然会受到生存环境内起作用的各种物质力量的冲击，受到各种有形的和无形的影响和压力。工业设计采取的形式要影响到心理和精神、物质和自然环境。”⑤

五、J. 赫斯凯特对工业设计的定义

“工业设计是一个与生产方法相分离的创造、发明和确定的过程。它把各种起作用的因素通常是冲突的因素最后综合转变为一种三维形式的观念。它的物质现实性能够通过机械手段进行大量的再生产。因此，它尤其与从工业革命开始的工业化和机械化相联系。”⑥

在上述的定义中，第1个定义指出工业设计是一项主要针对产品外形的创造活动。但是外观必须与结构和功能一起形成一个统一的整体。

第2个定义是国内设计界比较熟悉的一个定义。多年来，国内许多教材与文章都提到过它。这个定义明确指出工业设计是批量生产的产品设计及设计的内容。

第3个定义指出工业设计对产品的外形、功能及使用价值的优选，同时又指出工业设计与相关的行业与专业必须紧密结合。

第4个定义指出工业设计就是寻求产品外形与使用功能的辩证关系，并特别指出工业设计并不需要导致这样的结果：艺术作品与艺术天才。这一点对于今天的人们理解工业设计的本质仍然有着重要的现实意义。

第5个定义的重点是指出了工业设计是一个创造与发明的过程。

综观上述不同组织、不同国家对工业设计的定义，我们可以得出下列一些结论：

（1）基本一致认为工业设计就是批量化生产的产品设计，其目的是赋予具有特定功能的批量化生产的产品以最佳的形式，并使产品的形式、功能与结构之间具备辩证的统一；

（2）工业设计还涉及与工业生产相关的人类环境，如包装、销售、宣传、展示、市场开发、维修；

（3）工业设计应创造使用者与生产者双方的利益；

（4）工业设计不需要导致艺术作品与艺术天才的出现。

第三节　工业设计的新发展

前面已经指出，工业设计处于不断的变化与发展中。当然，其他学科也在不断发展与变化。但在某种意义上，工业设计的变化与发展比其他学科更为迅速。可以说工业设计自诞生之日起，其形态体系就一直处于变动、拓展、分化、交叉或重组的不稳定状态之中，从最初期的产品造型设计，经过功能主义、后现代主义阶段的曲折、反复与变化，一直发展到2001年相关组织对工业设计的最新定义与观念：2001国际工业设计联合会（ICSID）关于《设计的定义》，以及《2001汉城工业设计家宣言》。

一、国际工业设计联合会（ICSID）2001的《设计的定义》

国际工业设计联合会（ICSID）的《设计的定义》，涵盖了所有的设计学科，并为国际工业设计联合会的成员协会发展其战略、目标以及制定保证其活动在国际上与行业进一步发展相一致的计划提供了一个基础。

"设计的定义

目的

设计是一种创造性的活动，其目的是综合考虑并提高物品、过程、服务以及它们在整个生命周期中构成的系统的质量。因此，设计既是创新技术人性化的重要因素，也是经济文化交流的关键因素。

任务

设计致力于发现和评估与下列项目在结构、组织、功能、表现和经济上的关系：

- 增强全球可持续发展和环境保护（全球道德规范）
- 赋予整个人类社会、个人、集体、最终用户、制造者和市场经营者以利益和自由（社会道德规范）
- 在全球化的进程中支持文化的多样性（文化道德规范）
- 赋予产品、服务和系统以表现性的形式（语义学）并与它们的内涵相协调（美学）

设计关注于由工业化——而不只是由生产时用的几种工艺——所衍生的工具、组织和逻辑创造出来的产品、服务和系统。限定设计的形容词'工业的（industrial）'必然与工业（industry）一词有关，也与它在生产部门所具有的含义或者其古老的含义'勤奋工作（industrious activity）'相关。

也就是说，设计是一种包含了广泛专业的活动，产品、服务、平面、室内和建筑都在其中。这些活动都应该和其他相关专业协调配合，进一步提高生命的价值。"

二、《2001汉城工业设计家宣言》

2001年7月，国际工业设计联合会第22届大会在韩国汉城（今首尔）开幕，1 000多位设计家、建筑家、艺术家、社会学家与哲学家赴会讨论他们对设计的看法与观点，最后发表了由大会组委会历经10个月起草的、并经代表们围绕着"扩大'工业设计'的定义"、"新技术的发展对工业设计认同的影响"、"改变的社会中，经济环境和工业设计之间的关系"、"未来工业设计与伦理的角色"及"通过工业设计的文化启蒙"等五个议题所进行的讨论，最终草拟出《2001汉城工业设计家宣言》：

"挑战

——工业设计将不再是一个定义为'工业的设计'的术语。

——工业设计将不再仅将注意力集中在工业生产的方法上。

——工业设计将不再把环境看作是一个分离的实体。

——工业设计将不再只创造物质的幸福。

使命

——工业设计应当通过将‘为什么’的重要性置于对‘怎么样’这一早熟问题的结论性回答之前，在人们和他们的人工环境之间寻求一种前摄的关系。

——工业设计应当通过在‘主体’和‘客体’之间寻求和谐，在人与人、人与物、人与自然、心灵和身体之间营造多重、平等和整体的关系。

——工业设计应当通过联系‘可见’与‘不可见’，鼓励人们体验生活的深度与广度。

——工业设计应当是一个开放的概念，灵活地适应现在和未来的需求。

重申使命

——我们，作为伦理的工业设计家，应当培育人们的自主性，并通过提供使个人能够创造性地运用人工制品的机会使人们树立起他们的尊严。

——我们，作为全球的工业设计家，应当通过协调影响可持续发展的不同方面，如政治、经济、文化、技术和环境，来实现可持续发展的目标。

——我们，作为启蒙的工业设计家，应当推广一种生活，使人们重新发现隐藏在日常存在后更深层的价值和含义，而不是刺激人们无止境的欲望。

——我们，作为人文的工业设计家，应当通过制造文化间的对话为“文化共存”作贡献，同时尊重他们的多样性。

——最重要的是，作为负责的工业设计家，我们必须清楚今天的决定会影响到明天的事业。”⑦

显而易见，国际工业设计联合会 2001 的《设计的定义》与《2001 汉城工业设计家宣言》中所表述的工业设计的概念与意义，比过去任何时候都更广泛、更深刻。特别是后者对工业设计家应当承担的责任与义务，提出了全面的、深刻的、具体的要求，这使得我们更深刻地理解到现代工业设计涉及范围的宽泛及意义的深刻。关于这方面的内容，我们将在第四章作专门的解读。实际上，以后各章的内容中，都不同程度地贯穿着这方面的内容与精神。

第四节　工业设计涉及的要素与学科

根据上述工业设计定义及对工业设计理念的分析，我们把工业设计涉及的要素加以总结并以图 2－3 表示。这些要素分别属于自然科学、社会科学与人文学科中的相关学科。

日本设计家左口七朗在《设计概论》中列举了与设计有直接或间接关系的科学、技术、人文等领域的学科，我们仿照这一种形式，把与产品设计相关的这些学科排列了一个图（如图 2－4 所示）供大家参考。

工业设计涉及的要素与学科，是指一个产品的设计是在这些要素与学科的共同约束及限制下完成的。也可以这样说，这些要素与学科构成了产品设计的设计环境，产品设计就是设计环境作用的结果。

一个产品的设计，不可能脱离它所处的设计环境，这个设计环境也就是文化环境。因此，产品设计是在整个社会文化环境下的求解活动，是在构成文化环境的诸要素约束及限制下进行的创造活动。

所以，制约、约束、限制，都是设计的前提。无论是自然的限制，还是人与社会的限制，都使在重重的约束与限制下突破“重围”的设计具有非凡的意义！可以这样说，没有限制就无所谓设计，限制越大、越苛刻，设计的求解活动就越有意义。设计就是突破种种限制的创造活动。突破与限制是人类设计实践活动的两面，他们共同构成人类设计创造活动的本质与前提。

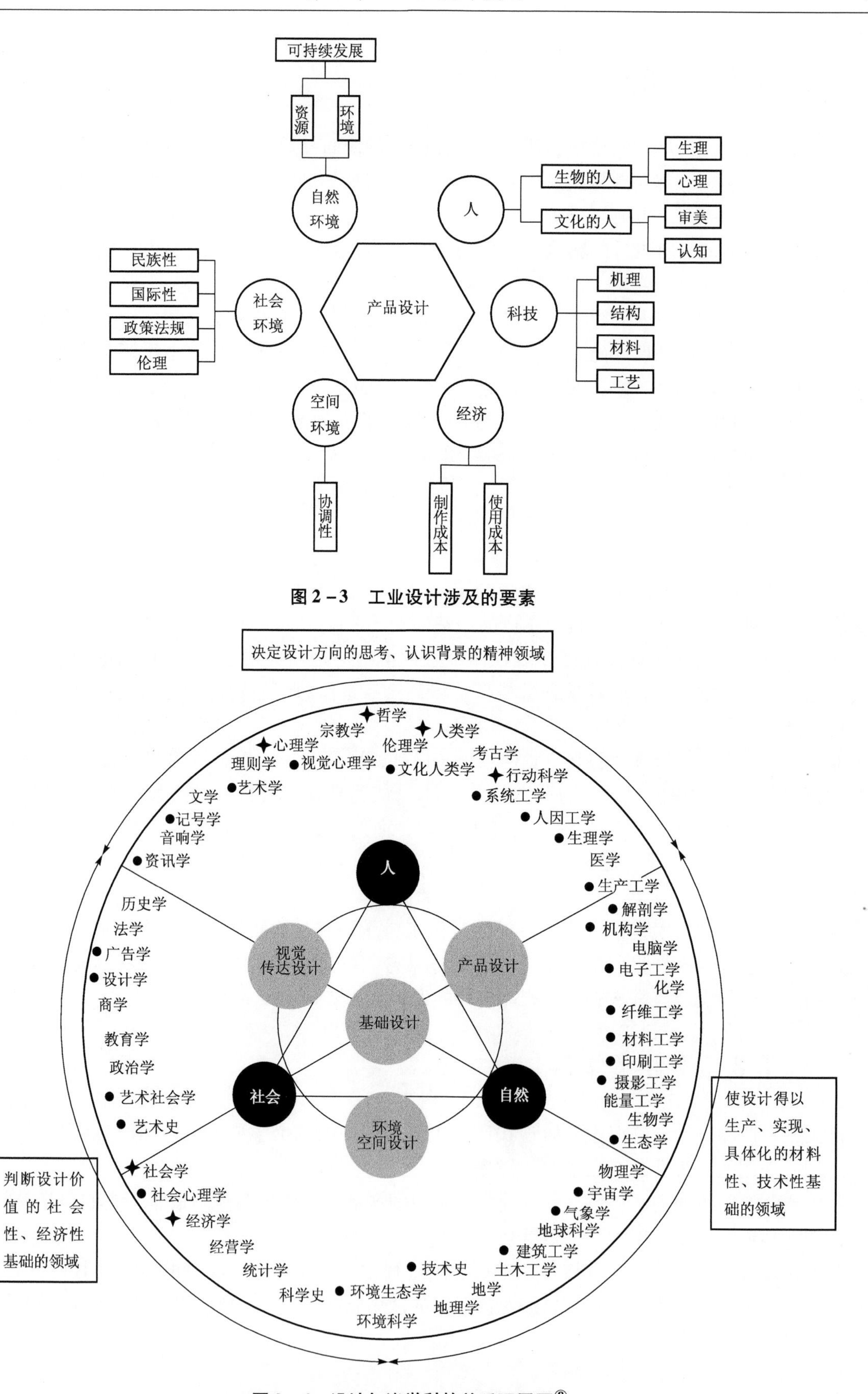

图 2－3　工业设计涉及的要素

图 2－4　设计与诸学科的关系配置图⑧

日本左口七朗在《设计概论》中提出的设计与诸学科的关系图：前面加黑点的学科表示与设计有着特别密切的关系，而其他学科则与设计同样有着直接或间接的关系。笔者认为，图中加星号的学科与设计也有着特别密切的关系（星号为笔者所加）。

一、人的要素与相关学科

产品设计的目的是满足人的需求，所以，设计的目的应直接指向人，当然这无疑也成为产品设计的出发点。因此，产品设计首先是与人发生联系，受人的特征的制约。人的特征可从作为生物学意义的人与作为文化学意义的人两个方面来分析。

作为生物学意义的人对设计的影响主要体现为人的生理特征的约束。人的生理结构特征是一切产品设计所首先必须考虑的第一要素。

人的所有生理结构中，人的视觉及四肢特别是双手与产品的关系特别密切：产品的所有操作大都与手有关，所以产品操作部件设计离不开手的生理结构；产品的信息输入和信息反馈与人的视觉及肢体密切相关，否则产品设计就不可能使人的操作舒适、合理、高效。

此外，作为文化学意义的人，决定着生理结构以外的人的多种特征。人的文化特征如审美的能力、认知的能力等，也决定着人对产品的文化需求、审美需求、认知需求、象征需求等。

二、科学技术要素与相关学科

科学技术对产品设计的意义是不言而喻的。没有科学技术的支撑，产品设计就不可能从概念走向物化，从想象走向现实，因此，科技构筑了产品的基础支撑平台。

科学技术对产品设计的意义具体体现在两个层面上：一是作为指导设计师、消费者行为和思想的、属于观念意义上的科学技术，即科学态度与科学精神；二是作为产品物化的普遍规律和方法，属于手段意义的科学技术。

工业设计区别于主要依赖经验与直觉的手工艺设计，更有别于依赖想象的艺术设计。现代以来的设计被称为是科学的、理性的设计，首先是因为科学已成为现代设计的基本态度与精神。现代设计不再是依赖经验、直觉与想象的手工艺活动与艺术活动，而发展为从设计程序到设计方法不断科学化的创造活动。人机工程学、设计管理学、设计心理学、设计符号学与设计方法学等相继诞生就是一个有力的证明。

作为手段意义上的科学技术，给产品设计提供了科学原理、功能技术、结构技术、生产技术及材料与材料技术，给设计走向物化、现实化提供了支撑平台。信息科学与技术、材料科学与技术、结构科学与技术、加工工艺的发展与进步决定着产品设计的发展与未来。

三、经济要素与相关学科

经济要素对产品设计的约束主要体现在产品生命周期中的三个主要阶段，即产品生产制造与流通的经济性，产品使用的经济性及产品废弃的经济性。

产品生产制造与流通的经济性，就是通常理解中的产品生产成本与流通成本，它们包括材料、人力、设备、能源、运输、储藏、展示、推销等费用。

产品使用过程中的经济性，是指产品进入使用过程中，以花费尽可能少的能源及其他资源来达到尽可能最优的使用目的。这表面上看仅仅涉及消费者的使用成本支出，但更为深层的意义是环境伦理问题。

产品废弃的经济性包括两大方面。一是产品废弃后，可回收的零部件或材料在整机价值中的比重。如比重较大，则经济性就高，反之则低。

产品经过使用到达一定的年限或使用次数，并经过维修仍无法正常使用，就是进入了废弃阶段，即作为废品的概念进行处理。产品废弃的经济性问题是资源的伦理问题，也是整个设计思想的伦理价值的体现。因为它直接涉及人类“可持续性的发展”的理想与目标。

四、自然环境要素与相关学科

自然环境对设计的约束主要体现在两个方面：资源与环境。

在现代，自然环境对设计的意义就是：以人类社会可持续发展为目标、以环境伦理学为理论出发点来指导产品设计，使产品设计在解决相关环境问题上作出应有的努力。

目前所指的“环境问题”包括四大方面：

（1）环境污染。这是最早引起社会广泛关注的环境问题，它包括大气污染、水污染、工业废物与生活垃圾、噪声污染等。

（2）生态破坏。其主要表现是森林锐减、草原退化、水土流失和荒漠化，它是导致20世纪中叶以来自然灾害增多的主要原因。

（3）资源、能源问题。自然资源是人类环境的重要组成部分，资源、能源的过度消耗和浪费不仅造成了世界性的资源、能源危机，而且造成了严重的环境污染和生态破坏。

（4）全球性环境问题。它包括臭氧层破坏、全球气候变暖、生物多样性减少、危险废弃物越境转移等。

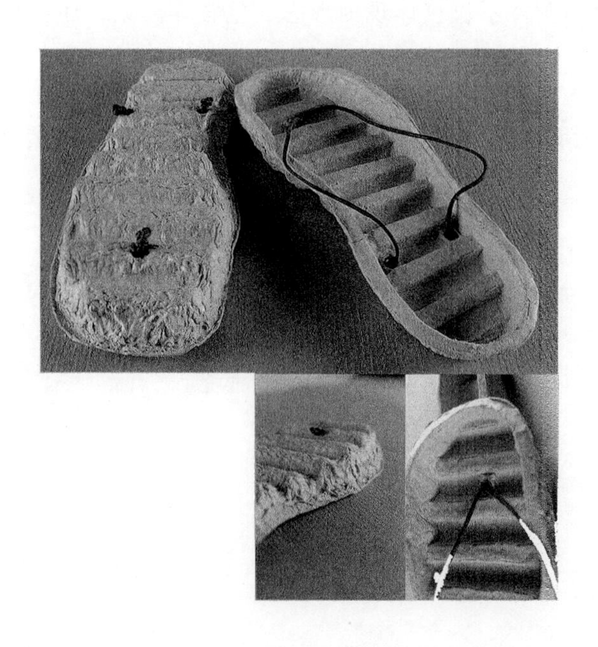

图2-5　一次性使用的纸鞋

这种一次性使用的纸鞋，最长可以使用1周，它以废物的植物纤维为原料，将其粉碎后制成纸浆再将纸浆块放入铝制铸模，真空成型后在太阳下晒干，这种纸鞋用过后还可以重新利用，再制成新鞋。鞋带以结实的生物分解型棉制成并固定在鞋面上。这种鞋适合用于家中、饭店、计算机房、电子产品组合加工生产车间等需要防尘的地方。

工业设计就是这样以自己的创造性思想与实践回应环境的可持续发展（本产品获2002德国iF设计奖）。

五、社会环境要素与相关学科

社会环境对产品设计的约束，具体体现为社会的政治、经济、军事、法律、宗教、文化、风俗等直接地影响设计、约束着设计。因此，产品设计也必须以社会环境中的各个因素作为设计的前提展开，这就是设计的社会性原则。

文化对设计的影响最主要地体现为设计的民族化与设计的国际化。设计的民族化与国际化问题，浅层面的表现是设计审美的形式与风格的差异，深层次则体现为设计内容与生存方式的适应与否。关于这一点，第四章有专门的论述。

社会环境对设计的影响的另一个重要体现就是设计的社会伦理与设计规范。前者从设计的社会道德伦理层面对设计提出了约束，这个约束是柔性的；后者则从政策与法规层面对设计设置了限制，这个限制则是刚性的，不可逾越的。

图 2 – 6　安全插座系列

插座由各类标准模型块组成，采用跷跷板结构，该设计最大的优点在于不使用时可完全隐藏，十分安全，大大提高了家庭用电的安全。特别对于不懂事的孩子来说，意义更是重大。

六、空间环境要素与相关学科

空间环境是指产品所处的物理空间及该空间中其他物化形态的共同空间环境。该环境对产品设计的影响体现为产品与这一个空间环境的协调性，这一个协调性不仅仅体现为形态、色彩等要素，还体现在功能使用与收纳方式的处理上。

综上所述，设计涉及的要素与学科分布在自然科学、社会科学与人文学科人类三大知识领域中，这使得设计学科比起其他学科更具综合性与复杂性，也说明设计学科学习的知识面与能力也要宽广得多。

注释：

① Edward Lucie-Smith. A History of Industrial Design. Oxford：Phaidon Press Limited，1983.

②③④⑤⑧ 程能林．工业设计概论．北京：机械工业出版社，2006.

⑥ J. Heskett. Industrial Design. London：Thamas & Hudson，1980.

⑦ 艺术与设计．2001（6）.

第三章 工业设计发展简史①

第一节 工业设计的萌芽

一、“水晶宫”世界博览会及评论

在19世纪中期，英国成了世界上最发达的资本主义国家。1850年至1870年是英国工业的“黄金时代”，为了炫耀世界各国尤其是英国强大的工业力量，1849年由维多利亚女王的丈夫阿尔培亲王主持，向一些工业化国家发出邀请，举办世界工业博览会。1851年5月1日，博览会于伦敦海德公园内新建的“水晶宫”开幕，共有40多个国家向博览会提供了13 000件展品。

博览会最重要的“展品”是“水晶宫”这座建筑，它是由建筑师帕克斯顿（1801—1865）设计，整座建筑全部由玻璃、钢材组成的预制件装配而成。这座建筑运用了新材料，将细长的铁杆按统一模数进行装配，支起透明的玻璃墙，建筑形象规整，充分显示了大工业的风格。博览会闭幕后，“水晶宫”被拆卸，移到伦敦南部的西顿纳姆重建，作为音乐厅、展览中心，直到1936年毁于大火。

“水晶宫”是一座成功的建筑，不仅在技术上是一次创新，在美学上也有重要的转折意义。但其中的展品风格不仅与展厅不协调，而且杂乱无章，无统一格调可言。他们只考虑机器效率，外型粗陋而简单；另一方面为了掩饰机器或产品的粗陋而在表面上增加繁琐装饰；还有一部分是用一种材料模仿另一种材料的产品，如用模仿木材或大理石的压制纸浆制作家具和室内装饰物，在铸铁椅上用油漆画上木纹充当木椅等。这些展品充分暴露了在工业化初期新技术、新材料的运用与旧形式之间的矛盾。

展览会展品所暴露的矛盾首先引起英国建筑师波金（1812—1852）的不满，他很早就对当时产品上的累赘装饰感到不满，但他的思想却是追求中世纪的和谐。他评价说：“工业产品已经失去了控制：展出的批量产品粗俗而充塞着不适当的装饰，大多数东西都是浮华的外表掩盖了真正的用途。”一位英国设计杂志编辑雷格莱夫观展以后写了一篇报告，内中说：“设计一词关系到产品的实用与美观两个方面，因此设计已包含了装饰成分。而装饰只是在已完成产品上加以美化，所以装饰只能占第二位，不应喧宾夺主…… 但在博览会的展品中，经常是将功能置于装饰之下，这是博览会的主要错误。”

关于1851年博览会的功过，不能不提到英国作家、艺术评论家和社会学家罗斯金（1819—1900）。据说他参观博览会之后，对“水晶宫”的建筑评价是：“一个前所未有的大暖房！”表达了对博览会的全盘否定。罗斯金不是一个设计家，他是从社会学的角度以博览会的实例来评论英国工业化的前景的。在罗斯金看来，产品的主要缺陷是虚伪和繁琐。他对英国的工业化表示深深的忧虑：“我们的工厂制造出如此巨大和狂暴的噪声，它证明我们能制造一切，但毁了人类。”罗斯金认为产品丑陋的根源是工业化和由它带来的分工：“劳动分了工，人也被分成了碎片和粉屑。人们所剩下的智慧已经做不成一针一钉，而只能做成针尖和顶头来。”罗斯金的美学理想是简洁实用：“简洁的建筑是高贵的建筑。”总之，罗斯金从社会经济体制变更的角度分析了产品设计中存在的深刻矛盾，这是当时所有批评家未能达到的思想高度。但他把设计丑陋的原因完全归咎于工业化和机器，这又体现了他的一种倒退的历史观。

罗斯金的观点给另一位社会改革家莫里斯以极大的影响，以致导致了英国的“艺术与手工艺运动”。

当英国设计问题陷入技术与艺术、传统与现代、实用与装饰等问题的矛盾与争执之时，在大洋彼岸的美国，一个自觉的新设计观念正显露出端倪。与英国和欧洲其他国家不同，美国的设计不是从政治和艺术的复杂争论中诞生，而是直接从生产和市场销售中形成的。美国走的是一条实用主义的道路：设计师不需要什么宣言跟高深理论，只面对工艺过程和市场的需求。美国没有漫长的手工艺传统，国家有限的财富和人民普遍较低的消费能力迫使工业产品一开始便走上朴素实用的道路。在1851年“水晶宫”博览会上，美国展出了实用的木桶、折叠床、保险柜等展品，获得了意想不到的赞誉。展品之一——赛姆尔·柯尔特工厂生产的“36Navy”转轮手枪，由统一模数构成，风格简洁明快，完全没有装饰，被赛姆波尔称为“博览会唯一纯粹的展品”。它证明了机器生产的标准化制品也有可能获得一种新的美学价值。

二、莫里斯与他的工艺思想

自从1851年伦敦世界博览会举办以后，工业设计的发展前途，逐渐成为企业界、政府和艺术界所关注的问题。其中，必须提及一个人物，即在理论和实践上都有重要建树、对世界工业设计的发展起着重大影响的英国的威廉·莫里斯（1834—1896）。

莫里斯的工艺思想是在新旧交替的动荡时代产生的。19世纪后半叶，正是英国资本主义发展最为辉煌的时期：家庭手工业遭到了大扫荡，大批机器产品涌向市场，渗透进千家万户，改变着人们的生活方式。然而，作为一种文化形态的产品设计，其发展不是与生产同步的，它还受到社会、政治、理论、艺术等多重影响。产品功能与形式、技术与艺术之间的矛盾明显暴露出来。莫里斯以他深厚的文化修养和敏感性发现了这些矛盾，并从深沉的社会历史观和艺术民主思想出发，对当时产品面貌的混乱和丑陋做了深刻分析，提出了一整套观点。

1. 艺术是为人民的

莫里斯说：“我不希望艺术为少数人，教育为少数人，自由为少数人。”“使黑暗中的成百万人为艺术照亮，那才是人民创造的、为人民的艺术，使得制造者和使用者都感到快乐的艺术。”“艺术是人类劳动的甘果，不论是进行制造的手艺人，还是在日常生活中受到艺术感染的普通人，艺术都应使他们得到快乐。”“砖工、石匠，他们应该是艺术家，他们的作品不仅是必要的，而且是美的，因此是快乐的。”

莫里斯从理论上将几个世纪来艺术脱离社会生活的现象做了根本性的批判，将艺术重新植根于社会生活之中，这一思想具有划时代的意义。

2. 大工业是产生丑恶的原因

莫里斯说：“大城市中，我们绝大多数被迫生活在丑恶不堪的屋子里，这个潮流是与我们对抗的，而且我们无力抵御它。”在这种条件下，“你怎么去教育机器时代的人们呢？他们只在不工作的几个小时中才有思想，而他们的思想都为劳动所占有，没有条件去发展体力与智力。”莫里斯敏锐地看到了资本主义的发展造成了艺术的“异化”，他一心向往通过艺术教育铲除这些丑恶。

但是莫里斯把他的社会主义理想与牧歌式的中世纪幻想混合起来，将资本主义的罪恶与大机器生产方式混同起来，把艺术的堕落归咎于机器，“我深信机器能制造一切，除了制造艺术。”这反映了他世界观中保守的一面。

3. 提倡实用与美的统一

莫里斯对美和用两方面都作了阐述。所谓美，便是顺应自然：“一切人造物都有一个形式，它或是美的，或是丑的；如果它顺应自然，有助于自然，它便是美的，如果它违背自然，阻碍自然，它便是丑的。”所谓有用，即是体现功能，“要使人愉快必须强调有用”，“产品必须是美的，又是有用的。”这是针对当时虚浮装饰的风气提出的重要设计原则。为了达到这样的目标，莫里斯提出要将艺术工作与技术工作统一到一个人身上的想法，他说：“那种将艺术家完成的设计稿交给工程师去制作的观念应该完全淡化，理想的是，艺术家和设计师应是同一个人。”这个观点为以后“包豪斯”所接受，并成为现代设计发端的口号：“艺术与技术的结合。”

三、艺术与手工艺运动

在莫里斯的创导下，从19世纪末叶至20世纪初，英国出现了一股复兴手工艺的运动，历史上称“艺术与手工艺运动”。

这场运动的主力是莫里斯本人和他的同伴们。莫里斯在家具、墙纸、织染、地毯等方面不仅自己动手设计，而且身体力行地进行加工与染织，产生了很大的社会影响。

在莫里斯的影响下，英国出现了一些手工艺团体。这些团体组织一批恪守莫里斯原则的手工艺人进行创作生产和销售，产品精良，风格简洁高雅。1888年“艺术工人行会”的部分成员成立了“艺术与手工艺展览协会”，组织英国产品展览，这对推广艺术与手工艺运动起了不小的作用。

在英国的艺术与手工艺运动中，德莱赛是值得一提的人物。他早年就读于政府设计学校，受到过设计理论家赛姆波尔的教诲。他设计的镀银器皿采用几何造型，几乎没有装饰，开了“功能主义”的先河，被后人称为“现代设计的先锋”。

在一个世纪前，当产品设计还处于“次要艺术”的地位时，作为诗人、艺术家、理论家和政治活动家的莫里斯，能以产品设计为终身事业，对产品设计的一系列本质问题做整体思考，还身体力行地进行设计实践，这是前无古人的。从莫里斯开始，设计成为一项与社会经济、政治、文化有着密切关系的重要事业，有一大批有识之士前赴后继，开创出一代又一代设计事业的新局面。莫里斯提出的“艺术与生活相结合”“用与美的统一”等原则，以及对于设计的意义、作用、方法的论述，奠定了设计理论的基本框架，从这个意义上来说，称莫里斯为“工业设计之父”是无可非议的。当然，莫里斯指责机器大生产，留恋于手工艺传统的观点，在今天看来有着历史的局限性。

四、新艺术运动

1. 新艺术运动产生的文化背景

新艺术运动是自19世纪末在欧洲掀起的一场艺术与设计运动。这场运动的宗旨是：反对因循守旧；反对模仿传统；主张艺术与技术相结合，鼓励艺术家从事设计。新艺术运动影响到绘画、雕塑、建筑、插图、装帧、家具、织物、日用品、玻璃、陶瓷、服装设计等领域，波及法国、比利时、德国、奥地利、西班牙、丹麦、瑞典、挪威等国。

新艺术运动产生的文化背景是：

（1）现代艺术潮流的影响。19世纪末，由于工业革命完成，欧洲经济有了较大的发展。资本主义固有的社会矛盾和阴暗面也渐渐暴露出来。在文化领域，一些艺术家感到工业社会的紧张、污秽和人际关系的复杂，人们的精神状态处于极端空虚和寂寞之中，为了在无边的苦海里寻找精神寄托的绿洲，他们借艺术抒发情感。他们的艺术表现的特点是想象丰富，力求创新，反对模仿，艺术形象自由奔放，不拘写实，富于装饰趣味。这股艺术潮流与新艺术运动的兴起有着重要的关系，有的本身便是运动的组成部分之一。

（2）英国艺术与手工艺运动的启发。19世纪后半期，英国是欧洲经济的中心，也是设计活动的中心。英国艺术与手工艺运动的成果，不断通过展览和杂志向欧洲各国传播。罗斯金和莫里斯关于反对因循守旧、主张应顺自然的思想，以及艺术与技术相结合、鼓励艺术家从事设计事业的观点，都被新艺术运动所继承。不难看出艺术与手工艺运功和新艺术运动之间的继承关系。

（3）对东方文化艺术和欧洲其他艺术的借鉴。许多新艺术运动中的艺术家和设计师都认真学习过东方艺术，比如亚兹莱曾学习过中国民间艺术。

2. 欧美等国的新艺术运动

新艺术运动在欧洲各国有不同的开展形式，相继出现一批代表人物。

法国新艺术运动的名称来自法国商人赛穆尔·宾（1838—1905）于1895年开设经营实用艺术品的商店“新艺术公司”。1900年新艺术公司的展品参加了巴黎大展，引起了社会的重视。

巴黎的另一个设计组织是格雷夫在1889年创办的“现代之家”（La Maison Moderne），这是一家从事设计、制作和销售家具及室内作品的商号，日后在工业设计史上起过重大作用的凡·德·维尔德（1868—1940）曾为它工作过。

比利时的新艺术运动受到法国的巨大影响。其中从19世纪末到20世纪初对欧洲工业设计有重要贡献的是建筑师、设计师凡·德·维尔德。他研究了莫里斯的著作和英国艺术与手工艺运动以后，对设计产生强烈的兴趣。1906年他设计了魏玛艺术与手工艺学校的校舍，次年被任命担任该校校长，这是包豪斯学校的直接前身。在任职期间，凡·德·维尔德在校内开设了实习工厂，训练学生的实际操控能力。1907年他加入了“德国工业同盟”。

西班牙巴塞罗那建筑师高蒂把新艺术运动的风格与巴罗克、洛可可、哥特风格融为一体，走上了曲线形态的极端。他设计的建筑与家具，几乎没有一条直线。代表作是米拉公寓和萨格拉达教堂，把新艺术运动的形式主义因素推上了顶峰。

北欧丹麦、瑞典、挪威诸国，把手工艺运动和新艺术运动的精神与本国的手工艺传统相结合，形成一种尊重自然材料，追求温暖、纯熟的有机形态，以及提倡精致加工的独特风格。20世纪以后，他们又顺利地将手工艺与机器生产结合起来。北欧产品富于人情味，形态严密完好，是世界工业设计中优秀的独特流派。建筑师沙利宁、银器制作家庄生是20世纪初的代表人物。

英国以麦金托什为代表的“格斯拉四人”集团是英国新艺术运动的代表。麦金托什早年追求植物形态的曲线趣味，以后他渐渐改弱曲线弧度，多用直线，代表作是格拉斯哥艺术学校的设计。

德国的新艺术运动称为“青春风格派”。其成员贝伦斯以后成了现代设计运动的重要人物。他在1898年创作的图案“吻”充满流畅的曲线，是新艺术的典型风格。

19世纪末20世纪初美国建筑师路易·沙利文（1856—1924）和赖特（1869—1959）也是在新艺术运动的气氛下开始进行设计探索的，但最后摆脱了单纯的装饰。沙利文曾对装饰的原则进行研究，1892年写了《建筑中的装饰》一文，文中写道：“要是在几年中克制一些对装饰的使用，我们将大大增加美的价值。”1896年沙利文写下了他的名言：“形式永远跟随功能，这是一条规律。”赖特早年热爱手工艺，在1897年帮助建立了“芝加哥艺术与手工艺协会”，设计过家具、彩色玻璃和金属工艺品，后来着力于建筑与环境关系的研究。

3. 奥地利的“分离派”运动

在奥地利，建筑师霍夫曼（1870—1956）等在1897年兴起了设计改革运动，由于他们提倡脱离古典模式，创造自由的新型样式而称为“分离派”。他们宣称：“我们的指导原则是功能与实用，我们的力量必须使在对原材料的充分利用上。”“我们应寻找必要的装饰，但并不认为必须花任何力量来进行装饰。”在这个原则指导下，分离派的风格呈直线形和简洁的几何形体。分离派的另一成员洛斯将提倡简洁的作风在理论上做了尽情的发挥。他极力反对装饰，认为建筑“不是依靠装饰而是以形体自身之美为美”，甚至在1908年写了一篇短文《装饰与罪恶》。分离派出现在新艺术运动与现代主义设计运动之间，它已不是新艺术运动的组成部分，而是具有现代主义运动先声的性质。

艺术与手工艺运动和新艺术运动是19世纪后半期到20世纪初欧洲两次伟大的设计运动。它们的主要功绩在于提倡艺术、技术与生产的结合；提倡创新，反对因循守旧，促使一大批艺术家走上设计的道路。但它们具有明显的局限性，它们都没有触及当时已经发达的机器生产与设计的关系，甚至认为机器生产与艺术是背道而驰的。较之艺术与手工艺运动，新艺术运动没有前者的复古意味，而且更多地使用新材料如铁、玻璃、弯曲木，使产品与现代生活关系更为密切。新艺术运动更趋于形式的创造，缺少艺术与手工艺运动的那种道德内容和创造社会的职责。新艺术运动于1914年随着第一次世界大战的爆发而终止。几乎同时，现代主义设计运动走上了世界舞台。

第二节　工业设计的形成

一、现代主义运动的背景

20 世纪初到 20 世纪 30 年代之间，在欧美出现了一个声势浩大的设计运动，称为现代主义运动或现代主义设计运动。这个运动的重要意义是真正确立了工业设计的正确观念。运动的主要理论观点是：强调功能第一、形式第二；注意新技术、新材料的运用；反对沿用传统产品模式。从此，工业设计从依附于艺术的从属地位变成一个独立的科学体系，设计方法也从艺术创造般的自由想象转化为以理性推测为主的思考。现代主义运动的主要标志是：德国工业同盟的建立，包豪斯学校的成立和美国工业设计的职业化。

与一切设计现象的产生一样，现代主义的出现有一系列社会经济文化发展的原因。

1. 现代技术的发展

19 世纪 70 年代是电力时代的开始。直流发电机、电话与白炽电灯这三项发明照亮了人类实现电气化的道路。以电力的应用为特征的第二次技术革命，则促进了资本主义社会生产力的大发展，创造了比蒸汽机大得多的生产力。这个时期另外一些重大技术发明是内燃机、柴油机、汽车、铁路机车与由内燃机发动的飞机。内燃机使农业走上机械化道路，使农业生产方式发生根本变化。内燃机广泛运用于军事目的，成为综合国力的最直接体现。这个时期也是工业材料飞速发展的时期。橡胶、人造纤维、塑料也相继出现，促使工业产品的面貌发生根本变化。现代技术的发展还促使标准化生产加快发展。美国的泰勒在 20 世纪初便提出：只有每个工人在劳动中每一个动作实现了标准化，劳动才是科学的。每项工作只有一个最好的（标准的）方法，一种最好的（标准的）工具，并在一个明确的（标准的）时间里去完成（转引自托夫勒《第三次浪潮》）。根据这个理论，美国福特汽车厂的福特在 1908 年把零部件生产标准化和流水作业线结合起来，大幅度提高生产效率，生产出“T”型黑色汽车，使汽车售价由当时的 800 美元一辆降到 650 美元一辆。

技术进步是工业设计发展的根本动力。许多新产品的问世本身便会遇到设计问题。这些产品的外形首先受技术条件的制约，并为功能所决定，无法套用任何传统产品式样。许多新材料的出现也提供了新的造型方法和可能性。标准化的生产方式决定了传统手工艺样式的死亡，必须产生与之相适应的产品样式。这些是现代主义得以产生的技术背景。

2. 商业繁荣和市场的促进

与生产发展紧紧相连的是：从 19 世纪末到 20 世纪 30 年代，商业市场迅猛地扩展开来。在生产领域，标准化的生产方式使每一家工厂都不可能生产出本厂产品的全部原材料和零部件，必须通过市场购得原材料和部分部件进行生产和装配，生产资料市场得以繁荣；在消费领域，城市人口迅速增加带来消费品消耗的增长。于是，一批大型商店涌现出来，广告业也得到了迅速发展。商业的繁荣刺激了工业设计包括包装、广告设计、产品设计和展示设计的发展。

3. 艺术潮流的影响

20 世纪初是绘画史上现代流派营垒迭起的时期。各种流派从宣言到行动风起云涌，标新立异。现代派的出现，其社会原因极其复杂，从根本上说不外两个方面：一方面，现代工业与科学进步，大大开阔了人们的视野；另一方面，社会的急剧变化以及社会矛盾的复杂化，给艺术家深深的刺激及深重的精神压力，人们感到孤独、惶恐，认为客观世界不可把握，于是反过来到主观世界中去寻求创作出路。现代绘画各流派有自己的艺术主张，表现形式各不相同，但也有共性：如摒弃对物象的写实描摹，着力于主观情感的表达；对绘画形式因素如构图、色彩、线条、材料做深刻细致的探索等。就画面而言，现代绘画创造出许许多多古典绘画无法比拟的境界，有不少开拓出新的美的意境。20 世纪初几个绘画流派如立体主义、未来主义、抽象主义、构成主义和风格派等给予设计很重要的启发。

二、德国工业同盟

1. 德国工业设计的兴起与德国工业联盟

19 世纪前半期，德国还是一个分散成许多联邦小国的落后的农业国，出口农产品、进口英国工业品，工业化几乎比英国晚了一个半世纪。1871 年，德国统一成德意志帝国，依靠煤炭资源发展产煤业与煤化学，1875 年，世界科技中心从英国转到德国。1880 年，德国工业发展速度超过英国，1895 年，德国各行业产品产量超过英国而成为欧洲头号工业强国。

为了赶上欧洲工业强国，德国把向英国学习作为发展工业的国策。1896 年，德国把普鲁士内阁规划厅官员穆底修斯派往驻伦敦的德国使馆担任文化专员，专门学习英国的先进技术。1907 年 10 月 6 日，在穆底修斯的指导和组织下，一批艺术家、企业家和技术人员组成了具有历史意义的工业设计组织——德国工业联盟，穆底修斯担任联盟会长。德国工业联盟“通过艺术、手工艺的协调，以及对有关问题的教育宣传和表明态度，以提高工业产品为目的，联合艺术家、企业家、手工艺师、销售商人来提高德国工业产品的质量，并且企图与他国展开有利的生产竞争。”（转引自利光功《包豪斯》）

德国工业联盟的成立在设计史上具有重要意义：

（1）这是艺术与工业的第一次自觉联合。它不同于英国莫里斯主张的那样，将日用品设计当做艺术创作；也不同于新艺术运动那样，不关心社会经济发展只考虑产品风格的革新。而是要求艺术家与企业家协调合作，共同开创国家工业的新局面，这是一种积极参与社会改革的现实主义态度。

（2）联盟第一次宣称，设计必须以大生产为基础，承认机器可以创造出美的产品。这样，自 19 世纪中期所提出的“艺术与技术的统一”的命题，其内涵不再是艺术与手工艺的统一，而是艺术与现代科技的统一了。

1914 年，德国工业联盟在科隆举办了工业艺术与建筑展览会，展出了各种机器生产的工业品，强烈展现了机器的性格。展览会建筑本身也作为新颖的工业产品参加展出。

但是，推广新的设计观念并不是一帆风顺的。在这一年的科隆年会上，穆底修斯与设计元老凡·德·维尔德之间爆发了一场关于标准化的论战。凡·德·维尔德承认设计中技术因素的重要作用，承认机器生产的优越性，但对于产品标准化是否会带来美感持有怀疑态度。他说：“艺术家从本质上讲是热情的自我表现者，决不会屈从于任何规则和原则……个人的艺术才能，以及尽力去追求美的欲望和信心，是不可能用标准化来抑制的。”而穆底修斯的意见与此相反，他说：“联盟的所有活动都倾向于标准化，只有通过标准化，它们才能重新获得那种在协调一致的文明时代中所具有的普遍公认的重要性。只有通过标准化……把众多的力量集中起来，才能引进一种为人们所普遍接受的、确实可靠的艺术趣味。”

2. 贝伦斯

在德国现代设计中，贝伦斯有着特殊的贡献。1903 年他被聘为当时德国最大的电器集团——德国通用电气公司 AEG 的设计师。1907 年他为公司设计了涡轮机工厂的厂房。这所厂房以多边形大跨度钢屋架建造了开放的大空间，为新建筑作出了示范，被称作第一座真正的现代建筑。他还为公司设计了电水壶、电扇、电灯、电暖壶、电钟等一系列电器。这些产品中虽还可以找到一些传统产品的影子，但工业语言已占绝对优势。像电扇的基本造型一直被沿用至今。他的设计标志着当时德国的设计已占世界领先地位。贝伦斯的贡献还在于他的设计事务所培养出一批有创新精神的青年设计师，其中包括格罗皮乌斯、米斯·凡·德·罗和柯布西埃，他们在贝伦斯指导下，将德国设计推向新的境界。

三、包豪斯和柯布西埃

1919 年由格罗皮乌斯在德国建立的包豪斯学校是现代主义真正确立的标志。这所学校从 1818 年建立到1933年关闭一共14年，但它所确立的现代工业设计的基本原则——在大工业基础上实现艺术与技术新的统一，它所奠定的工业设计教育构架以及它所创建的现代主义设计风格，都对世界工业设计以后几十年的发展有着深远的影响。它所培养的一代人才是以后开辟世界工业设计道路的最富生气的力量。包豪斯被称为“现代设计的大本营”、“现代设计师的摇篮”。

1. 格罗皮乌斯和包豪斯的历程

格罗皮乌斯于1908年至1910年在贝伦斯设计事务所工作，后来加入德国工业联盟。第一次世界大战后，柏林组织了“为艺术的劳动会议”，格罗皮乌斯也活跃其中。会上大力宣传“艺术必须和民众形成统一，艺术不再是少数人的赏心乐事，它应成为大众的喜悦和生命”。值得注意的是，在建筑之下统一其他造型艺术，被当做这次劳动会议的主题。这个思想不久便演化成包豪斯的精神宗旨。

1919年德国魏玛地方临时政府决定，将魏玛艺术与手工艺学校与魏玛美术学院合并，任命格罗皮乌斯为校长，并接受格罗皮乌斯的提议，把学校定为“魏玛国立包豪斯”。“包豪斯”（BAUHAUS）一词的意思是“建筑之家”。4月1日，包豪斯学校正式成立。

1919年至1925年是包豪斯的“魏玛时期”。格罗皮乌斯克服经费缺乏、校舍狭小、队伍配备不全以及社会舆论不理解等等困难，带领师生员工艰难创业，开辟出艺术课程与工艺技术课程相结合的崭新的教学途径。1923年夏包豪斯成立4周年之时举办大型展览会，展出了学校的教学计划、基础课程作业和各车间的实习作品，还有一部分教师的设计产品。产品有单纯明快的几何造型，适用于工业品批量生产，表现出工业时代的新的美学观念，引起了欧洲各国的强烈反应。在展览会开幕时，格罗皮乌斯作了题为《艺术与技术的新统一》的讲演，并发表了论文《包豪斯的理念与组织》。文中将技术一词作了新的诠释，它是指现代机器技术：“包豪斯将机械作为现代的造型手段，追求与机械的协调一致。”这个提法较创办时的包豪斯宣言中所强调的手工艺大大前进了一步。

尽管包豪斯展览会取得了巨大成就，但社会上的反对势力并没有停止对学校的攻击。1924年，右派政党加紧了对包豪斯的迫害。他们以经济问题、艺术倾向问题和政治问题等莫须有的罪名加害包豪斯，使格罗皮乌斯于年底不得不公布了解散学校的声明。1925年，格罗皮乌斯带领一部分教师来到德索，10月份，德索包豪斯正式开学。

德索包豪斯基本继承了魏玛的办学传统，但也进行了一些改革。学校承认：包豪斯首先是一个专业教育机构，同时也是一个真正的生产事业体系。

由于社会上反对势力的继续活动，并以莫须有的罪名迫害包豪斯，1933年7月包豪斯宣布结束。格罗皮乌斯和包豪斯的一些骨干教师先后辗转去美国，对40至50年代美国工业设计的发展作出了很大贡献。

包豪斯培养出一批杰出的现代设计人才，同时也出现了一批优秀的设计产品。布鲁尔设计的钢管椅——“华里西”椅和S形钢管椅，其结构单纯紧凑，造型轻巧优美，完全不同于传统家具式样；华根费尔特设计的台灯，勃兰特设计的台灯、吊灯和金属餐具，全由几何元素构成，至今仍在生产使用；米斯·凡·德·罗设计的靠椅——“巴塞罗那”椅，简洁轻盈，仪态大方，是现代家具的经典作品。包豪斯的一位学生马克斯·比尔二次大战后在德国主持了乌尔姆造型艺术学院，一般都认为那是包豪斯学校的后继者。

2. 包豪斯的意义

米斯·凡·德·罗在总结包豪斯历史经验时说：“包豪斯是一种理想……这种理想是包豪斯对全世界进步学校所产生巨大影响的原因。包豪斯学校是不能再重复了，但这种理念却永存于世。”这种理念或意义可以概括为以下几点：

（1）真正建立了使艺术与现代机器生产相结合的工业设计体系，在理论和实践上确定了工业设计这一体系的作用、工作范围和工作方法。

（2）建立了与工业设计相适应的一套完整的教育体系。

（3）树立了一种以机器生产为技术背景的现代主义美学观和艺术风格。

但包豪斯也存在着一些局限性：它以几何化的简洁形体来反对形式主义的虚伪装饰，但又陷入以几何形取代一切的形式主义；包豪斯强调不模仿因袭传统，但对历史传统过分排斥，导致产品千篇一律，缺乏温暖感。但总的说来，包豪斯开创了工业设计的历史性道路，它的意义和地位是永存的。

3. 柯布西埃

在现代主义运动中，与格罗皮乌斯有着同样影响的还有瑞士建筑师柯布西埃。柯布西埃 1910 年曾在贝伦斯事务所工作，同事有格罗皮乌斯和米斯 · 凡 · 德 · 罗。1923 年，柯布西埃发表了题为《走向新建筑》的书，热情主张创造表现新时代的新建筑。柯布西埃无条件拥护机械化、标准化大生产，他说："房子就是住人的机器。"意思是房子像机器一样，首先由住人这个功能所决定，并应该纳入大规模机械化生产。

柯布西埃的成就主要在建筑方面，但他对产品设计和室内设计也有一定的贡献。

四、美国的现代主义设计

1. 美国工业设计的商业化道路

美国的设计概念从一开始便与欧洲不同。美国文艺理论家爱伦 · 坡曾在《家具的哲学》一篇短文中写道："我们没有贵族血统，因此我们不可避免地形成一种性格：我们将自己塑造成金钱贵族，我们的财富便是君主国家的纹章。"这相当准确地道出了美国设计商业化道路的特征。

从 19 世纪最后 20 年到 20 世纪初，美国通过电力技术革命迅速实现了工业化。美国在电力、钢铁、汽车、石油化工、航空、无线电通信等方面都处于世界领先地位，世界科学技术中心由欧洲转移到美国。1890 年，美国成为世界第一经济大国。经济的发展带来消费市场的繁荣。巨大的消费市场带来各厂商间的竞争，制造商自觉重视产品的艺术形象以促进销售。因此，美国在 20 世纪 20 年代便走上了"艺术的商业化与商业艺术化"的道路。1925 年纽约大都会博物馆馆长巴赫在博物馆内陈列了 1 000 多件日用工业产品，用来说明他的观点：20 世纪的视觉媒体不应再是油画和雕塑，而应该是批量生产的消费品。另一位新泽西博物馆的馆员丹纳在 1928 年更是著文将设计的意义说成是"活生生的经济"，"艺术是现钞价值"。当时的美国设计并没有像欧洲那样经过严格的理论探讨，只是信奉"卖得出的便是好产品"，其风格追求奢华、折中、装饰性和"女性口味"。

1929 年到 1933 年，资本主义世界发生了一场特别严重的经济危机。贸易空前萎缩，失业人口剧增，商品大量积压。当时的美国总统罗斯福采用了英国经济学家凯恩斯的一套理论，认为要解除经济危机，主要办法是扩大消费和投资。美国经济学家直言不讳地说："美国的消费者期望每年有更新更好的产品问世……我们希望一件产品在没有用烂之前就抛弃它，这是历史上任何社会没有的宝贵品质，这便是美国的生活方式。"这个理论的直接影响是：美国市场推销活动蓬勃兴起，广告宣传、推销员上门，邮购业务十分活跃。大部分美国工业设计师都是从广告设计或展示设计起步的。著名设计师德雷福斯说："设计是不说话的推销员。"鲜明地道出了美国设计商业化的特点。

与商业化设计密切相关的是，美国是首先出现真正独立意义上的职业设计师的国家。在美国，设计师的工作首先是应付市场竞争需要。如 1926 年，美国通用设计公司为了与福特公司竞争，聘请了 10 位设计人员，组成"艺术与色彩部"，设计出一种比福特"T"型车更美观舒适的廉价车，上市后不久，便迫使生产了 20 多年的福特"T"型车在 1927 年 1 月停产。福特厂又加紧设计步伐，于同年 10 月推出新型号的"A"型车。这些设计师的工作目标完全是为了本厂产品的竞争胜利，与企业的效益紧紧相连，称为职业性驻厂设计师。由于设计师的作用崭露头角，美国的许多工商企业都需要设计师为他们工作，但不一定有力量成立公司设计组织。另一方面，一些活动能量很大的设计师感到自己有能力扩展业务范围，宣称设计的领域是"从火柴盒到摩天楼"、"从口红到火车头"，他们开办"设计事务所"，承接工商企业的设计业务，他们是自由职业者，称为职业性自由设计师。美国的 20 世纪 20 至 30 年代，涌现出一批出色的自由设计师，如盖茨、德雷福斯、梯格尔和洛威，他们为美国现代主义设计的发展作出了巨大的贡献。

2. 美国的职业设计师

• 贝尔·盖茨（1893—1958）

贝尔·盖茨于1927年开设了美国第一家设计事务所，被称为是“第一个感觉20世纪潮流的美国人”。盖茨在平面设计、橱窗布置、展览陈列、工业产品设计中首先开展市场调查。他提出的工业设计程序的理性化和商业化特征非常鲜明，奠定了现代工业设计程序和方法的基础。

• 梯格尔（1883—1960）

梯格尔1927年为伊斯曼·柯达公司重新设计了袖珍照相机，外观是时髦的流线型壳体；1936年他又为柯达公司设计了“特轻型”相机，外观为折叠式流线型壳体，挺拔的水平条纹，镀铬的镜圈和取景器，突现了相机的高贵感和精密感，为柯达公司赢得了声誉。1923年梯格尔为美国瓦斯机具公司设计了家用燃油暖炉，他使暖炉的造型焕然一新，美观大方，投产后销售量增加了3倍。梯格尔的产品设计尽管主要出于商业价值考虑，但很注意用外部形象显示产品的性格。

• 德雷福斯（1902—1970）

德雷福斯的著名设计作品是1930年为贝尔公司设计的电话机。在设计中他运用了人机工程学理论，赋予产品合理的造型，使它一直沿用至今，成为经典性的台式电话机造型。德雷福斯坚持一件产品必须由内向外进行设计，使产品不至于因“赶时髦”而丧失科学性，这是与美国当时许多其他设计师的不同之处。

• 洛威（1893—1986）

洛威是美国最具有代表性的工业设计家。他对商品经济高度发达的美国有着强烈的感受，在为梅西百货公司设计橱窗时，一改原先塞得满满的陈列方式为精心布置数件商品的方式，获得社会的赞许。1929年他在美国开设了设计事务所，同年为英国复印机制造商盖斯泰纳公司进行了复印机改造设计。这个设计使洛威一举成名。1933年洛威为可口可乐公司改进了字体标志。他的设计简明醒目，深红底色，白色字体，流畅而活泼。字体下面有一条波纹曲线，造成一种延续和变化的效果，使可口可乐标志名声大振。1934年他设计的电冰箱又获成功，使电冰箱年销售量在5年内从15 000台提高到275 000台。这台电冰箱的造型基本模式至今没有太大改变。1935年洛威为铁路公司设计了流线型蒸汽火车头，由于减少了阻力，火车提高了速度，降低了能耗。同时他又为“灰狗”公司设计了流线型“灰狗”长途汽车。40年代前后，他为斯蒂贝克公司设计了豪华舒适的轿车。第二次世界大战期间，洛威致力于军工产品设计。战后他与75个国际公司建立了委托关系，设计了无数项目，年营业额达到9亿美元。据50年代的一次统计，有75%的美国人每天至少接触一件洛威设计的产品。60年代起洛威担任了美国总统顾问，曾参与肯尼迪座机“空军一号”的设计和城市规划、高速公路设计。70年代后他还参与美国宇航局的宇航舱设计，减少了舱内的控制开关，使宇航员增加了安定感。由于洛威在设计方面的成绩卓著，美国的《生活》杂志将他在1929年开办设计事务所列为“形成美国的100件大事”中的第87件。

洛威的设计原则是合理性和商业性的结合。产品要有内在的功能合理性和科学性，但决不能忽视其商业价值和顾客口味。洛威说：“我不曾记住一个纯粹的设计形式。”表明设计风格要随市场需求而不断变化。他遵循“最先进，但也能被接受”的设计哲学，是美国商业化设计的典型反映。

3. 式样主义与流线型设计

从美国20世纪20至30年代的设计总体来看，它的发展规模对现代大生产的影响，以及对市场销售的推动，为工业设计的完善起了不可低估的作用。为此，我们将它归入“现代主义运动”的世界潮流之中。然而应该看到，美国的设计思想与欧洲尤其是包豪斯的设计原则是大相径庭的。包豪斯注重设计的社会道德意义，用理性主义的观念去探索产品功能、形态与技术的内在联系；而美国注重的是设计的市场意义，用实用主义的观念去探索产品与市场销售和大众口味的关系。人们把美国20世纪30年代的设计称为“式样主义”。式样主义信奉“凡是销得出去的式样便是好式样”，不顾产品的实用功能而改变外表，推出一种新的外形来使产品更新。这是一种纯商业竞争手段，许多商品每年变换一种至数种型号，造成现有商店的“过时感”，这种人为缩短商品寿命周期的做法在美国称之为“有计划的废弃”，此词虽出现于50年代，但实际上在30年代已在部分实行。最能说明式样主义盛行的例子，是30至40年代的流线型。

流线型原是根据流体力学原理研究出的一种类似纺锤体的曲线形状。流线型的物体在空气或水中受到阻力较其他形状为小。20世纪初到30年代，欧洲和美国的工程师在设计汽车、飞机和轮船时都采取流线型，并取得很大成功。但流线型的过度运用，使它渐渐越出原先的功能意义而成为时髦的代名词，其形状也不限于纺锤形而扩展成一切连接平滑的圆弧形和曲线型。尤其值得注意的是，流线型不仅用在运输工具方面，也用到非运动产品的电冰箱、洗衣机等产品，甚至于一些日用小产品如皮鞋、帽子、钢笔及订书机上。这种流线型的滥用完全出于商业上的考虑：以新奇的时髦取得顾客的好感。在30年代后期，流线型受到了批评。

可以想象，对流线型的批评最早不是出于商界而是出于文化界。建于1929年的美国现代艺术博物馆是以收集陈列现代设计产品著名的，但博物馆主任拜尔对流线型设计并不以为然，他认为，流线型是荒谬的，批评洛威“对时髦盲目关注”。1937年，包豪斯的大师格罗皮乌斯、米斯·凡·德·罗、纳吉和布鲁尔等远涉重洋来到美国，带来包豪斯的思想，美国原有的式样主义和流线型开始衰落。

第三节　工业设计的成熟

一、工业设计发展的新起点

1. 科学技术的发展

20世纪40—60年代是世界科学技术迅速发展的时期，第二次世界大战中各国都投入大量精力研制新式武器，武器的研究给科学技术的发展带来了强烈的刺激，像电子、通信、合成材料技术等在战时用于军事，到战后纷纷转入民用，给设计带来新的生机。人们努力研究战士与武器的协调关系，促使人机工程学学科的完善，到战后人机工程学广泛用于工业设计。在20世纪50—60年代科技更有新的进步，出现了半导体和集成电路，使电器、电话、收音机等家电设备普及到每个家庭。

2. 消费与市场

第二次世界大战后到60年代的资本主义世界，社会消费群体也起了极大的变化，在战前，西方社会尤其是美国的主要购物者是家庭主妇，她们有限的社会经验和活力范围使她们在购物时偏爱“时髦”和华丽装潢，重感情而少理性判断。战争结束后，一代有较高文化水平和比较经济实力的“中上阶层”崛起，他们并不喜欢过分的装饰和时髦，而保持着对理想生活的周密思考。一方面，他们追求科学合理的生活环境，尽管他们不一定了解包豪斯和设计的发展史，但对于功能合理、设计严谨的产品表示欢迎；另一方面，他们又讲究生活环境的艺术性，喜欢具有文化意味的商品。一般地说，中上阶层崇尚简洁：“美国设计的高标准便是简洁，上层人士的家具和服装，无论是古典的还是现代的都很简洁，上流社会认为装饰似乎是不必要的，但下层贫民却很喜欢装饰……他们希望用表面装饰来显示产品结构的窘迫和材料的低廉，同样理由，一些经济地位不稳固的人们，希望产品有较大的体积，以向别人显示自己殷实稳定。”这样，中上阶层的消费意愿便成了50到60年代设计的主导。

这一时期市场销售变化也是影响设计的重要因素。50年代西方生产力得到恢复和发展，市场竞争空前激烈，终于导致市场经营观念的一场革命：以消费者为中心，以市场为导向的消费者主权思想开始形成。

3. 工业设计的成熟

20世纪50至60年代，是工业设计成熟的时代，其主要标志是：

（1）工业设计经过20至30年代欧美各国的理论探索和市场实践，到了50年代，已从“艺术与技术的结合”、“设计是不说话的推销员”等简单的公式中解脱出来，成为包含技术因素、人文因素、美学因素和商业因素于一体的科学。意大利50至60年代著名设计师赞诺索说："过去，设计活动一向被看成是艺术与技术、文化与生产、经验表现与实际探索等两方面的平衡发展，现在，这种二元论的观点有必要突破了，在现代工业社会中设计需要有巨大的不断变化的技术、科学和人文科学的支持，除了创造能力以外，设计师必须有一种特殊的能力来把这些不同因素和知识加以综合。"

（2）工业设计与企业进行密切联系，形成启动经济的有效机制。

（3）工业设计引起各国政府的重视和关心，成为发展国家经济和贸易的重要支柱。英国在1944年成立了"工业设计委员会"，德国于1951年成立了"造型顾问处"，丹麦成立了"丹麦家具生产质量管理委员会"和"丹麦工业美术与工业设计协会"，日本于1957年成立了"日本设计促进委员会"。1957年国际工业设计协会联合会在伦敦成立，标志着工业设计已成为一项世界性的重要事业。

二、西方各国的工业设计概况

1. 美国的功能主义

20世纪40年代至50年代，是美国工业设计从式样主义转向功能主义的时代。1937年，受到纳粹迫害的包豪斯设计大师格罗皮乌斯、布鲁尔、米斯·凡·德·罗与纳吉等辗转来到美国，带来了包豪斯的现代主义思想。还值得一提的是位于密歇根州的克兰布鲁克艺术学院，到1936年集中起一批有才气、有设想的青年教师，他们为40至50年代的设计发展作出了重要贡献，以至人们把克兰布鲁克学院看成美国的包豪斯。

由于欧洲移民的来到，更因为战争带来原材料和劳动力的缺乏，要求设计必须结构简洁，工艺简易。这导致40年代美国设计中功能原则的大大加强。许多军需品的设计完全突出功能性，形式简洁明快，不仅在战时十分适用，到战争结束后也为人们所喜爱。在这样的背景下，1940年，纽约现代艺术博物馆新主任诺耶斯提出了一个"优良设计"的标准："优良设计无时无地不表现出设计者的审美能力和良好的理性，这里没有任何添枝加叶式的装饰，产品应该表里一致。"他的后继者考夫曼更进一步说："人们以为现代设计的主要目的是加快销售，销售量大即是优良设计，这其实是一种误解，在设计中，销售只是一段插曲，有用才是最重要的。"这个"优良设计"的标准几乎成了40至50年代国际型的设计标准。

美国50年代的设计取得巨大的进步，与两个重要因素有关。一是美国现代艺术馆极力促进、宣传先进的设计观念，从1950年至1955年，他们与芝加哥商会协作，连续举办了两年一度的优良设计展览，旨在推崇形式与功能完美结合、不花哨的设计风格。二是企业与设计师的密切合作。

2. 英国政府对工业设计的扶植

英国是世界工业设计的发祥地，但自19世纪末以来，英国失去了世界工业经济和工业设计的领袖位置。第二次世界大战使英国经济受到了严重破坏。在战争后期，英国开始意识到一旦战争结束，必然出现一场国际贸易竞争，产品设计将显示越来越重要的地位。英国工业联盟和英国商会分别向当时的战时联合政府提出建议成立工业设计机构的报告，1944年政府批准了这两份报告，由英国贸易部成立了一个官方组织——工业设计委员会。这个机构的职责是：通过广泛的社会接触，来调动设计界、商业界和社会各界对设计的热情，以及促进政府的工作。

与欧美大多数国家不同，英国的工业设计是在政府的直接扶持下发展起来的。这个做法一直坚持至今。1982年，英国首相撒切尔夫人在唐宁街10号首相府举办工业设计讲习班，她指出：无论是现在还是未来，设计工作的重要性要超过她和政府的工作。接着，工业设计国务大臣透露，政府打算对设计委员会的基金作实质性的增加。他说："整个生产过程必须服从设计师的旨意，生产原料、生产方式甚至工厂设备的布局必须服从设计师的指挥。在生产办公室中，设计师是新产品开发、生产发展和市场决策的关键人物。不仅政府部门，而且我们每一个人都应该有充分的准备，来使人们懂得设计的意义。"

3. 德国的新功能主义

德国是现代主义设计的诞生地。尽管希特勒上台后，设计曾一度推行新古典主义风格，但在二次大战结束后，德国设计界很快继承了战前现代主义的设计传统。这集中表现在乌尔姆造型学院的诞生。

乌尔姆学院筹建于 1950 年，1951 年至 1956 年，该学院院长——当年德索包豪斯的毕业生在回答“什么是优良设计的标准”时说：“优良设计必须做到产品的形式和功能之间取得和谐的统一。”从这样的观念出发，乌尔姆学院坚持一种造型教育和机械教育并重的教学方式，他所设计的产品有着冷峻、利索的造型，体现出数学般的准确性。

1956 年乌尔姆学院进行了课程改革，取消了传统的艺术课程和工场实习课程，添加了数学、数学逻辑、社会学、文化史、信息科学和方法论。这样，形成了一套建立于科学技术基础上的现代设计教学体系。这是一种严格的理性化工业设计新体系，它将包豪斯的思想在新的社会和技术条件下理论化、系统化。在这个体系指导下，乌尔姆的作品表现出更为明确的功能性和严谨简洁的几何形态，人们将它称为“新功能主义”。

乌尔姆大力提倡教学与企业的合作。最有成效的合作要数学院与布劳恩电气公司的合作设计。公司总结出布劳恩的设计原则，这个原则现在印在每一件布劳恩公司产品的说明书上：“布劳恩的哲学是，毫不动摇地追求制作和设计的极度完美，我们的整个系统都避免无意义的粉饰，我们依靠先进技术和创新来实现理想。在布劳恩，设计是人机工学、功能和美学的等值，不仅在家庭里，还应在生活中做到形态、表面处理和肌理的完美结合。”布劳恩的产品不折不扣地体现了这个原则。如布劳恩的电动剃须刀，其金属网按小孔大小分成十多种规格，分别适应细胡须、粗胡须、软胡须、硬胡须等，可以按消费者的不同需求调配。这种周到的设计和制作使产品的质量无懈可击，布劳恩成为世界销售量第一的名牌产品。

布劳恩的成就与拉姆斯的贡献是分不开的。拉姆斯进入布劳恩公司后，30 年来约设计了 500 件产品。他提出“少设计是好设计”的口号。他说：“一件工业产品的美学需求是简单、谨慎、忠实、平衡和消除障碍”，“去掉一切不需要的东西，使重要的东西得到强化。”

拉姆斯和布劳恩公司一般不强调产品的时尚性，但认为产品的造型应该逐步变化。变化的根据之一是技术的进步：“我们不把外形看作设计的终点……今天的某些新技术和微电子之类，可能使人感到陌生，这种情况下，设计便成为把设计传导给使用者的途径。设计师把技术转化为产品，使用者对产品会感到方便、亲切和容易接受，这也就是产品外形魅力的意义。”变化根据之二是符合人们的心理习惯：“产品有它的心理功能，它必须能通过设计形态来说明自己，而且必须与使用环境相适应。”因而，布劳恩产品也在谨慎地变化。50 年代，产品呈轮廓分明的矩形，60 年代当人们对于德国工业复兴恢复信心之后，乐观情绪有所增长，产品也出现了弧形和柔和轮廓；60 年代以前，产品多用浅灰和白色，70 年代转为无光黑，80 年代后，拉姆斯又选用一种“水晶灰”。

布劳恩公司的另一个贡献是创造了“产品家族”的概念，开创了系统设计的先河。

一直以来，德国产品以无比优良的内在质量获得了全世界消费者的信赖，它那严谨、简洁、真诚的设计风格在世界市场上独树一帜，成为设计领域的强手之一。

4. “意大利轮廓”

意大利设计追求的是把现代生活需求与文化意识相结合，把功能的合理性、材料的特点与个性化的艺术创造统一起来，尤其是将当代抽象雕塑的某些特点融合在产品形象之中，形成一种由平滑曲面构成的富有魅力的产品形象，这种形象出现在 20 世纪 50—70 年代意大利家具、塑料制品、家用电器、办公设备等产品上，由于形象个性鲜明，在国际市场上被称为“意大利轮廓”。

意大利的小汽车设计在欧洲汽车设计中颇具特色。“菲亚特”小型汽车自 50 年代不断发展，它一贯坚持小型车身、耗油低、造型小巧、线条柔和流畅的特色，在欧洲和国际市场上具有强大的竞争力。相反，意大利的赛车却以豪华、高速和惊人的外形魅力著称于世，其中最为著名的是“法拉利”。

意大利的企业十分重视设计师和他们的工作。许多重要的公司都与设计师有着极好的联系和配合。米兰三年一度的设计大赛，于战后 1947 年第一次开始举办，1954 年米兰百货公司设立了“金罗盘”奖，于 1967 年开始归工业设计委员会举办，成为世界权威的工业设计评奖机构之一。这对意大利的工业设计起了不小的促进作用。

5. 北欧设计阵营

在国际设计领域中，北欧国家（瑞典、丹麦、芬兰、挪威等）的设计颇具特色。它们将民族手工艺传统与现代生活需求相结合，创造出一种既富民族情感又符合现代生活方式的风格。第二次世界大战以后，北欧设计在保持基本特色的前提下继续发展，在世界市场上获得更广泛的影响，形成一个与美国、意大利、德国相抗衡的工业设计阵营。北欧设计风格的形成有其特殊的自然、历史、社会和经济原因。除丹麦外，其他三国森林面积都占国土的60%以上，木材储藏量丰富；在19世纪它们都是农业国家，手工业发达，传统手工木家具以及丹麦、瑞典的陶瓷，挪威的银器，芬兰的玻璃工艺都闻名于世。工业革命以后，北欧的现代工业生产发展速度并不快，而且多数是中小型工业，自然而然形成手工业与现代工业相结合的体制。20世纪30年代，在"包豪斯"和现代设计潮流影响下，北欧吸收了它注重功能的原则，形成了一种北欧式的"有机功能主义"。北欧四国政府都很重视工业设计，在瑞典，有一个促进产品设计质量、普及设计知识为目的的组织——消费者协会，瑞典的中小学中设有家具课程，使他们从小熟悉本民族家具的特征。

北欧现代家具设计始于20年代的丹麦，1947年设计的坐椅，造型优雅纯朴，椅背用麻栗木自然弯曲成型，是现代手工家具的代表作。在瑞典，设计师玛森把手工家具传统与对人体的生理研究结合起来，他设计的椅子都经过严密的数学和力学计算，其基本结构是用成型的木架蒙上软垫，架在弯曲的由多层胶合板制成的椅腿上。这类椅子很快在欧洲流行，被称为北欧家具的典型。

北欧的工业设计成果还表现在玻璃工艺、金属器皿和灯具设计等方面。

北欧的工业设计在世界市场和各类设计展及比赛中取得了令人瞩目的地位，对世界各国产生了极大的影响。

第四节　工业设计的繁荣

一、新技术革命时代的时代特征

1. 新技术革命的特征

20世纪70年代以来，30多年中产生了一系列新兴科学技术，如微电子技术、生物技术、太空技术、海洋技术、新材料技术、新能源技术等。这些新兴科学技术很快地运用于生产和生活领域，对社会产生了巨大影响，人类社会开始进入新技术革命阶段。新技术革命的特征可以归纳为如下三个方面：

（1）信息化。微电子技术的进步，使信息技术与通信技术相结合，把世界联成一个整体，从而得以适时地处理和传递各种情报。在信息社会里，战略资源是信息。将有更多的人从事信息工作，而不是商品生产。

（2）分散化。生产技术和管理的自动化，使工厂规模和产品批量缩小。部分人员可以在家中通过电脑终端办公。人们闲暇时间的延长，使家庭成为多种智力活动的场所。

（3）知识化。劳动技能主要不是靠体力，而是以智力和知识为基础。工作人员既要有一定的生产经验和劳动技能，更要有丰富的知识。

新技术革命会对未来社会带来什么后果，许多学者围绕着粮食、能源、科学技术、生理学、社会学、心理学等方面展开了广泛的讨论。有的西方学者持乐观态度，像美国的托夫勒认为新兴科学技术是新兴工业的基础，它孕育着人类文明的"第三次浪潮"，它强调多样性，使生产者与消费者重新合二为一，它强调人类与自然和睦相处，它为人类创造新的能源结构，利用可再生性能源，因此"第三次浪潮"能够解决人类面临的困难。但也有一些学者持悲观态度。一个有世界影响的学术团体"罗马俱乐部"于1972年发表了一个研究报告《增长的极限》，认为加速工业化、快速的人口增长、普遍的经营不良、不可再生的资源耗尽以及环境的恶化如果再继续下去，地球上增长的极限在今后100年中有朝一日会发生。所以必须改变这种增长趋势、建立稳定的生态和经济条件，以支撑未来的世界。这两种观点从相反的侧面提出了对未来社会的设计模型，对工业设计的发展方向有重要的指导意义。

2. 消费市场与价值观

- 消费市场

20 世纪 50 年代末至 80 年代，世界商品市场急剧膨胀，广告业铺天盖地发展，成为一种对全社会生活方式和生活方向的重要导向。一代战后出生的婴儿到 70 年代成为具有相当社会地位和经济实力的社会阶层，他们是主要的消费群体，对消费趋向起决定作用。这代新人与他们的父辈有着截然不同的价值观和生活方式。他们讲究消费，崇尚新潮，他们并不过分追求产品的耐久性，而对廉价、易购、便于更新式样的产品更感兴趣。他们有一定的文化修养，对经典文化艺术有所了解，但不以它为权威。他们同时热爱通俗音乐、广告艺术等“大众文化”，对一切有文化价值的事物兼收并蓄。更为突出的是，新的消费者对于产品的象征功能十分注意，希望产品能鲜明地表现自己的个性。这就要求设计者为他们提供更多品种更多规格更多款式的产品，市场因此向着多层次的、更为灵活的方向发展。

- 价值观变化

长期以来人们一直对科技进步持肯定和积极态度，但事实上科技的发展并没有使人们获得一个令人满意的生活方式。相反，人们却生活在一个竞争加剧、动荡不安、危机四伏的世界里。一些哲学家和伦理学家对现今社会的矛盾作了分析：越来越细的分工使人在劳动中从事的是一些“单调无聊的”“翻来覆去的”动作，这种劳动“把整个的一个人变换成一种工具，或者说变换成一种工具的某个部分”。人成了物，“它失去了自己支配自己运动的原则，使人的本能受到压抑和歪曲。”消费水平的提高的确满足了人们的物质需要，但“人们把追求外在的物质欲的满足作为生活的全部内容”，人只是为了商品而生活，变成了物的奴隶，人本来的天性泯灭了。人的生活千篇一律，物质和商品控制了人的生活内容，造成了人性的压抑。

这种现况的出路在于一定要唤起人的自我意识，恢复人的主体性。人的活动应是物质和思想、客观和主观的统一。人的自我意识应是能动的、创造性的，它使个人把自己主观的东西和外部客观的东西视为同一，从而自觉去改造自身和外部现实。

3. 设计概况

20 世纪 70 年代以后，世界工业设计出现了多元化发展的趋势，各种不同的设计组织、设计思潮涌现出来，产品风格流派不拘一格，百花齐放。自从 20 年代现代主义运动以来，人们一直希望找到一个永久性的设计原则。功能主义曾在几十年中被看做是唯一科学的设计原则和风格，但到 70 年代，它的弱点逐渐暴露出来了，并受到了批判：“在西方文化中，功能主义是一种困难时期的文化……功能主义导致产品的品类千篇一律，并企图在生产和需求之间形成一种最佳的适应关系。而一个繁华社会的制造商所遵循的恰恰是相反的原则：用各种产品堆积在人类生活的四周，造成一个新奇的眼花缭乱的环境。这样，对功能主义的批判便很可以理解了，它把超级市场的新奇浮华与苦行主义式的功能性的满足割裂开来。”

从 70 年代至今，世界工业设计的主要潮流大致有以下几种：

（1）以微电子为代表的高技术渗入设计领域。它大幅度扩展了产品的功能，出现了许多前所未有的新产品，给人类的生存活动带来极大的便利与舒适；高科技的采用引起产品外观革命性的变化，产生了全新的产品形态；在设计过程中采用了高科技，使工业设计完全摆脱了手工劳动，大大提高了设计的自由度。

（2）对设计目标的社会意义加深了认识，设计自觉承担起适应人们价值观变化的社会责任，逐渐超越单纯的使用合理或促进销售之类的目标，向着提高生活质量、创造理想的生活方式、体现人生价值的方向前进。如设计中注意到人与物的和谐配合，体现对不同素质群体不同需求的尊重，体现环境保护和生态平衡意识等。

（3）设计中对于产品人文因素的重视，设计活动更加自觉地考虑社会、经济、文化的影响。符号学、行为学等人文学科直接渗透到产品设计中，更强调产品形态的认知作用、象征作用、联想作用和隐喻意义，提升着设计的人文精神与人文价值。

二、日本工业设计的兴起

1. 战后日本经济的迅速发展

在历史上，日本是一个资源少、灾害多、人口密、山多岛多、交通不便、远离工业发达国家的穷国。但从1868年明治维新开始，用了70年时间，完成了从农业国向工业国的转换。第二次世界大战以日本军国主义彻底失败而告终，日本经济因此在战后濒于破产，工业产值只有战前的20%。

1955年日本工业水平和人均收入恢复到战前水平。从1960年到1998年，日本国内经济总值每年以高过8%的速度增长。1992年日本人均产值为22 879美元，超过美国。

在40多年中，日本由落后的战败国一跃成为世界经济大国。其起飞的原因有：

（1）从外部条件来看，美国在战后大力扶植日本。为了抑制前苏联和中国力量的增长，美国持续给日本以经济援助，仅1974年一年中，美国给日本的援助达4亿美元。这些资金几乎全部用于工业建设上，提供了日本恢复发展的经济基础。

（2）着眼于技术引进，奉行“技术立国”的政策。日本首先组织人员努力学习、引进世界先进技术，而后全力消化、吸收、改进，开发自己的技术和产品。从1950年到1973年，共花了43.6亿美元，引进21 863项外国技术，占世界首位。日本在引进外国先进技术的过程中，不是单纯地搬用现成技术，而是十分注意综合各种技术成果，提出“综合就是创造”的思想，并使之成为技术开发的重要指导思想。

（3）重视应用技术与设计。日本的企业界人士深深懂得：技术的最后受益者往往是利用该技术制成产品而且质量和成本都优于他人产品的人，因此特别重视提高市场竞争能力的应用技术和设计，在离产品最近的地方下工夫。如半导体技术是1948年美国贝尔电话研究所发明的，在20世纪50年代初制成了半导体收音机。但因成本过高、成品率太低而进不了市场。1952年索尼公司去美国考察，一年后引进了该项技术，组织近千人进行研究，终于制成低价半导体收音机投入市场。而后又制成半导体电视机、录音机、录像机、洗衣机等。日本用半导体技术制成电子表挤占了瑞士手表市场，制成的“傻瓜”相机挤占了德国照相机市场。1968年日本川崎工商社买来美国机器人技术，经过改进于1972年在国内生产，1978年返销美国。

（4）在部门敬业意识教育的基础上，形成一套日本式的管理方式。所有企业通过忠于职守的敬业教育使每一个企业成员自觉将企业利益放于至上地位。管理工作科学有序、高效合理。企业鼓励员工参与产品质量管理，鼓励员工多提革新建议。管理中最重要的内容是质量监控体制，它除了与奖金紧密挂钩外，更与企业荣誉精神紧紧联系。高质量的管理方式保证了日本产品在世界市场的良好声誉和竞争力。

（5）在工业体制方面日本采用了大小并举的双轨制，大型企业与一群小企业密切合作，小企业为大型企业生产产品的一些部件。1969年统计，有50%的制造工厂和80%的商店，其雇员只有1至4人。这种大小合作的体制使大型企业具备了一定的灵活性，大大有利于设计的发展，因为生产可以摆脱“标准化”“大批量”的束缚，有利于新产品试制和款式的及时更新。

2. 战后日本工业设计的发展

日本现代设计观念萌生于20世纪50年代初的学术界。当时，美国和欧洲两种对立的设计思想都传入了日本。1947年日本举办了“美国生活文化展”，在介绍美国生活方式的同时也向日本人民介绍了美国工业设计及其在生活中的应用。1951年，日本政府邀请美国工业设计权威雷蒙德·洛威来日本讲学，带来了系统的、高度商业化的美国设计观念。另一方面，一位从1948年至1949年在《工业艺术新闻》工作过两年的评论家胜见正流努力在杂志上介绍英国“优良设计”和包豪斯理性主义的设计观念，并引入了不少关于设计的书籍。

1952年，日本工业设计家协会（JIDA）成立。1957年，日本官方的“工业设计促进委员会”设立了工业设计奖励体系——给优良设计冠以“G”字记号。1960年，在东京举办了世界设计大会，这是国际设计界的一件大事。进入60年代，日本设计界开始广泛参与国际活动，著名日本工业设计师荣久庵宪司担任了国际工业设计协会主席。

20世纪50到60年代，虽然学术界和政府在推广工业设计观念方面做了不少工作，但设计的实效并不显著。大多数公司认为，设计是工程部门和生产部门的任务，他们几乎不聘用设计师。日本货在国际市场上依然是“便宜、仿造、低等”的形象。但索尼公司、本田公司与日本铁路局等成立了设计部门或聘请著名设计师进行产品设计。

索尼公司和本田公司在设计上获得了巨大的成功，他们一开始便自觉将技术发明与高水平的外观形象相结合，赢得大量消费者。它们的成功启发了许多重要的高技术制造企业，60年代以后，它们纷纷建立公司的设计队伍，并与工程部门保持密切联系。

70年代的石油危机使日本小型汽车在国际市场上获得了竞争胜利。日本工业设计从实践中更趋成熟。丰田汽车公司提出，设计是“使人的需求与机器的条件和谐起来”。夏普公司提出，设计的格言是“将易于操纵置于首位”。并指出设计队伍的另一个任务是构想未来的生活，也即创造未来的生活方式，创造消费者的需求。索尼公司的设计体系更为成熟，它包括了一整套从构思、开发、模型、试制、工程设计到制定销售战略、广告战略的大系统。索尼的设计任务不是利用现成技术来提高产品附加值，而是从根本上创造新产品。这是与欧洲大部分竞争对手的不同之处。

20世纪80年代日本的设计上升到更高的地位。大企业在设计上投入越来越多的资金。1983年索尼公司投入生产总额的10%，佳能公司投入生产总额的7%~8%。佳能的口号是“生产无缺点的产品”。理光公司的口号是“有人的感觉的技术”。理光公司与索尼公司都着力研究不同消费群体的文化背景，并以此来设计不同的产品。比如，索尼公司对英国出口的电视机，用的是木贴面机壳，对德国出口的则用金属外壳，对意大利出口的则用塑料外壳等。

日本的工业设计已成为日本国家工业发展战略中不可分割的重要部分。在如何处理工业设计与日本传统工艺的关系这一问题上，日本采用“双轨制”的政策。在现代工业产品设计中，完全根据现代人生活的需求进行设计；另一方面，对一些传统手工艺如传统服装、用具、园林等，采取保护的政策。在不影响现代生活方式的条件下，某些设计也可以借鉴传统形式，如灯具、家具、印染、商品包装、室内布置等，在处理传统与现代的关系方面，日本是世界上取得较为成功的国家。

3. 日本电器电子产品的设计特点

战后日本制造业发展的重点是光学、仪表和视听产品，如手表、照相机、磁带录音机、半导体收音机、电视机等。选择这些产品作为重点的原因是：从国内来说，战后日本生活方式欧化，因保姆佣金过高和住房过小，中产阶级不愿雇用保姆，自己动手进行家务劳动，家用电器需要量激增；生活水平的提高使家用文娱设备需求增加。1964年奥运会在东京举办，随即带来了“电视机热”，到80年代每个家庭都有2~3架电视机。1985年以后，新一代青年消费阶层出现了，他们成家时，不仅要拥有电冰箱、洗衣机、吸尘机、电饭锅，还希望有空调和电灶。从国际市场来说，日本缺少资源，不得不进口原料，只有大量出口成品才能维持经济平衡。自20年代日本就提出“不出口，等于死”的口号，到50年代，国际市场的竞争形势变得更激烈，电器电子产品体积小，便于大量生产出口；它们的新技术含量高，附加值高，只要保持一定的先进性，便容易在竞争中取得优势。因此，日本的一些电器电子产品品牌，如“东芝”、“日立”、“索尼”、“山水”、“精工”、“佳能”、“尼康”、“奥林帕斯”、“美能达”与“理光”等成了出口货单上的重要产品。

日本电器电子产品的设计基本上可以代表日本设计的特点。日本设计的特点是不断变化。以时间顺序，可以分为4个阶段：

（1）仿造时期。20世纪50年代前的产品主要仿造欧洲和美国战前的电器产品。日本从工业化开始便制定一条称为“蛙跳”的仿造政策，希望通过仿造来学习西方先进技术。像收音机明显是仿英国 E. K. Cole公司的产品，日本第一架照相机是仿德国“莱卡”35 mm小型照相机。50年代的产品开始自行设计，但风格完全是美国式的——到处用镀铬嵌线来装饰，这是美国底特律（美国汽车工业中心）的产品风格。许多产品不管什么功能都罩上一个类似流线型汽车的外壳，这是美国的“式样主义”。收音机、电视机、冰箱都用镀铬嵌线和亮闪闪的旋钮，这是卡迪拉克汽车的风格。

（2）小型化时期。20世纪50年代后期至60年代，索尼公司从美国引进半导体技术，开始了电器的小型化。这是战后日本出现的第一个设计特征。小型化是设计与技术紧密合作的结果，它既利于出口时增加批量，也适应国内较小的居住面积。其中最典型的是计算器，它可做到薄如一张卡片或装在手表上。小型化带来的问题是过小的体积在销售时难以产生足够的视觉冲击力，应付办法是在销售点上强调它的小巧和轻便。索尼公司1987年的单枪三束电视机在设计上用方形构架显示它的轻与薄，收到很好效果。

（3）高技术时期。70年代以后，由于技术的发展，电器产品再也不归属于家具、室内装饰或雕塑一类，而明白表示它是一种“设备”，一种装在一个扁扁的金属盒中的十分复杂的技术产品。最方便有效的设计办法是：让使用者的视线集中到它那旋钮和拨盘的细节上。这类设计常用于录音机、立体声音响、激光唱机及录像机上。它们并不是告知顾客这设备如何容易操纵，相反，它要使顾客感到他是在买一件具有高度复杂技术的精密产品，要具备相当知识才能操纵此种设备。70年代早期的日本视听设备有着精妙的缎面磨砂金属表面的复杂的仪表板，使人感到它仿佛是某种宇航飞行器的驾驶设备或某种先进的新式武器操纵台。

（4）生活化时期。80年代后，随着自动化技术的进步，产品变得更为方便灵活。“傻瓜”相机、索尼公司的“随身听”收录机的出现，使产品向追求现代生活方式的青年一代敞开了大门。青年人不仅要求产品利索灵巧，还希望产品能在形式上表现他们的个性。设计师将注意点从生产技术转向社会，努力研究青年心理，因此产品有了较大变化。开始更多地运用塑料，生产鲜艳多彩的外壳，开创了日本设计“后现代”的时代。随后，一大批柔性的、色彩轻盈的电器电子产品相继问世。1985年，松下公司进行了有意义的“未来设计”活动，将面包烤箱、食品混合器、榨果汁器、煮咖啡器都设计成富有幻想的曲线形态，与其说是高技术产品，不如说它犹如儿童积木。

当今日本的电器电子产品在外观和内在质量方面都与欧美不相上下，甚至胜于欧美。日本创造了它富有个性的设计事业，在战后的经济成功中发挥了关键的作用。

三、设计伦理的发展

1. 设计的伦理精神

自20世纪70年代以后，由于自然环境和社会环境发生了一系列重要变化，引起了一部分正直、进步的设计师对设计目标的反思。人类对自然资源无休止的攫取遭到了自然的报复；能源、污染、人口、交通等问题接踵而来，使人们看到了工业化除了使社会富裕之外，也给人类社会带来了一些危害自身的灾难。要是设计仅仅是为了推销产品和刺激消费，让人们无止境地陷入对物欲的追求之中，人就变成了物的奴隶，人性不是变得越来越美好，而是一步步丧失殆尽，因此，必须重新认定设计的目标。它应使人的身心获得健康发展，造就高洁完美的人格精神。这样，人们将设计与人道主义精神自然地联系了起来。1973年由帕帕纳克所著的《为真实的世界而设计》出版，书中阐述了设计师必须具备的社会道德意识，号召设计师再也不要沉湎于设计“成人的玩具”，而应真正关心人类问题，如残疾人问题、第三世界问题、生态环境问题等。此书引起了相当大的影响，在欧洲开展了“为需要的设计”的运动。80年代，美国工业设计协会（IDSA）发起“杰出工业设计奖励赛”，其宗旨便是“有益于消费者”。具体地说，是功能更直接、掌握更方便、显示更明了、使用更有趣以及更利于消除公害。1991年美国当代最负盛名的工业设计、理论家普洛斯应邀来中国，他在讲演中说：“既然设计的受益者是广大公众，那么设计师必须为公众负责。没有哪个设计师会故意加害公众，但由于城市生活的高度密集性和行为的不可选择性，任何设计的失误都会导致公害。如不适当的玩具损害儿童的心理或生理，不适当的生活用具伤害使用者或加剧环境的恶化等。设计师每一种重要的发明，都明白无误地改变着人们的生活方式。”这些新的理论建树，将以往美国的商业化设计理论和欧洲的功能主义设计理论远远抛在后面，表达了设计事业崇高的社会责任。

2. 设计概况

在设计为促进人的身心健康发展、为造就高洁完美的人格精神这样的崇高目标指引下，20 世纪 70 至 90 年代的一部分设计表现出种种良好的趋向。

（1）为各种特殊群体提供特殊的设计服务，出现了为儿童、残疾人和老年人的特殊设计。如瑞典的“Ergonomi”小组为那些手的活动有障碍的残疾人设计的餐具，把手做得异常之大，并有辅助设备帮助把握切割食物；美国设计的吹气控制器让使用者以嘴吹气代替手指控制，使双手有行动障碍的人照样可以操纵各种机械设备。

（2）在设计中更自觉更细致地运用人机工程学，不仅在产品的整体设计中运用人机工程学原理来分析产品形态的合理性，还在产品的一切细部设计中深入研究与人体的生理和心理感觉的适应关系，从而产生种种前所未有的合理形态、肌理和环境。另一方面，从自然界生命体中获得启示，设计出符合自然法则的新一代产品。德国设计师柯拉尼所倡导的“生命设计”和他的一系列形态仿生的设计成果，是这方面的最好例子。

（3）认真考虑环境保护和生态平衡问题，尽量选用可再生性能源和材料。如开发太阳能、风能、海浪能源，多用棉、麻等植物性材料；在设计时必须事先考虑产品未来被废弃时应易于处理和回收。如尽量避免采用多种材料，以便产品将来可以回收利用；选用废弃后能自然分解并为自然吸收的材料。80 年代以来，各国都努力进行“生态设计”的实验，即以闭路循环形式，在生产过程中实现资源的充分和合理利用，使生产过程符合生态学的要求。

四、后现代设计

1. 后现代设计理论

“后现代”一词是相对现代主义提出的。后现代之“后”不仅指时间顺序，而且有着对现代主义观念进行反叛的含义。

自“包豪斯”成立以来，现代主义设计原则强调功能合理、造型简洁，以其科学性和民主性得到普遍赞同。然而到了 20 世纪 70 年代，随着发达国家科学技术的迅猛发展，也即随着所谓“后工业社会”的到来，社会结构和人的思维亦发生了巨大变化。新一代设计师开始怀疑现代主义理论的永恒性，他们认为现代主义过于理性化、机械化，导致产品千篇一律；现代主义忽视人的个性发展，缺乏人情味和艺术趣味，变成阻碍设计进步的藩篱，必须扬弃。美国建筑理论家、建筑师和设计师詹克斯在 1977 年写了《后现代建筑语言》一书，书中描述了近十年在建筑界和设计界出现的新动向，在肯定现代主义建筑对世界的贡献的同时，指出它在引导人们走向更美好的生活和设计的社会化方面失败了。詹克斯将 1972 年 7 月 6 日美国密苏里州圣·路易斯一个现代主义板式建筑群被爆炸拆毁定为“现代建筑死亡之日”。1986 年詹克斯又写了《什么是后现代主义》一文，文中指出后现代主义倾向于强调创新中的文化符号和隐喻意义，他提出了“双重译码”的新概念，认为后现代的设计语言，应能为社会上两个不同层面的人们同时接受，使专家们能理会其深邃的意义，而普通百姓也能感到它的可爱之处。这些理论首先在建筑界广泛地传播开，以后又影响到设计界。

2. 后现代设计种种

“后现代”不是一种流派，也没有明确的统一宣言，各家的设计风格很不一致。用后现代作为总旗号而各树一帜的流派名目繁多，以下择要略作介绍：

- 波普设计

后现代设计的兴起与 20 世纪 50 至 60 年代美国和欧洲的波普艺术思潮有很密切的关系。波普艺术是对 40 至 50 年代美国的“抽象表现主义”的批判，波普派认为抽象表现主义把艺术带进主观的、以自我为中心的境地，使艺术与生活环境相脱离。艺术应面对生活，面对“机械文明”和“消费文明”，主张把所见所知的生活环境以大家熟悉的形象表现出来。他们宣称，在任何物体中都可以发现艺术品和艺术的价值，因而，他们将生活中最不起眼的物品搬上作品。波普作品中充塞着生活中司空见惯的可口可乐瓶子、易拉罐、打字机等，曲折地反映了对工业社会千篇一律乏味生活的不满。波普设计首先反对50至60年代那种追求完美、整洁、高雅的设计倾向，这一派的室内设计、家具设计与工业产品设计往往采用一些与任何传统式样无关的形式，涂上鲜艳明亮的色彩，造成一种大众化、市民化的风格。瑞士的帕尔逊在1972年将不同色彩、不同风格的壶、杯、盘凑成一套茶具，有故意破坏统一感的意味。波普风格的产品因过于古怪，又是单件产品，是无法持久和影响市场的，但它对设计的启发颇大，引导了对设计应具备文化和社会意义的探索，可以看成是后现代设计的先声。

● 意大利的“激进设计”

激进设计是20世纪60年代出现的意大利设计潮流，它的基本倾向是反对理性主义设计观，强调在产品设计中更多地融入艺术家的个人风格和文化意味。由于它反对当时社会公认的功能主义原则，故自称“反设计”。60年代末是意大利政治动荡的时代，罗马、都灵、米兰和佛罗伦萨的一群设计师接受了美英等国“波普”艺术、超现实主义的影响，提出了带有叛逆性的“反设计”口号。他们设计的产品形状古怪，不能显示明确的美学原则。70年代末，激进设计进入后期，其代表性组织是米兰的阿契米亚画廊。这个组织将日常平庸的产品经过一番装饰变化，使其表现出崭新的美学趣味。阿契米亚称之为“再设计”。他们在帽子、鞋子、柜子、椅子等现成产品的表面上用超现实主义、抽象主义、立体主义、波普绘画作品的局部或碎片进行装饰，造成产品与装饰的尖锐矛盾。阿契米亚正是追求这种破坏性的情味，来引起人们对理性设计原则的怀疑。这些作品在视觉形象上并不成功，但表达了努力将现代文化意识渗入设计的欲望。阿契米亚的兴趣一直停留在文化活动的层次，他们把设计看成是一种主张，一种概念，而不是生产活动，这是他的局限性。80年代以后，这个组织逐渐消散。

● 高技和超高技设计

高技设计和超高技设计是20世纪70年代以后在设计界出现的两个既有联系又互相对立的设计流派。它们的探讨热点都是在设计中如何对待日新月异的高技术，所不同的是前者采取了乐观态度而后者采取了悲观态度。高技术本来是现代建筑上的一种风格，它主张用最新材料如高强钢、硬铝、塑料、镜面玻璃来制造建筑结构和房屋，高技风格的建筑经常把装配式的钢构架坦率而悦目地暴露于外，使人感觉有一种精确的机械美感，最具代表性的是1976年建成的巴黎蓬皮杜国家艺术与文化中心。它的楼板、隔墙、门窗都可以自由装卸，将必须固定的电梯、水电、空调系统的管道都安装在幕墙之外。70年代末，高技术进入设计领域。与建筑相比，高技设计更强调语义上的含义，即将大工业的造型语言转移到日常生活用品中去，在新的环境中形成一种不调和因素，从而产生新的美感。美国的金斯曼设计的轻便椅，用工业上极普通的打孔铝板进行模压，喷上红漆作椅背的椅面，用镀铬钢架作椅腿，造型干净利落，极富现代感。

80年代末，针对高技设计对技术的炫耀推崇，出现了一种对立的异化流派——超高技。它站在批判对技术盲目乐观的立场上，将技术当作一种图形符号，加以揶揄和嘲弄，并寄托一种对逝去时代怀念的感情。如德国的“肯斯福勒”设计集团在1981年设计了一组“树形灯”系列，它将橡木树干剥去树皮，涂上艳丽的色彩，安上荧光灯管。这组怪异的灯具将独木舟时代和新技术时代的特征混合在一起，也许隐喻着当今大自然（树木）的命运。“超高技”在设计舞台上只是昙花一现，80年代末销声匿迹。但它提出了一个严肃问题：面对技术发展，我们应该如何考虑未来的生活目标和方式，这是令人深省的。

● 索得萨斯和“曼菲斯”

意大利设计师索得萨斯，是当今国际公认的后现代设计主将。他在20世纪50至60年代是一个冷静的功能主义设计师，1981年他召集了一群不满30岁的青年设计师，在米兰成立了新的设计组织——“曼菲斯”。

“曼菲斯”宣称他们没有固定的宗旨，因为他们的本意就是反对一切固有观念。他们认为：整个世界是通过感性来认识的，并没有一个先验的模式。“曼菲斯”认为，产品功能也不应是绝对的。索得萨斯说："当查理·伊姆斯设计出他的椅子之时，他其实并不是设计一把椅子，而是设计一种坐的方式。也就是说，他设计了一种功能，而不是为了一种功能。"在批判了狭隘的设计观念以后，"曼菲斯"树立了新的产品内涵，即产品是一种自觉的信息载体，具有一种语义上的意义。这样的动机，使"曼菲斯"的设计尽力去表现各种富有个性的文化意义。

"曼菲斯"一般不到传统艺术中去寻找过去曾用过的语汇，而试图通过直觉感受来发现新鲜语汇。他比较推崇的美学准则，是所谓"畸趣"精神。这是一个音译，其含义大致是浅显、新奇、炫耀、时髦等："曼菲斯"的作品尽力表现各种富有个性的情趣和天真、滑稽、怪诞、离奇等，它的设计产品在市场上数量极少，价格昂贵，但它对设计所产生的影响是巨大的。80年代后期开始，在灯具、家用电器、时装等设计领域风行起五光十色、绚丽多彩的轻快风格，构成青年一代喜爱的"大众文化"，强烈地影响着当代社会的生活方式，这中间便有"曼菲斯"的影子。

- 后现代古典主义

在后现代设计师中，有一批人对古典式样十分感兴趣。他们对古希腊、古罗马、中世纪哥特式艺术，文艺复兴，19世纪的巴洛克、洛可可艺术，19世纪的新古典主义，直至本世纪初的几位设计师如英国的麦金托什、奥地利的霍夫曼和洛斯等的理论和作品都表现出异常关注。但设计师们并不愿意复古，他们乐于把传统艺术中的一些手法和细节，当作一种语汇，用到新产品中去。这种运用和吸收不拘形式，可以脱胎换骨，也可以生吞活剥，甚至是可以加以戏谑。

后现代设计出现至今不过20年左右时间，它力图追求产品的文化意义，但它不注重产品的使用功能，甚至妨害产品的使用功能，这多少有形式主义之虞。对于发展中国家来说更有其不相适应之处。但它对传统设计观念产生冲击，使设计突破了原有的狭隘框框，扩展到语义学、符号学等学科中去．更多地注重人与产品、人与环境的有机交往，这是有积极意义的。

注释：

① 本章根据朱孝岳的《工业设计简史》缩写，特向朱孝岳先生表示谢意。

第四章　工业设计发展的新阶段

新世纪开年，国际工业设计联合会（ICSID）关于工业设计的2001年的新定义（下简称《2001定义》）与"2001汉城工业设计家宣言"（下简称《宣言》），以更宽广的视野与更深刻的思想，向世界传达了工业设计的崭新的含义与对人类文化所产生的巨大影响。其对历史使命的解释，更表达出工业设计在新世纪中承担的人类文明建构的责任。这给国际工业设计界特别是中国工业设计界全面理解工业设计提供了两份深刻的极有价值的研究文本。

从设计发展史看，工业设计的概念不是僵化、一成不变的，而是随着社会的发展不断向前推进：从大工业生产时代的对产品的装饰，到现代主义的功能至上，以及后来各种在形式与功能间徘徊的设计运动……，工业设计从初期对造型的关注向造型背后隐含的更深层次的方式设计和功能设计的全方位关注的发展，直至对人的生存与生命的关注。这种从对物的关注发展为对人的关注，从对人的审美需求的关注发展到对人的生活、生存和发展的关注，体现了工业设计发展的深刻的人文性与文化性。

第一节　走向更新的概念

——工业设计将不再是一个定义"为工业的设计"的术语；

——工业设计应当是一个开放的概念，灵活地适应现在和未来的需求。

——引自《2001汉城工业设计家宣言》

自"工业设计"一词进入中国以来，设计界与社会对"工业设计"的理解大多由字面意义切入："工业的设计"、"工业领域的设计"、"为工业的设计"等，即在工业领域之内针对工业产品的设计。

严格地说，这一理解在工业设计进入中国大地的初期是无可指责的，即使在今日把"工业设计"主要指向"工业"也无可厚非。毕竟它是主要指向工业，而非手工业；是主要指向工业领域，而非其他领域；是指向工业社会，而非农业社会；是指向工业产品，而非艺术品……更主要的是，工业设计的概念正式萌发于工业社会的开端、工业化产品生产的初期。因此，在这样的时代背景下，将设计冠以"工业"一词修饰实不为过，"工业设计"的由来正是基于上述原因。

但是，设计史告诉我们，工业设计的概念并非僵化并一成不变的，而是随着社会的发展不断向前演进：从最初的大工业生产条件下的产品装饰，到随后的现代主义、后现代主义在功能与形式之间的徘徊，以及后来人机工程学、工程心理学等的加入，一直发展到今天的物质化与非物质化产品的文化设计。工业设计概念的这一种变化，我们可将之描述为：工业设计由产品的表征设计为发端继而发展为产品本质意义的设计，由形式的纯审美设计发展为人的生存方式的设计，由对产品形式的研究发展为对产品使用者——特定社会形态中人的行为方式及需求的研究；由对物的需要研究发展为对物、对精神双重需求的研究。在这一过程中，工业设计逐渐完成了由对"人—物"间三个层面关系中最表象的审美关系的关注，到对人的生存与发展的意义及对人的生命、人的理想的关注，由对物的关注到对人的关注的过程。

简言之，在今天新的时代背景下，工业设计所涉及的更多的是设计对象的设计理念、思想、意义、价值等领域的探讨和研究。而这些所谓"理念"、"思想"、"意义"与"价值"，无一不是与人有关，无一不是与人的目的与理想密切相连！因此，现时期工业设计就必须从设计的理念、思想、意义与价值等领域出发，进行概念的界定与描述，而不再是以设计对象的特征进行界定。事实上，设计对象由物质产品向非物质产品的延伸，即宣告了工业设计不再是“为工业的设计”。

比如作为非物质产品的服务经济产品的设计，就属于不是“为工业”的工业设计。今天或将来，也许因为交通和环境承载能力的问题而无法实现人人拥有自己的一辆汽车的愿望，但是却可以通过“拼车服务”来实现共享汽车的目的。来自 Nokia Research 的 Stephan Hartwig 和 Michael Buchmann 的研究报告，称全世界有超过 5 亿辆个人车辆，这些车每年行程有 5 万亿千米。如果假设这些行驶中的车都空有两个位置，而假定每个座位每公里的收费为 5 分欧元，那么这些空位潜在的价值达 5 千亿欧元。如果不加以利用不仅是金钱的浪费，也是资源的浪费。移动设备（例如手机）可以设计成为拼车（ride-sharing）服务的工具。未来以手机为主的移动网络，将极力帮助实现类似共享汽车、共享交通的这种交通方式。这种新型交通模式的设计，不是“为工业的设计”，也不是“为工业产品的设计”，而是“为生活的设计”。这个设计也不再是视觉审美的设计与操作方式的设计。这一种设计所体现的意义更多的在于通过革新人的出行方式而改变人们的某种生活方式，从设计思想上体现了人们对环境的责任。

工业设计的概念是动态的、发展变化的。工业设计的发展从过去对工业产品造型的关注发展到今天对人的生存方式、人的价值以及生命意义的关注。这种发展体现出的人类对自身设计行为认知的深刻性，是工业设计这门学科具有生命力的标志。对于工业设计这样年轻的学科而言，不断的发展与渐进，是完全正常的，也是必须的。工业设计概念的发展同任何一个学科的发展一样，必然经历从表象到内容、从方法到理念、从感性到理性、从经验到科学的过程。

我们可以这样认为，工业设计概念的发展，即从早期以工业设计研究对象的特征为前提的概念界定，到《宣言》表述的工业设计的思想、理念的本质属性为前提的概念界定，体现出国际设计界对工业设计认识的深化。在未来，工业设计的概念还将发展，但我们相信，它仍然不会将概念的界定建立在设计对象的范畴区别上，而是建筑在以“设计对象—环境（社会环境与自然环境）—人”这一系统的最大和谐为目的、寻求设计对象的解决方案这一基础之上。这里的“设计对象”，就是一切人造事物（或人工事物）。未来的工业设计将直接指向人类发展的终极：人的自由与全面发展。因此，工业设计这一名词确实已经不能准确地表达出它的本质含义与内容，而极易使人产生误解。但是，在没有一个更恰当的词来代替“工业设计”之前，我们只能把它当成一个约定俗成的符号看待：这一符号的能指与所指的关系仅仅是约定俗成的，而不是像标志那样，能指必须反映出所指的意义。正如我们一直把汉字符号的“人”，通过约定俗成的方法与实际中的人联系起来。实际上，作为符号系统的整个人类文化，也是依据约定成俗的、而不是必然的关系，构筑起整个意义世界的。

第二节　走向人的尊严

——工业设计应当通过将“为什么”的重要性置于对“怎么样”这一早熟问题的结论性回答之前，在人们和他们的人工环境之间寻求一种前摄的关系。

——工业设计应当通过在“主体”和“客体”之间寻求和谐，在人与人、人与物、人与自然、心灵和身体之间营造多重、平等和整体的关系。

——我们，作为伦理的工业设计家，应当培育人们的自主性，并通过提供使个人能够创造性地运用人工制品的机会使人们树立起他们的尊严。

——引自《2001 汉城工业设计家宣言》

科学技术的飞速发展，设计的某种“异化”现象正以隐蔽、深刻的方式出现。人类设计的产品在“解放人类四肢甚至头脑的同时，也在增加人类工作的生理负担——疲劳度不断增加，活动量大为减少，人们变得更习惯于久坐，虽然身处‘最新设备’的环境之中，却频频发生一连串疾病。这些‘病态产品’使人渐渐失去了与自身的自然状态所应保持的平衡性，人类被自己所制造、使用的理应为我们服务的产品所扭曲、贬低甚至失去了尊严。以伦敦为例，大约有50%的现代化办公环境是不符合健康工作标准的，有98%的人脚不同程度地被鞋子扭着或者身体活动乃至姿势受‘时装’约束，电脑及其显示屏不惜降低设计水准，花里胡哨，键盘排列和形态也与双手无关”。

设计的异化现象，表现出人与物的地位的倒置：本来人是物的主人，人是物的绝对指挥者，但在诸多产品面前，人往往处于服从地位。因此，重申设计的目的与本质，重建人在产品面前的尊严，在现代工业社会是十分必要的。当技术飞速发展带给我们更多的文明可能时，我们反而需要更为清醒：在新的文明不断到来的时候，人的地位不是在提升反而在降低。

自然科学的实质是回答“事物是怎样的”，设计科学则回答“事物应该是怎样的”。人类对自然科学不停地探索，目的就是要探求大自然各种事物的本来面目，了解这些事物的客观规律性——“事物是怎样的”。设计科学则是解决这些事物本“应该”怎样，这“应该”两字，体现了人的愿望、人的要求、人的企盼。因此设计就是将事物改造成“应该”是什么样的状态，使事物能满足人的愿望与要求。

如果说技术回答“如何造一个物”这样的方法论的问题的话，那么设计则回答“造一个什么样的物”这样一个与人密切相关的设计本体论的问题。

因此，科学与技术，解决的是自然事物本身的内容与规律，以及“如何造一个物”的方法问题，这一个造物的方法只涉及客观事物的规律性而不涉及人的问题。设计学则解决人对物的希望与价值问题。

显然，在自然科学与设计科学的关系中，先解决“事物是怎样的”自然科学问题，然后回答“事物应该是怎样的”。在技术科学与设计科学的关系中，必须先解决“造一个什么样的物”的设计问题，然后由技术科学解决“如何造一个物”的方法问题。可见，在人类造物活动中，必须把“造一个什么样的物”这一问题放在“怎样造一个物”的前面，才是造物的科学态度。正如“造一个什么样的桌子”始终要摆在“怎样造一个桌子”问题的前面。

在人类文明史上，人类的造物技术水平较低时，造物的方法成为人类关注的重点，是不足为奇的，因为只有迅速提高造物的技术、解决造物的方法，才能让更多的人拥有产品，享受到现代工业的文明。在现代工业社会，造物的技术与与方法，已经能保证社会公众都能从工业化生产方式中得到想得到的产品。因此，造一个能满足人的各种需求的物的问题就成为现代社会人类造物行为首先必须回答的问题。当然，技术的发展与人性的需求是以互动的交叉方式，即不断地满足与不断地不满足的方式交互发展。特别是当设计从生产中分离出来成为一个独立的造物策划行为后，就使得“造一个什么样的物”成为“怎样造一个物”这一“早熟”的问题之前首先必须回答的问题，这就是所谓的“前摄”关系。缺少这一“前摄”关系，现代的造物活动就是一种无目的的行为。

多年来，我们的设计在造物功利性的强大力量推动下，将造物活动直接推向结论性回答，即绕过“造什么样的物”而直接指向“怎样造物”。这样的设计必然会导致设计与人、设计与生活的脱离，而造成人的异化，人与产品的对立。

设计的重点不是设计了什么，而是针对人在生存与发展进程中产生的种种要求，设计能满足什么。因此设计产生的物是一种“手段”，而物能满足什么则是“目的”。设计的根本在于对人的关怀与尊重，其目的是为人提供选择的多种可能性，将人从各种规定性中解放出来，建立起人与物、人与自然的和谐关系。人与物的和谐关系就是人通过物的驾驭呈现自身的尊严。

设计通过产品传达着对人最深切的关怀，如此的设计正是通过对“为什么”的反复思索而诞生的，设计师就是为这个前摄性问题的解惑而存在的。设计师被赋予“意匠”的称谓，注定不是在物质实体形式中踯躅的，唯有对设计“本源”的追寻与领悟才是设计的秘要。

工业设计历经对技术的关注、对形式的关注，现在进入了对主体的关注，标志着工业设计正从视觉的层面进入思维的层面，从客体的层面进入主体的层面，从作为手段的科学层面进入作为目的的、表明人的智慧的哲学层面，这正是工业设计一步步走向“成熟”的标志。

把人当作人，这是我们在前面强调过的工业设计的文化性的基本体现，也是工业设计伦理的基本出发点。

图 4－1　变形自行车：让初学者更安全

设计师斯科特·希姆在教他 4 岁大的儿子骑两轮自行车时，发现几乎每次减速孩子都会摔跤，于是他决心发明一种更好的训练工具。他设计的这种变形自行车，当骑车人的身体前倾的时候即加速时，重心的转移会带动一条张力带，使两个后轮合二为一。而当车速慢下来之后，两个后轮的顶部会向内倾斜，形成一个稳定的“A”字，避免自行车的倾倒。工业设计就应该智慧地解决人们生存活动中存在的问题。

工业设计家如何通过设计“培育人们的自主性”？什么是人的“自主性”？

“自主性”就是人在物面前必须确立的“主体性”与主体地位。就人与物的关系而言，在物面前，人始终是主体。这一点是在任何时代、任何产品面前必须确立的基本原则。强调这一点，目的是为了防止在高科技产品面前，在高度的自动化面前，设计使人不知不觉地异化为从属于物的角色。实际上，这一种现象已十分普遍，只不过我们并未十分清楚地意识到而已。由于对高科技的崇拜，对物的占用的欲望，使得失去主体地位的我们即使意识到这一点，也认为是自然的、应该的，“因为技术是难以改变的，而人是可以屈从的”。

“自主性”的集中体现是人的创造性。创造性是人的最基本也是最宝贵的品质。人类依靠创造性，把不属于人的世界改造成人的世界，把人与世界的关系变成相互依赖的伙伴关系。如果说，人类至今的所有文明，都是由于人的创造性，使自己成为自然的主人，创造了一个属于人的客体世界的话，那么，人类今后的创造性，则更注重地体现为人如何把自己当作人，在人类创造的“第二自然”面前恢复人的尊严、人的主体地位。

设计的伦理问题是一个十分广泛的论题，也是工业设计极富哲理的理论问题。为了人的尊严与主体地位，我们创造了许许多多的产品，并组成了人类生存的“第二自然”，为我们提供了多方面的服务。但是，在自己创造的物的面前，人又逐渐失去了自己的尊严与主体地位，被剥夺创造性而成为物的奴隶：在许多产品面前，我们只能按照产品允许的操作方式，一丝不苟地执行操作。我们也只能按产品限定的生活方式进行生存活动……。实质上，我们已陷于自己给自己设置的剥夺了创造性的非主体地位。从这一点来说，失去伦理指导的设计活动，正像失去任何理论指导的设计行为一样，是不可能成为有意义的创造活动，是不可能产生高品格的产品的。

第三节　走向生活的广度与深度

——工业设计将不再只创造物质的幸福。

——工业设计应当通过联系“可见”与“不可见”，鼓励人们体验生活的深度与广度。

——引自《2001 汉城工业设计家宣言》

走进新世纪的工业设计认为，工业设计应该渗透进人类生活的任何角度及生活背后的价值体系，使人类生活从形式到内容、从主要领域到次要领域、从“可见”的形式到“不可见”的形式、从物质到精神、从视觉的感觉到体验的感觉，都能体现出人的价值与尊严。

工业设计应该创造物质的幸福，这是毋庸置疑的。因为工业设计的对象就是与人们生活息息相关的产品。技术的发展和设计的推波助澜，使我们渐渐地产生了一种“恋物情结”——我们在电视中看到了我们原先无法直接看到的东西，从中观照出自己的影像，我们与电视的关系亲密到甚至想把电视“戴”

在眼睛上；我们通过汽车可以快速到达目的地，车与人似乎可以成为一体，我们甚至想把汽车“穿”在身上……

如果人们只是把生活的重心放在消费和享受有形的物质幸福上，就会造成对物质的过度占有和人类的非可持续发展。也许在我们身边有许多闲置的物品，也有许多寿命未终而被更新换代的物品，这也就意味着过度的资源输入和废弃物的输出，人类的可持续发展就不可能。如果工业设计只是将人类一味引向物质的享受，认为物质越丰富，我们就会越幸福，事实就会粉碎这一种幻想。比如手机可以奢华到用昂贵的材质生产，目的就是唤起人们对手机的奢欲：VERTU 系列手机（如图4－2所示）用到的材料有真皮、蓝宝石、水晶、航空陶瓷、流金（Liquid Metal）、不锈钢，手机的一面都是蓝宝石水晶，金属部分都是铂金。它就像一部顶级法拉利跑车，市价3万美元。在这里 VERTU 手机将不被看做是手机，而是身份的炫耀。

图4－2　VERTU 系列手机

如果物质的奢华成了人类穷尽一生的追求，那人类的精神家园呢？

科学的推动使得人类对自然的认识和改造不断深入，生产力的极大发展在满足人类物质需求的同时，也不断膨胀着人的物欲，人类文明的精神空间却相对萎缩。人们陶醉在五光十色的物质世界的幸福里时，却遭遇到精神世界的空虚与苦恼，比如日益发展的高新科技使我们从过去只能从纸质的书籍上获取知识、思考问题，到如今从手机到电脑，从局域网到因特网，都是我们获得信息的途径。我们获取信息的途径越来越丰富，其载体也被设计制作得越来越精致，但是我们在现代工业社会特有的“快餐文化”中渐渐失去了思想，以至于惠特曼忧心忡忡地说：“到哪里去找回我们在知识里丢失的思想？到哪里去找回我们在信息里丢失的知识？”人类在物质世界中迷失了自我，不可避免地拜倒在技术的脚下。人们追求金钱财富、物质享受，并用之衡量一切。刺激消费的大批量生产，帝皇式的品牌名称，越造越奢华的产品形式，超级的产品包装以及用完即扔的一次性产品……，我们不禁要问：在物的世界中，人在哪里？

随着社会、经济的发展，工业设计的使命从为人类创造物质幸福扩展为为人类创造物质与精神上的双重幸福。人们对产品的要求不仅仅是“可用”，而是要求在使用的过程中真正地获得人的尊严，体验到人生的乐趣，使生活更加丰富并充满意义。仅仅把工业设计看作创造物质的幸福，使得可见的部分遮蔽了不可见的部分：物质设计中“可见”的部分——造物的形式、形态、色彩、肌理等在过去常常被我们当作工业设计的全部，其实这些仅仅是物质设计中“可见”的部分，在物质设计中还有着更重要的“不可见”的部分，除了功能、操作方式等之外，还有情感和精神上的体验与满足。就是物质性产品，其设计也不仅仅是物质性功能设计，而应通过物质性的“可见”形态载体，来传递“不可见”的服务体验。工业设计不仅要创造物质的幸福，更应创造精神的满足，这就要求设计不仅仅要关注“可见”的部分，更要关注“不可见”的部分——人的精神追求。只有这样，工业设计才能成为人类一种深刻的创造活动：通过“可见”的表象联系着“不可见”的内涵，创造出“不可见”的、人类渴求的精神体验与生命意义的深远。

比如洗衣机的动力结构与人的健身器材随时可以组成一个系统，当人们愿意时，健身活动产生的能量可以成为洗衣机的动能从而实现健身活动与净化衣物两个目的的双赢。如果有这样的产品问世的话，那么，它存在的意义决不是仅仅为我们节约了洗衣机工作时的电费，而在于人类巧妙地联结了这两个貌似无关的活动，不使用任何能量而分别达到了各自的目的。这种符合绿色设计思想的健身与洗衣方式，不仅净化了衣物，得到了人体生理上的活力与健康，还收获了精神上的欢愉与满足。

工业设计有责任通过产品帮助人们深化对生活的理解和追求真正有意义的生活。人的本性归结于他生活的过程是怎样的，而不是他最终占有了什么。如果把“占有什么”的“结果”代替“生活过程”，那才是对生命意义的异化。而要消除这种异化的唯一途径是使人类回到真正的生活中去，使设计回归到人的本性。

设计“创造物质与精神的双重幸福”是将设计的深度由人的肢体的解放指向人的终极自由——体力与精神解放。所以工业设计应该创造这样一种生活上的幸福：人们不再着眼于物质的富裕，而是追求一种更加丰富、更加真实的人生体验，一种创造性的、由自己内在生命推动的生活。

究其本质，工业设计是一种理想、一种理念、一种精神与思想；同时，它又是一个具体的过程、一种方法与一种结果。《2001 定义》与《宣言》将设计的对象由物质推向非物质，由可见推向不可见，由工业产品推向非工业产品，由工业推向非工业……大大拓展了工业设计的广度；同时，《2001 定义》与《宣言》将设计的深度由人的肢体解放指向人的终极自由，即体力与精神的解放，由规范人的行为的设计推向人的创造性行为的设计，由导致工具的人的设计推向重新回归主体尊严的人的设计，由人与物的形式审美关系推向人与人、人与 物、人与自然的整体和谐关系……赋予设计以极大深刻性。新世纪的工业设计概念，其概念的开放性在于将基于设计范畴及设计对象特征的判断提升到思想、观念和精神的层面；其概念的丰富性在于《宣言》基于历史而提出了包容设计未来发展空间的命题。因此，《2001 定义》与《宣言》，作为 21 世纪开年对工业设计的新宣言，其内涵的深刻性将使它们成为人类设计史上新的转折的标志。

第四节　走向“人·物·环境”的和谐

——工业设计应当通过在“主体”和“客体”之间寻求和谐，在人与人、人与物、人与自然、心灵和身体之间营造多重、平等和整体的关系。

——引自《2001 汉城工业设计家宣言》

设计是人类为了满足自身的某种特定需要而进行的一项创造性活动，它也是人类得以生存和发展的最基本的活动。生理因素、心理因素和环境因素这三个推动人类设计行为的主要动机，不断地促使人造物的产生。一方面，人类的生存和繁衍需要“物”，也依赖于“物”的不断改进；另一方面，这种对物的依赖性又不断地纵容了人的“需要”。人和物的关系也因此而处于不断发展和变化的微妙的平衡之中。

在这个过程中，“物”所反映的就是人与人、人与物、人与环境之间的伦理关系。

我们要建立一个美好的世界，必须要有一个正确的伦理观念。这种观念完全不同于传统的观念。传统的观念把设计看成是舞台灯光，设计只是为了创造瞬间的吸引力，不择手段地迎合它的目标观众，而不管有没有长远、理智的思考。从传统的观念来看，设计没有永恒的色彩。在这个观念下，不惜一切地追求新奇，使得对表象美感的追求高于了对内在品质的追求。实际上，只要回顾一下设计的历史，我们不难看出，刻意为新而新、为异而异的设计很少有好的设计。相反，不求新不求异只求做得更好的设计，往往都是好的新设计。

设计的伦理问题已经成为设计理论中最重要的内容之一。设计中的伦理问题不仅涉及设计产品的内容，而且事关设计本身（包括动因、过程以及造成的结果）。正如著名设计师查尔斯·伊姆斯所说：“设计中总是有很多限制，而这些限制中就包含伦理问题。”虽然作为设计的限制因素，伦理问题的影响力有时还仅仅限于道德层面，未能对设计的过程和结果产生刚性的、决定性的影响，但就宏观层面来说，设计受伦理因素的限制定将成为人类设计行为的评价标准和道德规范，这一点已经越来越为人们所认同。

设计必须体现出人与人、人与物、人与环境平等、和谐与整体的关系，这就是设计伦理的主要内容。

在过去很长一段时间里，工业设计关注的只是对物的认识和创造，因为在工业社会早期，“可用”的问题是造物的主要矛盾，人们无暇顾及更深层的需求。随着对设计的认识和设计实践的深入，工业设计渐渐从对造物本身的关心转向对人的关怀，但这样的关怀还仅仅局限于追求产品的形式美，这在本质上仍然没有体现出对人性更多的思考与满足。

“人”是一切产品形式存在的依据，也是产品存在的尺度。工业设计历经了对技术的关注、对审美的关注，现在进入对主体也就是对人的关注，标志着工业设计正从视觉的层面进入思想观念的层面，从客体的层面进入主体的层面，从作为手段的技术层面进入作为目的的观念层面，这正是走进新世纪的工业设计走向逐渐“成熟”的标志。

当越来越多的产品打破人与自然界的平衡关系——产品生产过程产生的废料、废水、废气及产品的废弃物不断堆积导致严重污染地球这个人类共同的家园；为了生产产品的需要我们不断掠夺地球日趋贫乏的资源，不断破坏人类赖以生存的环境……种种生态危机使得与环境生态有关的生态哲学和生态文化开始萌发并影响工业设计。这虽然有不得已而为之的意味，但人类毕竟还是醒悟到善待自然也是善待自己的真理。人类在自然界中找到了真正属于自己的位置：人与环境必须和谐相处。环境作为设计的主要元素之一，既是工业设计的资源，又是工业设计约束的尺度。环境对工业设计的这种辩证关系，就如文化一样，成为人类生存与发展的自我相关系统。

对于人来说，任何一种产品都是人的工具，都是人与人、人与社会、人与自然“对话”的中介。作为工具的产品放大了人的能力，通过控制产品达到与周围环境对话的目的。因此，在这个意义上，任何产品都应该是人的高度灵活的肢体与器官，去做人想要做的一切。另一方面，产品又不是真正意义上的肢体与器官，它作为人以外的客体，又与人存在着一定的不可调和性，这种不可调和性又成为物控制人、影响人、反制人的一个重要因素。

物与人要取得和谐，就要赋予物以充分的人性，使得物的非人性成分降到尽可能低的程度，这既涉及已有技术的提升，又关系到物的设计的人文精神，即人文关怀。人与环境的和谐，就是人与环境的平等地位的建立。人与自然共生共荣，应成为人类认识自然、利用自然的理论起点。

图4-3　液晶显示器

这款曾荣获过IF设计大奖的明基FP785显示器从女式挎包的外形上获得了设计灵感，它的“把手”式底座设计非常抢眼，显示器的背面没有繁杂的电线，给使用者提供了一个简洁的工作空间。通过支持180°旋转倒置显示的Pivot软件，使用者可以将FP785放在桌子上或是倒挂在墙上使用。这一个设计拓展了显示器的使用方式，给使用者提供了新的方便。

人作为万物之灵，有着无限的创造性，当然也有着强大的破坏力。人作为自然之子，他的生存与发展，无法脱离环境提供的资源与环境设置的限制。人类的创造力必须置于对自然的理性认知中，使创造成为真正的创造，而不是破坏；使人的活动成为有意义的文明创造行为，而不是自我毁灭的选择。

因此，环境不再是与人的设计行为分离的要素，它是构成人的设计系统的一个重要的无法分割的母体。人与环境是一个无法分离的整体。

工业设计的这种系统观，体现出设计哲学的追求：环境在，人则在；环境荣，人则荣。

第五节　走向不同民族间的文化对话

——我们，作为人文的工业设计家，应当通过制造文化间的对话为“文化共存”作贡献，同时尊重他们的多样性。

——引自《2001 汉城工业设计家宣言》

“我们，作为人文的工业设计家，应当通过制造文化间的对话为‘文化共存’作贡献，同时尊重他们的多样性。”《宣言》中的这句话，至少传达出这样两个十分肯定的信息。

一是关于“世界文化”的认知。

《宣言》以十分肯定的态度表明，世界上存在着不同的文化，它们间的关系是“文化共存”的关系，而不是统一为一种文化，即所谓“世界文化”。尽管现代社会的发展，特别是互联网技术的发展，经济全球化已基本成为事实，技术全球化、文化全球化的讨论也正处于如火如荼中，似乎技术全球化、文化全球化即使不是指日可待，但也是在必然之中。但只要认真地思考一下，文化全球化即所谓“世界文化”是不可能实现的。因为不管社会如何变化，各民族的生存方式是不可能统一为一种模式的。既然生存方式无法统一，那么，仅仅就凭这一点，文化也就无法统一为一种全球普遍适合的某种模式，更不必说政治因素与价值体系的差异了。当然，《宣言》并未论证这一点，但却以“文化共存 ”、“文化间的对话”等这样明确的、肯定的用词，间接地传达出世界上的文化无法统一为一种文化模式的结论。

二是设计对待文化的态度。

《宣言》同样以十分明确的态度，表达设计“应当通过制造文化间的对话为‘文化共存’作贡献，同时尊重他们的多样性”。

文化是共存的，设计必须尊重“共存”的事实。但文化又必须交流。

全球文化不可能统一为一种文化模式，并不否认不同文化间的交流与互渗。实际上，不同民族间的文化一直处于不停的交流与互渗中，这种交流与互渗都使得各方从对方民族文化中吸取对自己有用的营养，发展了本民族的文化。现代社会信息交流的极大便利性，使得不同文化间的交流更为便捷与频繁，文化间的趋同性成分也不断地增加。但是，一般来说，不同文化间的差异性并不完全消灭而统一为同一种文化模式，因为这种交流无法根本改变各民族的生存方式。

因此，设计师必须以设计“创造文化间的对话”，并“尊重他们的多样性”。设计如何“对话”？如何“尊重”？最基本的一点，就是以产品使用民族的生存方式为出发点，以他们的生活模式、生活水平与行为方式等为设计原则，创造出适合他们生活的产品。

第五章　工业设计的目的和本质

第一节　产品——人与自然的中介

什么是产品？产品就是“人有意识地运用技术和技术手段作用于自然或人工自然而产生的满足人或社会需要的第二自然物”[①]。

当然，上述的“第二自然物”中的“能在两地移动的、可交换的人工物”才能称作为我们概念中的产品。

工具当然也属于产品，只不过工具是一种能够制造其他产品的产品。在一般意义上，它应该是先于相关产品诞生而诞生的。如一个台虎钳是一个工具，是加工其他产品的工具，但他它自身也是产品。因为，在我们讨论产品及产品特征等一系列问题时，这一产品是不是一种工具并不影响它作为产品存在的本质。

任何产品都是人和自然之间的中介。所谓中介，根据《辞海》中的定义，中介是“表征不同事物的间接联系或联系的间接性的哲学的概念”。[②]所谓中介，就是中间物，是两者之间的联系者。

人需要通过中介才能与自然发生联系与“对话”，产生能量交换与信息交换。之所以需要中介，是因为人的结构（主要是生理结构）无法直接地与自然进行“对话”。也就是说，人无法直接通过自身肢体去改造自然，变化自然，使自然为人使用。因此，人只有通过能放大人的结构与力量的产品与自然进行“对话”，如挖掘机就放大了人的双手与力量，代替双手挖掘泥土。任何一件产品都可以说是人的器官的延伸与能力的放大：电视机是人的视觉、听觉感官功能的延伸，使我们能身临其境地了解发生在世界各地的信息；汽车是人的下肢的延伸，依靠它，人们才有可能以每小时100多公里的速度，快速、安全、舒适地由甲地移动到乙地；计算机是人脑的延伸，使人的记忆、计算及其他种种思维的工作都可以借助它完成。

因此，人不必直接用手挖土，驱使比自己能力强大几百倍、几千倍的产品去与自然“对话”。在这里，挖掘机成为人与自然的典型的中介。

产品既然作为人与自然的中介，它必定具备联系两个事物的特性，即它必须既具备人的某些特征，同时又具备自然的特征。只有这样，才具备中介的性质。

作为成立且存在的产品，其中介的地位，要求它必须具备合规律性又合目的性的双重特性。合规律性，就是合自然科学的规律性，产品才能作为一个人工物制造生产出来，才能具备一定的功用效能，这是自然对它“提出”的要求；合目的性，就是合人与社会对产品需求目的性，产品才能作为一个人工物有必要地生产，否则就没有生产的必要性，这是人对它提出的要求。只有合规律性与合目的性的产品设计，才有可能、才有必要被创造出来。

产品作为人与自然进行“对话”的中介，意味着产品也就是人与自然相互作用的界面：人作用于产品，即操作产品，把人的指令通过产品界面上的相关元件输入产品，使产品做出反应而产生一定的动作，输出给环境。如人操作挖土机，挖土机通过自身的工作部件，进行掘土工作，是一个人作用于产品，然后产品作用于自然的极其典型的产品作为中介的工作范例。人与产品的关系必须是和谐的，这种和谐特征就成为产品这一“中介”设计的主要内容之一。

工业设计的目的之一，就是保证作为中介的产品具备与人关系的最大的和谐性，即人性特征，使产品在某种意义上，真正成为人的“肢体的延伸”。人的肢体是完全听从人的大脑意识的指挥而动作。产品的人性特征，首先是具备完全听命于人的指挥的肢体特征。除此之外，产品作为“第二自然”的组成物，还必须具备人对产品在其他方面的种种需求。这样，产品的设计就是一项针对满足人的多项需求的复杂而又系统的创造活动。

第二节　工业设计的目的

关于工业设计的目的，在众多不同的工业设计定义中并没有以明确的用词予以清晰的表述。但是工业设计的各种不同的定义，不管其侧重面如何，实际上都包含着工业设计的目的。

工业设计的目的可以表述为：以设计物为对象，以“人—设计物—环境”系统最优为原则，寻求设计物的解决方案。

设计物即设计对象。工业设计对自己设计对象的界定，是一个动态发展的过程，呈现出一定的复杂性。这种复杂性使得人们对工业设计研究对象的认知、工业设计目的的认知以及工业设计本质的认知等产生模糊性，关于这一点，我们将在后边相关章节中予以讨论，此处不作展开。但在本书以及在这里，我们把设计物首先界定为物质化与非物质化的工业品，还是合适的，因为在现代工业社会，物质化与非物质化的工业产品构成了工业设计研究对象的主体。为了叙述的方便，本书把设计物、设计对象通称为产品。

根据《2001 汉城工业设计家宣言》对工业设计的表述，产品包括物质产品与非物质产品，可以是工业化产品，也可以是非工业化产品，甚至还可以包括为解决某种问题的“设计”的“策略与方法”。如银行推出各种为社会提供服务的“产品”，就是一种非物质的非工业化的产品，是为社会提供服务的金融计划与理财策划。计算机软件，也是一种非物质化产品。

无论是作为产品的在制造加工生产过程中，作为商品在流通过程中，还是作为用品在消费者手中的使用过程中，以及作为废品在废弃过程中，产品都与周围环境（社会环境和自然环境）、与人有着密不可分的关系。可以说，产品设计从来都不是一个仅仅局限于产品自身内部的、封闭的“自我建构”的行为，而是在系统内受其他两大要素（人与环境）约束与限制下的结果。因此，产品设计是完全“他律”作用下的必然，产品设计是系统的设计，是在“人—设计物—环境”系统中的求解行为。

产品设计作为一种系统中的求解行为，还应该是在系统最优化原则下的求解活动。

系统论的核心与根本出发点，就是求取系统整体的最优化。系统中的各个子系统效率不是越高越好，因为任何系统中的子系统都是相互影响、相互制约的。因此，系统论认为，系统效率不等于若干子系统效率的简单相加：$1+1=2$。子系统效率的相加可以大于2，也可以小于2，甚至少于1。求取系统的最优化，即系统效率的最大化，是系统论的根本原则与基本出发点。工业设计引进了系统论思想与方法，使工业设计从艺术造型的经验论、灵感论发展为可控的科学论。可以说工业设计的一个重要特征就是运用系统论观念、思想与方法，在这个思想指导下，构成该系统的人、产品与环境都是子系统。产品设计就是使产品这个子系统与人、环境组成系统，必须达到系统最优化的目的。

也就是说，产品设计中，作为子系统的产品本身即使达到了其最优化与最大效率，或最先进的技术水平等，都不一定意味着整个系统达到最优化，这样的产品设计，即使具备先进的技术含量，都未必是最合理的产品设计。

如餐馆使用的一次性卫生筷，假设这一次性卫生筷确实不带菌，卫生完全符合标准，但是，餐厅使用的碗碟、汤勺等由于消毒不卫生，那么在一个人整个用餐系统中，尽管只作为子系统之一的筷子绝对卫生，整个系统最后的结构显然仍然是不卫生的。再如，当一辆小车设计十分理想——有十分保险的安全设施，有良好的动力产生速度，这样优秀的子系统若与驾驶技术不合格的驾驶员（人），高低不平、急转弯多却狭窄的道路（环境）组成系统，若也难以发挥其所有的潜能。

因此，产品设计不是产品自身封闭系统的“自我完善”行为，它的设计是开放的。它向人开放，向环境开放，把整个系统中其他子系统的对它的约束与制约，及时反应在自身身上，最终使子系统的效率相加与整合，达到“一加一大于二”的系统最优化的目的。

第三节 工业设计的本质

一、工业设计的本质

工业设计的本质是：创造更合理的生存方式，全面提升人的生存质量。

工业设计的本质，一直以来存在着很多争论。大多数都把其定位在产品设计的目的，即物的创造上。从表面上看，这并没有什么不对之处，但只要把“造物”的目的与人联系起来考察，就可以发现，把设计的本质定位在造物的层面上，是一种肤浅的认识。

产品设计的对象即目的物是产品，因此把工业设计目的归结为造物，是合理的。但是本质与目的不同，差异性就在于设计目的是行为的作用物，是人们设计行为连接的对象，就像冰箱设计的目的物自然是冰箱，把冰箱设计好当然是冰箱设计的目的。

但是本质就有差异。所谓本质就是某一事物及行为的根本属性与特质。设计的本质，就是研究设计作为人类的创造行为与创造结果所产生的最终影响的对象与最终影响程度。

工业设计的对象虽然是产品，但是所有的产品都是为人所使用的。设计师设计了一个产品，也就把人使用这个产品的方式及与该产品相联系的某一生活方式也固定下来，容不得消费者的任何改变。任何人只要使用这个产品，那他的某一种生活方式与操作方式也就无法根据自己习惯、自己的特有方式与爱好进行修改与选择，无一例外地需要遵照设计规定的模式予以接受。从这一点上说，我们强调设计师在设计行为展开之前，必须对消费者的生活形态、生活模式、生活方式与行为特征进行尽可能详尽的、细致的调查与归纳，以便使设计的产品能更适合使用者的生活方式与行为方式。

我们已经完全生活在由我们人类自身设计的产品所构成的“第二自然”之中，就连窗外栽种的绿化，都是第二自然的构成部分，因为它们经过人类的修剪与整治。我们周围环境中栽种的各种树木花草都按照我们希望的形态生长，因而在一定程度上，具有“产品”的特征。我们可以一天不去大自然的“第一自然”环境中，但是我们无法远离“第二自然”一天。因为正是“第二自然”支撑、维持着我们每天每时的生活。“第二自然”的定义就是我们利用“第二自然”的中介性联系着“第一自然”。

人们生存活动的任何一项内容，几乎都涉及构成“第二自然”的各种产品。也就是说，人类的每一种行为活动，都使用相应的产品去达到自己的行为目的：吃饭用的餐具，写字用的钢笔，休闲坐的坐椅，甚至欣赏演出时用的望远镜……。只有呼吸空气时，我们似乎才不用任何工具，但是，当遇到污染的空气与沙尘暴，你还要戴上口罩与眼镜！

一个产品规定了你使用它时的某种生活与操作方式，使用100种产品就规定了你几乎所有的生活方式和行为方式。推而广之，我们的全部生活方式与行为方式，无一例外是由我们设计的产品所规定的！

因此，设计产品，就是设计我们的生存方式。这就是工业设计的本质所在。表面上，设计仅仅涉及产品，涉及作为物的各类产品的功能、结构形式与审美形式等，但其本质上，却是设计了人的生存方式。

从设计目的指向的物到设计本质指向的人，反映了工业设计的哲理之光：人造的物规定着造物的人，造物的人既规定着物的存在方式，也规定着人的生存方式。因此，工业设计的本质反映出设计的人对人的根本态度。作为物的产品，其存在的形态是物的客体的构成，其意义形态则是人的生命过程与生命构成。

工业设计的目的与本质，从物到人的变换，深刻地体现了文化哲学中手段与目的的关系：手段为目的服务。在这里，工业设计的本质就是目的，目的始终是第一位的，是根本的，一旦确立就不可改变。

工业设计的造物目的作为手段，是第二位的，是服务于目的的，手段可以选择，可以变更。

二、生存方式的概念与性质

1. 生存方式的概念

生存方式是人的生产方式、劳动方式、学习方式与生活方式等人类活动方式的总和。而生活方式领域又包括含义十分丰富的、具体的各种生活式样，如休闲方式、娱乐方式、饮食方式、社交方式、信息传递方式等。

在日常生活中，我们通常提的最多的是生活方式。由于生活方式涉及面广，又是人的生存方式中最具有活跃性、最易变异的活动方式，因此，它又可以在一定程度上较完整地体现出社会文化的特征。在另一方面，人类设计的产品，在种类与数量上也以用于生活活动领域为最多。因此，在研究产品设计对生存方式的影响，以及生存方式对产品设计的影响，某种程度上，可用生活方式代替生存方式。但是有一点必须明确，生存方式与生活方式的概念、范畴是有着区别的。

生存方式，是指在不同的社会和时代中，人们在一定的社会条件制约下及在一定的价值观指导下，所形成的满足自身需要的生存活动形式和行为特征的总和。或者说是：一定范围的社会成员在生存过程中形成的全部稳定的活动形式的体系。根据这样的界定，生存方式的概念构成包括三个部分：一是生存活动条件，即生存活动涉及的环境、地理、气候等自然条件和经济社会发展水平、环境设施建设、文化传统和特点等社会条件。二是生存活动主体——人。生存方式体现为具有一定文化取向和价值观念的人的主体活动。文化、价值观念因素往往在生存方式的构成要素中占有核心的地位，从这个意义上讲，生存方式又可以理解为人们依据一定的文化模式对社会所提供的以物质的、精神的和社会的形态存在的生存资源进行配置的方式。三是生存活动形式。即生存活动条件和生存活动主体相互作用所外显出的一定行为模式，这种行为模式构成了一种生存方式不同于另一种生存方式的标志。生存活动的主体是生存方式结构中最核心的部分，生存方式的主体可以是人，也可以是家庭群体乃至一个社会、人类共同体等。

生存方式是一个综合的概念，因此对生存方式的考察往往从不同角度对生存方式进行分类后再做具体研究。比如从生存方式主体角度可以在社会、群体、个体三个层面对生存方式进行分析研究：从人类社会相继演进的社会形态角度可以分为原始社会生存方式、农业社会生存方式、工业社会生存方式以及信息社会或知识社会生存方式；从人的生命周期角度可以分为少年儿童生存方式、青年生存方式、中年生存方式、老年生存方式等。还可以从性别、民族特点、职业、个人与社会的关系等多种角度作许多分类。

在生存方式主体的结构中又有社会意识形态要素、社会心理要素和个人心理要素在三个不同层面起着作用。对人生活行为起重要调节作用的是价值观念，这亦是生活活动的主要动因之一，在一定意义上生活方式就是由一定的价值观所支配的主体活动形式。生存方式的条件构成了生存方式的基础，包括自然环境和社会环境两大部分。社会环境有宏观和微观的区别，宏观社会环境包括社会生产力、生产关系、社会结构、文化等诸要素；微观社会环境包括具体的劳动生产和生活环境，个人收入消费水平、住宅、社会公共设施的利用等。社会环境决定和影响着人生存方式的形成和选择，也决定了人与人、民族及时代在生存方式上的差异性。生存活动形式是指生存活动行为的样式、模式，是具体可见的。生存方式的风格特征主要是通过具体的行为样式而表现出来的。

2. 生存方式的性质

（1）从哲学上说，人的生存就包含着人的发展的含义。也就是说，生存方式既包括共时态的概念，也包括历时态的概念。人，作为生命的人，自然也是发展的人。“生存”不仅仅是“存在着”，还必须是“生命地发展着”，两者的结合是人的生命的意义。因此人的生存方式就包含着人不仅作为“生命的存在”，且作为“生命的发展”的双重含义。指出并明确这一点对于工业设计来说十分重要。设计的意义不仅仅是维持生命的存在，还必须支持着生命的发展。从某种意义上说，前者较为直观，后者则较为隐蔽；前者容易实现，后者则难度较大。但无论是在哲学上还是设计中，“发展”都要比“存在”意义更重大。

无论是生产方式还是活动方式，都不是一种行为动作表现，而是针对某种目的而采取的一系列的连贯动作的行为方式。

（2）生存方式是生存方法与行为的综合，也是特定历史条件下社会文化的综合反映。方法是解决问题的方案和办法。行为是指生物以外部活动和内部活动为中介，与周围环境的相互作用。外部活动称为生物的外部动作，内部活动称为心理活动。人的行为有其自然（即生理）前提，但基本上是受社会制约、以符号为中介的活动。因此，人的行为具有生理性，但更具备文化性。人的所有文化性活动，都是以符号为中介的活动，离开符号，人的文化活动就无法进行。人的行为分个体行为和群体行为。个体行为的特征是完全依赖于个人及所属群体的相互关系的性质，群体行为则成为规范价值定向的角色作用。

（3）生存方式是人类在特定的历史条件下社会文化的综合反映。一个民族的全部生活方式就是这个民族的文化。这里的“全部生活方式”就是生存方式。因此，一个民族的文化可以表现为这个民族的各种生活方式，而“全部生活方式”即生存方式可以体现出这个民族的文化。

如信息传递的方法的变化就反映出不同历史条件下社会文化的发展：在人类初期，依靠动作传递信息；在人类语言出现以后，主要依靠语言传递信息；在人类文字出现以后，主要依靠语言与文字传递信息，文字可以记录并保留语言而使传播与流传；在近代，依靠电报电话传递信息，后来出现录音机，可以记录并保留语音以方便传播；在现代，依靠可视电话、传真、网络、电子邮件与网络传播信息。

3. 生存方式的合理性

生产方式有合理与不合理之分，即生存方式的先进性与落后性。工业设计把创造更合理的生存方式作为自己的本质所在，体现出工业设计的文化特质。

工业设计创造了产品，也创造了人的生存方式，这在前面已有论述。在某种意义上说，设计创造生存方式是一种必然的结果。创造更合理的生存方式，则是设计的文化构建功能与文化使命。

- “合理”的变化性原则——设计的有限性原理

人类设计活动的每一次结果，都使产品比上一代的产品更合理，即技术上更先进，功能上更高效，使用上更方便等。“更合理”是一种辩证的说法：这一次比上一次“更合理”，因为“合理”的概念是动态发展的，今天的合理，明天就有可能变成不合理。因此，工业设计的每一次创造，都只能是比上一次更合理，而无法做到永远合理，因而，工业设计是有限性的设计活动。

设计的有限性原理源于人的认知的相对性。

人作为有生命的物种，由于文化的相对性，导致认知的相对性。工业设计思维中，设计的创造性与理想性是设计行为的重要性质，任何设计都意味着超越现实，都是对事物、对社会、对人生的更好状态的一种期望和追求。但是，设计是人为的结果，既然是人为的，就无法避免人自身认知的相对性，即总是带有一定的历史的局限性。自然本身经过千百万年的演化和进化，这千百万年的时间足够让自然的机理进步到合理的地步。而人为的状态，受制于人的生命的短暂和经验、知识的有限性，甚至还有文化和价值上的偏见，所以，人的任何决定和设计都免不了匆忙、片面。

计算机“千年虫”事件充分证明了设计中有限性的存在。计算机在技术和日常生活中的应用只有几十年，但是在过去的几十年中，“千年虫”给人类带来的危机感实在是太严重了。捉拿“千年虫”，全球耗费了大量的资金。“千年虫”的产生，据解释，是因为20世纪60年代的电脑硬件比较落后，为了节省内存，加快运算速度，科学家编程时把时钟按习惯以2位数代表年份，而把前两位的世纪位固定在芯片中，电脑启动时把年份和世纪位合并成4位完整年份。据说，当时确有一些专家提出质疑，认为这种处理方法会混淆2000年和1900年。但是，当时更普遍的看法是，软件的寿命不会那么长，随着软件的更新换代，这种“小”问题自然会解决。更让科学家们意想不到的是，计算机的普及速度如此之快。“千年虫”问题，是人类在无意中创造的“魔鬼”，它伴随着计算机技术急速的步伐，步入人类技术的各个角落，对人类的生存构成严重的威胁。一种初看如此简单的技术，险些酿成人类的巨大灾难。

设计的有限性还决定了在设计过程中，必须对设计的传统和文化的传统表示足够的尊重，这正如贝塔朗菲所说的，知识的局限性同时也决定着知识的尊严。

设计的有限性原理决定了设计在任何时候，都是寻求“满意”结果而非求“最优”结果的活动。关于这一点，我们将在后面的“工业设计的特征”予以进一步讨论。

- “合理”的综合性原则——设计的系统性原理

生产方式的合理性是一个综合的概念，即在“人—设计物—环境”系统中综合衡量与评价的结果，而不是系统中某一子系统考量的结论。

对生存方式设计的评价，人们一般往往从人的需求甚至某一方面的单项需求来认定其是否具备合理性，比如，从人的安逸的需求、休闲的需求，高效的需求、体力解放的需求等，而不习惯于从系统整体性角度进行综合的评价。这将导致我们的设计作品经常发生这种情况：解决了这方面的问题，却产生了更多的其他方面的问题。

因此，从系统出发对生存方式进行评价，才有可能得出“合理”还是“不合理”的准确结论；运用系统论观念，才有可能引导工业设计走上系统科学之路。

有一个城市，开通了从某一名校到市中心的公交线路，为了提高公交的技术含量，也为了更人性化，在公交车与每个车站安装了卫星定位系统装置。每一个乘客在该线路的每个一公交站点候车时，都会随时看到下一班车到达本站还有多少时间的信息，这无疑是极具人性化的设计。但是乘客并不满意，他们提出，与其花钱安装卫星定位系统，还不如投资买一两辆公交车投入该线路运行，缩短乘客在站上等候的时间，这更人性化。

这个例子极具设计系统论的色彩。这个关系到公交乘客的“出行方式”，其“合理性”即人性化的评价在公交公司与乘客是不一样的。或许公交公司有资金困难因素，我们在这里不评价具体事例的谁是谁非，只是作一个假设，即在资金不存在困难的情况下，我们对两种“人性化”观念比较，从中得到一些系统论观念下的设计合理性问题。公交公司的“人性化”，体现为让乘客了解下班车何时到的信息，乘客要求的“人性化”是尽可能缩短候车的时间，很明显，后者的“人性化”较前者的“人性化”更合理。

- 生存方式的合理性

生存方式的合理性具有四个方面的特征。它们是合客观规律性之“理”、合时代观念之“理”、合社会准则之“理”与合人类理想之“理”。

自然规律是不变的，变的是人对自然规律的探索和认知。人在不断实践过程中，不断提升着、加深着对自然界这一黑箱的了解与认识，因而技术手段也在不断变化与发展。因此，设计创造合“自然规律性”，就是时时以整个人类社会对自然规律的新认知及新技术为手段，不断创造着具有高技术含量的产品。

社会准则，既包括法律规范又包括伦理与道德的规范。前者以刚性的行为规范，规定着人的一切活动的法律底线，后者则以软性的行为规范，筑起道德与良知的心理防线。随着社会的进步、文化的发展，社会准则也在不断调整着自己的规范。因此，合“社会准则”就是合不断发展着的社会准则，将社会对人、对群体的行为规范及时反映到设计创造中，使产品体现出更高的伦理道德水准，体现出人与人、人与社会、人与环境的和谐共处的设计发展方向。所谓设计的品味，更大程度上是体现于设计所蕴涵的伦理道德水准。

时代观念，是社会文化在一个时代给人们打上的文化观念烙印。不同的时代有着不同的观念。观念包括价值体系、审美观念、社会风俗等。合时代观念，就是要求产品设计紧随社会文化的发展与时代观念的变更，满足人们对产品时代感的追求。实际上，产品的时代特征已成为产品更新换代的主要因素，也成为现代企业利润创造的主要手段。

为人服务是工业设计永恒的主题。因此，人类理想，即人类发展的方向永远规定着工业设计的发展方向，也引导着产品设计的合理性的走向。生存方式的先进性与落后性很大程度上是由人类发展方向规定的。

三、消费——生存方式的象征

生存方式在一定意义上表现为一种人类的消费方式，一种对产品的消费方式。产品设计和生产实际上是直接为消费服务的，因此，生存方式与产品的设计与生产密切相关。

当代西方学者将对消费和消费方式的研究作为研究生存方式的重要手段和内容。韦伯曾指出，特定的生存方式表现为消费商品的特定规律，所以研究商品消费可以认识生存方式。一定的产品为一定地位的群体所消费，这种“地位群体”的消费无疑给相应的产品打上了“地位群体”生存方式的烙印，这在西方现代产品设计中是一个十分普遍的现象。一方面是“我买什么，则我是什么”，名牌的购买和使用行为成为一种身份地位的象征；另一方面，产品的设计总是针对特定的消费群体的，即使是主张面向大众的现代设计，其真正的现代意义上的产品尤其是具有前卫性的设计产品，其消费对象主要是富裕的、文化层次高的有闲阶级。经济学家凡勃伦在《有闲阶级论》中已经深刻地揭示了这一点，他认为，有闲阶级把钱投入象征他们高人一等的实物（产品）消费即所谓“炫耀性消费”，这种消费并不是维持生活的，而是特殊化的。

对于消费的这种特殊现象，法国当代著名的社会学家鲍德里拉德认为当代消费已成为工业文明特别是发达资本主义社会的独特生存方式，而不是一种满足需要的过程。因此，消费成为一种系统的象征行为，这种消费行为不以商品的实物为消费对象，商品的实物仅是消费的前提条件，是需要和满足所凭借的对象，即实物是象征的媒介，象征为主，实物与象征结合才构成完整的消费对象。这里，消费成了一种操作商品实物以及人们赋予其符号意义的系统行为。在这一意义上，产品设计所完成和创造的就不仅仅是它的使用价值，而是通过品牌、标志甚至通过精心、高雅的特殊设计本身，赋予产品的一种高价的品质和形象，以满足一部分人的上述消费需求。鲍德里拉德这些社会学家们虽然认为消费者消费的不是商品本身，而是一种关系、一种象征价值，但这种关系和象征价值不是与商品无关，而是商品本身的高品质、高价格等特性决定的。为了获得这种特殊性，设计成了其最得力的工具。一件不同凡响的经过精心设计的作品，一个非凡的创意、一个区别于已有产品的新的形象或由这些新的创意所形成的新的符号系统都为特定消费者的选择提供了条件和依据。20 世纪西方发达国家真正现代的、前卫的设计作品，总是高价的、数量稀少并仅为少数阶层接受和消费的东西。

在一定意义上，不同凡响的设计本身就为产品建立了一个外在的显著的符号形象，消费者选择的不是商品实物，而是设计，正是这种设计使消费者获得了消费的象征价值，即设计使消费对象变成符号，设计的过程是对象符号化的过程。

一位西方国家著名的投资银行家曾说过：“买衣服仅仅是因为有用，买吃的只是考虑经济条件的许可和食品营养价值，购买汽车仅仅是由于必须并力争开上十到十五年，那么需求就太有限了。如果市场能由新样式、新观念和新风格来决定，将会出现什么样的情况呢？”他所期望的当然是不断追求新商品、新品牌、新设计的消费。在这种大众消费的态势中，不仅设计之美成了不会说话的推销员，设计本身也被市场化和工具化——不能不说这正是设计的异化的表现。

但是，换一个角度来观察，除去设计被完全异化为社会某一部分群体地位消费的工具外，满足人们对新商品、新品牌、新设计，乃至新款式、前卫风格消费的设计，何尝又不是工业设计的使命内容呢？

四、工业设计——生存方式的设计

消费与设计的关系实际上是设计与生存方式的关系。著名设计师索特萨斯曾说过，设计是生活方式的设计。如果联系到消费中的象征价值，这种所谓的生存方式的设计包含了三方面的内容或意义：

一是产品设计中的使用方式或新产品导致人的使用方式的改变，使用方式是生存方式的一部分。

二是设计本身赋予产品以符号的结构和象征价值，使产品的消费成为一种象征价值的消费。这是另一层面上的生存方式的设计。对于设计而言，设计不仅要关注实用功能的使用价值，还要关注精神价值或者说象征价值。从这一角度来回顾 20 世纪的设计史，我们可以清晰地看到，设计从一开始为企业家所重视，成为市场开拓、市场竞争的工具，其中已经包含着设计所能够创造出并赋予产品的那种超越实用价值之上的象征价值的能力，这也是工业设计被企业家和市场所重视的原因之一。在未来的社会中，设计的这一功能将会继续被强化，这种强化与设计的精神功能的增加以及符号化手段的增强成互动关系。

这两方面的内容与意义我们已经在上面作了较详尽的讨论，这里不再重复。

工业设计是生存方式的设计，体现在第三个方面的内容和意义，就是产品包含的产品实用功能，决定或影响着人的生存方式、劳动方式及生活方式的物质内容。也就是说，设计，已在某种意义上，决定与影响着人的生存与生存的式样。在这里，“生存”的含义仅指谋生的手段与方法，以及满足生活需求的内容与式样。

产品给人的生存方式提供了物质基础，是生存方式结构要素中环境要素的重要组成部分，也是影响生存活动形式的重要物质力量。自古以来，这一物质的基础始终发挥着重要的作用，而且会通过自身品质和形式的变化，产生更大的影响，甚至成为生活方式的表征之一。

关于这一点，我们在这里稍作展开，作一点必要的讨论。

我们说，设计在某种意义上，决定和影响着人的生存和生活的样式，似乎在表面上过分夸大了设计的作用，是对设计与生存式样的颠倒。确实，是人及社会的谋生手段与方式决定了产品的设计，使设计的产品有助于特定历史条件下人类的谋生方式。如远古时代，狩猎和采集的谋生手段与方法，促使人们设计出有助于这种生产方式与劳动方式的产品来作为工具。因此，石器、青铜器、木器如箭、弓、矛、加工过的石块及石片，成了狩猎与采集劳动必不可少的工具。但是反过来，我们也可以认为，正是这些工具，强化了人类远古时代的狩猎与采集的生活方式与劳动方式。我们认为，理解这一点十分重要，“设计是对人的生存方式的设计”这一个命题很大程度上是建立在这一点基础上的。

“设计是人的生存方式的设计”，既包括设计规定并固化了人的操作行为与方式，包括设计所赋予产品的审美价值与象征价值，更应该包括设计赋予产品物质效用功能而规定了人的生存活动的式样。恰恰是后者，在本质上体现了设计对生存方式的影响。设计本质的界定，在很大程度上建立在这一个基础之上。

20世纪人类的“互联网”这一产品，对当今人类生存方式的革命性影响，就是一个典型的“设计赋予、规定人的生存活动的式样”的实例。

建立在数字化技术基础之上的互联网，是人类在20世纪的一个伟大发明。这一个产品对社会、文化的影响，集中地表现在“网络社会”、“网络文化”等一系列新词汇中。建立在互联网这一产品上的人类新的生存方式，如“电子商务”、“网络会议”、“网络直播”、“网络电影”、“网上聊天”及“网络游戏”等，正在改变或已经改变我们原有的交易方式、会议方式、新闻播放方式、电影欣赏方式、聊天方式及游戏方式等。这一切，正是互联网这个产品所带来的根本性的革命，塑造出20世纪开始的人类新型的生存方式。

五、创造——工业设计的灵魂

“设计是人的生存方式的设计”的另一种表述是“设计是生存方式的创造”。后一种表述强化了设计的创造性特征，虽然设计本身就是创造。

强化设计的创造特征，或者说在字面上明确表达设计的创造内涵，其目的是把设计与创造建立直接的关系，这就是，设计的本质就是创造，创造是设计的灵魂。

1. 产品设计创造的内容与层次

按照工业设计对人的生存方式进行设计的本质，工业设计产品创造的内容可分为三个方面，它们由表及里地表现为三个层次。

- 产品形式的创造

由产品形态、材质与肌理、色彩三大造型要素共同创造的产品形式，以人的视知觉与触觉等感觉通道所接受的信息，给人们以一定的认知、审美感受与象征感受，这就是产品形式创造的意义。

无论是功能主义时期的“形式追随功能”，还是后现代时期甚至今天有人宣称的“形式追随感觉”，都表现了形式创造的不可或缺以及形式创造对人的生存意义。产品形式不是没有任何意义的材料堆砌，也不是产品结构的自然主义的表达，产品形式应该是一种符号，而且必须是一种符号。因为即使不让它成为符号，它必定还是一种符号，只不过这一个“符号”所表述的内容不同而已。这就像物质性产品必定具有形式的原理，有功能而无形式的物质产品是无法理解的。

产品形式作为符号，其审美功能与符号功能的创造是产品形式创造的全部内容，产品符号功能的创造包含两个方面，即认知功能与象征功能。

认知功能是指产品符号设计“表述”出产品的物质使用功能的内容，象征功能则能“表述”出功能的级次与产品的品质。在这里我们可以发现，产品的形式创造，不仅仅是创造出一个赏心悦目的审美形式，还必须创造出如同文字一样的、表达一定意义的符号。如果说前者的创造依据的是形式美学的话，那么后者的创造则是依据符号学中的科学方法。我们这里所说的“科学”方法，是指符号的创造不是设计师个人审美观、艺术观的表达，他必须依据符号的传播准则进行编码设计。这种编码不像一般科学那样——科学与技术的符号的创造与使用具有社会性的约定俗成的准则，而设计的符号创造，其“准则”是存在的，但不是一般意义上的准则，而是一种非社会性约定俗成的但是符合大多数人的认知心理的认知规律，且这种认知心理与认知规律必须通过调查、比较与实验等过程才能进入使用。从这一点来说，这一个“准则”具有较大的复杂性与一定的不确定性。产品设计作为符号的设计的复杂性与难度就在这里。

因此，把工业设计理解为产品造型设计的初期工业设计思想，仅仅是把造型设计理解为形式的审美设计，而不涉及产品形式作为符号意义的功能创造。这一点相对于就是在产品形式层次创造的完整含义来说，也存在着相当大的距离，因此，工业设计的“造型论”离工业设计的本质是非常遥远的。

- 产品方式的创造

产品的方式创造是产品的操作方式创造。

产品物质使用功能的顺利与高效发挥，依赖于产品的操作功能的科学性设计。虽然现代产品的自动化程度大大提高，无需像机械化时代，必须通过一连串的、复杂的操作动作才能使产品的物质效用功能得以充分发挥。但是，即使是自动化程度较高的产品，同样存在着操作方式的科学性设计的问题。

产品操作功能设计的科学性，必须依据符号学与人机工程学的相关研究成果，作为科学设计的基础。

操作功能设计的符号学原理，表现在“如何操作”的表达上。这种“表达”主要是指，如何通过产品界面上控制部件的形状与人的肢体形状的相关性，暗示出特定的使用方法，如按、压、转、推、拉、拔等。当然，对使用方式的表述，还应该通过文字与相关的图形色彩设计配合说明与提示。操作方式信息的适当冗余，有助于不同认知心理、不同使用经验的人群都能方便、准确地掌握操作方式。如用文字、图形、部件的相关形状这三种编码方式，同时交代出相关的使用方式，适合不同人群的使用要求。

操作方式的人机工程学原理，表现在人与产品之间的关系设计中，在生理、心理上的和谐性与高效性。

在工业设计中，人机工程学处理人机协调关系，使系统达到最优化的一个重要的学科。它主要研究人在某种工作环境中的解剖学、生理学和心理学等多种因素，研究人和机器及环境的相互作用，以及在工作中、家庭生活中和休闲中怎样考虑工作效率、人的健康、安全问题等。

产品的操作方式设计应该包括如下几个方面：

（1）人向产品的控制部件施加动作，达到精确控制产品运行状态的目的。

产品的人机界面设计要符合人的行为动作的要求，保证以最简单的动作、最短的时间、最小的力以及最小的注意力达到高效的控制目的。连续操作的动作、界面的控制元件的位置应保证操作动作路径简洁、不重复、符合一定的动作逻辑顺序，尽量避免动作路径的交叉与重复。

（2）产品至人的信息传达设计，应保证人的视觉与听觉能较易辨识且辨识的效率较高。

（3）产品操作方法设计必须符合群体中大部分人动作行为的特征与习惯。不要轻易采用通过“培训”的方法使使用者掌握操作方式，否则，破坏了人们的动作行为习惯。因为，在紧急状态下，人的行为习惯动作会自然出现导致误操作而产生严重后果。

(4) 操作产品的过程，就是对产品品质的体验过程。因此操作方式的设计，关系到产品使用、体验过程的美感。这种美感既来自于产品技术设计与产品品质的优良，也来自于人与产品之间人机关系的科学设计。

因此，如果从美学的角度考察产品操作方式的设计，在某种意义上，操作方式设计决定着人对产品的综合美感。

产品的审美方式是静穆的观照与动态的操作体验的结合，以操作体验为主。

艺术品的审美方式是静穆的观照，这种观照可以说是创造者与观赏者在精神上的交流。因为艺术作品作为人的创造物必然渗透着创造者的思想情绪。观赏者与艺术作品的情感交流一方面是观赏者自身情感的投射，另一方面观赏者也接受观赏对象的情感激发和思想启迪。

这种欣赏方式在审美中具有普遍的意义，在产品美的欣赏中也具有这个特点，只不过设计师的情感在此变成了公众的共同情感和共同期望。然而产品并不是专用来欣赏的。产品只有进入使用、消费的领域，才能完成其最终的价值。因而对于工业产品的评价显然也必须包括使用、操作过程中的评价。事实上也只有在使用、操作过程中才能最终确定工业产品的功能价值和设计水平，才能形成对产品的综合感受。这种综合感受构成了工业产品审美评价的核心，它无疑决定着个体和工业产品之间的情感关系。事实上，在静穆观照层次获得的印象也必须在动态的操作中加以验证。因为对工业产品的“观照”是有功利性的。对有功利目的要求的产品的审美仅仅依靠静穆的观照是不行的，只有将其与操作性体验结合起来才能实现对产品美的欣赏。这正是产品审美的独特之处。

关于产品美的观照不像艺术美的欣赏那样，这不仅仅是针对产品的形式要素和结构特点而言的。毫无疑问，产品的形式和结构特点是首先被感受到并获得评价，但是对产品的欣赏不只是将欣赏者所具有的对形式美的固有感情投射到产品上去，而且还要将欣赏者自身对产品的认知，如对产品效能的主观判断以及对产品的技术含量的估计融合进去，因而这种观照不只是对产品外观形式美的欣赏，更是对产品技术性的评判。

操作层次也不只是与对产品功能的评估有关。操作实际上是人机之间的“对话”与交流，它通过人机界面来实现对产品的控制，因而人机界面特征在很大程度上影响到操作时的感受。而人机界面从设计的角度来说，主要是由产品的外形式决定的，因而操作过程中的感受也包含对产品形式要素的评价，而且应当是更加本质的评价。

还应该指出的是：尽管产品的审美方式是静穆的观照与动态的操作性体验二者的结合，但由于产品毕竟是用品而不是陈列品、装饰品，因而操作性体验在两种审美方式中占据主导地位。也就是说，产品操作性体验所获得的美感应该是构成人对产品审美的综合感觉的主要部分，而不是外观形式美，因此，把产品美的创造全部归于产品形式美的创造，是一种对产品设计本质的错误认知的表现。

- 产品物质效用功能的创造

一般认为，产品的物质效用功能是由工程师创造的，一切产品的物质效用功能的创造者都属于工程技术的范畴，不属于工业设计的内容。而工业设计则是操作方式与审美价值、象征价值的创造。这是社会及设计界目前对工业设计的普遍认识。

设计在产品创造过程的初期就发挥了它的重要作用，这就是产品物质使用功能的创造。“创造”中的“创”，指的是创意、创新、想象、构想，“造”主要是建造、制造与构造等。因此在任何一个新产品创造的过程中，应该分为“创意”和“构造”两大部分。“创意”既包括对准备“构造”的产品进行构思、设计及规划，更主要包括对这种构想设计及规划方向的选择与把握，以及对可使用的技术方案的人文化筛选。

工程师工作的内容是解决“如何造出产品”的问题，设计师则解决“造什么样的产品”以及“为什么造这样的产品”的问题。在这里，我们并不是说工程师不应该解决设计师所应解决的问题，而是说，目前工程师的知识结构不是专用来解决设计师所解决的问题，即使在今天，机械、电子、信息等工程技术

图 5-1　淡水蒸馏器

这是一个能在 24 小时之内制造出 1～1.5 升淡水的圆锥形蒸馏集露器（蒸馏器）。热带贫困地区常常不得不以海水或脏水为生活用水，这个产品就是为解决这些地区的中期供水问题而开发的，它也可以被用作其他地区发生灾害时的救急设备。利用太阳能来实现蒸发和浓缩从而提取淡水是它的基本设计原理，使用 2～3 个该设备就可以积存一个人一天所需的用水量。这一产品的创造对于沙漠、热带贫困地区、灾害地区人们的意义是显而易见的（本产品获 2002 比利时—欧洲设计奖）。

学科的工程师们，还没有相应的知识结构与知识储备来解决人与物之间的关系，他们的知识结构与知识储备主要是用来解决物与物之间的关系。现代社会的文化结构中，一般产品使用的技术已经不是什么高不可攀、无法逾越的屏障，倒是产品的方向抉择与技术方案的人文思考与选择，越来越成为产品开发中的重要问题，如“洗衣机”这一产品的开发可说明这一点。

对“洗衣”的需求，几乎为全人类所共有。因此，对洗衣机的拥有，应该说是每个家庭的必须。

洗衣机的技术方案与制造，当然是工程师的工作范畴，但是洗衣机这个产品的最初概念的提出是与环境密切相关的，是一个纯属创意的、非技术性质的决策行为与选择行为。

人穿衣服的动机是保暖与遮羞，当然也包括美化。穿脏的衣服会使身体感到不适，进而危害健康，更影响社会交往。因此，人们必须穿干净衣服。解决穿干净衣服的方法有三种可能：一是天天穿新衣服，因为新衣服总是干净的；二是穿永远不会脏的衣服；三是穿穿脏后但可以净化的衣服。在这三种方法中，第一种方法，至少在目前，每个人都承担不起这种经济负担，且环境与资源也不允许使用这种方法解决这个问题，只能在局部状况下使用，如一次性内衣；第二种方法，由于技术原因，尚未开发出此类面料，至少目前不具备可行性；只有第三种方法可行。净化脏衣服的途径又有很多种：依据介质不同可分为汽油洗的、水洗的，那么能否用特殊的气体、混有某种物质的沙子、超声波等予以净化？依据动力不同，用电的、用人力的、用畜力的；依据产品的安置状态，可分为室内静止、可旅行携带的……，这其实已进入创造工程学的范畴来构想净化衣物的原理了。我们相信，世界上第一台洗衣机的发明人，肯定也在思考了许多问题并比较了许多方案之后，才制造加工出第一个洗衣机。确实，历史上有不少的工程师是产品的创意者，但有更多的孩子、家庭妇女、没有文化的老太太等都成了许多发明专利的拥有者。这说明产品创意是可以与产品制造分离的一种思维创造活动与创造行为，它不一定非要具有相关的工程技术知识背景才能具备“创意”的可能。应该说，生活的需求与生活的压力，才使不同身份、不同文化背景与不同经验、知识及人生经历的人，都具备发明与创造的可能。

图 5-2　1920 年的木桶洗衣机

2. 产品物质效用功能的创意——工业设计创造的灵魂

“创造”的实质就是发明，发明的实质就是寻求生活中存在的问题，然后设法解决问题。“只要我们的生活中仍存在有不便之处，发明家就会努力寻求改善之道。”③爱德温·兰德（Edwin Land）发明宝丽莱相机的最初创意就是源于他三岁女儿的一句话：“为什么照相不能马上看到相片？”④专利法律师大卫·普利斯曼（David Pressman）将发明的过程分为两个步骤，一为发掘问题，二为寻求解决之道。他认为“第一个步骤尤其重要，占整个发明的九成。”⑤

在创造学中，发现问题比解决问题更为重要，普利斯曼的话证明了这一点。

工业设计应该承担、也有能力承担起产品创意的任务，只要把工业设计的实质真正理解为人的生存方式的设计，把产品创造与产品创新特别是把产品的功能创意作为设计的主体内容，而不再把造型设计作为工业设计的全部。有这样的认知，中国工业设计教育发展将进入一个完全崭新的阶段，“中国制造”向“中国创造”的发展也就有了人才的基础。从这一点来说，中国工业设计把产品的功能创意作为自己的研究与设计的主体内容，对于推动向创新型国家的发展，无疑具有民族的历史使命意义。

产品创造的起点来源于人的需求，人的需求来源于对人、对社会的研究。罗伯特·西蒙的这样一段话常常被人们当作经典的设计理论来引用：“对人类的恰如其分的研究成果，已经为人类所知。但我已经证明，人，或至少人的思想，可能是相对简单的。人的行为的最多数的复杂性也许来自人的环境，来自人对好的设计的寻找。如果我已经为此种见解提出充足的理由，那么我们就可以得出这样的结论：在很大程度上，对人类最恰如其分的研究来自设计科学。设计科学不仅要作为一种技术教育的专业部分，而且必须作为每一个接受自由教育的公民所应当学习的核心学科。”设计史专家约翰·A·沃尔克把人类的设计行为作为一种关于人类的生死存亡的问题来思考，他认为：“所有的不幸都发生在人类设计系统的单调规则之中。给我们印象最深的事实是，良好的设计不只是一个趣味或风格的问题，而确确实实是关于生存和死亡的问题。”这充分说明，设计对人类整体的生存方式影响是如此的重大，我们已不能不严肃地对待这个问题。

图 5-3　氢燃料电池概念独轮车

加拿大的庞巴迪公司推出了一款为 20 多年后的世界设计的交通工具——Embrio 先进概念独轮车，这辆用氢燃料电池驱动、靠陀螺仪稳定的独轮车将会使 Segway 滑行车变成老古董。停车时，Embrio 可以借助轮式" 起落架" 竖直站定。达到一定速度，这个起落架会自动收起离地，由电动机驱动大车轮使 Embrio 以和汽车相当的速度行使。这一个概念独轮车设计，体现出设计师对未来人们出行方式的认真思考，反映了设计首先必须关注与回应人的生存。

确实，作为一种赋予物质和文化以结构和形式的创造性活动，设计开始以多维的方式作用于人类生活的整体领域，人类如何设计和如何思考设计、如何反思已有的设计会给社会生活带来的影响、如何以战略性眼光思考设计的今天与明天，成为今天设计师与设计研究者思考的重要课题。

产品操作功能的设计与产品审美价值、象征价值的创造都属于工业设计的范畴，因此，操作方式与造型设计都属于工业设计必不可少的内容。但是，把产品功能的创意排除在工业设计之外，从浅层次上说，造成了工业设计在产品创造过程中的残缺，在深层次上，是阉割了工业设计的本质，阉割了工业设计在人类文明进程中的重大作用。指出这一点非常重要，因为它关系到民族与国家的创新素质和创新能力的提升，是涉及工业设计能否成为一个国家工业化进程中的战略思想、战略行为的问题。

在一个产品面前，我们一般只看到技术在产品中的重要作用，却难以理解这一个产品当初创意的重要性。这与我们平时只善于观察事物的表面而难以深入其内在本质有关。作为产品，其构成的材料、结构与技术是可以直接感受到的，但设计的创意、物与人的深层关系是“虚”的、看不见的。因此，可见的物遮蔽了不可见的思想，可见的技术遮蔽了不可见的人与物的深层关系……正是这一点，成为部分设计界与社会人士对工业设计的认知停留在“技术加艺术”层面上的主要原因。日本室内设计师内田繁就世纪之交、时代更替问题，在1995年10月的名古屋世界室内设计会议上发言指出，20世纪产生的物质主义的时代观将向物与物之间相联系的柔软的创造性时代转换，也是从“物质”的时代向“关系”的时代的转变，指出“今后的设计将更加重视看不见的东西，重视关系”的再发现。这个思想对产品设计具有重要的启示意义。

六、生存方式创造的尺度

1. 生存方式创造的尺度——提升人的生存质量

任何一个设计，肯定会创造出特定的生存方式，但是这一种生存方式是不是符合人的发展方向，即人类的理想，则是另一回事。因此，工业设计的生存方式创造必须符合“提升人的生存质量”的目标。倒退的生存方式、落后的生存方式是不符合人的发展方向，不能提升人的生活质量的。

因此，工业设计的创造有一个目标与尺度，这个目标与尺度就是人的生存质量的提升。不符合“提升生存质量”尺度的一切生存方式的设计都是不可取的，都必须予以反对。

我们前面提出的设计原则中，除去物化原则外，人化原则与环境原则都与“提升人的生存质量”密切相关。可以说“提升人的生存质量”是工业设计的总目标和总尺度，任何设计原则和设计的思想，都必须服从这个总尺度。

如果说，“创造更合理的生存方式”是一种手段的话，那么“提升人的生存质量”就是目的。也就是说，前者把设计看成一种手段，后者把人生当作目标。工业设计的本质就这样把设计与人生联系起来，使人类的设计成为目标清晰的系统设计行为。

2. “人的全面而自由发展”——“生存质量”的尺度

“生存质量”以“人的全面而自由发展”作为自己的目标，体现出工业设计的哲理之光。

“人的全面而自由发展”是马克思针对当时资本主义制度下人的片面、畸形的生存提出的一种社会理念。关于这一社会理想的内涵，马克思并没有作出明确的界定，究竟如何理解，目前国内并没有一致的意见。大多数人把它理解为德、智、体、美等方面的全面发展。尽管没有完全统一的看法，但都承认这一命题反对人的片面和畸形的发展。

“生存质量”，以马克思的“人的全面而自由发展”作为评价体系与尺度，使得工业设计充满了人文的哲理光辉。事实上也确实如此，人们的设计行为最终向哲学寻求标准与意义，表明设计活动不是远离哲学、远离理性、远离人文的、灵感触发下的纯感性行为，显示出工业设计与哲学的交融不仅是必须的，而且是必然的。

这样，“生存质量”的评价体系与评价尺度就与人的发展方向与理想目标紧紧地联结在一起，使产品的生存方式的创造目标直指“人的全面而自由发展”。

比如，今天的技术以及将来的技术，都可以发展成智能技术。我们完全有理由相信，今后所有产品都可以做到完全的自动化与智能化。那时候所有的生产劳动方式都可以通过键盘与鼠标即可完成。面对千百种生存环境中的产品，我们甚至可以只按几下按钮即可完成所有的工作，人的体力劳动将全部消失……我们丝毫不怀疑这样的技术前景。但是，这样的生存方式，是否就是提升了我们的生存质量？从局部的、短期的眼光看，这自然是极其理想的生存方式！可是问题并没有这么简单：人类长期这样生存的结果，我们的四肢与体力开始严重退化，这难道是我们人类今后的发展方向与理想？如果这就是人类的理想，那么这种生存方式就是合理的，必须提倡。但是事实并非如此，就在现阶段，在目前产品的自动化状态下，白领们白天工作一天后，夜晚在健身房发狂地锻炼，以保持一个完美的、健康的体态与体魄。这种生存方式实际上是对因长期失去必要体力活动与锻炼而造成正常体态变化的反抗和补救，这说明人们反对退化。在这样的情况下，设计怎么办？未来的设计方向指向何方？在今天，至少这样的生活图景的设计还是合理的：当需要锻炼时，我们把锻炼时产生的机械能从健身器械传递给洗衣机洗涤衣服，当锻炼结束，洗衣机也把衣服洗涤干净……这一个场景假设的意义，不仅仅在于对能源的节约与珍惜，更深刻的意义在于，设计应该艺术地把人们的行为与活动巧妙地、逻辑地组织起来，以达到系统效率与利益的最大化。

这说明，对生存方式的评价，不能依据当前或近期内人的需求状态。人的需求、市场需求大多呈感性状态，一个成熟的、理性的工业设计师不能丢弃设计伦理与设计的人文精神，追逐眼前与近期的利益，而应该对设计所导致的社会效果进行理性的评价。

注释：

① 王德伟．人工物引论．哈尔滨：黑龙江人民出版社，2004.

② 上海辞书出版社辞海编辑委员会．辞海，缩印本．上海：上海辞书出版社，1989.

③④⑤ 亨利·佩卓斯基．器具的进化．丁佩芝，陈月霞，译．北京：中国社会科学出版社，1999.

第六章　工业设计的特征

第一节　设计观念的系统性与设计元素的多元性

工业设计的系统论观念，我们既可以在设计哲理层面得以论证，也可在设计实践经验总结中得出。工业设计学作为一门既涉及“物”，又涉及“环境”，更涉及“人”的典型的交叉型学科，必须理性地且逻辑地处理多元设计要素，使工业设计学科的科学特征更为鲜明。如果说，工业设计萌发初期是由工业品造型所引发的，那么以后就进入功能与形式之间关系的纠缠，直至发展到今天，工业设计必须处理“人—物”、“物—环境”间的关系，使得其学科性质突显出其科学理性的光辉。

工业设计的理性色彩首先体现在确立系统观念与使用系统论的方法上，以致于工业设计成为融自然科学、社会科学与人文学科于一体，以物为研究、设计对象的一门典型的系统论理论应用的学科。

20 世纪 40 年代，自然科学、工程技术、社会科学和思维科学的相互渗透与交融汇流，产生了具有高度抽象性和广泛综合性的系统论、控制论和信息论。其中，系统论为人们认识各种系统的组成、结构、性能、行为和发展规律提供了一般方法论的指导。人们研究和认识系统的目的之一，就在于有效地管理和控制系统，控制论则为人们对系统的管理和控制提供了一般方法论的指导。为了正确地认识并有效地控制系统，又必须了解和掌握系统的各种信息的流动与交换，而信息论则为此提供了一般方法论的指导。由于系统论、控制论和信息论的相互联系与相互结合，形成了具有普遍意义的系统科学理论与系统科学方法。

70 年代以来，又相继产生了耗散结构理论、协同学理论、突变论和超循环理论，极大地深化和发展了系统科学理论和系统科学方法。

一、系统论及其基本概念

系统论是研究系统的模式、性能、行为和规律的一门科学。一般认为，系统论的创始人是美籍奥地利理论生物学家和哲学家路德维格·贝塔朗菲。作为一门高度抽象性的新兴学科，系统论诞生以后就充分显示了它的一般方法论的功能，被广泛应用于自然、社会和思维的各个研究领域中。

系统及其基本概念，如系统的要素、结构、环境、性能等，是理解和掌握系统的基本特性和系统方法的前提。

系统是由若干基本要素以一定的方式相互联结成的、具有确定的特性和功能的有机整体，并且这个“整体”又是它所从属的“更大整体”的一个组成部分。

1. 系统的要素

系统的要素是指构成系统的基本单元或基本元素。系统和要素的区别是相对的、具体的。例如自行车的车轮是一个系统，这个系统是由轮圈、轮胎、内胎、钢丝等基本元素所构成。而车轮对于自行车就不是基本元素，而是自行车系统中的一个子系统。

2. 系统的结构

系统的结构是指组成系统的各个要素之间的比例构成及其相互联系、相互影响的内在方式。系统的结构一方面具有相对的稳定性，它反映着组成系统的各要素之间的相对稳定的联系，并使系统保持一定的质的规律性。另一方面又具有一定的动态性或可变性，它反映着系统整体性能的变化和发展，在一定条件下甚至会出现质的飞跃。

3. 系统的环境

系统的环境，也叫系统的外部环境条件，是指系统所存在的更大系统。系统的环境是具有层次性的，第一层次如果是系统所处的直接的更大系统，那么，这个更大系统还处在一个比其更大的系统之中，如此等等。如汽车这个产品就是一个系统，人是汽车这个系统的外部“环境”，当人与汽车组成一个新的系统时，这个系统就是一个比汽车这个系统更大的系统。这时社会环境与自然环境就成为“人—汽车”系统的外部“环境”。当把“人—汽车”系统纳入社会、自然环境中，就产生了一个更大层次的系统，即“人—汽车—环境”系统。系统与其环境之间是相互联系、相互影响的，具有物质、能量和信息的交流。

4. 系统的性能

系统的性能是系统整体的特性和功能。系统的特性表现为这一系统区别于其他系统的质的规定性；系统的功能则反映了系统与外部环境相互作用的程度，或系统获取输入并予以变换而产生输出的能力。一般说来，系统的性能是由构成这个系统的要素和结构两个方面共同决定的，同时，系统的外部环境又具有重要的影响。因此，要改变和提高系统的性能，就应当改变和提高组成系统的各个要素的性能；优化系统的结构，提高系统内部各要素间的协同能力；协调系统与其外部环境的关系，提高系统对于环境的适应能力。

二、系统设计的基本原则

为了正确地运用系统方法研究和解决具体系统的问题，必须遵循下列基本原则：

1. 目的性原则

在运用系统方法研究和解决具体系统问题时，必须具有明确的目的性。目的明确，才能具体确定所要达到的目标和应当完成的任务，才能具体确定整个研究过程的具体环节和步骤。不论是认识一个系统以揭示系统的本质和规律，还是设计和创造一个系统并对系统进行管理和控制，都是如此。所以，系统方法既是确定目标，同时也是实现目标的方法。

2. 层级性原则

系统具有普遍的层次和级别的属性和特征。这是由于任何系统与其他相关系统的结合形成为更大的系统，而系统自身就成为这个更大系统中的一个特定层次上的子系统（或要素）；系统又是由若干子系统所构成的；子系统又是由若干更低层次的子系统所构成；如此等等。总之，整个世界就是一个大的系统阶梯，任何具体系统总是处在世界这个大系统阶梯中的一个特定的层次和级别之上。

层级性是系统的普遍特性。运用系统方法研究具体系统时就必须从系统的这一普遍性出发，才能进一步确定待研究的对象系统在整个外部环境大系统中所属的层次和级别；认清对象系统与外部环境中其他平行系统之间的区别和联系，揭示对象系统在外部环境中所处的地位和应起的作用；明确对象系统的边界范围和约束条件。同时，也才能够进一步明确对象系统的组成、结构、行为、功能的层次和级别性，从而更深刻地认识对象系统的本质和规律。

3. 结构性原则

系统是由要素构成的，但是，只具备了要素而各要素没有以一定的方式联系起来，也不能构成为相应的具体系统。因此，任何系统，其构成的子系统之间都具有相应的联系方式，即都具有相应的内在结构。结构性是任何系统所共同具有的普遍的属性和特征。正如不可分解为子系统的系统是不存在的一样，没有结构的系统也是不可能存在的。结构性是任何系统所共有的重要属性，它之所以重要，就是由于系统的结构同系统的要素、功能、行为及其变化和发展具有密切的联系。在运用系统方法研究具体系统时，从系统的结构出发，去认识要素与要素、要素与系统的相互联系，分析系统整体的特征以改变和提高系统内部的协调能力和外部环境的适应能力以及系统整体的功能水平，揭示系统运动、变化和发展的规律和趋势，是一条极为有效的途径。

4. 整体性原则

整体性是系统最基本的特征之一，主要表现在以下几个方面：

（1）系统存在、构成的整体性。系统虽然是由子系统构成，但它不是子系统的杂乱堆积和简单的拼凑，而是各子系统的有机结合而形成的统一整体。子系统只有在整体中才具有该系统子系统的意义。一旦离开整体，就失去了作为该系统子系统的意义。

（2）系统特性、功能的整体性。各子系统虽然反映和分担着系统整体的特性和功能，但系统整体的特性和功能不等于各要素的特性和功能的机械相加，它是单个子系统所不具备的，也是各子系统在孤立的状态下所不具备的。因此，子系统结合成系统整体，这个整体要具有区别于子系统或子系统在孤立状态下的特性和功能。即使是某一个子系统，它在系统整体中的特性和功能也不同于它在孤立状态下的特性和功能。

如汽车发动机作为一个系统是整个汽车的一个子系统。作为一个系统的汽车发动机，由汽缸体、汽缸活塞、火花塞及汽油等更低层级的子系统或基本要素所组成。当汽油以一定的分量进入汽缸体，并被压缩然后点火爆炸。其推力推动活塞运动。这种活塞运动的功能，既不是汽缸体子系统、活塞子系统及火花塞子系统中哪一个子系统所产生，也不是汽油这一构成要素的功能，也不是它们简单相加所产生的，而是它们各自作为子系统与要素，以特定的结构方式组成一个系统的整体性才能产生的。

（3）系统行为、规律的整体性。系统的行为和规律是通过系统整体的运动变化和发展表现出来的，是由系统的子系统、内部结构和外部环境共同决定的，它既不归结为某一子系统的行为和规律，也不等于各子系统行为和规律的简单相加。

整体性原则要求人们运用系统方法研究具体系统时，必须从系统整体出发，去研究系统的各个方面，其中尤其是应当把要素或要素构成的局部当作与系统整体相联系的一个部分去考察，而不是孤立地去考察，从而使系统方法同传统的机械论方法相区别开来。同时，系统的特性、功能和规律是通过系统整体的运动、变化和发展表现出来的。所以，只有从系统整体出发，才能真正揭示出系统的特性、功能和规律。

（1）相关性原则。系统作为由若干子系统以一定方式相互联结成的并处于一定外部环境中的有机整体，具有突出而普遍的相关性，在子系统、结构、系统整体、外部环境之间形成了各种相关性的相关链。

① 子系统↔结构↔子系统的相关链，反映了子系统与子系统之间通过结构而密切相关。一个子系统的性能和行为的变化会引起系统结构的变化，并通过结构而影响系统其他子系统的性能和行为的变化。

② 子系统↔结构↔系统的相关链，反映了各子系统通过结构而与系统整体密切相关。各子系统性能和行为的变化将引起系统结构的变化并通过系统结构的变化而影响系统整体性能和行为的变化。

③ 系统整体↔外部环境的相关链，反映了系统整体通过系统的输入与输出同外部环境密切相关，或者是系统整体同外部环境之间通过物质、能量和信息的交流而密切相关。

系统方法的整体性原则是通过系统方法的相关性原则而深化和具体化的。所以，在运用系统方法考察系统的任何一个方面时，都必须与这一方面密切相关的系统的其他各个方面进行综合的、全面的研究。

（2）最优化原则。系统整体的最优化，既是系统方法的根本出发点，也是系统方法的最终目的和归宿，它贯穿于运用系统方法研究具体系统过程的始终。如果离开了这一点，也就失去了系统方法的意义。系统整体的最优化原则要求，一方面要从各种可能性的系统方案中选取可行性的系统方案，并从可行性方案中抉择最佳的系统方案，以便实施。同时，在实施过程中，又要通过各种信息反馈，及时地进行修正和补充。另一方面，又必须优化系统的内在结构，强化系统要素间的协同作用，增强系统整体的环境适应能力。

三、产品与产品设计系统的结构

产品与产品设计系统的结构呈现出一个十分典型的系统性。图6－1表示出这一系统的结构。

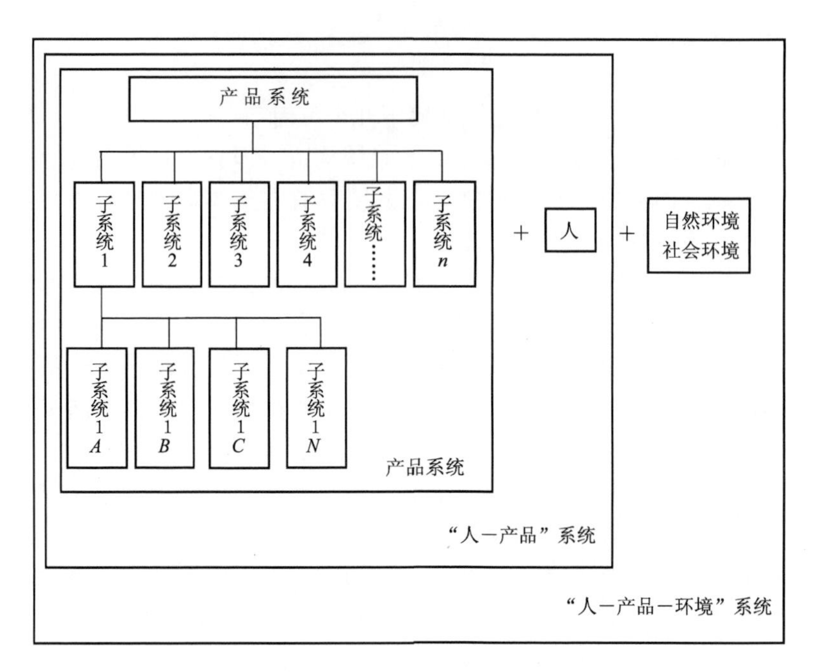

图6-1　人—产品—环境系统的构成

产品作为一个系统，是由若干个子系统（子系统1、子系统2、子系统3、……子系统 n）依一定的结构特征所组成，而各个子系统又有可能由更低层级的子系统 A、子系统 B、子系统 C、……子系统 N 等组成，直至最低层级的基本要素。

当人使用产品时就形成“人—产品”系统，在这个系统中，人与产品分别成为子系统，这两个子系统的任何一点变化，都影响“人—产品”系统的总效率。

当“人—产品”系统与环境（社会环境与自然环境）又分别作为子系统，便构成“人—产品—环境”系统。在这个系统中，产品设计目的就是确保系统最优化原则前提下寻求产品的最佳解答。

四、产品设计的系统性

产品自身的要素构成及产品设计的环境都体现出设计的系统性：

1. 从产品的设计环境角度来考察产品设计的系统性（如图6-2所示）

产品设计实际上是产品在由人、科学、技术、经济、社会环境、自然环境与其他产品等众多要素组成的所谓设计“环境”中的求解活动。因此，产品设计不是产品的技术设计也不是由产品的艺术设计那样由单一要素控制产品结果的线性设计模式，而是由众多要素参与组织而成的“环境”对产品设计行为的约束与限制，呈现为一种复杂系统中求解结果的非线性的复杂性行为。从这一点来说，产品设计是一种典型的系统工程，一个要素的过多“越位”都可以引起整个系统的结果的变异。

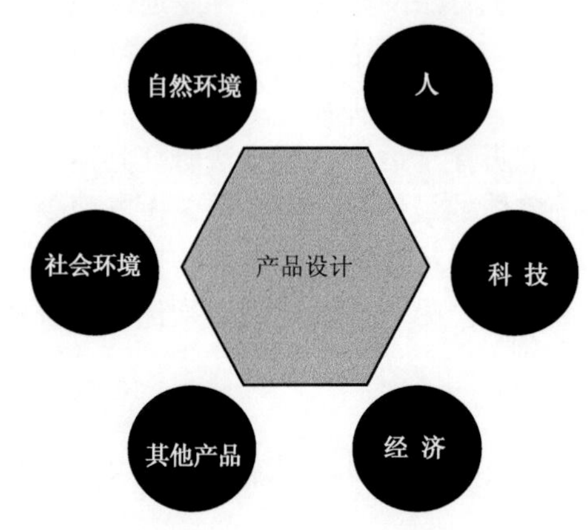

图6-2　产品设计的系统性

从理论上说，处于设计环境中的产品的设计活动，是产品与构成设计环境的众多要素所构成的“人—产品—环境”系统最优化前提下的产品设计的求解行为。如此产生的产品设计方案，能保证“人—产品—环境”系统的最优化。但不一定是“人—产品”子系统的最优化，当然亦不会是产品自身系统的最优化。

在中国的计划经济年代，产品供不应求，因此，产品设计就是一个典型的产品自身封闭系统的设计。即产品设计就是产品的技术设计，这种技术设计的本质是在技术王国中寻求产品成立并存在的可能，而不顾及产品的人文价值与环境价值。如果说这种设计在经济短缺、产品供不应求的年代尚可理解，在今天则意味着对人文价值、环境价值的不屑与蔑视。

2. 从产品自身的功能构成要素来考察产品设计的系统性（如图6－3所示）

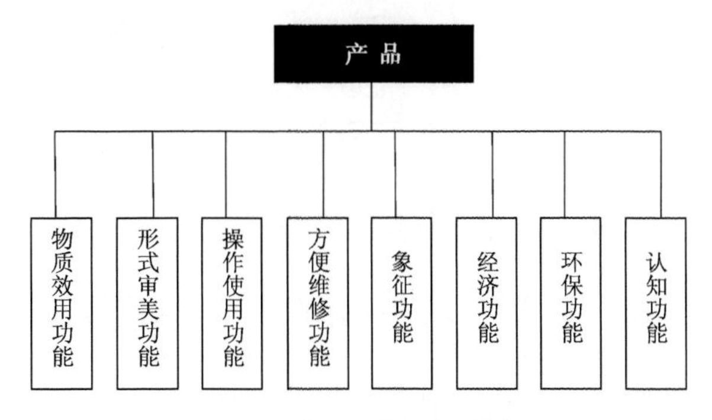

图6－3　产品功能系统的构成

产品作为人与环境的中介，合目的性要求使得产品必须满足人对产品的种种需求。因而产品的功能构成就是一个产品的功能系统。

图6－3表示出一个产品的功能系统的构成。产品功能系统的构成有着如下的特征：

（1）如同一般系统特征一样，这一系统中的任何一个子系统都会影响其他一些子系统与整个系统的功能与特征。如审美功能这一子系统会影响符号功能子系统、经济功能子系统、环境协调功能子系统与操作功能子系统等，也影响产品作为整个系统的特征与功能。

（2）产品功能系统结构在不同的时代表现出不同的内容。这是由时代差异所引发的人的需求的差异。在中国经济短缺年代，产品供不应求，能买到一个有一定物质使用功能的产品已属不易，谈不上用户对操作功能、审美功能、符号功能、环境协调功能及维护功能等的过多要求，因此表现为人的这些需求的抑制，而这种状况，又加剧了企业对产品设计认知的更加片面性，使得本应作为商品的产品在中国很长的历史时期内缺乏自发的工业设计土壤。

在这一段时间，产品的技术设计即物化设计成为产品设计的全部内容。一个好产品的概念就是一个产品具有最好的技术质量。

（3）在大多数情况下，人们对产品的一般认知是，产品的物质使用功能是产品的基本功能、主要功能，而其他的功能可称为附加功能。这种说法有它的合理性，因为这符合了一般产品规律。但是这种“主要功能与附加功能”的概念会产生一些理论的矛盾。当一个产品的审美功能或者符号功能中的象征功能成为一个产品功能系统中的主要功能时，那么设计创造的审美价值、象征价值所从属的附加价值将大大超出实用价值（如手表的计时功能下降为附属功能，而其审美功能与象征功能上升为主要功能），我们就无法在理论上解释为什么产品设计中会出现附加功能的价值会大大高于主要功能的价值。

产品功能系统中的各种功能，在不同的需求状态下，或者在需求多元化的时代中，人们对产品功能的主要需求与次要需求不是固定的概念。这种“不固定”，既反映在动态（历时态）的需求变化中，也反映在静态（共时态）的需求多样化中，因此，主要功能与附属功能不是绝对的概念，主体价值与附加价值也不是何种功能的价值专指。

我们完全有理由相信，随着时代的发展，如果人类不采取切实有效的方法来控制地球环境恶化的话，那么人类生存的环境问题就成为约束与控制一切产品设计行为的首要条件，就有可能成为设计行为“一票否决制”中的这一“票”。不断发展着的人类与人类意识，将会十分理性地作出决定：当一个产品的生产、使用与废弃会产生较大的环境问题，而且也没有更好的技术途径解决这一问题时，人类将放弃对这种产品的占有欲望。“宁可放弃需求，服从环境伦理”将成为今后人类的基本美德。

3. 从产品的生命周期构成来考察产品设计的系统性

从产品的生命周期角度来考察产品设计，产品设计的系统性反映为产品生命周期中各个阶段设计的集合，工业设计中显示出一种超前性设计与预见性设计的特征。图 6 –4 表示出从产品生命周期出发的产品设计的系统性。

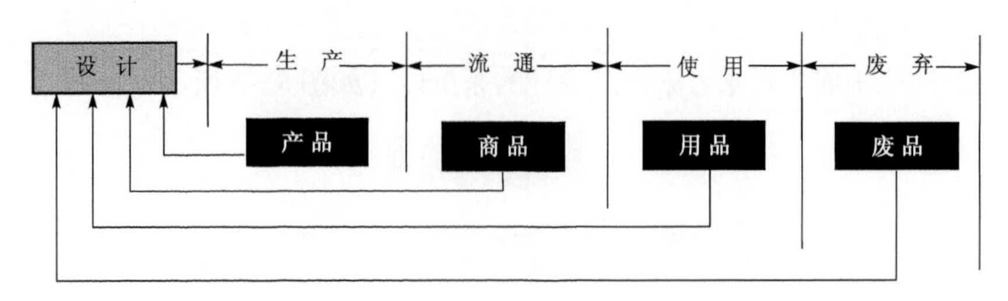

图 6 –4　从产品生命周期出发的产品设计

(1) 产品设计首先必须反映生产阶段作为生产对象的产品在生产过程即物化过程中的合规律性的特征与规范。生产技术、生产工艺具有一定的规范性与限制性，超越这种规范与限制，就等于超越了生产的可能性而无法生产，或无法保证产品质量。因此，掌握一定程度与一定知识面的生产技术与生产工艺知识，是设计师知识与经验储备的基本，是使设计顺利走向物化的关键。设计的“下游”是物化，设计与物化两个阶段的顺利接口是设计进入生产的基本要求。

(2) 产品设计必须反映出产品物化后进入流通领域的商品特性，使处于流通领域中的商品能最大程度地被消费者接纳。在保证产品安全前提下方便运输的大包装，进入商场后便于消费者识别、认知的小包装，以及体现特定交换价值的产品的符号化设计等商品特性，都应该反映在产品的设计中。

(3) 产品设计必须反映出产品作为用品的全部特征。作为符号的产品及产品界面对使用方式的提示，使用过程中宜用性与有意义的体验性，故障发生后的可维修性与维修方便性，产品使用过程中资源的耗费及对社会环境与自然环境的影响，这些要求都必须反映在产品的设计中。产品作为用品是整个产品生命周期中历时最长的生命阶段，因此也是产品设计的重点。产品设计程序中的大多数内容就是针对用户展开的。这几年发展起来的“用户研究”的设计方法就是针对用户对产品的需求与使用特征展开种种方法的调查与研究，如访谈、跟踪摄影、跟踪摄像，以期在较精细的程度上得出用户产品使用时的行为特征，给产品的设计提供从宏观到微观的用户需求信息。需要指出的是，“用户需求”并不是专指用户对产品效用功能、审美功能、操作功能等产品的“宏观”结构，也包括用户在产品使用时呈现出来的行为特征。如视觉扫描路径，认知特征，按、扭、旋、转的动作特征，折叠与展开的动作特征，以及使用产品时的时段、使用时间、使用时与其他生活方式的交叉与组合特征，使用肢体的工作状态以及可能带来的舒适度的影响等“微观”意义上的行为特征。后者的特征研究是产品设计进入所谓“微观”设计阶段所必需的。

(4) 产品设计必须反映出产品成为废弃物，即废品的处理方式。废品的处理方式，直接反映出产品设计对环境因素的认识。生态化要求产品设计必须重视产品成为废品后的处理思想与处理方式。如废品的分类，一部分仍可使用的零部件予以回收，并经处理，重新成为产品的零件与部件；一部分只能作为原料回收的零部件经回收系统重回原料源头；余下只能丢弃部分必须在自身降解过程中符合时间与环境影响的要求等。生态化要求设计能回收仍能用作零部件的部分与用作原料的部分尽可能增加比重，使真正废弃的部分尽可能地减少甚至为零。在这一方面，许多欧洲国家企业设计思想与方法很值得中国的设计界、企业界的思考并吸收。

第二节　设计目的的人文性与设计对策的多样性

一、设计目的的人文性

设计的本质是人的生存方式的设计，是更合理生存方式的创造，是人的生存质量的提升。这反映出工业设计的最高目的：体现人的价值与人的尊严。这使工业设计充分体现出人文性与人文价值。

物作为人与环境“对话”的中介，合规律性与合目的性是其两大特征。产品的合规律性，体现在两个方面：一是合产品物化的“规律性”，使产品物化成为可能；二是合与环境“对话”的“规律性”，使产品与环境“对话”成为可能。前者体现生产技术的规律性，后者则体现为产品功能技术创造的“规律性”。拿电视机来说，前者指电视机大工业流水线生产的“规律性”，后者指电视机图像、伴音功能技术的“规律性”，它们基本上都属于自然科学与工程技术的范畴。

产品的合目的性，是指产品合人的需求的目的。它体现为两个层面：一是产品的功能性结构是否能满足人对产品的各种功能性需求，这称之为功能性目的，如物质效用功能、审美功能、象征功能与经济功能等。这是产品之所以存在的根本理由，是产品产生的最基本尺度。二是产品的操作性结构与符号功能中的认知功能结构是否具有高度的宜用性，即方便认知、方便使用的目的，这称之为宜用性目的。

图 6－5 表示了作为人与环境“中介”的物，具有工具、手段的性质，它是实现人的需求的工具。人设计、生产一个物，目的是使其成为与环境“对话”的工具，从而达到服务于人的目的。

在这里必须强调手段与目的的各自概念。相对于服务于人的最终目的来说，手段是次要的。对于产品来说，手段可以不同，即提供服务的技术可以有不同的途径与方法，但必须保证目的的实现。在工业设计中，目的永远高于手段。

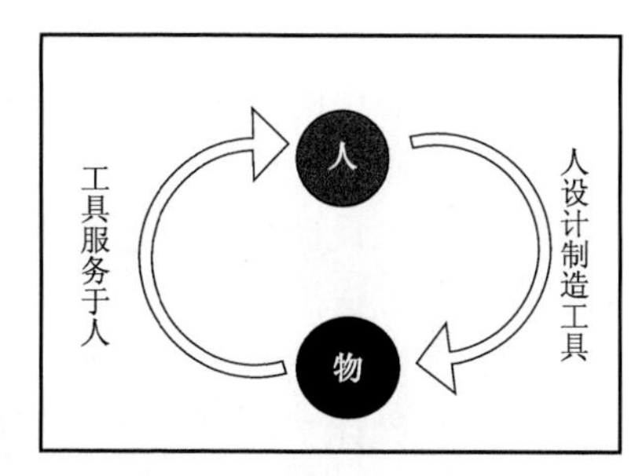

图 6－5　人－物关系

工业设计中，始终强调目的的重要与意义，其实质就是强调为人的本质，即人文价值。这是工业设计思想的起点，也是终点。在设计中，把产品的视觉化、审美化作为目的追求的话，那么设计就只能停留在产品造型方案的创造上，不可能向纵深发展。这种把工业设计与人的多元需求分离开来的思想，表现了设计全方位服务于人的最高尺度的缺失，这将导致设计走上异化之路。

当设计从物的制作中独立出来，成为一个专门的学科后，人与物系统中增加了设计的要素，就构成了如图 6－6 的关系。

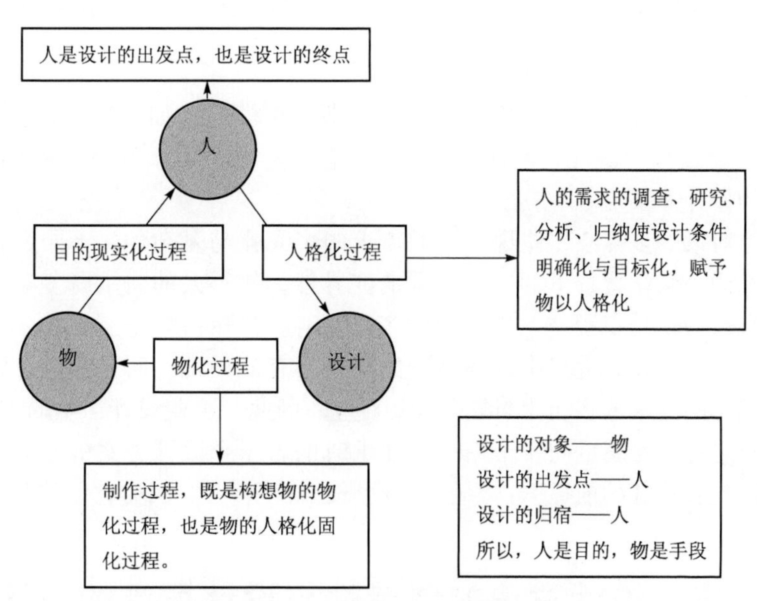

图 6－6　人－设计－物间的关系与意义

在这三角关系图中，人既是设计的出发点，也是设计目的的终点。设计从物的制作中分离出来，本质是强化了设计作为物在物化之前的人性与人文价值的控制，即人性保障，当然也强化物在物化过程中的合规律性规范，即物性保障。

图中“人”→“设计”的过程，即设计方案的人格化过程。所谓人格化过程，就是对人的需求进行调查、研究、分析与归纳，提炼出人性化需求，从而使设计的人性化条件明确化与目标化，给物的人格化打下基础。当然这个过程也包括设计对物化技术条件的调查与物的合规律性的规范。

在群的意义上，工业设计的出发点是一定文化背景下特定人群的生存方式、生活模式与生活水平。

作为具体的人与人群，都是在不同的文化背景下以特定的生存方式活动着。设计作为过程与结果，就是赋予物以不同的人格化特征——生存方式的特征。

因此，生存方式既是工业设计的出发点，又是工业设计的归结点；生存方式既是工业设计必须遵循的前提与条件，又是工业设计可以改造与优化的对象。

“设计”是一个过程，也是一个结果。当过程发展为结果，就进入“设计”到“物”的物化过程。

设计，综合了物的人格化与物态化目标与规范，就开始进入物的生产过程，即方案的物化过程。物化过程产生物的结构中，既固化了人格化特征，也固化了技术手段特征，使物成为既是人与环境“对话”的中介工具，又是人的肢体、器官及能力的延伸与放大，成为人的一部分。

“物”→“人”的过程，是物服务于人的过程。这一过程是物的目的现实化过程，即使目的成为事实，而不是预想中的可能。同时，这一过程又是物服务于人的“品质”的评价过程。这种评价既是对物服务于人的程度与品质评价，也是对设计起点——设计人格化思想与过程的评价。

严格地说，设计评价的重要性是不言而喻的。这既涉及对设计思想、设计观念等设计思维评价，也是对过程中的方法论评价，即设计文化的整体评价。

但是很遗憾，我们的设计尚未真正建立起这种评价机制。这既反映了中国工业设计历史的短暂，也反映了对现代设计文化理性思考的缺位。关于设计评价（即设计批评），我们将在后面另行论述。

事实上，我们并未真正缺乏设计评价。产品的市场调查、销售调查等实质上是对设计的商业反馈调查，这些调查虽然往往缺乏设计文化价值层面上的理性思考，但却成为当前企业运行的一个重要方面，反映出这样的调查对当前企业的产品开发与设计不是没有意义的。

二、设计对策的多样性

设计目的的人文性，必然导致设计对策的多样性。

设计对策（即设计方案）是以人的特定文化背景（即文化模式）如生活方式、生活水平、生活结构等为目标的产品设计求解结果。因此，不同的人群有不同的生活方式。在满足不同人群的同一需求时，产品设计应该有不同的设计方案与之对应。

工业设计这种设计对策的多样性，体现了人的需求的多元化与复杂性。不同文化背景下形成的文化民族性、区域性，以及同一文化背景下的人的需求的变异性，使得人的需求既复杂又多样，从而使工业设计学科截然不同于自然科学与工程技术领域中的各类学科。自然科学与工程技术各个学科的求解，只存在唯一性的正确答案，因为客观世界中事物演变的规律具有同一性。而工业设计则必须而且也应该存在着多个方案与不同群体的需求的多元化与复杂性相对应。因此，工业设计产生的方案只有“更合适“、“更佳”。“最佳”只能使用在为满足同一个消费群需求时的若干个设计方案的比较中，在不同的消费群体、不同地域甚至不同气候特征的前提下，“最佳”的概念就不存在，因为它们彼此间没有可比性。

第三节　设计意识的创造性与设计思维的交叉性

一、设计意识的创造性

对于工业设计来说，设计就是创造，设计就是创新。没有创新的设计不能称之为“设计”，只能称为

COPY（拷贝）与模仿。严格地说，“创新性设计”与“创造性设计”的提法容易引起设计理论逻辑的混乱，因为这一种说法容易使人认为还存在着一种没有任何创新的“设计”。这与一些文章中所提的“人性化设计是这些年来出现的设计思想与设计方法”等此类说法一样，违背了工业设计最基本的理论基点。因为按照这种说法，难道“这些年”之前的工业设计都是非人性化设计？难道还存在着非人性化甚至反人性化的工业设计？

创造总给人以神秘的感觉，因为一般认为，创造往往与高科技联系在一起。特别是产品设计，有了高科技与新科技的支撑，产品设计的创造就更为现实。

“需求是发明之母”，这句话也可被修改为“需求是创造之母”。人对产品的“需求”中，包含着从物质到精神每个方面的需求：物质效用功能的需求、操作功能的需求、审美功能的需求、认知功能与象征功能的需求、维修功能的需求、经济功能的需求、环境协调功能的需求，以及废弃的生态化要求等，任何一个方面需求的新的满足都意味着设计的创新。

根据工业设计的有限性原理，所有的产品设计事实上都存在着“先天”的缺陷：人（设计师）的认知局限性，以及产品消费群体时时刻刻的变异性，注定了设计的产品相对于消费群体需求存在着一定的滞后性。更何况功能技术、生产技术等始终处于不断的发展与进步之中，以及从设计开始启动到设计的产品进入市场需要一定的周期，使得这种“滞后性”更为严重。这种“滞后性”使得设计距离设计的理想目标始终存在着某些不足与遗憾，在设计的产品上体现为某种缺陷。

但是，在另一方面，时代的变化、人的变化、技术的进步以及文化的发展，既给设计带来了变化的要素，也给设计提供了创新的可能。因为上述要素的变化将引发产品消费群体的新需求，产品设计对这些新需求的满足就构成了设计的新颖性与创新点。

综上所述，产品设计中，一方面，设计师必须充分调查消费群体的各种需求，尽可能完满地满足这些需求，以达到最大程度的创新；另一方面，在理论上由于设计“滞后性”的存在，设计并不可能十全十美、完美无缺。设计的创新或创造始终存在着一定的不足与遗憾。这或许是具有一定人文特征的学科的特点，工业设计也不例外。

二、设计思维的交叉性

与绝大多数学科所使用的思维不同，工业设计的思维特征是逻辑与形象思维的交叉，即理性思维与感性思维的交叉。虽然许多自然科学学科的研究需要形象思维的帮助，人文与艺术学科也需要理性的逻辑思维来提升它们的科学程度，但是它们都不可能像工业设计那样，对这两种思维方式同时有着较高的要求。

作为中介的产品，一边联系着环境，必须与环境“对话”，并使“对话”达到效率的最大化。这就必须依赖理性思维即逻辑思维对客观环境进行理性的、科学的探求与判断。没有对客观环境规律性的正确认知，就无法作出正确判断，也就无法赋予产品以合规律性的特性，如自然环境的规律性、社会环境的规律性。它们都不是以人的意志为转移的客观规律，逻辑思维是认知它们的最好思维方式。

作为中介的产品，另一面联系着人。关于产品的人性化问题，前面已经讨论得较多。产品的人性化即人化包含着两个方面内容：一是在理性思维上，认知设计的人化本质即文化本质。也就是说，在产品设计中必须确立设计的本质是什么，为什么这是设计的本质，以及设计评价的价值体系与优劣标准等。这些问题的回答实质上已经构成设计的本体论内容。要对这些问题作出正确的回答，必须从设计的哲学、设计的文化学层面寻找。这些涉及人的科学与社会科学的根本性问题、运用的逻辑思维与科学理性。二是产品的设计涉及人的情感部分。如产品的审美形式与操作方式，将赋予人以审美感受与操作的体验感受，产品符号的认知功能与象征功能，都必将调动起人的形象思维而建构起对产品在新的层面上的认知。设计大师科拉尼的有机设计，给我们带来多少幻想与联想。这种“诗”性的形态特征与“诗性”的操作体验，将赋予我们愉悦的诗意情感体验与极富感染力的想象。

产品设计中的这种逻辑思维与形象思维的应用，决不是在各自完全独立的思维层面上进行的，有时是以无法剥离的、完全有机交融的状态共同发挥着它们的功用。比如现代桥梁的设计，其物质效用功能的内容就是其形式，桥梁的形式需要形象思维的创造，但是这其中又包含着逻辑思维的理性作用。没有严谨的合规律性的理性思维，如何保证这一优美形式的成立并存在？

需要指出的是，在设计理论与设计实践中，我们往往把设计的本质归结为“科学＋艺术”或“技术＋艺术”，科学与技术指向产品物化所涉及技术及产品物质效用功能所涉及的自然科学与技术，基本上忽视了或者否认了人的科学与社会科学对产品设计的约束与限制，且这一切的约束与限制比起自然规律来，表现更为复杂化、隐蔽化、非数量化与模糊化。许多产品在市场上的失败，并不在于物化技术及产品功能技术的错误应用，而是败在对人的科学与社会科学缺乏应有的基本认知。

逻辑思维是“人们在认识过程中借助于概念、判断、推理反映现实的过程，又和‘形象思维’不同，以抽象性为其特征，故亦称‘抽象思维’”。①

形象思维又称艺术思维。

通常情况，人们总是把这两种思维方式分别作为科学研究与艺术创作的思维方式，认为他们之间存在着无法统一的特征。实际上，这种认知正是导致科学文化与人文文化、科学精神与人文精神分离的主要原因。确实，我们在科学研究与艺术创作中主要使用了逻辑思维和形象思维，因为这两种思维方式分别适应了科学研究与艺术创作这两个领域各自的内在规律。但是，无论是科学领域还是艺术领域，同时也需要与另一种思维方式进行交叉与融合，也就是科学领域需要形象思维，而艺术领域也要逻辑思维，其原因就是两类思维交叉将大大有助于这两个领域研究与创作的进一步纵深发展。

逻辑思维与形象思维可以说是人的科学精神与人文精神在思维方式上的表现，“而思维方式是人的一切观念——知识、经验、情感、意志的集合体。”②逻辑思维中，“我们得到的是抽象，失去的是形象；得到的是‘本质’，失去的是‘丰富多彩’；得到的是正确的细节，失去的是朦胧与整体的美。”③

相反，对于形象思维来说，宁愿要感人肺腑的形象，而不要抽象；宁愿要“丰富多彩”的世界，而不要只剩下“本质”的世界；宁愿要朦胧之美、不精确之美与整体之美，而不要没有意义的细节、清晰而精确的冷冰冰的数字描述。

实际上，这两种思维方式被人类所共同采用去认识自然世界与人的世界，他们都是人的思维方式，共同解剖着自然世界与人文世界中的一切。

“世界是统一的，但认识世界的角度却可以是多样的。”④同样，物是统一的，但我们可以从不同的角度去认识物。正是出于这样的原因，我们才用不同的角度、以不同思维方式分析物的构成的本质与特点。

设计思维，实际上是交叉与融合了逻辑思维与形象思维，去认知作为设计对象的物，去评价作为设计结果的物。

两种思维的结合，使得理智与情感、分析与体悟、追求精确与感受朦胧等两极得以沟通与交融。如此，使设计的物既能符合自然尺度又符合人文尺度。

对我们自己所创造的“物”的评价，不仅要从客观规律出发，视其“正确”还是“错误”，还要从人出发看其能否使人“满意”，符合人的“需要”。也就是说，对自己的创造物，不仅要追求“真理”，还要追求“价值”。事实上，追求“真理”与“价值”的统一，追求自然规律中的“优化原则”与人文世界中的“满意原则”的叠加，正成为现代人一切创造活动的总尺度。

工业设计就是创造千千万万的物性与人性高度统一的“人工物”。这些“人工物”既是“自然世界”向人的延伸，也是人向自然世界的延伸。在它们身上，既有自然的构造，也有人的灵魂，在这个意义上说，物既是自然的浓缩，也是人的镜子。

严格地说，设计活动并不完全直接运用逻辑思维与形象思维，而是运用它们具体的、可实际使用的，诸如发散思维、收敛思维、逆向思维、联想思维、灵感思维及模糊思维等思维形式进行设计的创造活动。

第四节　设计本质的文化性与设计评价的社会性

一、设计本质的文化性

1. 文化的定义直接揭示了设计的文化本质

讨论设计本质的文化性，首先得了解文化的概念。文化的定义与概念有上百种之多，它们都从不同的角度来界定文化的含义，但又有着很大的差异性。这说明，文化所包含的内容具有丰富性与复杂性。

中国学者梁漱溟认为“文化是生活的样法”、“文化，就是人生活所依靠的一切”；克林柏格把文化界定为“由社会环境所决定的生活方式的整体”；美国人类学家C·威斯勒认为，文化是一定民族生活的样式。由此可见，许多学者把文化界定为一个民族的生活方式。

工业设计的本质是“创造更合理的生存方式，提升人的生存质量”。这在前面我们已作了较多的讨论。因而，“设计本质是一种文化创造”的结论是必然的了。

2. 设计目的的人文性与设计涉及的文化领域，表明了设计活动的文化本质

设计的文化性，意指工业设计作为人类的一种创造活动，具有文化的性质。也可以说，设计是一种文化形式。从工业设计涉及的知识领域进行分析，工业设计涉及文化结构中的大部分领域。

工业设计涉及科学技术、社会科学与人文学科三大领域的知识。科学技术是工业设计首先涉及的领域。设计的结果——产品的生产，必须严格地符合科学技术的客观尺度。任何违背这种客观尺度的设计构想，都是无法实现的，因而也是毫无意义的。在科学技术中，工业设计涉及物理学、数学、材料学、力学、机械学、电子学、化学、工艺学等。

设计产品的应用，不是一个人的行为，而是社会群体甚至整个社会的行为，因此，工业设计还涉及社会科学。必须通过对社会中的社会结构、社会文化、社会群体、家庭、社会分层、社会生活方式及其发展、社会保障等问题的分析与研究，将分析与研究的结果应用于产品设计，才能使设计的产品为特定群体所接受，针对设计的产品的审美问题，还必须研究社会系统中的审美文化、审美的社会控制、审美社会中的个人、审美文化的冲突与适应、审美的社会传播、审美时尚等与工业设计密切相关的专题。

工业设计还广泛涉及人文科学领域。哲学、人类学、文化学、民族学、艺术学、语言学、心理学、宗教学、历史学等人文学科都在不同程度上与工业设计相关。它们向工业设计的渗透，正在产生着诸如设计文化学、设计哲学、设计社会学、设计心理学、设计符号学、行为心理学、生态伦理学、技术伦理学等学科。其中设计哲学与设计文化学站在设计的最高点，从探讨作为人的工具的产品与产品的使用者——人之间的基本关系入手，揭示出产品设计的实质，从而正确地把握设计的方向，使人类的设计行为与设计结果避免走上异化的道路。从设计哲学的视野看来，工业设计的实质是设计人自身的生存与发展方式，而不仅仅是设计物。一个好的设计应是通过物的设计体现出人的力量、人的本质、人的生存方式。

其次，考察工业设计在处理人与产品关系上的指导思想，可以发现，工业设计的哲学思想完全呼应着人类的文化内涵。

工业设计的目的，是通过物的创造满足人类自身对物的各种需要，这与文化的目的不谋而合：“文化就是人类为了以一定的方式来满足自身需要而进行的创造性活动。”[5]尽管两者在满足的“需要”的范围上不能等同，但工业设计思想在指导物的创造、满足人类自身对物的各种需要上，都深刻地反映了文化的目的。

工业设计的对象是物，不管这“物”对人起到何种作用，在本质上，它们都是人类的工具。在哲学上，工具具有双重的属性：“工具的人化”与“工具的物化”。在工业设计的视野中，“工具的人化”是指工具适合人的需求的人性化；“工具的物化”是指工具存在的客体化。

“工具的物化”在浅近的层面上，就是如何实现人的工具构想。因此，“工具的物化”，主要涉及工具作为“物”的制造技术与工艺。此时，工具独立于人之外而成为人的客体。工具在“物化”过程中，人们关注的是“物化”的方法、途径。因此，在“物化”过程中，人们是把物化的对象——工具作为目的来追求，亦即把科学技术的应用、使工具的构想成为现实作为目标。

“工具的人化”的本质是在工具上必须体现出人的特性，使工具这一客体成为人这一主体向外延伸的对象。工业设计认为，“工具的人化”，就是在工具上必须体现出人的特征与需求，使工具真正成为人的肢体与器官的延伸。即工具必须反映出人的这些特征：人的生存方式的特征、人的行为方式的特征、物质功能需求的特征及审美需求的特征等。只有这样，工具才能成为与人这主体高度统一和谐的一部分。

“工具的人化”表明了工具从自然物向人性化的发展，从而使工具成为人的一部分。人类通过“人化”了的“工具”来完成向目的的过渡。这样，工具对于人来说，它既是手段也是目的；它既是人的工具，也是人的“组成的一部分”。通过这样的认识，工业设计才能建立这样的设计思想：任何物的设计都是人的“构成”的一部分的设计，都是人这一生命体的生命外化的设计。

应该说，在产品的设计过程中，“工具的人化”与“工具的物化”应该成为设计工作中同等重要的问题。但是在过去很长的时间里，“工具的物化”成为我们目光的唯一关注点，甚至直到今天，“工具的人化”这一重要问题在工业设计中一直没有得到很好的研究。因此，这就使得我们的许多产品只能作为一个冷冰冰的、与人的各种需求距离相差甚远的“物”而存在，却不能成为“人的生命的外化”。因而，它们充其量是完成了“物化”过程的机械制成品，而不是“人化”了的、与人和谐统一的用品，更不是人的“组成部分”。

二、设计评价的社会性

设计与艺术及手工艺的一个显著区别是：设计从一开始就是社会行为，而后两者可以说是“个人”行为：艺术可以以艺术家个人为直接的服务对象；手工艺可以只为社会群体中极少的一部分贵族阶层服务。但是，设计必须为尽可能多的消费者服务，为社会服务。因此，设计的评价主体当然是社会及社会群体，即接受消费的群体。

另外，设计还是一种社会行为，是一项社会工程，因此，它必须受社会的种种因素制约。反过来，设计同时又对社会产生巨大影响。

1. 设计服务对象的社会性，决定着工业设计评价的社会性

服务对象的扩展是现代设计与以往设计的重要区别之一。为权贵阶层服务的手工艺将其设计局限在满足少数人的功利需要和审美趣味的范围之内。其设计的社会化程度较低，设计的社会效应也相应较小。

现代设计提出“设计为大众服务”的口号，这标志着以往传统的精英化设计的结束。民主化、大众化设计使设计的服务对象急剧增加，并且呈现出多层次、多元化的特点。在发达国家，中产阶级人数占人口的大多数，因此，设计的服务对象主要就是中产阶级。在我国，虽然经济的高速发展与生活水平的不断提升，中产阶级的比重远没有构成人口的主流。因此，中国工业设计主要服务对象还是平民阶层。但是，严格地说，工业设计把社会各阶层人群全部视为服务对象，从精英阶层到中产阶级，直至平民与贫困者。从设计伦理上说，社会的弱势群体，不应该是设计目光的盲区，他们也有权利享受设计带来的阳光与文明。

设计服务对象的社会性，直接导致设计评价的社会性，这是符合逻辑的。

2. 工业设计既受制于社会，又影响着社会，导致了设计评价的社会性

设计不是个人的单方面行为，而是涉及社会各阶层、各行业的集体行为。社会环境中与设计相关的因素发生微小变化，都会引起设计过程中的相应改动。同样，新的设计也可能引起社会的连锁反应。“美国曾在 1992 年召开的全国设计会议中提出三个设计计划：战略性设计计划（SDI）、城市设计计划（CDI）和参与性设计计划（IDI）。除了第一个计划是立足于设计转化为市场利益外，其余两个计划都关注到设计对社会秩序、社会管理和国家统治的影响。城市设计计划希望通过平衡汽车文化、边缘城市、无家可归的赤贫者与传统城市之间的关系来加强城市整体与环境规划，完善城市管理，推进绿色城市进程。参与性设计计划则提出以信息设计调节公共关系，改进政府形象，建立参与性的信息传达体系，鼓励多种样式的文化。很明显，这两种计划都希望通过设计来实施其对社会正面的和积极的影响。”⑥

设计对社会的影响首先体现在为人类提供了优质低价、便利的生存用物品，安全、舒适、美观的工作环境和生活环境。其次，设计的产品成为现代社会人与人之间的沟通方式之一，传递着社会科技信息、审美观念、价值体系。产品文化在现代人类文化的建构中起着越来越大的作用，甚至影响并创造出一种全新的亚文化现象，如计算机文化、汽车文化、网络文化等，它们从正面也从反面影响着整个社会的发展。

总之，设计对社会的影响，其实质是通过设计对文化的创造与影响达到的。在某种意义上，“社会”与“文化”是无法分离的。设计的文化创造也正是设计的社会影响，设计对文化领域的影响与创新如文化继承问题、文化价值问题，文化的异化问题等，也正是社会的问题。因此，设计作为现代社会文化进步的一股强大推动力，成为社会评价的对象。

注释：

① 上海辞书出版社辞海编辑委员会．辞海，缩印本．上海：上海辞书出版社，1989.

②③④ 肖峰．科学精神与人文精神．北京：中国人民大学出版社，1994.

⑤ 陈筠泉，刘奔．哲学与文化．北京：中国社会科学出版社，1996.

⑥ 陈望衡．艺术设计美学．武汉：武汉大学出版社，2007.

第七章　工业设计的原则——人化原则

第一节　设计原则的特征

工业设计的灵魂在于创新。从这一点上来说，每一个设计作品都应该是创新性的，没有两件作品被允许是相同的。

但是任何产品都出于自然环境与社会环境之中，它们都存在于“人 - 自然环境 - 社会环境”构成的系统中。它们的设计都同样涉及图 2 - 2 所示的这些领域与学科，也就是说以创新为灵魂的种种的产品设计，它们都处于同样的设计文化环境中，受设计文化环境中的各个因素的限制与影响。这些设计文化环境中的各个因素就构成了这些产品设计的基本前提与条件。这些前提与条件，就是设计文化环境的客观规律性。遵照这些客观规律和客观因素归纳而成的、要求设计师遵循的法则和标准，就是设计的原则。

工业设计的原则具有四个特征。

一、设计原则是“许可”与“不许可”的统一

设计的原则，既是设计的法则，也是设计的资源，它们是辩证的统一。

设计所处的设计环境，即设计的文化环境，对设计提出了各方面的约束与制约条件，使设计活动与设计的求解只能在特定的条件下展开，而不能违反、超越这些条件，这就是约束、限制、制约的概念。但另一面，也就意味着：在限制的范畴内，允许设计的任何创造性的形式展开，限制范畴内的任何要素均可成为设计利用的资源。

如设计中的社会环境约束条件，属于人化原则。社会环境即社会文化环境对设计提出了种种限制的前提，在某种意义上约束设计的自由度。产品设计应符合中国消费者固有的认知心理、价值体系与审美意识等，这就是中国文化对产品设计的约束。但是另一面，这又意味着中国文化同时又是产品设计的资源。

再如环境原则。现代人类的自然环境的伦理观念约束与限制了人类在产品设计与生产进程中以大自然为资源“仓库”、废物（废气、废水）“垃圾场”的观念与行为，使人类不能肆意地对待自然，同时，也意味着在环境伦理许可的范畴内，自然环境仍可成为设计的资源要素。

因此，设计原则的概念是“允许这样设计”与“不允许那样设计”的辩证统一体，是“限制”与“许可”的统一，是“应该”与“不应该”的统一。如果我们对设计原则的意义有这样的认知，将大大有助于我们对设计本质的理解。

二、设计原则是动态发展、变化的，不是静止不变的

随着社会环境与自然环境的不断发展与演进，人对设计环境的认知愈加深刻，某一历史时期提出的设计原则将不适合设计环境发展的需求，设计原则的内容将产生变化，这是符合人类文化发展与进步规律的。设计的一切都是为人的发展目标服务，且紧紧扣住这一目标而展开自己的创造性活动。

人类社会的文化成果随着时代的变迁，不断有旧的清除，新的积淀。自然环境随着人类的活动与环

境的变化而产生彼消此长的变化，这种人类文化的发展与自然环境的演进，时刻会对设计产生重大的影响，这一种影响就是以设计原则的变化与发展展示出来。

三、在宏观意义上，设计原则是工业设计思想、观念、理念——设计哲学的具体化

设计哲学是哲学在设计学科上的投射，也可以说是哲学与设计学交叉产生的交叉学科。

工业设计的设计活动包括两大方面：设计思维（或设计心理活动）与设计实践（或设计操作活动）。设计思维是指工业设计对设计目的、设计思想、设计观念、设计价值、设计意义、设计理念与设计原则等的研究及探求。实际上，设计思维包含了两个层面的思维内容，即设计哲理层与设计原理层。设计哲理层就是设计哲学层面。

“哲学始终是科学加诗。它有科学的方面和内容，既有对客观现实（自然、社会）的根本规律作科学反映的方面，同时又有特定时代、社会的人们主观意向、欲求、情致表现的方面”。①设计深层的、根本的问题只能到哲学中求取最终的答案。也可以说，只有哲学才能给予设计以最根本的回答。这不仅“是因为哲学有着从总体性、根本性和普遍性上来思考问题的特点，或哲学乃是穷根究底思考的结晶和表现”，而对一切科学（包括工业设计学）有着指导意义，而且因为哲学一方面反映了客观现实的根本规律性（科学性），另一方面又反映了“特定时代、社会的人们的主观意向、欲求、情致”（诗性），从而使设计这一物的创造活动成为合诗性（合目的性）与合科学性（合规律性）的行为。

设计哲理层在哲理的层面上确立设计物与人、设计物与社会及设计物与环境等关系的总准则。在思想与观念的层面把握了设计的终极方向，这一终极方向就完整地体现了设计的价值而使设计避免走上异化于人类发展目标的歧路。

因此，哲学对设计学的指导不仅具有重要的意义，而且相对于哲学对其他学科的指导意义来说，更具有直接性与明晰性。当然，这一种指导意义的“直接性”与“明晰性”，并不表现在物的设计的细则上，而是体现在工业设计学的本体问题中。

“所谓本体问题，就哲学意义而言，是指终极的存在，也就是事物内部的根本属性、质的规律性和本源。而本体论就是对本体加以描述的理论体系，亦即构造终极存在的体系”。②工业设计学的本体问题应该在哲学层面上回答设计的价值、设计的意义、设计的目的及设计的本质等问题。关于工业设计学的本体论问题，因不是本书的论述范围，在此提及而不作展开。

工业设计作为主要研究人与自然中介——产品的设计学科，极为典型地反映了“科学加诗”的哲学特征。

设计哲学是抽象的、概念性的，它只能在大的方向上把握设计的走向，但它无法直接对具体的设计实践活动进行技术性指导。设计哲学通过对设计相关领域与学科的渗透，形成具体的设计的要素群，这些要素群就构成了设计原则。

因此，设计原则是设计哲学在各个相关领域与学科的具体化。“人化原则”、“物化原则”以及“环境原则”，集中反映了设计哲学渗透进“人”的领域、“自然”的领域及“社会”的领域对产品设计提出的约束与限制。

四、在微观意义上，设计原则是产品设计具体细则的概念化与抽象化

设计原则并非设计细则，而是细则的总结、归纳与提炼。

每一个产品都有自己特定的使用环境，它们与人、与环境的关系都是各不相同的，这是因为它们针对人的不同需求而创造的物质功能的不同。洗衣机与铅笔，由于使用目的的不同，它们与人、与环境发生关系的具体内容也大不一样。设计不可能针对数以万计的产品，罗列每个产品的设计细则，这不仅不可能也是没有必要的。因为每一个产品所受的人性的限制、物性的限制以及环境的限制，在一定程度上

是基本一致的。这样，我们就可以以有限的设计原则去指导无限种类的产品的设计实践，这体现了工业设计学作为一门科学而非艺术的学科特征，也是任何一门科学的基本特征。

因此说，设计原则不是某一个产品的设计细则，而是产品设计在大的领域与学科中不得不被控制的条件。这一个条件是原则性的、概括性的，因而也是抽象的。但是，设计原则必须具体化为设计细则，才能指导一个产品设计实践。在这里，设计原则给设计细则的寻求指明了方向，设计细则则是设计原则在某一个产品设计实践中的具体化。这个具体化，不仅是定性分析的，有时还是定量的。在某种意义上，设计师在设计过程中的主要工作就是设计细则的寻求。

一支铅笔与一辆坦克，一个是书写的文具，一个是战争的武器。它们的体量差异巨大，功能大相径庭，似乎没有什么可比性。但是，它们都是人的工具，无论它们的功能如何，它们的设计都存在与人、与环境协调、和谐的问题，都面临着相同的人性限制、社会环境限制与自然环境限制。但是，这些"限制"在细则上，有着很大的差异性。否则，铅笔不能成为文具，坦克无法成为武器。因此，设计一支铅笔与设计一辆坦克，都是在相同的设计原则指导下寻求设计细则的活动。只不过在具体设计实践中，它们受限制受约束的具体因素大不一样，设计考虑因素的重心不同而已。

因此，设计原则，作为联结设计思维（设计哲学）与设计操作（设计实践）的中间体，既必须与设计思维交叠，又必须对设计实践有指导作用；因此它必须是设计实践共性问题的提炼与归纳，又是设计哲学在各方面的具体化。

工业设计的原则有人化原则、物化原则与环境原则。这三个原则将分章予以论述。

第二节　人化原则

人化原则又称人性化原则。

无论是在"人－自然环境"系统中人与自然间"对话"所需而设计的工具意义上的产品，还是在"人－社会环境"系统中人与人、与社会间"对话"所需而设计的用品意义上的产品，都可称之为人与外界进行"对话"的工具。"对话"不仅是语言上的交流，也包括人与外界的相互作用，本书所指的"对话"，更多的是指后者。

人既是生物的人，又是文化的人；既是属于他自己的一个人，又是属于社会的社会人。凡是与人相关的设计要素，都属于人化原则的范畴。

人化原则包括实用性、易用性、经济性、审美性、认知性与社会性等。

一、实用性原则

1. 实用性是工业设计最重要、最基本的设计原则

所谓实用性，就是产品所具有的、能满足人们物质效用功能需求的性能与功能，是指产品合目的性与合规律性的功用与效能。如洗衣机的净化衣物的性能，冰箱的保鲜食物的性能，电视机的传递图像与声音的性能……

实用性对于物质产品来说，是该产品之所以产生与存在的唯一理由。也就是说，任何物质产品存在的唯一依据，就是它所具有的实用性。因此，实用性构成了设计人化原则中的第一原则，也是工业设计最重要、最基本的设计原则。

如果一个产品不具有实用性，或不再让它发挥其实用性，那么，它就没有存在的可能与必要。如果它仍然存在于我们的生活中，那么，它已经成为一个艺术品，除此之外，没有其他的可能。就像一台洗衣机不具备洗衣的实用性，那么，它就没有存在的必要。如果它仍然在我们的生存环境中存在，那它就完全有可能由于它所具有的特殊的审美功能被当作艺术品或收藏品而存在。这种审美功能未必是其形式

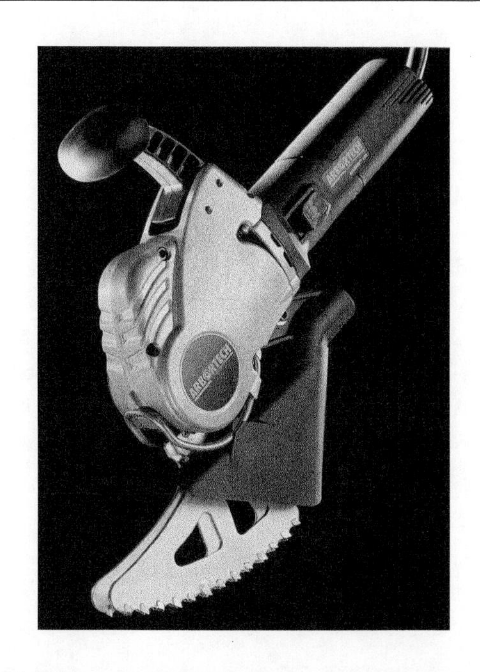

图 7－1　无坚不摧的双刃电锯

对于一般的家用工具来说，切割砖块、水泥墙和坚硬的木材这样艰巨的工作简直就是不可能完成的任务，而 Arbortech 公司屡获殊荣的 Allsaw150 双刃电锯正是为此设计的。两片弧形锯片上的锯齿能在任何致密材料中切入 13 厘米，锯片在 V 形皮带传动装置的带动下沿弧线滑动，这能防止它被坚硬的材料反弹回来。该公司称，Allsaw 电锯的特殊驱动方式能防止锯片切入人体等柔软的物质中，因此这款看上去十分凶猛的电锯使用起来应该是很安全的。双刃锯 Allsaw150 的两片锯片沿弧型轨迹反向运动，这使它能垂直切入砖块、水泥墙和木材等坚硬材料。赋予产品以强大的实用性是工业设计的首要。

美感吸引我们，更有可能的是由于其身份特殊而引发人们收藏的动机。

人化原则中的实用性，也被称作产品设计中的功能原则，成为产品设计的第一原则。

大智浩和左口七朗在《设计概论》中写道：“设计产品时，首先必须考虑的是，产品是为了满足什么目的，换句话来说，是要求怎样的机能。机能这个词，用于设计时，一般不只停留在物理的机能，而是作为心理的、社会的机能的综合体而赋予更为复杂广泛的含义。”③此处所说的“物理的机能”，实则指物质功能。

实际上，实用性或功能标准，或者说合目的性要求，是一个相当普遍的超越历史长河和地域空间的尺度。早在公元前 5 世纪古希腊圣哲苏格拉底就给后人留下了这样一句名言：“任何一件东西如果它能很好地实现它在功用方面的目的，它就同时是善的又是美的。”④

现代设计的功能原则在包豪斯大师及其后继者们所坚持的功能主义流派和思潮中得到充分的认同和高度的强调。19 世纪 70 年代在美国兴起的芝加哥学派的主要代表和理论代言人沙利文（Louis Sullivan）最先提出了“形式服从功能”（Form Follows Function）的口号，它后来成了功能主义的一个主要论点。在大约半个世纪后的欧洲，1930 年担任包豪斯最后一任校长的著名建筑师密斯·凡·德·罗在 1923 年出版的《关于建筑与形式的箴言》一书中断言：“好的功能就是美的形式。”⑤而作为国际式建筑学派第一代建筑师的勒·柯布西埃，在他 1923 年出版的关于建筑的论文集《走向新建筑》中，也有后来曾经很流行的格言“住宅是居住的机器”。⑥

很显然，功能主义在极度肯定设计中的功能原则的同时，已经走向了另一个极端，即功能决定一切的观念。这一种简单化的思想表面上把功能推上最高点，实质上则否定了产品人化原则中的其他原则，如适用性原则、认知性原则与审美性原则等，使产品的人化原则得不到全面的实现。

实用性原则是人化原则下的一个组成部分，它与其他的子原则共同构建成系统的、全面的、综合的人化原则，使工业设计符合人的全面要求。片面夸大实用性即功能原则将破坏人化原则的综合性、体系性结构，而失去产品的人化特征。

2. 实用性原则体现了工业设计的本质与创造精神

产品的实用性，普遍被理解为是由产品的技术设计即工程师的工作来完成，而与工业设计无关，至少是关系不大，设计只要不影响实用性的发挥就行了。这种把产品实用性与工业设计剥离开来的观念与想法，构成了直至今日中国工业设计认知的基本点，这其实是对工业设计本质认知不足的体现。

严格地说，工业设计对产品实用性的影响体现在两个方面。

（1）产品实用性决定着人的生存方式；

（2）产品的认知功能创造必须紧密结合产品实用性而展开。

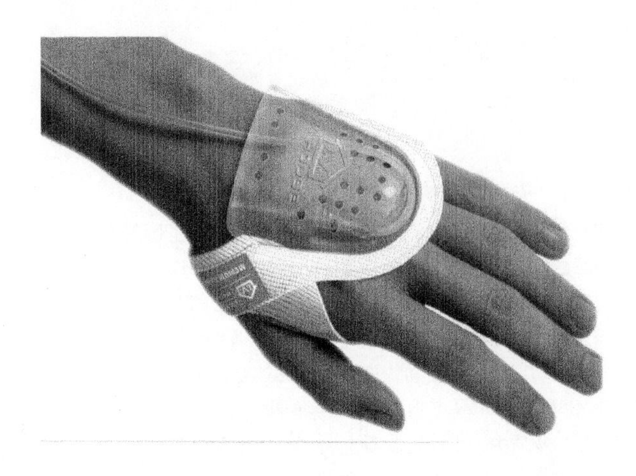

图 7－2　静脉注射装置

这是一款早该发明的产品，它是用于正确固定医用导管的特殊装置。它的革新性在于不仅有效地防止了插在患者身上的导管容易被不慎拔掉的危险，而且是一种低成本的全新产品，在设计上，有像包裹在手上的纱布一样令人安心的外形，并且减少了为固定导管而使用大量的胶带（本产品获 **2002** 美国优秀工业设计奖金奖）。

二、易用性原则

"易用性"（usability）是物与人之间关系的一种描述，是产品与使用产品的人之间的关系是否和谐及和谐的程度。国际标准化组织（ISO）对其定义为："……在特定的环境中，特定的使用者实现特定的目标所依赖的产品的效力、效率和满意度。"（ISO DIS 9241—11）⑦

用通俗的语言描述"易用性"，就是"产品是否好用或有多么好用"。"好用的产品"意味着产品具有较强的"易用性"，通常被使用者称为"友好的"（use friendly）产品。"易用性"亦即"宜人性"。

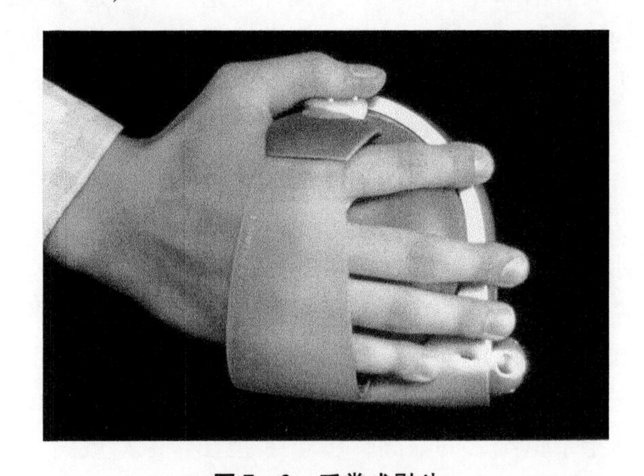

图 7－3　手掌式熨斗

为了人手的使用习惯而设计的熨斗，便于外出旅游、出差时携带与使用。

1. 易用性原则的含义

"易用性"这个词最早被使用在与电脑有关的界面设计及相关产品的开发中。1979 年开始使用这个术语来描述人类行为的有效性。此后，这个概念的涵义历经修改，不断丰富。夏凯尔（Shackel）于 1991 年给易用性下了一个完整而简单的定义："（产品）可以被人容易和有效使用的能力。"⑧

关于易用性原则的含义，夏凯尔作了这样的规定：

（1）有效性（effectiveness），指在一定的使用环境中，产品的性能能达到预期的效果；

（2）易学性（learnability），产品的使用和安装被限定在一定的难度范围之内，并能向使用者提供相关的服务支持；

（3）适应性（flexibility），指产品对不同对象和环境的适应能力；

（4）使用态度（attitude），指消费者对产品使用过程中出现的疲劳、不适、干扰等不利因素的承受能力。⑨

在夏凯尔之后，有关"易用性"范畴的讨论不断得到发展，其中较有代表性的有惠特尼·昆森贝瑞（Whitney Quesenbery）的 5E 理论：

（1）效力（effective）：通过工作达到目标的程度和准确性；

（2）效率（efficient）：工作被完成的速度；

（3）魅力（engaging）：产品界面对使用者的吸引力和愉悦力；

（4）错误承受力（error Tolerant）：产品防止错误产生的能力和帮助使用者修复错误的能力；

（5）易学性（easy to Learn）。[10]

此外，易用性通常还包括：

（1）完整实现产品功能的要求。

（2）在商业竞争中获得优势和利益的手段。提高工作效率，减少没有必要的浪费和损失。据估计在20世纪80年代，办公室中的时间有10%以上浪费在产品的易用性缺陷所导致的问题中。[11]

（3）产品的安全性需要。

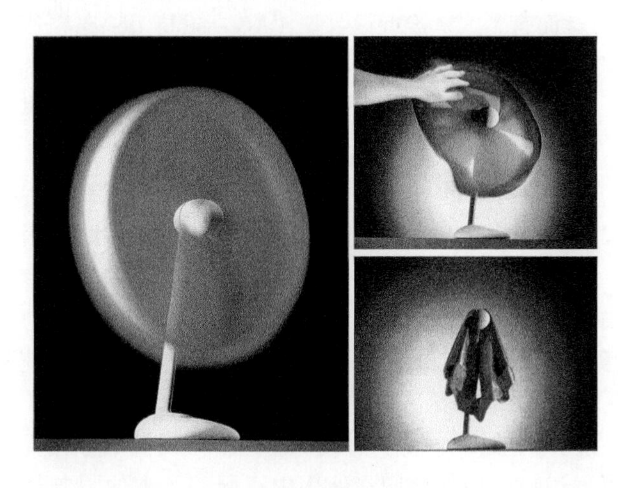

图7-4　布做成扇片的电扇

英国Priestman Goode设计咨询公司设计出一种电扇，和人们以往的想象完全不同，因为它的扇片是由布做成的，再也用不着担心手被夹伤，它是完全安全的。扇片可以放在洗衣机里清洗，在不用的时候扇片垂下，一点儿也不占地方。风扇不再是冰冷的机器，变成了带给我们乐趣的玩伴。在材料方面Priestman Goode公司得到伦敦的帝国学院航空学系的帮助。现在这个产品已有桌上、天花板上和墙上三种类型。它获得了ID的产品设计奖。

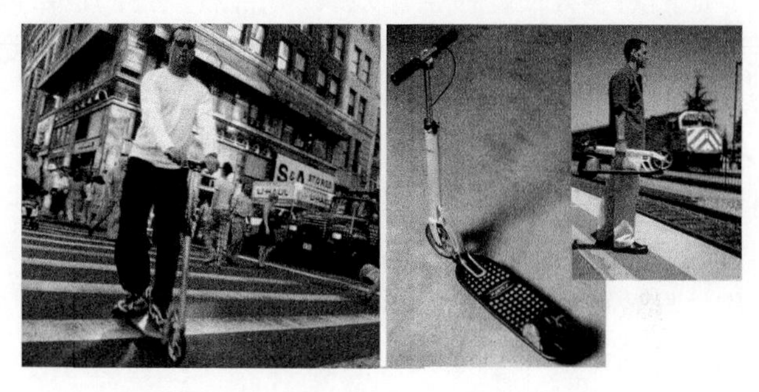

图7-5　运动/电动脚踏滑板

本产品有效地解决了电动脚踏滑板所存在的种种问题，保留了原来简约明快的造型设计，手柄握上去舒适自如，可以折叠，并且轻便，（不到9千克）从而成为城市上班族集健身与交通工具于一身的用品。电动脚踏滑板给现代社会点到点交通的实现，提供了一个有益的启发（本产品获2002美国优秀工业设计奖金奖）。

设计易用性主要依赖于两个学科的研究成果，即人机工程学和产品语义学。这两个学科的研究成果给设计易用性提供了科学依据和保证。

2. 易用性设计的延伸

如果说，易用性的提出，是基于人与物之间的关系原则即和谐的话，那么普适性原则的提出，则是基于人与人之间的差异关系（主要指生理）。可以说，普适设计在具体的设计实践中，把握了人与人之间的生理差异，在建立人与物间的和谐关系上，走出了更易于操作的一步。

- 普适设计

严格地说，易用性在通常的理解上，是针对一般正常人、健康人的。但在设计实践中，由于使用对象生理上的差异性，对设计就有一定的不同要求。因此设计就必须在原有基础上，把为健康人的设计扩大到既被健康人同时也被身体状况处于弱势的“弱势群体”所接受的设计，这就是普适设计（Universal Design）的概念。被称为弱势群体的人群包括老年人、儿童、病人与残疾人等，他们的生理结构状况在一般的使用中处于“弱势”，我们称之为设计中的“弱势群体”。

广义地说，普适设计就是指设计师的作品具有普遍的适应性，能供所有人方便地使用。为了达到这个目的，最初主要是针对大多数身体各方面能力正常的人所设计的产品，必须随着所考虑的适用范围的扩大进行精心的推敲和修改，以使其适用于其他潜在使用者的需要。这些人中主要包括病人、儿童、老年人、残疾人等。

● 无障碍设计

在设计实践中，并不是所有的设计都可以发展为普适性设计。如某些产品适合于儿童使用，则可能意味着不适合成人使用；如适合男性使用就有可能意味着不适合女性使用等。此时，设计如面对一个群体，势必对另一群体的使用造成障碍。因此，就有必要针对这一部分群体使用“无障碍设计”（Barrier-Free Design），为这一部分群体克服使用障碍。

实际上，在20世纪50年代，“无障碍设计”作为“普适设计”的原型就已经出现。1961年在瑞典召开的大会（ISRD，1961）更加关注了在欧洲、美国和日本等国家展开的无障碍设计尝试。但是在美国，“无障碍设计”被消极地理解为针对残疾人的设计，相对而言，“易接近设计”（Accessible Design）则较为积极地被使用，尤其是在20世纪70年代以后。而在欧洲和日本，“无障碍设计”这个术语则被更为宽泛地用来解释“普适设计”。此外，自从1967年以来，“为所有人的设计”（design for all）在欧洲被越来越多地使用，日本则较为接受“普适设计”这个说法。

就好像战争促进了人机工程学的发展一样，战争的结果则促进了普适设计的发展——第二次世界大战、朝鲜战争和越南战争为世界各国如美国带来了大量的残疾人口。如何使他们较好地融入社会生活，成为工业设计需要解决的一大课题。

在普适设计中，那些一开始没有考虑到残疾人的需要而进行修改以达到残疾人使用要求的设计，被称作“自下而上的设计”；相反，那些在设计之初就考虑到了残疾人的特殊要求，而后进行修改以适应身体能力正常的人的设计，被称作“自上而下的设计”⑫

可以这样说，由于设计的原因，弱势群体真正成为设计中的“弱势群体”。这是由于设计的原因而造成了他们的不方便，甚至“残疾”。自然，我们也可以通过设计而使他们在使用中克服“不方便”与“残疾”，而感到方便与“不残疾”。因此，设计师必须永远怀着这样一种基本的设计伦理精神，为健康人更为弱势群体进行人文关怀的设计。

在某种意义上，残疾人概念的存在，本身就是由设计上的不平等和不合理造成的。因为设计给他们造成了太多的障碍而使他们不能完成某种活动或操作，导致他们被其他人判断为“残疾人”。残疾人从设计的角度可以定义为“活动障碍者”。如果设计可以消除这种障碍，让他们自由地出入建筑，自由地使用生活中的产品，那他们就不再是残疾者，至少在每一个人心中都不会再意识到这一点。

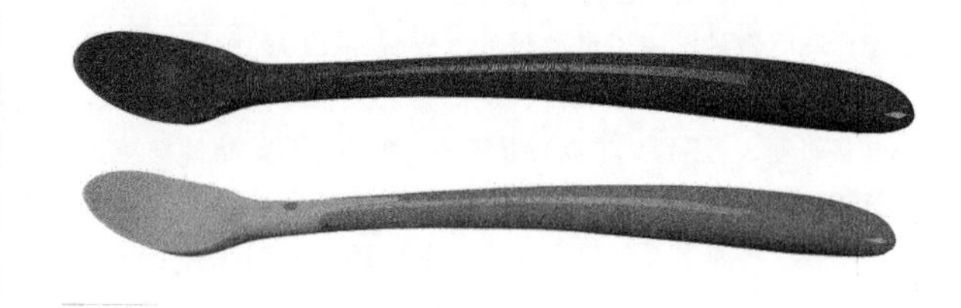

图7-6　婴儿用匙勺

这是一款充分考虑了产品功能以及安全性的高水准设计作品，它柔软的舀勺部分非常适应婴儿娇嫩的牙床，而长长的匙柄则能更方便地刮干净各种果酱瓶子，它在设计上充分为婴儿着想，而且握上去的手感极好（本产品获2002德国巴登－符腾堡国际设计奖）。

普适设计和广泛设计（Inclusive Design）用来表述一种体现公平与社会公正的设计，在美国成为可以互换的术语。与之相类似的专业术语还有“生活范围设计”（Lifespan Design）、“跨代设计”（Transgenerational Design）等。相对于“普适设计”而言，这些术语较缺乏“对社会整体范围的关注”（Mullick and Steinfeld，1997）。

● 障碍设计

相对于“无障碍设计”，也存在着“障碍设计”。所谓障碍设计，就是通过设计对一部分群体或全部社会群体的行为进行规范与约束，以达到符合社会伦理或安全等的目的。如银行、海关、机场等对一部分群体提供服务时，为保护被服务人的隐私而设定的“一米线”；自动取款机为防止取款人的银行密码被窥视而设计屏蔽装置等；在人流特别密集的公共场所如火车站、汽车站、码头、超市等，为保证安全与秩序而在入口特别设置栏杆；为保证不懂事的孩子的安全，药品盖的设计不是简单的使用旋转的方式，还必须在瓶盖上施加一定的力才能旋开，这些都属于障碍设计的范畴。

● 普适设计的原则

a. 普适设计的基本原则

① 公平使用（Equitable Use）。设计必须适合拥有不同能力的人使用。设计师应向所有消费者尽量提供他们都能使用的产品，而避免对某些特殊人群的排斥。

② 弹性使用（Flexibility in Use）。设计的使用面应尽量地宽泛，即考虑到不同人使用它们时的参考数据。在了解不同人群能力的基础上，设计出那些在功能上具有“弹性”的产品，例如，避免出现左撇子不能使用的产品。这就要求设计师掌握充分的人体测量数据及人机工程学原理。

③ 简单使用（Simple & Intuitive Use）。设计必须易于理解。普通人依靠最基本的生活经验、知识和语言基础就可以操作它们。这样就要求设计师在设计中抛弃那些复杂或华而不实的设计倾向，突出重要的产品信息。

④ 感性使用（Perceptible Information）。考虑到许多设计要被一些儿童及其他弱势群体使用，产品的设计应符合人们的生活习惯和情绪特征，最好靠直觉就可以操作。运用产品语义学的一些方法，为使用者提供有效而明确的反馈信息。

⑤ 耐错使用（Tolerance for Error）。一些老人和儿童在使用产品时，很容易犯错误。因此，设计的产品应该对这种误操作具有较强的“耐错性”——即使在产品操作中发生错误也不会带来严重的后果。同时，尽量使产品的错误操作能够得到使用者自然的纠正。

⑥ 省力使用（Low Physical Effort）。将使用产品所需要的操作力降到最低，让人们在生活和工作中更加舒服和高效。

⑦ 充足使用（Size and Space for Approach and Use）。在设计中考虑到所有使用者的尺度和他们的身体状态，让他们不论是站着还是坐在轮椅里，都能容易地活动和操作。例如，柜台的高度就应该考虑到儿童的尺度，在高和低之间寻找到一种合适的高度。

b. 为弱势群体设计的基本特点

① 隐形化。一些老年人容易过高估计自己的能力，从而出现能力与行为的失调，因此辅助工具（如手杖、浴缸椅、马桶扶手等）对老年人很重要。但老年人和残疾人并不希望别人看出自己使用了这些辅助性装置（如助听器），除非这些产品的外型能够被掩盖起来，比如成为衣服的一个部分或与室内的装饰结合起来。总之，尽量地“隐形化”。

② 渐进化。从整体上讲，随着年龄的增长，人的生活空间和心理空间会随之减少。老人会对生活的变化更加敏感，对新事物的接受能力也会变得相对迟钝。因此，针对老年人的产品，在技术的提升上要循序渐进，在产品形态的语义表达上要注意与已有产品的语义衔接，否则将较难被接受。

③ 通用化。为弱势群体设计的产品，在很大程度上决定了他们的活动空间。因此，应尽量设计出可以在不同环境和场合中都可以使用的“通用产品”。达到使用时方便，不用时易于折叠、储藏的效果。

要为弱势群体进行设计就必须知道：

（1）哪些对象属于弱势群体，对弱势群体的年龄跨度和其他差别应该如何划分和细分；

（2）了解弱势群体的生活方式，了解他们的生活环境；

（3）对设计对象的要求进行了解，记录下他们对产品和环境的真实需要。

在日常生活中，我们常常对给我们提供服务的产品抱着随遇而安的态度，宽容并原谅我们周围的世界的不尽完美，甚至会强迫自己修正自己的行为以适应各类产品。可以这么说，这个不尽完美的“第二自然”相当一部分是由设计师的设计造成的。正是不恰当的设计才产生“强迫自己修正自己的行为”。因此，设计师特别是年轻的设计师们必须注意对生活的细微观察和对生活经验的积累。这看起来是件小事，但对一个成功的设计却是一件大事。如医院传染病房的门把手设计，表面上看是一件小事，但是，如果必须考虑到医务人员、病人及探访病人的亲友三类人的方便使用而又不发生交叉感染，这样的设计课题就成为一个极具社会伦理而又有实际意义的大课题。在这里，这个把手设计既不是纯技术问题，更不是什么艺术问题，它是一个设计伦理问题。

这样的问题很多，如家中的坐便器如何既适应儿童需要又符合成人要求，公共场所的男女洗手间所容纳使用者的数量与面积怎样的比例才合理，剪刀、切菜刀如何使左右手均可使用，冰箱的门把手如何设计才能保证不同年龄层的人的使用……

- 部分弱势群体的设计原则

a. 残疾人

英国设计师杰旺 · 绍派（Jevon Thorpe）所设计的大名鼎鼎的“黑色出租”（Black Cab）TX1，一方面是为了自己坐轮椅的老爸能够方便出行，一方面更是为了满足残疾人歧视法案所提出的要求（Disability Discrimination Act）。[13]这个被看做伦敦标志之一的 TX1 出租车，不仅拥有流线型的车身外型，更重要的是它为乘客所提供的特殊设计：手机充电器，一个摇椅和不可缺少的儿童座位，还有一个简单的匝道能够从出租车底层轻易伸出以方便残疾人的出入。尤其是这个残疾人通道，极大地方便了残疾人的出行。事实上，大多数的普适设计都存在于“过渡领域”（Transitions）：从内到外、从上到下、从光明到黑暗、从开到关、从顶到底，甚至从年轻到衰老——这些“转换”过程显然往往是弱势群体的“难关”。

无障碍设计是保证设计能够“普适”的重要一环，也已经部分地成为建筑等行业的规范。但如果在设计时只是被动地满足规范，显然还不能有效地实现真正的“普适”。

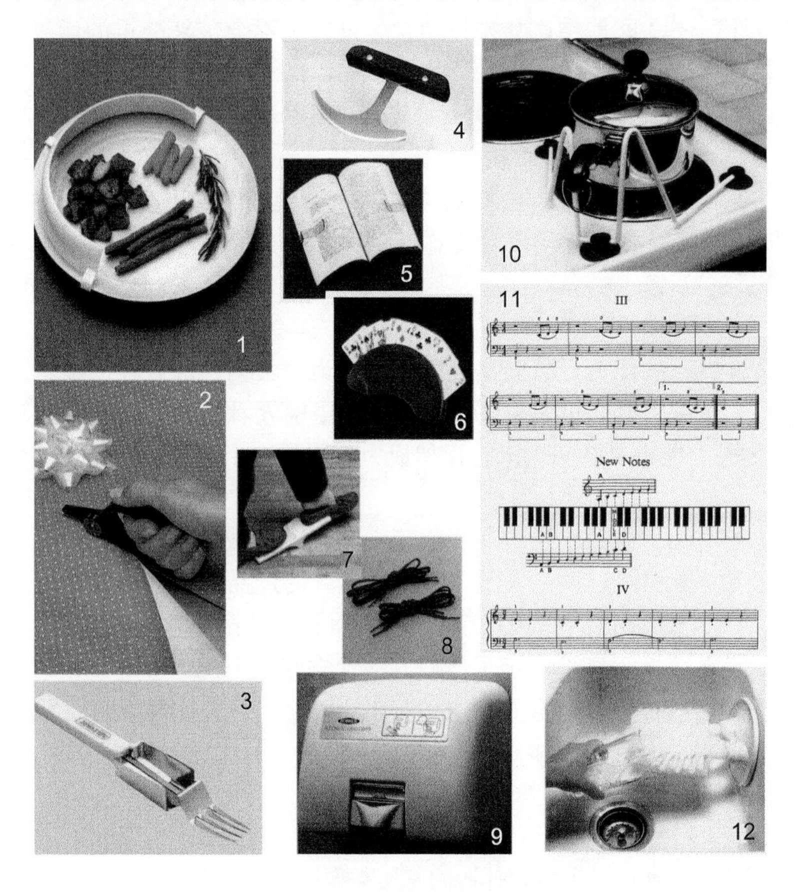

图 7－7　为肢残者设计的产品

1. 防止食物溢出的塑料器皿
2. 滚动的剪刀
3. 单臂者使用的餐具
4. 摇动使用的“T”形刀
5. 固定书页的托架
6. 扑克牌长架
7. 不需要使用手的脱鞋器械
8. 富有弹性的塑料鞋带
9. 干手机
10. 火炉上的平底锅的托架
11. 单臂者使用的最基本钢琴及钢琴曲
12. 吸在墙壁上的瓶刷

b. 儿童

我们经常责备孩子们在生活中的错误，但很少检讨设计师由于设计不当而导致儿童的使用产品失效的原因。这是一个明显的以成年人为中心的设计世界，缺乏从儿童的眼光、认知能力与操作能力出发的设计起点。设计一个为儿童使用的产品，而缺乏儿童的视野与思维方式，这样的设计绝对不可能获得成功。

儿童的生理结构与心理结构都处于发展之中，不同年龄的儿童呈现出差距较大的行为特征与认知能力。但普遍反映为行动不协调而导致不适应准确的、精细的操作，如往往把手指捏拿改为整个手掌的握拿；还没有建立起基本的认知经验，如把鼠标向前推动与显示器上的箭头往上移动统一为必然关系等等。

飞利浦公司（Philips）的一个互动媒介小组请 IDEO 为 3 ~ 5 岁的孩子设计一种儿童用鼠标。让设计师们感到麻烦的是，孩子们拿鼠标当小汽车玩。而且把鼠标前移与屏幕上的光标上移联系在一起理解具有相当的难度：儿童很难在鼠标的运动和电脑上光标的运动之间建立一种抽象的关系——实际上，没有用过电脑的成年人也要经过一段时间的学习才能掌握这一关系。因此，IDEO 设计了一种垒球大小的导轨球，这种大小可以适应孩子尚未发展起来的灵活性和与生俱来的破坏性。同时最关键的是将隐藏在鼠标底下的滚球予以具体化和形象化，帮助孩子跨越暂时难以理解的抽象的产品操作。

儿童在使用需要抓握的产品时会出现一种所谓的“拳头”现象：即他们不是用成熟的手指而是用整个手掌去抓住整个产品。因此，当 IDEO 为欧乐 - B 公司（Oral - B）设计儿童牙刷时，他们设计了一个具有比成人牙刷柄更为肥大的牙刷柄的儿童牙刷。这乍看起来很荒谬，但如果我们看到孩子是如何使用牙刷时，我们才会发现那些缩小了的成人牙刷才是真正糊涂的设计。[14]

儿童用品的设计必须建立在对不同年龄层儿童行为特征研究的基础上，这可以参照相关的儿童生理研究部门及儿童心理学的研究成果，以保证儿童用品设计的科学性。

c. 老年人

美国曾对 65 ~ 79 岁之间的老年人做过调查统计，得到的资料十分有利于老年产品的设计。

由于各种原因，大部分老年人的身高比他们年轻时矮 5%。老年人的身高不再以每十年 10 mm 的速度增加，反而由于脊柱收缩开始驼背。

- 普适设计的局限性

普适设计主要是从人的生理结构特征出发提出的设计原则，它主张尽可能适应更多人群使用的设计思想，依据的是人类生理结构的共同性，去努力消除人们身份之间的差异性。

就人类的心理需求来说，并不存在“普适设计”。人们心理需求的差异需要差异化的设计。这是因为，归纳人们具有差异性的生理结构的共性，并在此基础上提炼“普适设计”的原则，是符合每个人的生理结构特征的。而强迫每个人接受不符合自己心理需求的设计，则是违反“设计满足人的各种需求”的根本原则的。在日益工业化的社会中，产品对人的精神需求的满足正是当代设计的基本任务。因此，普适设计主要使用在公共空间与公共场所的用品。

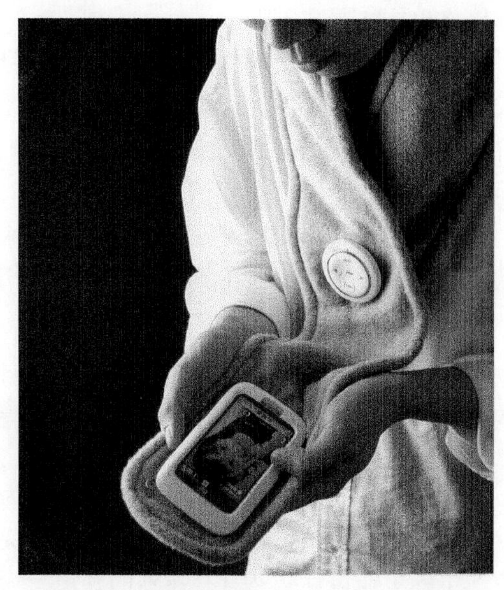

图 7 - 8　Mobile Scarf“老吾老”移动电话

“老吾老”是以高龄者为设计对象的行动电话，特别考量视觉（图像）、听觉、造型（操作）和生理（安全）方面，以及随身使用为主要设计诉求。“老吾老”除了沟通功能外，还有视听娱乐、保暖御寒、健康监控、交通安全等功能（光宝创新奖作品，中国台湾微鲸科技有限公司李允文设计）。

三、经济性原则

经济性原则是人产生一切行为所依据的最基本的原则。在人类社会的初期，经济性原则可能是出于动物性本能，在当今的工业社会，经济性原则产生于人类社会文化性结构。

工业设计发展到 21 世纪，进入到一个相对成熟的阶段。工业设计不仅是创造财富的一种手段，更是创造人类文化的一个重要平台。因此，工业设计的经济原则不仅蕴含着人类活动的基本生物性特征，更多地含有人类社会的伦理精神与人文精神。

工业设计人性化原则中的一个重要方面，就是坚持经济性原则。

所谓经济性原则，就是在尽可能地在照顾到生产者与消费者共同利益的前提下，设计尽可能提供价廉物美的产品给社会，使人人都享受到工业设计带来的现代文明成果。

我们从两个方面讨论这一个问题。

首先，就人人都有可能拥有的具有不同技术含量的各类工业产品这些现代文明成果的现实而言，再也没有像经济性原则这样具有人性化的意义：只有坚持非精英化、非贵族化的平民化设计方向与思想，才可能具有被社会各阶层所接受的价廉的产品，人人才能都享受得到现代文明所带来的成果。这无疑具有宏观上的人性化原则的意义。事实上，工业设计产生的前提，以及工业设计的思想观念，给设计的经济性原则提供了可能。

与手工艺设计截然不同的是，工业设计作为与现代大工业生产方式相匹配的设计方式，彻底摒弃了只停留在精英化、贵族化的手工艺设计模式，将设计推向社会，推向平民与中产阶级。

工业革命前的手工艺设计，其特点体现有二：首先手工艺设计主要为当时社会上的特权阶级服务，由此形成了精英化、贵族化的设计模式。因为真正具有设计品位、自觉体现出设计意识的产品，往往是那些高档的奢侈品；其次，手工业品的设计与制作往往会统一在一人身上，由此，制作者在长期设计与生产中积累起来的独特工艺与技术处于垄断与专利保护之中，其生产的数量无法满足社会公众的需求，其价格也往往居高不下。

批量化的生产使产品价格大大降低，社会结构的变化，中产阶级崛起并成为社会主体，他们的需求成为设计的主导目的，这些都使建筑在大工业生产之上的工业设计给产品走向全社会、走向平民与中产阶级提供了可能。因而彻底改变了手工业时期设计的精英化、贵族化，使设计真正回归到平民，回到了地平线。正如美国19世纪下半叶工艺美术运动的领导人拉斯金所认为的："以往的美术都被贵族的利己主义所控制，其范围从来没有扩大过，从来不去使群众得到快乐，去有利于他们……与其生产豪华的产品，倒不如做些实实在在的产品为好……请各位不要再为取悦公爵夫人而生产纺织品，你们应该为农村中的劳动者生产，应该生产一些他们感兴趣的东西。"[15]

其次，经济性原则还体现在"工业设计必须注意到生产者与消费者的共同利益"这一句话中。也就是说，经济性的另一层意义，就是必须注意到生产者的利益。实际上这一个问题与上述问题是紧紧连在一起的。

严格地说，工业设计也是一种经济行为。

设计的发展是伴随着现代市场的日益完善而发展起来的。在特定的市场关系、市场结构和市场法规中产生的工业设计必然具有强烈的经济行为色彩。

"注意到生产者的利益"与"注意到消费者的利益"是辩证统一的关系。只注意后者，一味的价廉，而牺牲生产者应有的利润与积极性，这肯定不是一种健康的经济行为。只有注意到生产者的利益，才有生产者的积极性，才有可能把工业设计的文明成果推向全社会。这一种既辩证又统一的关系，保证了设计行为的存在与持续，使得设计具有旺盛的生命力。因而"经济性"不是建筑在牺牲生产者利益前提下的概念，当然也不是牺牲消费者利益基础上的"经济性"概念。在某种意义上，工业设计的一个重要任务就是如何恰当地把握双方的利益。设计的人性化就是要保证作为生产者的"人"与消费者的"人"都感受到工业设计的人性价值：全社会公平的人性价值。

经济原则总的来说是经济核算原则。富有伦理精神、人文精神的现代工业设计，已经把设计的这一种人类行为理解与发展为一种人类生存与发展方式的规划与设计，其"经济核算"必须反映出整个社会系统的利益，即生产者的利益、消费者的利益以及社会与环境的利益。

工业设计的经济原则主要体现在产品生命周期中的三个主要阶段，即产品生产制造与流通的经济性，产品使用的经济性与产品废弃的经济性。

1. 产品生产制造与流通的经济性

这是通常理解中的产品生产成本与流通成本，它们包括材料、人力、设备、能源、运输、储藏、展示、推销等费用。在一般情况下，力求以最小的成本获得最适用、优质、美观、耐用的设计。

所谓豪华型的设计，在企业的生产活动中，也是尽量以降低成本来达到获取更高的利润的目的。"能够满足同一机能的产品，其价格以便宜为好。应该说以最少的费用取得最大的效果是最为理想的。用最好的材料、精湛的技巧，为舍得花钱的有钱人制作的单件制品，也可放到产品设计的范围之中。然而，这与在一般大众生活中发挥作用的批量产品相比，性质是不同的。现代生产的物品几乎都是供大多数人使用的批量产品。大量生产优质廉价产品是现代设计出现以来始终不变的原理"。[16]现代设计要为潜在的、可能的广大消费者群考虑。

2. 产品使用过程中的经济性

早期的产品设计较少考虑使用过程中的经济性。所谓使用过程中的经济性，是指产品进入使用过程中，以花费尽可能少的能源及其他资源来达到尽可能最优的使用目的。如洗衣机能以尽可能少的电能消耗与用水量来完成相对多的衣服的清洗目的；冰箱能以尽可能低的电能消耗来达到同体积容量的食物的保鲜……在计划经济时代的中国，这些由消费者承担的经济问题被认为不属于生产者的责任和义务。但在市场经济的今天，竞争的机制迫使设计师与生产者不得不考虑这方面的指标。甚至在许多商品中，这些指标已成为商品能否畅销的主要原因。这些指标表面上仅涉及消费者的使用成本支出，但更为深层意义上不是费用问题，而是涉及全人类利益的环境伦理问题。

3. 产品废弃的经济性

产品经过使用到达一定的年限或使用次数，并经过维修仍无法正常使用，就是进入了废弃阶段，即作为废品进行处理。

产品废弃的经济性包括两大方面。一是产品废弃后，可回收的零部件或材料在整机价值中的比重。如比重较大，经济性就高，反之则低。

随着环境问题的提出，以及可持续发展的理论日益被社会理解与接受，设计物与生产者都在不同的程度上使用了可回收的“拆卸设计”，尽可能提升可回收的拆卸零部件的比例，使这一部分并未丧失使用功能的零部件经过恰当的甚至简单的修整或修复，作为产品的零部件重新进入使用，大大提高这些零部件与相关材料的使用效能与寿命。这同样不仅是产品成本问题，更重要的是资源伦理问题：人类尽可能少地使用环境资源来达到自身生存与发展的目的。

关于设计伦理的价值观点，在“可持续的发展”这个概念中，得到了更直接、鲜明的表达。“可持续发展”这个社会学和哲学的概念，在设计上激发出丰富的想象和许多崭新的设计理念，如组合设计、循环设计、生态设计、绿色设计等。

英国研究20世纪设计的专家彼得·多默在《1945年以来的设计》一书中谈到设计的前景时，把组合设计和循环设计作为当代设计的重要发展趋势加以介绍。他说，时至今日，设计已成为战略性的活动。最新对环境挑战的认识和对污染与消费之间的联系的了解，指出了设计师和工程师要共同朝着节约能量和能源这一远大的目标而努力。由此导致了“组合设计”和“循环设计”观念的产生。“循环设计”要求产品设计使用的材料要容易被回收，这对设计提出了更大的挑战，因为使产品有效地分离的特性是导致新的循环产生的基础。

目前，许多大的集团公司，包括“通用电器公司”（美国）和3M集团（美国），已经开始把可拆卸的设计作为设计要点的一部分，这要求设计师和生产工程师避免粘接或拧螺丝而采用“嵌入镶出”的钩扣。德国汽车制造商BMW公司在此方面是先驱者，BMW的Z1型汽车可以在20分钟里拆卸下来。多默指出，这种理论的阐述是容易的，设计起来却很难。设计“嵌入镶出”的产品并使之不会跌落散开的技艺与产品设计符合循环是一致的。组合设计是设计发展趋势的一个例子。

他还说，真正优秀的设计即使在信封的背面也不会被淘汰，哪怕信封本身就是由循环纸所制作的。[17]这就是说，循环设计和组合设计并不会降低设计的质量，相反，在能源问题日益突出的今天，循环设计和生态设计因为符合普遍的价值追求，因此会获得更好的社会支持。在今天，一个设计是不是合理，是不是有价值，也许首先就看这个设计符合不符合生态化的理念。生态化，是设计过程必须加以充分重视的策略和选择，当然，更应该成为设计自觉的、内在的价值追求。[18]

工业产品废弃后，存在无法回收的部分，作为垃圾进入人类生存所依赖的环境，对环境所产生的影响，实际上也是一个经济性问题，因为对环境产生的影响需要通过另一种方式予以治理及复原。这种治理与复原的成本自然就成为作为产品废弃垃圾对环境影响的成本。以前生产的汞电池，小小的电池所提供的能量不大，但其一粒即产生巨大的自然污染。设计师与生产者就有责任寻求另一种更好的技术方案来生产更好品质的电池，既满足人的需求，又产生极小甚至没有环境污染。在这里，我们可以看出，设计师并不仅仅在技术规定的框架内完成产品的设计，有责任感与道德感的设计师，更应该立足于文化的高度，对产品的技术方案作出审视，寻求更合理、更人性的技术方案，构筑成产品物质性效能。在这一点上可以说，一个真正的设计师是不应该缺乏文化视野与人文精神的。

四、审美性原则

设计的审美原则是指设计时要考虑所设计产品形式的艺术审美特性，使它的造型具有恰当的审美特征和较高的审美品位，从而给受众以美感享受。审美原则要求设计师创造新的产品造型形式，在提高其艺术审美特性上体现自己的创意，同时也要求设计师具有健康向上的艺术和审美意识。

产品的审美性不应当是简单的装饰或者说某种外加的孤立的形式成分，而应当是该产品内在因素的外在表现，是与内容有机统一的形式构成。

设计的主要任务是造型，是利用一定的材料使用一定的工具和技术为一定目的而创制的结构。设计的本质和特性必须通过一定的造型而得以明确化、具体化、实体化，即将设计对象化为各种草图、示意图、蓝图、结构模型、产品……通过美感的形式、物态化方式展示和完成设计的目的。设计在一定意义上是一种“形式赋予”的活动。

没有造型即没有产品的存在。设计活动是综合性的形的确立和创造，它不是对某一现存对象的操作，也不是对物的再装饰和美化，而是从预想的那一刻，就开始了形的创造。

造型是设计的基本任务，形是设计的基本语言，造型与造物是密切相连的。任何实在的物都有形的存在，物的形是视觉可见的、触觉可触的。人有意识地去创造形象都可以称之为造型：工人制作齿轮是造型，制作服装是造型，画家绘画也是在造型。因此，造型设计存在着不同的类别与层次。产品造型主要是指在保证产品实用性功能目的得以实现这一造物限定下的造型。制作齿轮过程中的造型是考虑物与物关系，产品的造型则是由人与物关系原则出发对产品这一个物的造型，艺术家的造型则纯粹是与人的精神和心理发生联系。

形的建构是美的构建，设计师的造型之所以不同于工程师的结构造型，区别的关键就在于前者是美的造型，艺术的造型。产品的审美性原则其实是一个很大很复杂的课题。有关工业设计中的许多理论层面上的争论，有关工业设计本质的争论，有关设计目的的话题等，都与产品的形式审美有关。如果说，在艺术领域关于美的内容、结构、意义具有较为统一的结论，而被大多数人所认可的话，那么对于以实用为最高目的的造物设计，则由于“实用”要素的存在，关于它们的美的内容、结构、意义就存在着较大的争论与话题，产品的形式美与设计美、功能的实用性、使用的适用性等有着复杂的关系。

我们在这一部分重点讨论设计的人化原则时，把审美性与实用性、易用性、等并列，作为人化原则下的子原则进行讨论，那么这里的审美性就是基本上集中在形式审美层面，它并不包括功能美、适用美、结构美。但是形式美与其他产品构成要素又有着各种复杂关系。因此，在这里我们简单讨论由形式美产生的审美性与其他要素的关系。

1. 形式美与产品美

- 形式与功能

产品设计的审美性首先表现在产品形式美的创造上。形式美是产品构成的外部材料的自然属性，即形式要素：形态、色彩、肌理、声音等，以及它们的组合规律（如整齐、比例、均衡、反复、节奏、韵律、多样统一等）所呈现出的审美特性。

形式美仅是产品的外观形式的视觉特征，它只反映了产品设计审美的一部分。就这一部分而言，它还不能单独存在。它的审美特征必须与产品功能内容密切结合。

严格地说，把产品分割成形式与内容两个方面是一个不甚合理的做法，只是为了研究产品设计的特征而采用了这样一种方法。它们在产品中是紧紧结合在一起的。之所以强调这一点，是因为我们把产品的形式与内容分割开来的做法，并不符合产品各要素的结构关系与设计实践。

比如，电视机的形式与内容，当图像显示部分是旧式显像管时，电视机的功能内容是与厚厚的电视机外观形式紧紧联系在一起。由于显像管制作技术的关系，显像管的屏幕大小与显像管的长度（即屏幕到管尾的距离）是成一定正比例的。按照传统的形式与功能的内容的两分法，功能内容相同的产品其外观形式是可以多种多样的，但是在显像管电视机中，这几乎是不可能的，凡是电视机基本上都是相似的外观形式，这说明功能内容与形式是紧紧结合在一起，形式无法远离功能内容而任意变化。即使今天的电视机显像管已换成等离子屏或液晶屏，它们的大面积显示屏幕与较薄的厚度已成为目前电视机的形式特征，如果形式有变化，那也只是在这种整体的形式特征下的差异。

由此可见，产品形式是无法脱离其功能内容而任意变化的。产品形式与内容的这种关系，是由产品自身的逻辑关系决定的。产品的结构决定着功能的内容，功能的内容又规定着产品的结构。当有多种技术路径与方案可以产生相同的产品功能内容，那么，相同功能的产品就具有多种不同的结构；当某一产品实现特定的功能内容的技术方案只有一个时，那么其产品结构也就大致相同。由于结构决定着形式，所以形式与功能的关系也就很容易理解。

- 实用功能美

"一切产品都是人们为一定目的，按照自己掌握的客观规律对自然物质进行加工改造的结果。当产品实现它的预定功能时，合目的性与合规律性达到统一，人就取得一种自由；而能够充分体现这种统一的产品的典型形式，或者说是它的自由的形式，就表现出一种美，这就是功能美。"[19]

在物的功能美形成过程中，"合目的性"体现了物的实用功能所传达的内在尺度要求，即构成物的结构、材料和技术等因素所发挥的恰到好处的功利效用，从这一点说，功能美具有一定的功利性特征。"合规律性"则表现了功能美形成的典型化过程。在这个过程中包含着积淀、选择、抽象、概括、同化、调节和建构，是体现一般规律的个别，以往的物如果具有良好的功能，这些功能所表现的特殊造型就会逐步演化成一种美的形式。由个别的状态积淀抽象为一般的规律，构成典型化特征以影响其他物的功能美的形成。

然而，人们对于功能美的审美体验却具有直接性和超功利特征，作为主体的人的审美标准的不同，使典型性的概念有所不同，进而影响到对功能美的各不相同的审美感受。人们在判断具体的物的功能美时，往往受到典型性概念的影响，以普遍的一般的规律去评价这个物的功能美特征，这时，物的实际功能并没有参与判断的过程。如果经过使用，这个物所表现的合目的性功利效用达到了与其功能美特征相统一的效果，并为人们带来了某种需要的满足而使人感到愉悦，便形成了这个物的功能美创造。因此，功能美的形成是合目的性与合规律性的统一，也是功利性与超功利性的审美体验的辩证统一。

功能美作为人类在生产实践中所创造的一种物质实体的美，是一种最基本、最普遍的审美形态，也是一种比较初级的审美形态。借助于功能美，物的形式可以典型地再现这一类物的材料和结构．突出其实用功能及技术上的合理性，给人以感情上的愉悦。另外，现代生产方式把经济、效用与美联系在一起，因此经济原则也成为形成功能美的必要条件之一，体现在设计观念上，便是"好的设计是手段的节约。"

- 产品美的构成

产品美是产品内容与形式高度统一的复合体。产品美是综合的美、整体的美，这是由产品满足人的需求的特征决定的。

产品尽可能地满足人多元的需求，这是工业设计的目的。产品合目的性的特征构成了产品美的全部内容。人对产品的实用功能的需求、对操作适用性的需求、对经济功能的需求以及对形式审美的需求等，构成了产品设计的目的，也构成了产品美的内容。

因此，形式美是产品美的一个部分，形式美不能代表产品整体的综合美。

2. 形式美与形式法则

形式美是功能美的抽象形态，是指构成物外形的物质材料的自然属性如形、色、材质肌理与声，以及它们的组合规律如整齐、比例、均衡、反复、节奏、多样统一等所呈现出来的审美特性。

物质材料的自然属性构成了形式美的基本因素，形式美是形式因素本身所具有的美，是对美的知觉形式的抽象，作为形式因素往往是依附于一定的具体物质而存在的，它不仅再现着物的实在性内容，而且还象征并暗示着某些观念的内容，但形式美的含义却往往是超越了这些内容而只保留了形式因素本身的性格特征和情感意蕴，因此它还具有相对独立的审美特征。由形式因素组成的形式美，是需要按照一定的组合规律组织起来的，这种组合规律是形式因素自身构成美的结构原理，在美学中成为形式美的法则。

（1）整齐一律：是最简单的形式规律，指构成形式美的物质材料的量的关系。其特点是一致和重复，体现为整齐划一的统一的秩序。

（2）平衡对称：较之整齐一律复杂的形式规律，是从形式外表上的一致性进到不一致性的结合，即不同的形、色、声交替重复，形成有变化又有一致的对称平衡的美。

对称是以中轴线为基准而分成的相等的两部分，有左右对称和上下对称。又可以分为有机对称、几何对称和上下对称，也可分为有机对称和几何对称。前者多指自然界形态的对称形式，几何对称则多指人工形态的对称形式。

平衡是指布局中的等量不等形，比对称又进一步，以左右或上下的不同形态体现富有变化、自由生动的平衡特点。

（3）比例：比例是指物的整体与局部以及局部与局部之间的关系，它有两种存在形式，即存在于空间的比例和存在于时间的比例。黄金分割以8:5或1.618:1的恰当比例形式成为美的经典比例。

（4）对比调和：对比调和属于既对立而又统一，统一中有差异、对立，同时并存。对比调和涉及的是事物质的关系，强调的是质的异中有同或同中有异。

对比是由具有显著差异的形式因素结合而成，形体的大小、色彩的色相与色度、光线的明暗、空间的虚实等，由对立的差异性因素组合的统一体，会给人以鲜明、醒目、振奋的感觉。

调和是在较为接近的差异中趋向统一，是按照一定的次序作连续的逐渐变化而得到的效果，使人感到融合、协调。

（5）节奏：节奏是指运动过程中有秩序的连续、有规律的反复。构成节奏有两个重要关系，一是时间关系，指运动过程；二是力的关系．指强弱变化，把运动过程中这种弱变化有规律地组合起来加以反复，便形成节奏。

（6）和谐：和谐也称多样统一，是形式美的基本法则，也是其高级形式。它既包含了量的差异统一，又包含了质的差异统一，同时以超出量和质的差异统一，成为度的关系。和谐的本质是整体中各部分在形式上相互区别的差异性，即“多样”，而在整体上又具有共同的特性和整体联系。使人感到丰富中体现单纯，活泼自由里寓有秩序。

以上所述的形式规律，是经过生活和实践的沉淀、积累产生，进而被抽象化、普遍化而具有独立的精神意义。由于科学技术的发展以及生活方式的变化，人们的空间感受和活动特征也不断改变，形式规律也相应发生着变化。

现代形式美的重要特征在于以不对称和各种对比形成的动态秩序打破了过去的静态平衡，或以相对严格的对称取得新的秩序美感。作为形式美规律的不断探索，人类通过各种形态的艺术方式广泛地进行着实践，设计在其中也起到了积极的作用。

五、认知性原则

认知性是产品构成要素通过设计综合而成的产品符号所具有被认知的特征。产品信息蕴涵使产品成为一种符号，通过人们的“解读”，产生一定的象征感觉与意义。

产品的认知性包括两个方面，产品的象征意义与产品的语义。

工业设计所塑造的审美对象，既体现了产品与社会生活的联系，也显示了设计师的审美观念和创意，这一过程是通过设计师和受众之间经由设计作品及其所处展示时空共同形成信息和互相交流信息完成的。

格罗皮乌斯在《艺术家与技术家在何处相会》一文中说：如果物体的形象很适合于它的工作，“它的本质就能被人看得清楚明确”。“看清”设计产品的本质当然是一种信息传递和接纳。

1. 产品的信息构成

所谓产品信息是指产品在设计和制造过程中凝聚的活劳动和物化劳动的状态和方式。而人类劳动的状态和方式又必然受到科学、技术、经济和社会文化知识的影响，所以，产品信息主要指能使产品获得满足需要功能的科技知识、经济知识和社会文化知识。由于产品含有科技、经济和社会文化因素，就使产品信息具有不同领域的表现角度。

- 产品的科技信息

产品通过材料、结构、加工工艺等自身构成的要素，以及功能内容、人文信息等，传达出的科学与技术的特征，称之为产品的科技信息。由于不同产品所表现出的科技信息是不一样的，因此，产品的科技信息是以单个产品的角度观察的结果，它规定着这一个产品与另一个产品的差异。所以产品的科技信息是一种微观信息。

产品的科技信息，包括材质信息、功能信息、结构信息、生产信息与人文信息等。

（1）材质信息。产品的材质决定着相同功能的产品有不同的种类。以杯子为例，其主要功能是能盛水又能喝水。而具有这种功能的杯子却可以用各种材质制作，如纸张、玻璃、陶瓷、塑料、不锈钢等。通过对产品材质的分析，我们可以得到许多信息，比如，就杯子所含的物化劳动信息含量看，不锈钢最高，纸张最低。

另外，不同材质由于其物理、化学性能不一以及在人们生存环境中的数量差异，人与之接触会产生不同的心理感受。这种心理感受具有极其广泛的范畴：如玻璃的硬、脆、易破、晶莹、透明；塑料的温润、光洁；不锈钢的硬、冷漠、手感不适、现代感……这些心理感受最终导致审美判断。

（2）功能信息。就产品的种类而言可以用功能的不同来区分。它是决定产品种类的关键因素，像陶瓷杯与陶瓷碗之间的功能差异是显而易见的。而功能又是人们意向性信息的反映，也就是人们设计思想的反映，所以产品包含有重要的功能信息。

（3）结构信息。在洗衣机系列品种之间并不因为功能一样而有完全相同的结构。从那些不一样的外观形态中，我们首先看到的是它们的物理结构的不同。这说明，为满足某一确定的功能可以选用不同的结构。选用不同的结构，实质上就是选用了不同的技术路径或技术方案，但最终产生的产品功能却是相同的。

另外，即使是使用同一技术方案的产品，规格不同、使用环境不同、使用者特征的差异都使得结构具有差异性。因此，产品也会有结构信息。

（4）人文信息。人文信息是一个很广泛的概念，它包含着审美、认知、象征等信息。

在相同功能、相同系列品种的产品中，形态、色彩、材质肌理甚至附加在产品外观上的图案、文字等都构成产品的人文信息。

（5）生产信息。我们可以一目了然地看到产品的材质、功能、结构和人文等符号信息，但这些符号信息是怎样融入产品中却不是可以直接看出来的，只有那些具有专业生产技术知识的人才可以了解，这就是生产信息。我们可以从产品的材质、结构、外观等大致了解生产符号信息的高低，而这个信息才是决定产品存在的关键。

- 产品的经济信息

产品在科技信息基础上，又包括了经济信息，即劳动和资金等经济含量信息。

根据产品的科技和经济含量信息，可以考察企业或行业的科技、经济发展情况，可以在企业的科技管理和经营管理中发挥作用。如索罗（R. M. Solow）的中性技术进步模型，是从企业或行业的角度分析了科技进步对产值增长速度的贡献值，比如美国、德国的汽车行业，它们的技术进步对产值增长速度的贡献值在20世纪90年代初就达到70%以上，而我国这个值在38.88%。[20]从这个值能分析出，产品的物化劳动所含科技含量的提高，也就是生产设备的科技含量高、质量好，导致产品生产成本相对下降，产品质量提高，企业的销售额与经济效益都得到提高。

由于产品的经济信息反映的是企业或行业的科技、经济发展情况，比起单纯的产品科技信息的微观性，具有中观形式，因此产品的经济信息是中观形式的。

- 产品的社会文化信息

产品信息的宏观形式就是把产品信息从科技、经济要素再进一步扩大到社会文化要素。它突破了企业的界限，扩展到了社会领域。

比如地域习俗、文化传统、生活方式、生活习惯、价值观念等因素对产品的形成有极大的影响。像非洲地区、阿拉伯地区、东南亚地区的某些产品等都具有明显的地域文化特点。产品设计就是通过对一定地区的社会文化、人们的生活方式等宏观信息调查，再结合科技和经济因素所作的综合的策划和规划。

上述的这些信息通过符号形式，经由人体视觉、触觉、听觉等感觉器官的接受，再通过人的认知心理活动，形成对产品的整体知觉，从而产生相应的概念和表象。

控制论科学创始人、美国数学家维纳（Norbert Wiener）曾经这样界说信息："信息是人们在适应外部世界并且使这种适应反作用于外部世界的过程中，同外部世界进行交换的内容的名称。"[21]对于设计来说，设计信息就是设计与环境（包括自然环境和有受众在内的社会环境）相互作用的过程中，与环境进行交换的内容，或者也可以说，设计信息就是设计与环境的交换价值。

2. 产品语义的认知功能

产品信息可以看作是一种多层次的复杂信息综合体，它大致上分为技术信息、语义信息和审美信息三个层次。设计的技术信息层或者说语法信息层，指的是信息的物质层面或者说形式层次，而非产品本身所包含的科学技术信息，亦即设计的造型、色彩、照明、音响、肌理和结构等。这一层面又可以细分为直接的视觉信息和整体的知觉信息，后者即各种有关感觉的信息整合的结果。设计的语义信息层意指设计信息的基本内容，它与技术信息层一样，具有一种固定性，它具体指由造型、色彩、照明、音响、肌理和结构等凝定下来的设计功能，材料性能，技术、经济指标，与设计生态环境（自然环境和社会环境）的关系以及设计母题、象征、寓意等内容。设计的语义信息原则上是可以翻译的，当通讯双方即设计师与受众事先约定某一种符号系统时，原来的设计信息组合可以被翻译而不损害其本质。

产品的语义信息具有较强的认知功能。

产品语义的认知功能包括两个方面：指示功能与象征功能。

指示功能传达出"这是什么产品"，"如何使用"等内容，即产品的功能用途及如何使用的方式等。语义信息大多数用文字、符号、色彩、部件自身的形状以及结构特征"回答"上述问题。

象征功能是认知功能体现的另一重要方面。象征功能传达出产品"意味着什么"的信息内涵。具有某种象征、隐喻或暗示功能的符号叫象征符号，产品在使用过程中所体现的社会意义、伦理观念等内容，是象征符号形成和运用的结果。比如，一辆汽车的豪华程度，不仅表现了它在使用功能方面的进步和完善，同时汽车的使用者还可以获得显示其经济地位和社会地位的心理满足；作为社会的"人"的存在，需要凭借使用产品的媒介来传达自己的形象和观念，产品语义信息的象征功能就在这方面起到很大的作用，成为沟通人与人之间思想交流的重要手段。

设计的审美信息层指的是设计师在表达上述基本内容时所传达的审美个性，亦即设计师的审美观念、情感趣味、设计特色乃至于个人风格。既然设计信息是设计师与受众共同努力创造出来的，那么设计信息的审美信息层还应当包括受众在感受和了解设计基本语义信息的基础上表现出来的美感个性差异。

设计的技术信息层、语义信息层和审美信息层依次从低到高叠加，对于受众来说是由表及里的深入。除了技术信息中的形、色、结构、光照之类是可以为人所见的视觉信息外，其他信息因素都是非视觉的。不过由于设计信息的统一性和各种信息因素相互联系的客观性，许多非视觉因素可以通过视觉因素加以体现。

如今在人们生活中变得如此普及的电视机，因生产技术的要求，必须由尽量统一的标准化元件组成，并且其基本外形也多数是长方体。但是不同的电视机，在造型、颜色、外壳肌理和光泽、信息显示面板和机器操纵结构等方面，在经济标准、技术含量、商标品牌的寓意内涵等方面，在设计趣味、美学追求方面，会有相当大的不同，承载了不同的设计信息。

电视机的形态、色彩、肌理、光泽、信息显示面板和结构等构成了电视机这一产品的技术信息层，这一层的信息是可被人的视觉所直接感受的。它构成了电视机这一产品信息的基础层。在这一层中，除去人的视觉可直接感受的视觉信息外，还存在着由视觉、听觉、触觉、动觉等各种感觉所感受到的信息的整合。

图7-9　卫星网络信号接收器

这是一台用来接收电视以及网络信号的小型卫星网络联接器。设计很好地表达出这是一台专业的、值得信赖的通讯设备产品（本产品获2002瑞典优秀设计奖）。

电视机这一产品的语义信息层，是由上述技术信息层的可视信息，即形态、色彩、肌理、材质、光泽、信息显示面板和结构等所“凝结”下来的如产品功能、材料性能、技术经济指标的水平，与设计生态环境（自然环境与社会环境）的关系，以及设计母题、象征意义等内容。产品的语义信息是可以经由产品符号的翻译得到：设计师作为信息编码者按照一定的编码规则把信息构成符号，而作为接收者的消费者则根据相同的编码规则对该符号进行“解码”，即可接收到设计师在编码前的信息。这当然是比较理想的状况。如果设计师的编码、消费者的解码各自所依据的“编码规则”略有差异，消费者要想完全准确地解码以得到编码前的信息就有困难，可能会造成“失真”。而编码与解码所依据的“编码规则”并非是一本真正意义上的“密码本”，也不存在一本类似于密码本的“编码规则”，这一个“规则”是社会公众（包括设计师与消费者等）非约定俗成的生活经验与认知规律所形成。人的生活经历不同，生活环境不同，受教育程度不同，以及年龄、性别、职业等的差异，都使得每个人的生活经验与认知规律具有差异性，因此，这就给产品信息的正确编码与准确解码增加了难度。因此，对多数并不很专业地懂得设计符号系统的受众，唯一的方法就是通过文字说明来了解设计的相关信息，另一个途径就是提高整个社会公众的设计文化水准与设计审美能力。

显然，设计受众对包括电视机在内的一切产品的语义信息的理解，是认知的结果，而非视觉的。

受众在产品语义的认知基础上，对电视机整体（包括使用的体验）产生的美感，以及对设计师的审美观念、情感趣味及个人风格等感受，构成了受众对电视机审美信息层，这一信息层也是非视觉的。

由此可见，对产品信息的解读过程也是对产品信息的认知过程。因此，人化原则中的认知原则的实质就是设计师必须尽可能地正确编码，使之准确地传达出产品这一符号所蕴涵的语言意义（即语义）及审美信息。同时也必须顾及受众对符号的解码能力。信息的解读是涉及设计师与受众双方共同的活动，受众不能准确地解码，或者没有完成解码，设计师都不能断言自己的设计已经完美地完成。

产品的语义信息及编码解码是现代产品设计高度抽象化后的必然结果，如何在越来越简洁抽象的产品形态中，体现出更为丰富的“语义”，是工业设计发展过程中的一个重要理论课题。虽然它作为工业设计学科体系中设计操作层面的理论问题，已经引起许多设计理论家的注意，并形成一门新的独立的学科——产品语义学。

广义上的产品语义学包括三个符号系统：其一是产品语构学，主要研究产品功能结构中符号与符号之间的联系，它要求在设计造型活动中运用形式美法则。整个产品应构成视觉完形，处理好图形的闭合、相似和对称等关系。其二是产品语义学，主要研究符号表征与指涉对象之间的联系。它要求首先是造型语言的可读性，即造型风格应具有同调性，无认知障碍且易于识记；其次是造型手法的传达性，即运用视觉的暗喻、类推、直喻等手法，建立产品与文化生活之间的关联。既可作为语言的延伸，完整地表达设计师的设计理念，又方便使用者理解并正确使用产品；另外还要求视觉张力及简洁性，强调形态、色彩、质感，使其形象鲜明，增加产品的视觉吸引力，体现产品的人文价值，从而形成秩序感，并将物质要素转化为情感符号。其三是产品语用学，它研究符号与使用者之间的联系，主要强调以人为中心的尺度适应性，注意产品的空间视觉效果及其环境影响，关注产品的工艺及经济可行性等。总之，研究产品符号在使用环境中的标识、表意以及编码、解码过程，事实上已成为产品设计美的构成实质。由上述三分支构成的产品语义学正吸引着越来越多的工业设计师去探索设计的新领域。

六、社会性原则

如果说艺术是以艺术家个人为直接的服务对象，手工艺是为社会群体中极少的一部分贵族阶层服务的话，那么，工业设计从它产生的第一天开始就是以服务社会大众为自己的责任与义务，因此，设计是一种社会行为。

设计是为人服务的。设计的产品最终被送到某一个人手中，为这一个人的需求服务。因此，设计是在人化原则指导下进行的。产品使用的过程是个体性的。但是，当设计面向社会公众时，设计就不得不对许多作为个体的人对产品的需求进行归纳与提炼，形成社会中某一阶层的群体服务的共性目标，作为设计的约束条件。因此，人化原则又是在个体的基础上，超越个体而形成社会性原则，约束与限制设计的展开。可以这样说，人化原则不是某一个人的个人化原则，而是被归纳集中了的人化原则，是群化的人化原则。正如我们在谈个性化设计时的“个性化”概念，至少在目前社会中，个性化设计不是指为某一个人、为一个人的个性服务的设计，而是为社会某个群体，符合这个群体的“个性”需求设计。

图7-10　地面轻轨

这款地面轻轨具备了都市交通工具的典型功能性要素：低矮的地板，宽敞的空间以及舒适的内部装潢，对于外部的空间，它的设计是透明而开放的，由于慎重地考虑到设计与都市的和谐，把重点放在了与用户的关联性上，宽敞的、通透性佳的车窗，为乘客们提供一个有开放感的、动态的景观（本产品获2001年度意大利金罗盘奖）。

设计的社会性原则，意指设计从外部的社会环境中获取资源。同时，社会的政治、经济、军事、法律、宗教、文化、风俗等直接地影响设计、约束着设计。因此，设计必须以社会环境中的各个因素为设计前提展开，这就是设计的社会性原则。

设计是一种社会行为，主要原因在于设计是为他人服务的。由于人际关系的复杂性，设计必然与社会发生联系，并受各种人际关系的影响。同时，现代设计是在市场经济的大环境中进行的，因而它还必须处理各种复杂的经济关系，以谋取利润。概而言之，设计的利他性和功利性决定了设计必然是一项社会工程。

设计是一项社会工程，主要表现在以下两个方面：第一，设计的服务对象不再局限于少数集团内部，而扩展到占主流地位的社会大众；第二，设计既受社会制约，同时又对社会有巨大的影响。

1. 设计服务对象的社会性

服务对象的扩展是现代设计与以往设计的重要区别之一。为权贵阶层服务的手工艺将其设计局限在满足少数人的功利需要和审美趣味的范围之内。其设计的社会化程度较低，设计的社会效应也相应地较小。

工业设计提出“设计为大众服务”的口号，这标志着以往精英化传统设计的结束。民主化、大众化设计使设计的服务对象急剧增加，并且呈现出多层次、多元化的特点。由中产阶级构成的社会主流数量庞大且结构复杂，这部分人是设计服务的主要对象。当市场经济成为人类社会的轴心后，社会各阶层都不约而同地在市场中占据一定地位并且互相联系。经济关系较之任何一种社会关系更复杂、更丰富、更敏感。设计究竟为哪一部分人服务，这部分人的经济特征如何，与其他人的联系和区别体现在何处……这一系列问题的回答构成设计中一个至关重要的步骤——市场定位。

2. 设计资源与设计约束的社会性

设计要从外部环境，主要是从社会环境中获得自己所需要的动力以及原料、技术和手段，例如物资、人力、知识、信息等，而这些东西并不是超时空的存在，而是在一定时代社会环境里的现实存在。农业社会不可能设计航天飞机，偏远山区的人不会去设计信息密集型产品……人们总是在特定时代的社会环境所限定的前提条件下从事文化活动，设计师也总是在有关设计的诸种社会环境因素所构成的限定条件下行动。

北欧斯堪的纳维亚的瑞典、挪威、丹麦和芬兰几个国家的家具设计，在第二次世界大战以后逐渐在国际上享有盛誉，这与当时这些国家的社会环境有着密切的关系，也与当时欧洲的整个社会环境有关。这些国家都是小国，人口密度低，社会比较稳定，其生活方式相当接近，那就是农民传统与中产阶级文化并存，工业化相对来说来得较晚，程度也不算高，这样的环境条件造成了在那些国家有可能结合手工方式来完成工业产品。大战结束以后，在这些国家也开始了朝着开放的社会体制与高速的工业化相结合的方向的社会变革，从而带来家具和室内设计观念的新变化。当这种新变化与社会环境的传统因素和固有因素相结合的时候，一种讲究"人情化"和地方性的现代设计倾向就产生了。而欧洲那些工业发达国家的人们已经饱受钢铁、玻璃、混凝土等的冷漠，开始追求自然材料的朴实、亲切和安详。正当其时，斯堪的纳维亚的几个国家的家具和室内设计受到了广泛的欢迎。其中最典型的是丹麦的柚木风格。我们可以说，这些曾经普遍获得成功的设计，是社会环境影响和筛选的结果。家具和室内设计对社会变革的反应是相当敏感的。这些设计常常可以反映生活方式的改变、政治气候的变化，甚至可能象征一个社会阶层的兴衰。

在某些时期，政治环境成为影响某些设计的社会环境主要因素。它限制这些设计的取向和趋势，也筛选出那些能与自己相结合的设计，使之留存和推广开来。比如历史上中国满族入关以后，满族统治者执意不改其服，并且用政治高压和强制手段在全国推行满族服饰，使得其统治近三百年间中国男子服装基本上以满服为模式。

生活方式更是严格地控制、约束着设计。这可以从工业产品、服饰、居住的设计中得到佐证。

由于中国的饮食与西方差异甚大，源自欧洲的洗碗机就无法"对付"中国的餐具，因而洗碗机在中国的销量很低。同样的原因，源自欧洲的微波炉也无法完全适合中国家庭的烹调习惯，而被国人大多用在加热冷饭冷菜上。行文至此，我们呼吁中国的设计师与企业家加大对国情的了解与生活方式的调查与研究，设计并生产出被国人真正称道、完全适应中国人的生活方式的中国式的洗衣机、洗碗机、微波炉……可以这么说，改革开放以来，我们用不菲的价格，消费只适应发达国家生活方式的合资企业产品与独资企业产品，"应付"着我们每一天的生活。

社会环境对设计影响的另一种体现方式就是诱发和促进。设计师被社会环境激发起设计动力和热情，从社会环境、社会变革中获取设计动机和设计创意，或者社会环境的力量推动和促成了某种设计运动，导致了某种设计的兴盛和繁荣，这种种情况在设计史上和设计实践中都是不足为奇的。实际上，环境的限制和筛选作用与诱发和促进作用是结合在一起的。限制了设计在其他方面的发展，同时也就促进了这一方面的发展；淘汰了其他类设计，同时也就激发推动了这一类设计，两种情形相反相成地存在着。

20 世纪 60 年代人类的科学技术的发展取得了惊人的成就。1969 年人类首次登上月球，宣告以宇宙空间开发为标志的科技新时代的到来。这一科技环境培养了新的审美趋向，激发了设计师新的想象和灵感。于是，不少国家流行所谓"宇宙色"，具有宇宙飞行器造型特征的工业产品和室内设计出现了，一时形成"太空热"设计思潮。进入 80 年代后，城市人口急剧增长和环境污染严重成了国际性的难题，于是"回归自然”、“自然风” 的追求变得相当普遍，这样的社会环境促成了设计中 “森林色”、“田园色”、“海洋色” 等色彩的流行。

后工业社会的设计家们受社会环境变革的触动和诱发，开始认识到现代设计的范围不应局限于产品实体的设计，而应扩大到全社会的组织、经贸、文化活动、艺术交流的设计，即所谓 “软件设计”。这种全新的设计思想和设计要求，不是出自少数人的异想天开，而同样是来源于设计社会环境的变化与需求。[22]

设计的社会性是一个相当庞大的话题，我们将在后面的章节中专门予以讨论。

图 7－11　带外罩的摩托车

这辆摩托车的设计体现了宝马的经验和实力，该车的设计目的不仅仅是行驶愉快，还注重了安全性、操纵性和经济性。它是世界上第一辆带有外罩的摩托车，外罩的材料是铝合金，既轻巧又大大提高了安全性能（本产品获 2002 德国设计奖）。

前面讨论的设计的人化原则，是从几个主要方面展开的。总的说来，人化原则就是从人的终极发展目标——人的全面发展的目标对设计作出的约束与限制。在具体的设计中，则依据特定人群的文化模式、行为方式、生活方式等研究、调查、归纳、提炼他们的需求，确立最大程度地满足需求的方案。

美国苹果公司的 iPhone 可以作为一个较为典型的设计范例，说明设计是怎样满足消费者的需求的。

苹果公司的每一个新产品上市，都会引起社会的轰动。2007 年 6 月上市的 iPhone（如图 7－12 所示）更是掀起了一场消费者冒着高温与豪雨雷暴、连夜排队购买的盛况。

图 7－12　手机 iPhone

在美国，只要与移动通讯营运商签订使用移动通讯的合同，即可获得免费赠送的手机。但为什么还有这么多的人宁愿去购买并不便宜的售价为499/599美元的苹果公司的手机产品iPhone呢？iPhone到底具有什么样的魅力？

设计的周到与细致是iPhone受到热捧的主要原因。

iPhone的第一个设计特点是具有简约与高贵的外观。经典的银黑二色、圆滑的轮廓线条、3.5英寸的防划玻璃屏与11.6 mm的超薄机身，气质高贵又不乏亲和力。

第二个设计特点是具有充满活力的图形界面。其所具有的16个功能（电话、邮件、上网、iPod、短信、日历、图片、相机、计算器、股票、地图、天气、笔记、时钟、YouTube、设置）在主界面都有直观的图标，完全不需要查看说明书就能使用。iPhone正面唯一的一个硬按键，可以在任何时候把用户带回主界面，减少用户使用过程中的挫折感。

第三个特点是，当用户操作触发一个新界面时，看到的不再是传统的手机上那种生硬的、无过渡的、无联系的界面切换，而是新界面与上一个界面转换时连续流畅的过渡设计。即当选择一个图标进入其中一项功能的短时间内，其余几个图标就有一个向四周扩散的场景动画，类似于手指进入水面所漾起的波纹一样，得到一种亲切的体验。

第四个特点，iPhone没有提供物理的QWERTY键盘，而是提供了一个基于屏幕显示的虚拟的QWERTY键盘。由于手指大于软键盘的每个字母，因而按时手指就会挡住字母图标。为此，采用了一个非常有意义设计——用视觉反馈代替触觉反馈，即能将所按下的字母部分的图像快速放大到醒目的大小，以便让用户看清（如图7-13所示），然后又迅速地恢复到原来的显示大小，以使得用户可以继续察看并输入下一个字母，整个过程流畅、自然、方便。

图7-13　iPone的局部放大功能

第五个特点，就是能输入纠错、多种键盘布局和智能调整等。如智能调整，就是你想输入Time，当你已输入Tim时，iPhone会考虑有没有Timw或Timr的可能性，显然没有，于是虚拟键盘会把E字母区域放大以提高一次性正确输入率。

第六个特点，具有内置三种传感器，它们感应环境的变化而自动对iPhone作出调整，省去手动设置的烦恼，而为用户带来最大的方便。

① 方位传感器能够检测出用户是纵向还是横向持机，当手机摆放的方向信息被捕获，软件就可以自动地以更为适合的方式显示信息内容（如图7-14所示）。如用户观看横向拍摄的照片，只需将手机横摆即可，手机系统会根据摆放方向而自动将照片纵向显示。

②“耳朵感应器”能有效地节电。由于iPhone的大屏幕非常耗电，且人们在通话时无须观看屏幕，因此，作为实质上的接近性传感器的“耳朵感应器”就能在使用者把手机放在耳边通话时，检测到与耳朵的距离，并适时关闭以节电。当通话结束、手机离开耳朵时，传感器又适时打开屏幕显示。

③ 环境光线传感器可感知周围光线的强度，从而自动对显示屏的亮度作调整，达到既节电又方便使用的目的。

第七个特点，只要手指简单地在屏幕上划动，就能做到对屏幕显示内容的放大、缩小、移动、删除、解锁键盘等（如图7-15所示）。

我们在这里不厌其烦地介绍苹果公司的功能与特点，其目的就是要说明，一个产品的设计在技术的支撑下才能走得更远。

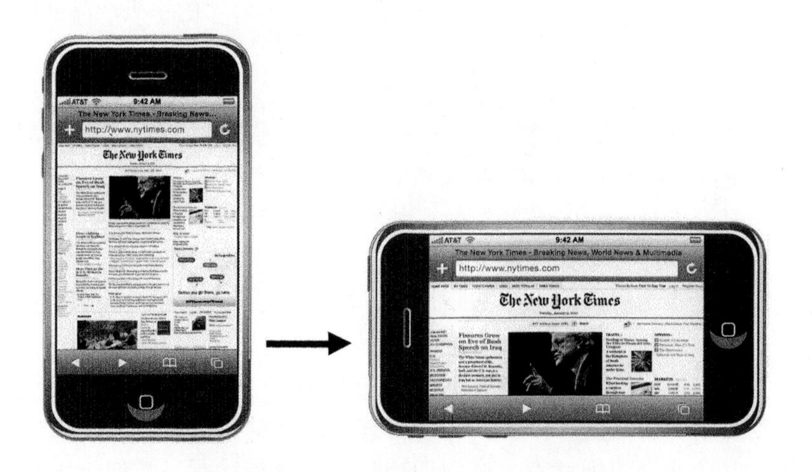

图 7－14　iPhone 具有自动选择适合方式显示的功能

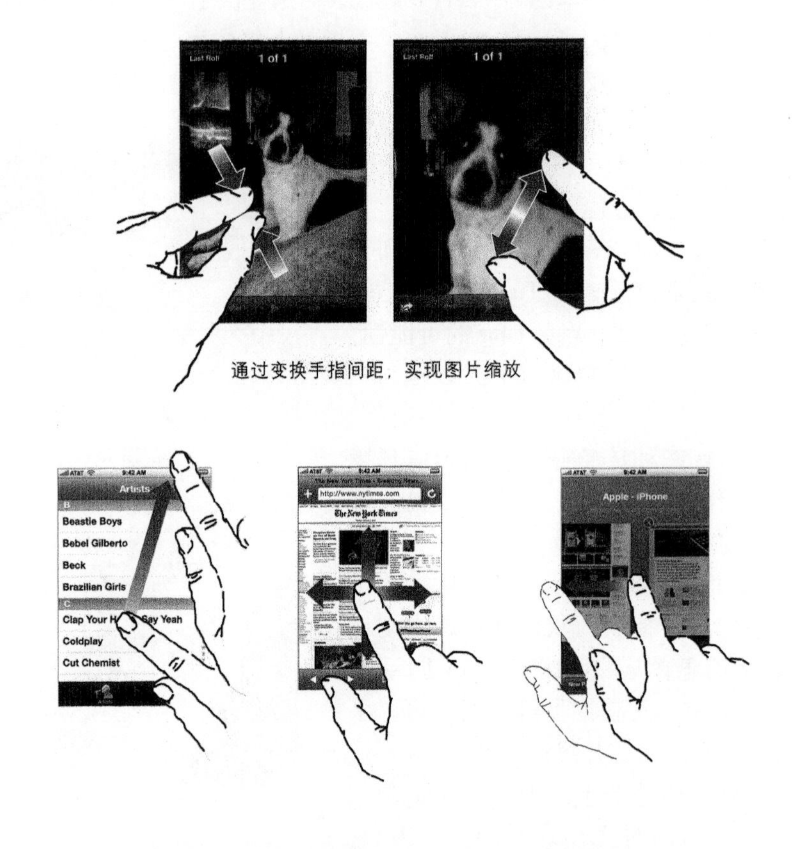

图 7－15　iPhone 简便的放大、缩小、移动等操作

比起一般的手机，iPhone 以最大的可能、依据用户的行为特征设计了手机的多种功能。虽然这些功能都是建筑在相关的技术基础上，没有技术的支撑，这些功能的实现都不可能，但是这其中的一些技术早已被一般手机所使用，但却未见给人以印象深刻的设计亮点。当然，苹果公司并未动员所有的技术手段来设计所有可能的手机功能（这里有成本问题），但是 iPhone 所提供的这些丰富的功能都是依据用户使用手机时的需求与行为特征设计的。可见，不是有了好的技术就有好的功能，只有好的设计技术才能转化为功能。有对人的文化背景的深入研究、对人的特征的细致研究，才能产生出感人的设计，才能有有魅力的设计服务于人。就产品而言，是设计引导着技术，设计组织着技术，当然也是设计成全了技术。

技术没有亲和力，是设计赋予产品以亲和性；技术没有便利性，是设计赋予产品以便利性。设计以自己的中介特性，组织着技术、引导着技术、“转换”着技术，使中性的技术发挥出人性的一面，为人的生存与发展服务。

注释：

① 李泽厚．美的对象与范围．

② 徐千里．创造与评价的人文尺度．北京：中国建筑工业出版社，2000.

③⑯ 大智浩，左口七朗．设计概论．张福昌译．杭州：浙江人民美术出版社，1991.

④ 北京大学哲学系美学教研室编．西方美学家论美和美感．北京：商务印书馆，1980.

⑤⑥ 朱铭，荆雷．设计史，下．济南：山东美术出版社，1995.

⑦ Patrick W. Jordan. An Introduction to Usability. London：Taylor and Francis，1998.

⑧ Wilbert O. Galitz. The Essential Guide to User Inter face Design：An Introduction to GUI Design Principles and Techniques. New York：John Wiley & Sons，2002.

⑨ Harrison M. D.，& Monk，A. F. People and Computer：Designing for Usability. Proceeding of HCI86. UK：Cambridge University Press，1986.

⑩ Quesenbery，Whitney（2001）. What Does Usability Mean：Looking Beyond ‘Ease of Use.’ Proceedings of 48 Annual Conference Society for Technical Communication. http：// www. wqusability. com / articles / more-than-ease-of-use. html.

⑪ Patrick W. Jordan. An Introduction to Usability. London：Taylor and Francis，1998.

⑫ 塞尔温·戈德史密斯．普遍适用性设计．董强，郝晓强，译．北京：知识产权出版社，中国水利水电出版社，2003.

⑬ Elaine Ostroff. Universal Design：the New Paradigm. Selected From the Chapter 1 of Universal Design Handbook. Wolfgang F. E. Preiser. Editor in Chief，Elaina Ostroff，Senior Editor. The McGraw-Hall Company.

⑭ 汤姆·凯利，乔纳森·利特曼．创新的艺术．李煜萍，谢荣华，译．北京：中信出版社，2004.

⑮ 王受之．世界现代设计史（1804—1996）．广州：新世纪出版社，1995.

⑰ 彼得·多默．1945年以来的设计．成都：四川人民出版社，1998.

⑱ 朱红文．工业·技术与设计——设计文化与设计哲学．郑州：河南美术出版社，2000.

⑲ 徐恒醇．技术美学．上海：上海人民出版社，1999.

⑳ 汪德勇．依靠技术进步，促进汽车工业发展．科技导报，1991.

㉑ 姜庆国．信息论美学初探．载钱学森等．文艺学、美学与现代科学．北京：中国社会科学出版社，1986.

㉒ 章利国．现代设计美学．郑州：河南美术出版社，1999.

第八章　工业设计的原则——物化原则

第一节　物化原则——设计的“合规律性”原则

物化就是物态化。所谓物化原则，就是工业设计必须符合产品物态化过程中的种种要求，使观念中的设计、图纸中的设计顺利地、完整地、准确地物化为产品。

一般来说，物化原则主要是针对物质化产品而言的。

物化原则的本质，就是设计如何遵循科学技术的原理与规律。从另一个角度看，它体现为科学技术对设计的限制与约束。

科学技术对设计的限制与约束具体反映为科学原理、结构形式、材料性能与加工工艺的规律性与有限性，以及大工业生产特征如标准化、通用化、规格化的限制与约束。反过来，科学技术也成为设计的支撑条件，给设计的物化提供了可能。这就像我们在前面讨论过的设计原则是一个正反两方面构成辩证关系的概念：它既对设计施加了限制与约束，但另一面，又成为设计走向现实的支撑手段与力量。

没有人会否认，科学和技术对人类社会的发展进程和世界所产生的巨大影响，不管人们以怎样的态度和观点来对待，今日世界中的人们都不可能离开科学技术而生存。设计作为一种赋予人的生活世界以物质性和文化性秩序的创造性行为，作为一种工业社会和技术发展产物的实践性领域，无可否认地与现代以来的科学技术发展有着紧密的关联，科学和技术作为一种强有力的力量影响着现代以来的设计活动。正是科学技术的进步和发展才为人类生活世界的需要提供了更大的可能性：设计师利用科学发现的新材料、新技术创造的新工具开辟了设计的新的可能性空间，并以一种物质化的形式现实性地作用于整个人类的生活和文化。可以说，现代设计以来的设计运动始终胶合着现代科技的发展，现代设计中的物质形式的变革以及它对人们生活世界的影响，都与科技的进步和发展有着深刻的联系，在某种程度上甚至可以说，不断发展和进步的科学技术，就是现代以来设计运动的动力。

从根本上说，设计就是现代工业技术进步和发展的产物，它因工业技术的出现而诞生，也因工业技术的发展而发展。

科学技术对工业设计的影响，体现在两个层次上：一是作为指导人们行为和思想的、属于观念层次上的科学技术，即人们的科学态度与科学精神；对于消费者来说，这种科学态度与科学精神也影响对产品的选择与使用；二是作为普遍规律和方法，属于知识层次的科学技术。

第二节　设计的科学意识与科学精神

工业设计区别于主要依赖经验与直觉的手工艺设计，更有别依赖想象的艺术设计。工业设计应用的是理性思维与科学的规范设计手段。“设计科学既不是经验性的设计方法，也不等于专业设计活动某些阶段中的科技手段。它是从人类设计技能这一根源出发，研究和描述真实设计过程的性质和特点，从而建立一套普遍适用的设计理论。由于这一理论既适于个人设计，又适于集体设计；既解释了传统的凭经验设计的方式，又给现代科技手段的运用留出了余地。因此，它不仅是一种普遍的设计理论，而且在更高的层次上成为普遍的设计方法和设计程序。”①

现代以来的设计被称为是科学的、理性的设计，是因为它在许多方面都依赖于现代科学所提供的原理和方法。工业设计之所以能够迅速发展并不断地创造出满足人们需要的产品，就在于它不仅充分利用而且敢于探索设计中的科学方法。这一点可以从包豪斯到乌尔姆学院的设计教育和设计实践中看到。早在包豪斯时期，一系列设计科学方法论方面的课程把设计学科建立在一种科学的基础之上，从而为现代功能主义设计奠定了设计科学的教育基础。科学、理性的设计方法在二次大战后的设计教育中则得到了更进一步的丰富和拓展。20 世纪 50 年代后期，像数学、统计学、分析方法和行为心理学这样的看似纯粹理论性的学科，也成为了乌尔姆学院的基础性学科，并把这些科学方法运用于产品设计之中。

显然，随着社会政治经济和科技文化的发展以及人类对生存环境的意识增强，设计越来越成为一种综合性的创造性活动，它已不只是一个产品的结构模式和形式的建构问题，也不只是通过设计本身设计和制造出人类生活世界的物化系统，而是与整个社会的政治、经济、文化发展和技术进步、人们的整个生活发生着多元的复杂关系。在一个从物质性产品向服务性产品、体验性产品转变的现代社会中，如何根据科学和理性的方法设计出更能满足人们各个层面需要的产品，变得更为重要了。

实际上，工业设计已成为一种在复杂系统中寻求答案的活动。设计目标和设计方法被纳入到一个远比产品本身或产品系统更复杂的系统中。在这个复杂的系统中，设计除了其本身材料的、工艺的、结构的、功能的和审美上的因素之外，还与整个社会的生活发生着社会的、道德的、文化和环境上的种种关联，与消费群体发生着各种层面的关系。一句话，工业设计已经变成了一种复杂的、系统的、综合的创造性行为；一种运用综合的、系统的可操作的科学方法为生活世界的人们服务的创造性活动。现代以来的德国设计实践及其设计教育之所以引起深刻的影响和关注，便在于它所具有的设计观念的理性和设计方法的科学性。由此，20 世纪初包豪斯的设计理念和 20 世纪后半期乌尔姆学院的设计理论视野，仍然是今天工业设计理论和实践可贵的参考资源。它的极具理性色彩的设计理论和科学方法，仍然可以经过改造之后为我们所运用。

在当代设计领域中，人们可以看到，工业设计作为一种系统的解决问题的方法的重要性在 20 世纪 60 年代后期引起了设计界的更大兴趣。如，1962 年在伦敦皇家学院举行了该领域的第一次会议，其主题为“工程、工业设计、建筑与传播中的系统和直觉方法”，设计师们和设计理论家们广泛注意和谈论了设计中的系统方法论问题和直觉方法在设计中的运用问题。1960 年代初，为了帮助设计决策过程的合理化，出现了许多有效的方法论工具，许多设计师渴望把一些新兴学科如人机工程学、人体测量学、控制论、市场和管理科学等与设计思维结合起来。这体现了当代设计科学方法论的极大转变，人机工程学、人体测量学与设计管理学等得到了国际性的广泛关注。

随着当代社会的发展，设计中的科学方法问题越来越成为一个重要的问题。如何把科学的方法和决策运用于设计活动和设计产品中，把以前那种属于客体物质形式系统中的设计转变为真正地为人服务的设计就需要当代设计师和设计理论做出深刻的探讨。从战后的设计学对人机工程学、人体测量学以及人类生态学等方面的探讨来看，设计学科实现了它从物质性向非物质性的深入发展。赫尔伯特· 西蒙认为能否真正地解决人造物的科学问题，关键在于能否发现一门设计科学，能否发现一套从学术上比较过硬的、分析性的、部分形式和部分经验化的和可教可学的设计学课程，因而不仅从逻辑上、哲学上思考人类的设计问题，而且从实践上、经验上和可操作性的方法上认真地对待当代设计问题。

工业设计已被人们逐渐认知到是工业经济的一个重要组成部分，更被看做是提升人们生活质量的重要手段和活动。设计的科学意识和理性探索将变得更为重要。

综观以上所述，设计中的科学意识、科学精神对设计产生的作用有：

（1）使设计师站在设计哲理的高度清晰地认识工业设计学科的性质与特征，确立设计的目标。

（2）使设计师具有理性的、科学的设计方法。

（3）使设计师自觉关心使用者的生理与心理要求。

（4）使设计师能以系统的、科学的标准评价产品，而不仅仅是单一的审美标准。

第三节　科学技术对设计的影响

工业设计是以满足人的多种需求为目标的创造活动，决非单纯的表面装饰与外观形态的塑造行为。它是从系统论的观点去观察人类的生活与行为，把握人们的需求和价值观，将人类的科技成果恰当地应用到人类生存活动中。

把设计对象置于“人－机（产品）一环境”系统中进行系统最优化前提下的产品设计求解活动，应以科学态度与技术手段进行。因此需在研究“人的科学”、“自然科学与工程技术”及“环境科学”的基础上完成设计的目的。

一、人的科学

研究人的科学，目的是使工业设计的成果与人的生理、心理尽可能地协调，从而减轻设计物对使用者的体力负担与精神压力，并提高设计物的使用效率。

人类学、人机工程学、工程心理学等与工业设计有着密切关系，它使设计中有关“人的因素”达到科学化。

二、自然科学与工程技术

自然科学与工程技术中信息技术、工程技术、材料科学等对工业设计的影响最为重要。

现代世界历史是一个充满着科学发现和技术发明的历史，科学技术始终不断促进着人类社会物质世界与精神世界的变化。罗伯特·休斯曾这样描述了19世纪最后25年和20世纪前10年技术发展对文化不可思议的深刻影响：1877年照相的发明，1879年爱迪生和J·W·斯旺分别发明了第一个白炽丝灯泡，1882年的反冲击枪，1883年的第一代合成纤维，1884年的帕森斯式蒸汽机，1885年的涂层相纸，1888年的特斯拉电动马达和邓洛普车胎，1892年的柴油机，1893年的福特汽车，1894年的电影放映机和留声机唱片；1895年伦特根发明了X光，马可尼发明了无线电报，卢米埃兄弟发明了电影摄像机，俄国人康斯坦丁·柴可夫斯基首次阐述了火箭推动原理，弗洛伊德发表了他对歇斯底里的基本研究；继而，镭的发现，磁性录音、最初的有声无线传送，1903年莱特兄弟的第一次动力飞行，理论物理的“惊异之年”——1905年爱因斯坦发表“光子理论”的相对论，使人类由此进入核时代。[②]

所有这些理论与技术的发明和创造，最终都进入或者影响了20世纪人类的生活，不管它们在历史的发展过程中是被人们恰当地利用还是不恰当地利用了，20世纪社会的发展都受到了深刻的影响。这些发明与创造中的许多东西在20世纪的不断发展、运用和进一步的设计中，转变成了人类生活中的重要物质性产品，所有这些发明和创造都深刻地影响了20世纪的生活与文化。

科学技术的发明创造和进步是现代世界发展最伟大的动力系统，它是改变人与自然和社会的最有力工具。

对于设计来说，材料、结构、加工工艺的发展与进步决定着设计的发展与未来。

材料、结构、加工工艺都表现为某些特定的规定性，因此对设计有着种种的限制与约束。材料科学、结构科学与加工工艺的发展就意味着产品物化过程中的一些规定性被突破，设计就可以以另外一种新的面貌更为优质地被物化，设计也就得到了发展。

材料的规定性表现为固定性或确定性。天然材料的规定性是由于天然存在的，因此其规定性表现为固有性；人工材料是在天然材料基础上被加工的，它表现出依据某种自然规律而又被明确规定的性质。

结构既与人类对结构规律的把握即结构科学有关，同时又与材料有关。因此，结构的规定既表现为材料的规定性，又表现为科学的规定性。

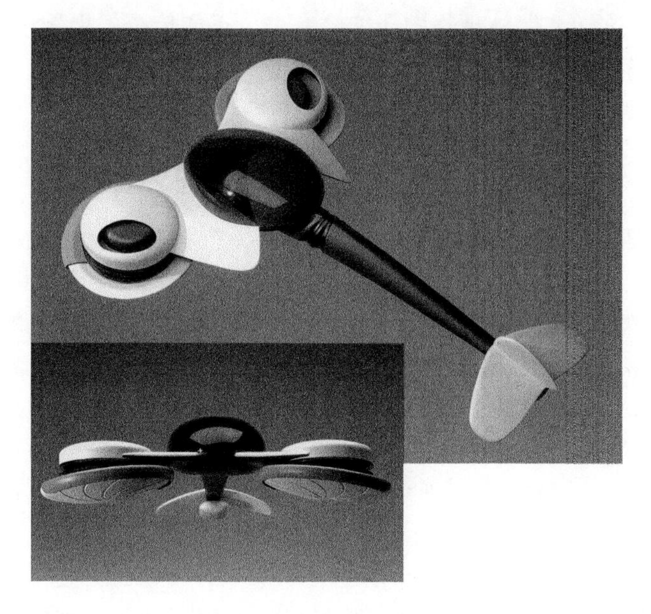

图 8-1　水上滑行器

这是一款具有独立推进系统的单人用水上滑行器。它应用了打水漂时石头浮在水面的原理，使并排两个圆盘下面的压缩空气旋转，与水面之间形成一个气垫，利用水漂原理前进，该商品适用于以娱乐为目的的水上活动或比赛（本产品获 2002 德国布劳恩设计奖）。

图 8-2　轻量化保时捷自行车

该款保时捷自行车是专为公路赛设计的，它采用了高科技碳纤等材质，实现了车体的轻量化，固定在超轻型前杆上的 Profile 公司制 Hammer TB 把手采用的是三叉造型，从而为车手提供了最有力的支撑。支撑车座的车杆亦为碳纤材料，车座仅重 119 克。整个车体除去踏板外总质量仅有 6.8 千克（本产品获 2002 德国 iF 设计奖银奖）。

加工工艺体现了人类的技术状况，它体现为人类技术的规定性因素。

技术规定性因素包括生产技术、产品技术和操作技术三个方面。它们共同作用于设计，给设计的物化设置了前提条件，当然它们也是可供转化的应用要素。

生产技术是指生产者为制造物在生产过程中所运用的知识、能力和一切物质手段。这是使设计由图纸走向实体的首要条件。作为生产者，必须依靠一定的技术设计、技术工艺和管理技术等，才能有效地将各种客观的材料、能源等内容按照设计意图组合成具有一定结构、一定形式和特定功能的“物”。在这个过程中，设计师遵从客观规律，使之与主观的意图相吻合并达到统一，是设计走向物化的关键。

首先，设计物的功能和形式必须以相应的生产技术为保证方能得以实现。在设计发展史中，任何新的功能或样式的产生，都是与当时的生产技术密切关联的。从宏观角度看，手工艺技术与现代工业技术有着本质的区别，因此也造就了大相径庭的设计物的功能和样式。因此，人类在生产技术方面的进步，直接促进了具有新功能、新形式的产品出现，同时，也常常由于对物的功能要求的提高以及对物的外观形式变化的期待，而推动了生产技术的改进与发展。因此，在设计中生产技术作为重要部分，应当被充分考虑，并从有效利用现有生产技术和以设计推动开发新的生产技术的角度，来看待它对设计的意义。

产品技术指的是物本身的技术性能，是由物的结构、材料所组合而成的特殊技术品质。对于消费者来说，产品技术是他们在使用过程中所需要达到的功能目的和手段。而操作技术是指消费者控制、使用产品的一定知识、经验和能力。操作技术和产品技术对于消费者来说，具有不同的意义。产品技术越是复杂、先进，越需要方便、安全、舒适的操作技术，这样才能体现物的功能的完美。正如传统的摄像机，由于产品操作技术的复杂，常常必须由受过专业训练的人员进行操作而难以推广；而现代的“手掌式摄像机”却为普通人提供了使用操作的极大便利性，因此而得到普及。这种改变，体现了操作技术对生产技术、产品技术发展的推动作用。

1. 材料科学发展对工业设计的影响

在某种意义上，工业设计史与现代材料发明史是同步演进的，设计风格演变与不同特性的材料更新换代休戚相关。

如果说工艺美术运动多用木材，新艺术派巧用铁材，装饰艺术派喜用发光材料，以包豪斯为代表的现代主义善用钢材和玻璃的话，那么，以美、日、意领衔的战后设计，则在铝材和塑料上做足文章。尤其是塑料，成为表述后现代主义不可或缺的材质，整个设计发展过程便是充分利用和展现现有材料以及开发新型材料广泛用途的过程。也就是说，为各种产品找到最适合的材料，为各种材料找到最适合的形式，是设计活动中一个重要的内容。因此，材料是设计学科的重要研究对象，设计师应当熟悉产品各种用材的物理、化学性能及其加工特点。

塑料作为材料科学发展的一个重要里程碑，对设计的影响是划时代的。

历史上，金属铸造的成本猛增和聚合物科学的发展，赋予了塑料这一材料成型的便利性与较高的性价比，给塑料的使用提供了广泛的空间。20 世纪 80 年代中期，像包括高档相机在内的大多数消费产品一样，塑料成为其外形的基本用材，因为外形既光洁且成本低廉。

一般来说，“塑料”有两种：热塑性塑料（加热后即软化，极易加工）以及热固性塑料（加热成型后即硬化）。引人注目的是泡沫塑料的开发，用纤维组织和气体加在聚合物里产生一种厚而硬的塑料，具有良好的承重抗拉比率，用它做成的汽车方向盘便是一例。

在许多领域，塑料的使用量已大大超过了金属。大多数的日用品可以说是以塑料作为主要材料的。塑料成型的特点是方便，易产生金属板件难以加工的弧面与球面结构。同时，塑料件的细节处理极其方便，只要模具制作合格，任何细节都将反映出来，这一点任何金属材料都难以达到。有些材料即使能达到，但加工的成本极高，无法进行批量生产。这些都使塑料在产品使用中占绝对优势。

在塑料面前，设计师的设计有着广阔的天地。如任何色彩都可选用，新型展性塑料可形成满足操作性能的各种形态。今天，一张椅子可用一整块柔性材料模制而成，省去了中世纪手工艺人的复杂的传统木结构连接，且非常结实。

在形形色色的聚合物中有一种透明丙烯材料，作为一种装饰手法来暴露小器具的内部构造，设计师们都被它深深吸引。20 世纪 80 年代开始流行的瑞士全塑料手表中，有一款显示机芯的透明手表，受到了许多人的追捧。

伦敦皇家艺术学院工业设计教授丹尼尔·韦尔（Daniel Weil 阿根廷人，1953—）有一个构思与建议：水管和煤气管应该是透明的，人们可以看到哪里被东西堵住了，或者当下水道里的水在屋子里到处流动、穿过并流出屋子时，可以造成一种别具一格的废弃物和水的装饰性效果。

在前些年，设计领域的“透明”风格即“透明外壳显露构造”的设计表现手法受到许多消费者的欢迎。主要是因为在当前的社会环境中，处处都塞满了有连接线的黑盒子，加上不断膨胀的数字化网络，这些都容易使人觉得茫然无措而备感多方面的压力。而且，这种情况还在不断地迅速发展着。所以，在一般人的心里就产生了一股强烈的求解和求知欲，总希望有机会多观察、多了解、多体验。正因为如此，像苹果电脑 iMac 那样的透明外壳，以及透明日用品、文具用品等的设计，才会如此地受欢迎，并形成了所谓“透明”风格的流行热潮。不过，如果只具备设计上的动机还不足以促成这股透明的流行风，必须依赖于高科技的发展，才能够利用回收再生的材料去制造出那么晶莹剔透、美丽无比的透明产品。这主要还得益于耐磨塑料的技术发展。

苹果的 Power Mac G3 以强烈明丽的色彩和半透明塑胶材料为主的外壳，通过左右对称的外观及单纯的设计，构成了电脑的一种全新面貌。从半透明外壳上透过苹果电脑的商标可以清楚看到，印在内部的偌大的“G3”字样，如同在迫不及待地向人们宣示：我并不是一个未知的“黑盒子”。整体上的这一外观，可以说是完全颠覆了过去电脑在人们心目中所烙下的刻板印象。在其内部，有三个可以另外增设的备用硬件插槽，而且只需一个按键，就可以打开外壳而直接接触到内部的构造。在 iMac 的商品策略上，我们不难看出它力求使用简单、让任何人都感到易于亲近的产品开发意图。即使是孩子们，也都能够单独地把它拿出纸箱，接通电源，再将键盘及鼠标的连线插好，就可以简单方便地完成整个安装工作。不但不会像过去安装电脑硬件时，常常被一大堆杂乱的接线弄得头晕眼花，而且也不必再为一大堆的应用软件而伤透脑筋。显然，这是针对广大消费者，尤其是老年、女性及儿童等市场的需求，大举攻城略地的精心力作。除此之外，也可以看出他们还预留了将来转战办公市场，进一步扩大 Mac OS 市场版图的空间。图 8 -3 为苹果 Power Mac G4 的机箱造型效果。

经过了上述的策略性思考之后，iMac 将所有的电脑功能更加集约化，即尽可能地把它们都放进一个机壳之内，就连配线上也竭力简化，甚至已经到了只剩下一条连接线的程度。过去由普通电脑所创造的繁杂的使用环境，的确可以说是与它在功能上的现今发展完全背道而驰的。在我们的生活圈里，到处都充斥着许多单调乏味的四方形硬件箱子，和一大堆杂乱无章、令人眼花缭乱的配线。而 iMac 却彻底改变了这种使用环境，使之更为人性化，在外型的设计上予以了相当丰富的情感表现，十分有效地恢复了电脑在人类生活中应当充当的先进技术的代言形象。

图 8 -3　苹果 Power Mac G4 的机箱

其他材料的使用也使得产品设计呈现特定的风格。如因为有了钢管与镀铬技术的产生，才造就了史波雷特钢管椅（Spoleto Armless Chair），而如果没有铝合金的出现，飞机的设计构想恐怕也很难成为现实。近代以来，人类受惠于钢铁材料的地方的确不少，如建筑或城市设施、船舶、车辆、家具等，都少不了使用钢铁。

解决工业废弃物及污水废气排放处理的课题，是目前影响人类存亡的关键性问题。20 世纪初造就的现代工业文明和种种合成材料，在迈入 21 世纪之际，正面临着重大的变革，如商品生产时如何节约能源、材料的再生利用等，在 21 世纪都将会成为材料开发上的重要课题。

另外，材料在视觉与触觉上对人的刺激作用也是值得重视的。例如镀铬的钢管很快就成为 20 世纪初期的象征，接着是崛起在各种流线形及家电产品上的亚光铝合金材料，后者以质感取代了前者的时代象征地位。所以，新型材料对设计的影响绝非仅仅止于技术性利用的范畴，而是包含了视觉与触觉的“整体质感”，以及对设计流行趋势所形成的激发作用。

在技术上每一种材料都有着它的优点与缺点，把不同特征材料“复合”在一起，形成的复合材料就具有多方面的优势。如重量轻但极强硬的结构性材料，在 20 世纪 80 年代末的普通制造业中已得到广泛使用。以聚合物为基础的新型复合材料就是聚合树脂与纤维融合，根据所制成材料的工程需要使用不同种类和长度的纤维。碳纤维刚硬，玻璃纤维柔软，安全防护头盔、网球拍及所有运动器材样式都有赖于复合材料。先进的复合材料由于为了满足国防工业的需要而得到快速发展，如让飞机飞得再高一些，航程再远一些，有效载重量（如导弹）更大些，并且具有比现有金属或者木质结构覆盖物更高的机动性和可操纵性。一种高效、强化碳复合材料可超负荷承重，强度是钢的 6 倍。

金属也并未彻底落伍，除了仍有大量主要结构使用钢材之外，同时还开发了铝合金材料，这些金属复合物与汽车、飞机和公共运输系统的结构密切相关。相反，在家庭或者办公室的小件物品中，金属的光泽、整洁能给环境增添活力。因而 20 世纪 80 年代塑料方面的先进技术中，就有塑料表面金属化的这样一种新方法，这正是一个具有讽刺意味的大转变：替代材料模仿它业已替代了的材料。另外，记忆合金有可能促使未来设计作品改变其形态和色彩，我们不仅能够把一盏灯的亮度变暗，而且还能用开关来“控制”橱柜的色彩，也许做到这一点已为时不远。

图 8-4　佳能有限公司 IXY 200z/300a 数码相机

当小型 35 毫米相机在 20 世纪 80 年代把当时占主导地位的金属机身改成塑料机身的时候，市场看起来真的开始转向以价格为导向的死胡同中，很多有着肤浅造型的产品开始大量充斥消费品市场。通过推出 MY 型照相机，佳能力争把产业界从死亡之路上拽回来，这种有着超强触感、轻质金属机身的产品真正为我们开辟了产品设计的新纪元。

早在 20 世纪 80 年代中期，其他制造商们就已用过镁和钛用作照相机机身的材料．通常也是应用在专业照相机上，但是佳能却是第一个推出真正意义深远的、以顾客为导向的金属照相机——1996 年出产的 IXY（IX240APS）相机。它那富丽堂皇的细节设计和别致的款式设计当时无疑深深震撼了产业界，也拨动了人们的情感心弦。

2. 技术进步对工业设计的影响

最典型的例子就是微电子技术的发展向现代工业设计提出了挑战。

微电子技术就是通过材料制造与光刻技术的发展，在一块硅芯片上，集成大量的电子器件以构成能产生特定功能目的的集成电路。这使得依赖电子器件的现代产品的体积大大地压缩，压缩到令人瞠目结舌的地步：一个收音机的机芯可以缩小到一个手指甲大小，一个手机的机芯也是同样大小。如果不考虑这些产品的使用界面的人机工程要求，会有更多的产品小得我们难以辨认。因此，微电子产品的“面目”不仅微小且极相似，只要用一个小小盒子即可把它们包容起来。微电子技术的这种发展给传统的设计观念提出了严峻的问题：以前有关形式与功能的关系理论，在这里都失去意义。如功能主义的“形式追随功能”，形式都已经很微小了，怎能反映功能？机芯都可被小小的火柴盒（甚至更小）装进去，又怎能反映出彼此不同的功能？因此，建立在微电子技术基础上的产品已将可能完全由使用的功能需求来决定其形态特征。如手机，按照内在结构，完全可以“变”得更小，但是拨打电话、接听电话以及手的握拿等功能要求，手机不能再小下去，否则就无法用手指去按压数字键以输入信息，也无法既听明白又说清楚，因为从耳朵与嘴巴还有一段“距离”，除非有更好的技术出现，彻底改变目前电话拨打的方式，手机体积进一步压缩才有可能。

与这个例子相似的例子，就是图 8 -5、图 8 -6 示的雅马哈 SV -100 静音小提琴。

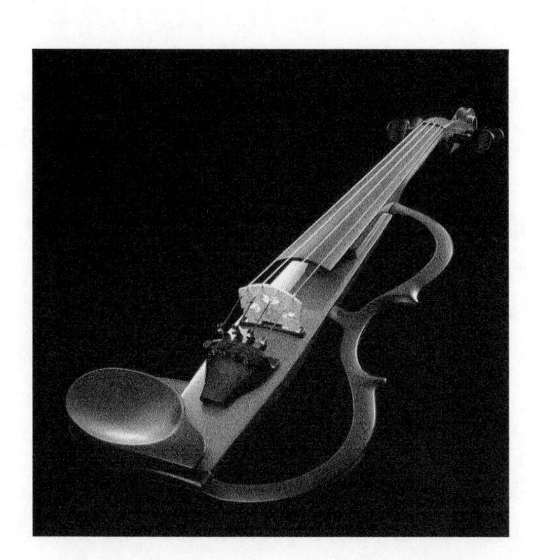

图 8 -5　雅马哈 SV -100 静音小提琴

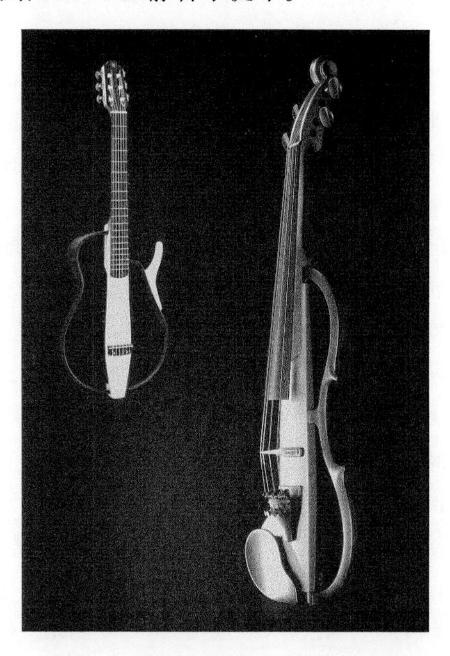

图 8 -6　雅马哈 SVG -100 静音吉他（左）与 SV -100 静音小提琴（右）

与环境和谐协调是雅马哈静音乐器设计的出发点。演奏任何乐器，即使是最基本的演奏水平，也需要不断练习，同时还需得到左邻右舍的理解。在日本这样人口稠密的国家，演奏任何乐器而不让别人密切留意你的技能和缺陷是不可能的。以考虑城市的这种现实为出发点，雅马哈开发了这款有社会公德意识的静音弦乐器。雅马哈也抓住机会推动小提琴、大提琴和贝司的开发，把它们改造为对初学者和专业人士同样方便和颇具亲和力的数码乐器。

虽然还存有争议，但雅马哈静音乐器确实是差不多几百年来乐器设计的第一次重大变革。通过对现代技术的应用，雅马哈的工程师们能够复制出弦乐器音质的精华；同时，即使对于非弹奏人而言，静音乐器也深具非凡之美。

根据声学标准，要制造出声音清晰的提琴，必须懂得正确的音乐音程。在静音小提琴中，精选材料的应用造就了清晰的声音效果：指板、琴码、琴颈、琴身分别为黑檀木、枫木、雪松木。侧身、腮托、尾片为聚合物。而电子芯片一方面极大丰富了混响效果；另一方面能模拟不同的演奏环境，从大、中型礼堂到房间大小的环境，这样，演奏者就可以不受干扰地练习，随心所欲地在音乐厅似的环境下演奏。同样，通过与其他数码设备的连接，你可以与专业人士或喜欢的唱片一同演奏。除了具有激昂、圆润的音质外，静音小提琴也拥有传统小提琴大多数的演奏风格和微妙细节。

琴身设计的极简抽象风格十分抢眼。由于音调和混音是用数码技术生成，提琴并不需要声音共鸣箱（声箱）。但是雅马哈意识到完全抛弃小提琴的标志性造型在功能和外观上都是错误的。所以，传统形状的琴身右侧被保留下来，使得演奏者能够找到正确的弓角，确保乐器必要的视觉平衡。

数字化技术的发展把人类生活带进数字化（信息化）社会。数字化技术催生出并将继续催生出更多的“非物质化”产品，这种“非物质化”产品的设计概念已经大大迥异于传统的物质化产品。

伟大的历史学家汤因比这样描述非物质化：“人类将无生命的和未加工的物质转化成工具，并给予它们以未加工的物质从未有过的功能和样式，而这种功能和样式是非物质性的，正是通过物质才创造出这些非物质的东西。”[③]人们的生存将是数字化的生存，社会将幻化为虚拟的集成，一切的一切，都将经过电脑的处理。

在这样的一个现实下，信息化革命首先在电子通讯和声像媒体领域实现，并迅速在科学领域扩散，现在甚至进入认知心理学等人文领域。在这样的世界大变革中，设计也将发生巨大的变化。

传统的设计用优美的形式来表现实用和便利的功能，实用的功能和优美的形式是设计追求的目标，两者相得益彰。而非物质化对设计最大的影响是改变了功能和形式的关系。现代科技使许多产品的表面质料形式与其功能相剥离，即这种质料形式不再表现其功能，功能几乎超越了我们原来意义上的形式。其实，非物质化不是没有形式了，而是形式与功能合二为一了，例如电子邮件确实已没有传统意义上的物质形式：信封、信纸等，只剩下了信息传递本身，实际上，这也是形式，只是形式也变成了一种看得见、摸不着的东西，没有形状、色彩、线条、质地等。当然，此时的设计品也不再传统，已经变成了一种纯粹的功能了。所以，非物质化给设计的最大影响是：形式的非物质化和功能的形式化，这使设计逐渐与物质相分离，而更向精神靠拢。

非物质化社会中的实体将会变得越来越超功能、多功能，或者没有实用功能。当然，非物质化的背后依旧是高科技时代的新机器的机械支持。这种“物质－非物质”的文化关系被 Manzini 描述为“在智能产品身上我们只能看到果而看不到因。其物质的成分已经变成不可见的，产品工作的机制已不再是一种明摆在我们面前任我们解释的东西。我与产品之间已经从一种非对称的关系转变成一种对称的关系：它只是像镜子一样反射：我动一下，它就跟着动一下。”④在这种情况下，设计就脱离了人们原来的想象，发生了质的变化。原来设计是指一种周密的设想、计划和计算，以创造固定、有形、优美的产品满足人们的需要，有的甚至还可以将产品的功效都计算出来。但是现在的非物质化设计，就像无形的语言活动那样捉摸不定。“当前出现了大量‘无脸面’（无表面形式）的产品、多功能性的异种杂交产品（如带有计算器的表，或带有表的计算器）、丢失产品身份的产品（失去表达其功能的形式的产品），以及不再被归类于某种单一的东西（如表即表，钢笔即钢笔）的产品……正在以一种更加有机的而不是机械的方式出现的智能产品……电脑语言已经更接近于人的语言，正在形成一种与人的‘共生’关系，而且能以一种最自然的行动造成一种变化，或使某种新的东西出现……举例说，声音可以替代电脑的键盘，感触器能够认出横穿过它的手掌，而不必使用磁卡。人自身已经变成那个与自己早已失去联系的神，可使某物动起来，或使某种事情发生……这种神秘的神以及我们梦的投射，也许是设计活动的最初一步（迹象）…… 第三千年的产品将是可见的还是不可见的？它们是否仍然远离身体，还是唾手可得，还是将变成身体的部分或零件？……未来只能靠超级产品和新的联结界面，去激发出身体的新用途。正如键盘有可能停止流传，被数字化的感受器代替，个人电脑装备的鼠标器也有可能以同样的方式消失，二者都有可能被一种能够录制下手在某空间中的每一个动作的戒指代替。大众化和批量生产产品的传统的可重复性质，将会让位于一种完美的和高强的手势性‘身体语言’，这种动机性手势可以透过历史长河回到其远古的、神秘的和诗意源泉的情感性手势。因此，一种手势性行动，也可以像音乐一样，是仪式性的。同样，那能够产生和谐的乐器既是远古的，又有可能是最新的。”④由此可以预测，功能和形式因为非物质化而结合的趋势是一个不可更改的事实，这将在未来成为展现其完美设计的关键。

无视材料与技术对设计物化的限制与约束，就不可能达到物化的最终结果。高层建筑的发展与悉尼歌剧院的建设最能说明这一点。

高层建筑是 20 世纪中叶才真正在世界范围内得到普遍发展的。这种国际性的普及与推广首先建立在当时高新科学技术发明和推广的基础上。1915 年出现了自动控制电梯，上升速度达到每分钟 365 米（1970 年有的已达到每分钟 549 米），1950 年群控系统开始使用。由于垂直交通问题的顺利解决和不断改进，由于优化的新材料、新技术的应用，40 层以上（100 米以上）的超高层建筑这种名符其实的“摩天大楼”才得以出现。另一种重要的现代建筑设计样式——“大跨度建筑”是在 20 世纪 30 年代以后，特别是第二次世界大战以后飞速发展起来的，高强度的新型钢材和混凝土，各种合金钢、特种玻璃、化学材料，以及种种相应于新材料的新施工技术，正是这些才使得今天令人眼花缭乱的种种钢筋混凝土薄壳顶、折板结构、悬挂结构、网架结构、充气结构建筑有了产生和存在的可能。

无视材料性能和材料加工工艺对设计的限制，实则是对设计规律的违背。

今天已经成了澳大利亚悉尼市标志的悉尼歌剧院坐落在风景如画的突出于海湾之中的贝尼朗岬，1957 年开始设计，1973 年建成，其间工程几起几落颇多争议。争议之一就是有关科技原则。当初被选定的丹麦建筑师杰恩·伍重（Jorn Utzon）的方案不过是一幅想象出众、富有诗意的草图，设想的薄壳群并没有相应的科学根据，没有考虑到当时的材料技术水平。换句话说，并没有很好地坚持设计的物化原则，即科技原则。于是在将方案付诸实施时遇到了当时无法克服的困难——缺乏技术与材料的支持！因为根据当时粗略估测，壳顶只需厚 10 cm，底部厚 50 cm，而一经仔细测算，发现要建成这么巨大的薄壳完全办不到。于是由英国著名工程师阿鲁普接手攻克这一技术难关，一次次构想、计算、试验，一次次碰壁。最后只好放弃开始设想的单纯薄壳结构。现在从外貌上看到的贝壳体结构，实际上是由许多 Y 形、T 形预制钢筋混凝土肋骨拼接起来，再在表面镶上陶瓷砖组成的。几经改动原来的设计，经数位建筑师之手，歌剧院才得以建成。因此有的学者认为："在当代所有的公共建筑物中，最为壮观然而在某些方面最不能令人满意的要算悉尼歌剧院"。[5]

图 8－7　悉尼歌剧院

3. 生产方式的改变对工业设计的影响

传统的机械化生产方式，是在一个固定不变的模子中成批地生产同样的产品，保证了质量，提高了生产率，因而降低了成本，这是机械化生产的优点。但同时也带来了缺点：当市场需求快速改变时，生产系统却无法及时、有效地进行调整，造成生产滞后于市场变化的局面。

现在，有一种灵活的制造系统，可以在电脑的指挥下，通过自动控制和随时调节改变机器的行为模式，从而达到快速改变产品生产的款式及品种的目的。原来那种大批量、标准化的刚性生产方式变成了小批量、多样化、灵活的柔性生产方式。同样一套制造系统可以灵活地生产各种产品，从而大大缩短从设计到生产的过程，使工业设计的成果及时地变成社会需求的商品，满足社会的多样化需求。

注释：

① 杨砾，徐立．人类理性与设计科学——人类设计技能探索．沈阳：辽宁人民出版社，1987.
② 罗伯特·休斯．新艺术的震撼．上海：上海人民出版社，1989.
③④ 马克·第亚尼．非物质社会——后工业世界的设计、文化与技术．滕守尧译．成都：四川人民出版社，1998.
⑤ 纽金斯．世界建筑艺术史．合肥：安徽科学技术出版社，1990.

第九章　工业设计的原则——环境原则

所谓环境原则，就是以人类社会可持续发展为目标，以环境伦理学为理论出发点来指导工业设计的原则。

发展是人类生存的永恒主题。二次大战后，科学技术迅猛发展并渗透进人类生活的各个领域，一方面创造了前所未有的物质财富，另一方面也给人类带来了种种负面影响与困惑。面对一系列全球性问题的相继出现，人类不得不对传统发展观进行深刻的反省。人与环境间的关系研究也就上升为所有问题中的主要问题，成为人类继续发展的瓶颈所在。

严格地说，环境原则不是只涉及环境的一个原则，它涉及人类对环境的认知与态度。因此，环境原则实际上还是涉及人类文化的一个原则。不同人群对环境的认识深度不同，对自然环境的态度也大有差异，这种文化认知上的差异也决定了人们对待社会生活及设计的不同态度。但不管差异多大，还是有着基本的共识与基本相同的态度，这里所讨论的环境原则就是以这样的共识为前提而展开。

第一节　生态价值观

一、生态圈与技术圈

自从人类诞生以来，自然界就有了自己的对立面。它不再是一个按缓慢的节奏自生自灭的天然生态系统，而是逐渐地被人化、被社会化，它的一切变化都打上了人类的印记。人类开始生活在两个世界中，一个是“自然生态圈”，一个是“技术圈”。当技术圈还很弱小的时候，它对自然生态圈保持着有限的、可消解的影响力。同时，自然生态圈虽然在局部不断给人类制造着麻烦如火山、洪水、地震等，但那只是自然界正常的代谢与喘息。技术圈被动的努力丝毫没有引起自然生态圈的注意。然而现在的技术圈已经“强大到能够改变、主宰生态圈的自然过程的程度”。自然生态圈那经过亿万年才得以形成的生态平衡在极短的时间内（相对于在此之前的历史）被打破。自然生态圈的生态失衡一直存在于人类的整个工业化、现代化进程中。因为自然界对此调节的手段的关键就是时间，而时间恰恰又是现代社会所首先或缺的——时间就是效率、时间就是生命、时间就是现代化……。现代社会不可能让出千百万年时间让大自然进行“自我修复”。

而现在，“人对生态圈的攻击已经引发生态圈的反击。这两个世界已经处于交战状态”。[①]这种“交战”，会是什么结局谁也无法预料，但有一点是可以肯定的，人类和环境之间强大的张力所危害的不仅是自然界，也在威胁着人类自己。

技术圈对生态圈的“攻击”就是我们十分熟悉的技术的“双刃剑”效应：人们之所以使用技术是因为技术能放大人的力量（无论是部分脑力还是体力），使人与自然的“对话”中产生更多的效率，获取更多的物质。但是技术又是以破坏自然生态本身固有规律与节奏为前提的，因而使自然遭受到无可挽回的破坏，又使人类自身的生存与发展遭遇到一个个困难，人类实际上已经落入一个自己设置的困境之中。因此，我们不得不思考这样一个问题：我们如何突围?

建立在社会伦理学与环境伦理学基础上的设计伦理学，无疑地成为一个人类造物行为与非造物行为活动中的道德平台，展示着人类自身设计行为的伦理观念，创造着自己的伦理价值。

二、环境问题与环境问题产生的根源

1. 环境问题的内容

目前关于“环境问题”一词的所指尚不统一，但当今社会面临的环境问题可划分为如下四种类型：

（1）环境污染。这是最早引起社会广泛关注的环境问题，也是西方国家在20世纪70年代初采取环境保护行动时所优先考虑解决的问题。它包括大气污染、水污染、工业废物与生活垃圾、噪声污染等。

（2）生态破坏。其主要表现是森林锐减、草原退化、水土流失和荒漠化，它是导致20世纪中叶以来自然灾害增多的主要原因。

（3）资源、能源问题。自然资源是人类环境的重要组成部分，资源、能源的过度消耗和浪费不仅造成了世界性的资源、能源危机，而且造成了严重的环境污染和生态破坏。

（4）全球性环境问题。它包括臭氧层破坏、全球气候变暖、生物多样性减少、危险废弃物越境转移等。

人们已经认识到：环境问题是在发展的过程中产生的，也应该在发展的过程中解决。正是出于如何在发展的过程中解决环境问题的考虑，人们才提出了可持续发展的思想。

2. 环境问题产生的根源

- 传统观念的根源——人类中心主义

在人类中心主义的观点中，所有非人类物种和其栖息地的价值取决于它们是否满足了人类的需求。而它们的内部价值（即享受它们自身生存的能力）被视为零。非人类中心主义的伦理观念建立在非功利的基础之上。在这种基础上的环境保护“不仅仅是出于避免生态系统的崩溃或是积累性的衰退，而出于对其他生物有其自身独立于人类工具性价值之外的内在价值这一观点的认同”②。然而要做到这样的要求，是非常困难的事情。这也正是伦理问题的特点，那就是人性的缺陷和道德要求之间永远存在着差距。

过去我们把自然资源看做是“收入”，既然是一种“收入”，那么，千方百计增加“收入”被认为是天经地义的，人人都可以这样追求。今天，我们把自然资源看做自然资本，既然是资本，那就是自己的，尽可能地节约、尽可能地少花、尽可能使它产生更大的效益。相信这也是所有人的心态。因此，把对自然资源的理解从“收入”转变成“资本”，既现实地反映了自然资源对于人类的客观意义，也反映出人类对自然新的认知。

如果想让人们尤其是企业正确认识到这些宝贵的资源是人类有限的“资本”而非免费的收入，那么最有效的方法就是确立一种“谁污染谁买单”的管理机制。

现代环境伦理学家泰勒在《尊重大自然》一书中，提出了四条环境伦理的基本规范：

（1）不作恶的原则。即不伤害自然环境中的那些自然物，不杀害有机体，不毁灭种群或生物共同体。

（2）不干涉的原则。即让“自然之手”控制和管理那里的一切，不要人为地干预。

（3）忠诚的原则。即人类要做好道德代理人，不要让动物对我们的信任和希望落空。

（4）补偿正义的原则。③

- 传统手段的根源——技术依赖

科技的发展使得人类一方面更新了自己的生活方式，但另一方面，却弱化了自身的某些功能，而产生对技术的强烈依赖性。也就是说技术依赖性长期存在，导致两个结果：一是弱化人自身的某些功能，使人的生理结构与意志力退化；二是弱化在使用技术时的道德责任感，幻想让更新的技术来承担本应由人类自身承担的技术应用的伦理道德。

人类运用各种科学技术，构建起属于自己的环境：庞大的城市和千万种物质产品。但是都很难说是完全属于“人类自己”的：大城市的范围之大，建筑之高，其人口拥挤、交通堵塞、空气污染、环境噪音无不在任何一个城市中存在。这些属于人类自己设计的城市却在本质上不属于人类“自己”！我们设计生产的成千上万种产品，构成了我们人类生存的“第二自然”中的场景，这些由我们自己设计的、理应完全“属于”人类自身的产品，却很难说在使用它们时会得心应手，有的甚至成为置主人于死地的凶器……这一切确实值得我们反思。

我们对科技的依赖，是建立在科技万能论的观念基础上的。因此我们放弃了我们本不应该放弃的道德伦理对科技的制约：既然科技是万能的，还要伦理道德、还要人文精神干什么？人类的任何创造活动理应在人文精神的大旗下展开，却因为科技的魔幻般的效能使我们对它产生万能的错觉，以致盲目崇拜和依赖。

缺乏人文精神引导的科技，既为人类造了福，又为人类闯了祸。科技对自然环境的一切破坏，都源自人类对环境伦理的缺失。

- 传统方式的根源——现代性特征

现代性带来了标准化、规格化的工业生产与社会组织、麦当劳式的服务体系与评价体系。与之相对应的则是精确分工：在物质生产的每一个环节中，每一个人都只是一个螺钉。每一个人只埋头作自己的工作甚至对下一个工作流程一无所知。这种分工的优势就是每个人只干一小部分工作，由于内容简单而快速熟练。它带来的一大问题，就是每个人都“作为”机器结构的一部分，机械而快速地工作着，效率高但却使人失去了工作的乐趣，失去了人之所以成为人的创造、主动的精神及实践的可能。更为严重的是，这种现代性的“分工”使一个完整的工作被分解为许多细小的部分，而每一部分只作为为完成某一目的任务的手段而存在，因而把作为手段的每一部分与作为目的的整体分裂开来，失去目的的手段难免不产生异化。下面引述的这一段话，极为形象地说明了手段与目的的分离将造成如何后果。

假如一个杀人的程序被分为：购买正常药品——将其捣碎、磨成药粉——配成毒药——装入瓶子——与糕点相混合——包装成礼盒——装箱邮寄——取出——与鲜花一块送到，关键在于每个程序由互不知情的不同专业人员所完成，这样，责任感、犯罪感即被“漂流”了。如鲍曼所说：“卷入的人的数量是如此之多，因此没有人可以理直气壮地、令人信服地申请最终结果的‘著作权’。”[④]即便在战争之中，战争形式的游戏化和战争过程的碎片化同样导致了战争——这一最为原始和持久的罪恶感来源——的犯罪感之“漂流”。在海湾战争中，美国曾经对女军人的使用范围进行过探讨。因为在“用不着亲眼目睹受害者；在屏幕上计数的只是亮点，而不是死尸”[⑤]的时候，女性应该可以从事更多的战争活动，比如坦克炮手。在电子游戏一样的战争中，连女性都无须怀有道德责任！这无非是因为犯罪的过程被碎片化了，或者如鲍德里亚所说的由于“形式的完成将使得人成为他的力量的纯粹关照者”[⑥]——操作炮火的控制系统和微波炉的界面越来越相似。难怪半个世纪前，马克斯·弗里希（Max Frisch）就曾经这样说过：“我们并非都是被分派为刽子手的人，但是我们几乎全部都能成为士兵，都能站在大炮后面，瞄准、拉动发炮绳线”。[⑦]

“操作炮火的控制系统和微波炉的界面越来越相似”，杀人的操作如同烘烤一片面包，这就是手段脱离目的引导的异化后果！

我们反复强调手段与目的的联系，强调产品作为手段与应用产品达到的目的这两者之间不可分割的关系，就是企图极力避免类似这种手段异化于目的的后果。任何产品的设计（不论是物质的还是非物质的）在本质上说都是手段的设计。在设计活动内部系统看来，手段设计的完成就是目的，正如工程师设计一辆汽车，完成汽车设计就是目的。但是，如果将手段的设计纳入到与满足人的需求这一目的的系统中进行观察，就明显地反映出这种手段的设计与满足需求的目的之间的差距。工程师完成的汽车设计与人乘坐的安全性、舒适性、高效性、经济性与象征性的需求目的相比，作为工程意义上的汽车设计可能还无法乘坐。

因此，脱离目的的设计有可能产生可怕的后果。

三、人的价值观是规范科技的主导力量

科学技术作为调节人与自然关系、实现人的价值目标的中介性手段，是人的本质力量的对象化。科

学技术的双重属性决定了它既要受到自然规律的制约，又要受到社会文化价值观和人的目的的规范。在人类认识和改造自然能力较弱的时候，科学技术主要表现为“自然的”选择过程；而随着人类认识和改造自然能力的增强，科学技术的发展则越来越取决于人的“价值的”选择。人的文化价值观成了规范科学技术的主导力量。

因此，科学技术不能也不应该为今天的人类生存困境负责，恰恰是人类自己对此有不可推卸的责任。因为在人统治自然的价值观下，人总是以功利眼光看待一切。人们对科学技术的价值判断和评价仅仅只是实用性的、纯经济或政治的考虑，而忽视了它与自然的价值、与人类根本价值要求的可能的背离。人们在追求合目的的科学技术效用的正面价值之时，不得不承受由此带来的违背人的更高目的或价值要求的负面价值。

呈现在人类面前的自然界原本是一个多样性的价值体系，除了经济价值外，还有生命价值、科学价值、美学价值、多样性和统一性价值、精神价值等。然而在传统的人类中心主义价值观下，自然界的一切价值都被归结为人类价值。人类的需要和利益就是价值的焦点，科学技术仅仅是人实现人类需要和利益的工具。因此，人类困境，从根本上讲，不是科学技术发展所必然带来的问题，而是受传统价值观所规范的科学技术被实际运用的后果问题。造成人类生存困境的根源不在科学技术，而在于支配着科学技术的人的价值观。

四、生态价值观

近代以来人类追求的人对自然界的中心地位，试图以征服和控制自然、牺牲自然来满足人类需要的价值观，在严峻的事实面前遭到无情抨击。《寂静的春天》的作者卡逊认为控制自然的观念是人类妄自尊大的想象的产物，是在生物学和哲学还处于低级幼稚阶段的产物，我们不应该把人类技术的本质看作统治自然的能力。相反，我们应该把它看做是人类和自然之间关系的控制。这种观点对正确理解当代人与自然关系无疑是十分重要的。

人本来是自然的一部分，对自然的理解应当包括对人自身的认识。这样，控制自然观念便具有双重的内涵，即对外部自然的控制和对内在自我的控制。早期人类控制自然的能力很弱，人的作用不至于破坏自然生态系统的自我调节功能，因而控制自然主要表现为对外部自然的控制。随着支配自然能力的迅速增强，人类对自然的破坏力也相应扩大。这时，控制自然也应当包括对人类干预自然造成的负面效应的控制。只有对人自身能力发展方向和行为后果进行合理的社会控制，以约束人类自身的行为活动方式，才能保证对人的创造力的强化和对人的破坏力的弱化，把人与自然关系中的负面效应降到最低限度。

从对自然的控制转向对自我的控制，表明传统价值观的合理性在当代的失效。人类需要一种人与自然的新型关系，即生态价值观下的人与自然的协调发展关系。与传统价值观那种把自然视为“聚宝盆”和“垃圾场”的观念相反，生态价值观把地球看做是人类赖以生存的唯一家园，它以人与自然的协同进化为出发点和归宿，主张以适度消费观取代过度消费观；以尊重和爱护自然代替对自然的占有和征服；在肯定人类对自然的权利和利益的同时，要求人类对自然承担相应的责任和义务。

生态价值观把人与自然看成高度相关的统一整体，强调人与自然相互作用的整体性。它代表着人对自然更为深刻的理解方式。

生态价值观主张对技术具有明确的价值选择，即技术的运用不仅要从人的物质及精神生活的健康和完善出发，注重人的生活的价值和意义，而且要求技术选择与生态环境相容。

随着生态运动的纵深发展以及生态价值观的逐步确立，科学技术范式正在发生转变，显现出明显的“生态化”发展趋势。这种趋势最终将导致社会生产和生活方式的根本性转变。必须指出，科学技术并非作为一种独立的力量推动人与自然关系的演化。它的作用要受到文化背景以及价值观的制约。科学技术的工具性特征使它自身缺乏判断：它既可以帮助人类摆脱自然对人类的控制，也可以为人类统治自然的目的效力，还能成为推进人与自然协同进化的中坚力量。生态价值观的确立，将使科学技术在人与自然之间发挥更大的调节作用。

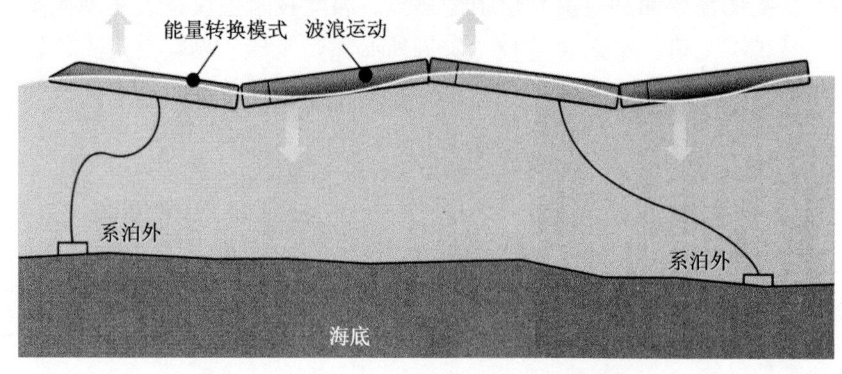

图 9-1　海浪发电站

世界上第一座商用海浪发电站即将在距葡萄牙海岸5千米的海面上完工，它将用3根140米长的Pelamis波浪能量转换器来产生2 250千瓦的电能——这些电能足够满足1 500个家庭的用电需求。每台转换器由4节圆柱形的浮筒组成，它们被牢牢地固定在海底的岩石上。这些圆筒会像海蛇一样随着波浪上下起伏，关节处的相对运动会推动圆筒内的液压活塞作往复运动，把液压油从发动机中间压过去，驱动发电机发电。如果这3台转换器工作顺利，这座海浪发电站还将增加30台转换器。

第二节　可持续发展的思想与原则

面对严峻、复杂、紧迫的环境危机及一系列社会问题，人们从20世纪70年代开始积极反思和总结传统经济发展模式中不可克服的矛盾，认识到发展不只是物质量的增长与速度，而应该有更宽广的意义：发展是指包括经济增长、科学技术、产业结构、社会结构、社会生活、人的素质以及生态环境诸方面在内的多元的、多层次的进步过程，是整个社会体系和生态环境的全面推进。于是，在这样认知的基础上，催生出一种崭新的人类发展战略和模式——可持续发展。

一、可持续发展思想的形成

在可持续发展的产生和发展过程中，下列事件的发生具有历史意义：

1962年，美国海洋生物学家R·卡逊所著《寂静的春天》一书问世。它标志着人类把关心生态环境问题提上了议事日程。书中，卡逊根据大量事实科学论述了DDT等农药对空气、土壤、河流、海洋、动植物与人的污染，以及这些污染的迁移、转化，从而警告人们：要全面权衡和评价使用农药的利弊，要正视由于人类自身的生产活动而导致的严重后果。

1972 年 6 月联合国在瑞典的斯德哥尔摩召开人类环境会议，为可持续发展奠定了初步的思想基础。会议发表了题为《只有一个地球》的人类环境宣言，呼吁各国政府和人们为改善环境、拯救地球、造福全体人民和子孙后代而共同努力。本次会议唤起了世人对环境问题的觉醒，并在发达国家开始了认真治理。

1987 年，挪威首相布伦特兰夫人主持的世界环境与发展委员会，在长篇专题报告《我们共同的未来》中第一次明确提出了可持续发展的定义：可持续发展是指既满足当代人的需要，又不损害后代人满足需要的能力的发展。从此，可持续发展的思想和战略逐步得到各国政府和各界的认同。

1992 年 6 月，联合国在巴西里约热内卢召开了环境与发展大会，共 183 个国家的代表团和联合国及其下属机构等 70 个国际组织的代表出席了会议，102 位国家元首或政府首脑到会讲话。这次大会深刻认识到了环境与发展的密不可分，否定了工业革命以来那种“高生产、高消费、高污染”的传统发展模式及“先污染、后治理”的道路，主张要为保护地球生态环境、实现可持续发展建立“新的全球伙伴关系”。本次会议是人类转变传统发展模式和生活方式、走可持续发展道路的一个里程碑。

二、可持续发展的目标与原则

可持续发展是一种广泛的概念，而不只是一种狭义的经济学概念。其目标包括以下四个方面：

（1）消除贫穷和剥削；

（2）保护和加强资源基础，以确保永久性地消除贫困；

（3）扩展发展的概念，以使其不仅包括经济增长，还包括社会、文化的发展；

（4）最重要的是，它要求在决策中做到经济效益和生态效益的统一。[8]

这四个方面的目标关系到政治、经济、文化等各个方面的政策。实现上述四个方面的政策与目标有赖于五个原则，它们是：

1. 公平性原则

可持续发展的公平性原则一方面是指代际公平性，即世代之间的纵向公平性；另一方面是指同代人之间的横向公平性。可持续发展不仅要实现当代人之间的公平，而且也要实现当代人与未来各代人之间的公平。这是可持续发展与传统发展模式的根本区别之一。

可持续发展的生态中心论的观点被称为 3E：环境的完整性（environmental integrity）、经济效率（economic efficiency）和公平（equity）。[9]公平性在传统发展模式中没有得到足够重视。从伦理上讲，未来各代人应与当代人有同样的权力来提出他们对资源与环境的需求。可持续发展要求当代人在考虑自己的需求与消费的同时，也要对未来各代人的需求与消费负起历史的责任。各代人之间的公平原则要求各代人都应该有同样选择的机会。

2. 和谐性原则

和谐性是可持续发展的最终追求，从广义上说，可持续发展的战略就是要促进人类之间及人类与自然之间的和谐。如果每个人在考虑和安排自己的行动时，都能考虑到这一行动对其他人（包括后代人）及生态环境的影响，并能真诚地按“和谐性”原则行事，那么人类与自然之间就能保持一种互惠共生的关系，也只有这样，可持续发展才能实现。

3. 需求性原则

以传统经济学为支柱的传统发展模式，所追求的目标是经济的增长。因此，大量的设计作品用来刺激人类的消费需求和占有欲。这种刺激消费的方式忽视了资源的有限性与自然环境“容纳”污染的极限。这种发展模式不仅使世界资源环境承受着前所未有的压力而不断恶化，而且人类所需要的一些基本物质仍然不能得到满足。而可持续发展观则坚持公平性和长期的可持续性，立足于人的真实物质需求，建立健康而理性的精神需求。可持续发展是要满足所有人的基本需求，向所有的人提供实现美好生活愿望的机会。

4. 高效性原则

可持续发展战略几乎得到了世界各国政府的支持，但实际效果并不理想。“真正通过改变生产技术而使环境得到大大改善的例子只有几个：从汽油中去除铅，氯气生产不再使用汞，农业上不再用DDT，电力工业不再用PCB，军工企业不再在大气中进行核弹爆炸试验。只有从源头上——即在可能产生污染物的生产过程中——摧毁污染物，才能真正消除污染；而一旦污染物生产了出来，再想办法就为时太晚。”。[10]因此，可持续发展必须坚持高效性原则。因为，环境污染已经到了一个关键的时刻，任何不彻底的、不及时的规划方案都等于是空中楼阁。不同于传统经济学，这里的高效性不仅根据其经济生产率来衡量，更重要的是根据人们的基本需求得到满足的程度来衡量，是人类整体发展的综合和总体的高效。

5. 变动性原则

可持续发展以满足当代人和未来各代人的需求为目标。随着时间的推移和社会的不断发展，人类的需求内容和层次将不断增加和提高，所以可持续发展本身隐含着不断地从较低层次向较高层次发展的变动性过程。

第三节　设计——价值的选择与实现

一、人与环境的关系是设计的起点

环境问题（这里所指的是自然环境）与人口问题、能源问题并列为人类发展面临的三大问题。从根本的意义上说，这三大问题都涉及人类社会可持续发展的根本性问题。

设计作为在“人 - 产品 - 环境”系统中产品求解的活动，无论是过程还是结果，严格地受制于环境因素。因此，环境原则自然成为设计必不可少的、重要的设计原则之一。

图 9 - 2　微波洗衣机

这是一款运用高频波微波来洗涤的尖端技术产品，它的设计将经济性、机能性和最适合的材料、颜色融为一体，通过盖子上的触屏操作，微波洗涤因为水温低，对衣服的磨损较小，能迅速地去除污垢，且可以大幅度地减少化学洗衣粉的使用。洗涤过程快，可以省能源、省水、省时等，对用户、环境十分有利（本产品获 2002 德国布朗恩设计奖头奖）。

卢梭曾经指出文明带来了灾难，号召人们回归自然。卢梭在现代社会起步时指出的问题随着现代社会的成熟而扩大。文明原本是为了丰富和改善人类生活，但却破坏了作为人类生活场所的环境，进而直接影响了人类自身的健康。

生产是人类通过劳动作用于自然，把自然材料改造成对人类有用的东西。生产首先是以消费为目的的生产，消费是在生产范围内的消费。需求则不只是在需求的满足中重复再生，还会受到生产出的生活资料刺激产生新的需求。排出废物的方式作为消费结果，也由生产使用的材料和生产提供的生活资料来决定。

但是，所有生产都是有目的的生产，且都是建立在设计之上的。生产相对于设计来说，只是行动与实践，而设计是生产的灵魂与思想。设计直接面对需求而思考，面对需求而筹划。因此，是设计决定着生产，决定着消费，决定着产品从进入生产开始，经过消费使用，一直到被作为废弃物的废品的整个过程与结果。设计作为人与自然间的中介，起着联系人与自然关系的作用，起着人如何影响自然的作用。可以这样说，正是设计活动这一行为，表明并决定了人以何种态度对待自然。自然当今的一切现况，不管是悲是喜，都是人类设计活动展开的结果。

工业化，至少说在现有的工业化或者说现代化进程中被证明与环境恶化有着直接联系，但不等于它们两者之间有着必然的联系。对自然环境友好的工业化或现代化应该是现代人类认真探索的一个重大问题。具体地说，人类应该有足够的智慧来解决这一问题，这也是设计的问题。

自然对于人类设计活动的展开具有三个方面的意义：

（1）自然环境是人类自身赖以生存的环境空间；

（2）自然环境为设计活动展开提供了自然资源；

（3）自然环境为设计活动的过程与结果提供了陈列空间、废弃物排放场所与空间。

无论是作为设计活动求取结果所必需的资源因素，还是作为设计活动结果必然走向废弃物的“排泄”场所，自然环境对设计的重要是不言而喻的。更重要的是上述第一点说明自然环境又是人类生存的唯一场所，自然环境的状况直接影响人类生存的质量与发展的可能。因此，自然环境对于设计来说不仅存在着设计有无可能再发展的问题，还存在着作为设计主体的人能否生存与发展的问题。更本质地论述这一问题，就是人类的设计行为与自然环境的关系，已成为人类的设计行为与自己作为设计主体的关系，也就是说，人类的设计行为，其本质就是设计自己的一切，包括今天、明天与后来的生存与发展。

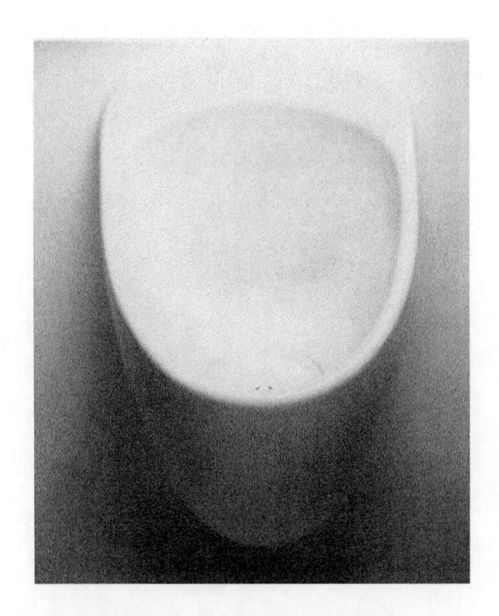

图9-3　无需用水的小便斗

普通小便池每年要用掉236，000升水。无水小便斗的承液面用一种创新的斥水性涂料涂覆，里面装一个含有防止细菌孳生和异味积累的专利密封液的阀盒，水、贮水器、冲水管一律不需要，而且几乎连维护都不需要。密封液为生物可降解型，而阀盒可重复使用，未稀释的尿液对管道材料也没有腐蚀作用。

图9-4　能轻易地更换和循环鞋底的Trlppen鞋

鞋的上部分与可分离的鞋底缝合两次；一次与中间的鞋底，另一次单独与橡胶鞋底缝合。这种不寻常的技艺目的在于使鞋底能轻易地更换和循环。

因此，设计与自然环境的关系，本质是设计与人自身的关系；人与自然的关系，是设计的起点。

二、设计——价值的选择与实现

在某种意义上来说，设计在人类生活的建构中所起的作用，在浅近层面上是创造出多姿多彩的产品形式，满足了人对产品的多元化审美需求；在中间层面上，是创造了人的行为方式；在深层面上，是创造了人的生存方式，反映出人对技术、对自然的理性思考与价值选择。特别是后者，真正体现出设计的价值与意义。

人类所有的技术成果，无一不通过产品的具体形式渗透进人类社会，达到满足人的需求的目的。因此，科学技术对人类是正面价值还是负面价值，都是通过设计这一行为予以实现的，因为科学技术自身不会直接进入人的生活。实际上，设计已成为科学技术进入人类生活的控制“关口”，把握着科学技术在人类生活中发挥着什么样的价值效应。在这一点上来说，设计对于人类生存与发展的意义是十分清楚的，其重要性也不言而喻。

因此，把设计仅仅理解为产品的一种形式创造，或者风格创造，或者满足人的某一方面的生活需求，都与设计的真正本质相距甚远。设计是人与环境间的中介，是价值的选择与实现，这就是设计的本质与意义。

三、可持续发展思想对设计发展的启示

可持续发展是一种思想，也是人类自身发展的一种战略与模式。它涉及的不仅仅是经济增长的指标问题，还广泛涉及科技、产业、社会结构与生活、人的素质与生态环境等方面。因此，可持续发展的思想是人类整个自身文化发展的思考与抉择，是人类对社会体系与生态环境的全面整合与推进。

设计的发展与进步离不开人类总体发展的目标，设计作为一种手段必须确保可持续发展思想的实施，在这个意义上，设计承担着十分重大的责任：它必须把人类可持续发展的思想转化为人的生活方式，转化为一切设计的对象。

图 9－5　Tripp Trapp 成长椅

它有效地增大了使用对象范围，它通过部件间的组合和调节，使其适用于从婴儿到成年人的各个时段，成为一件可以终身使用的产品。

可持续发展的思想给工业设计提供了发展的方向：

（1）工业设计是人的体系、社会体系与生态环境组合而成的综合体系中的活动。设计的求解在本质上绝不是一种经济行为，也不是科技行为，更不是艺术行为，是对人的生存与发展方式的求解。

（2）工业设计应是将当前利益与长远利益相结合的设计、规划行为。工业设计不是对设计资源的

“竭泽而渔”，它本身也应该是可持续发展的设计。代际公平性应成为设计的一个重要原则。

（3）工业设计应是将个人利益（或集体利益）和他人利益（或社会利益）相结合的设计。设计不应当是某一阶层人的代言人，为了满足自身的需求而影响、危害社会公众的需求，设计应是个人与他人、集体与社会利益的协调者。这种代内公平的思想应成为设计师的伦理思想的基础。设计应成为向社会所有人提供美好生活愿望的机会和手段。

（4）工业设计应当为人们可持续发展的生活方式及理性消费的实现提供可能，而不是单纯刺激人们更多、更快消费的手段。

第四节　环境原则的设计对策——绿色设计

一、绿色设计的概念

绿色设计也称作生态化设计。绿色设计是生态哲学、生态价值观指导下的设计思想与方法。

环境原则下的设计对策，真正产生影响的是从20世纪70年代开始的生态设计研究。其中，维克多·帕帕奈克所著的《为了真实的世界而设计——人类生态学和社会变化》（Design for Real World — Human Ecology and Social Chang，1971）和《绿色当头：为了真实世界的自然设计》（The Green Imperative：Natural Design for the Real World，1995）为绿色设计思想的发展做出了划时代的贡献。他强调设计工作的社会伦理价值，认为设计师应认真考虑有限的地球资源的使用问题，并为保护地球的环境服务。设计的最大作用并不是创造商业价值，也不是在包装及风格方面的竞争，而是创造一种适当的社会变革中的元素。1993年，奈吉尔·崴特利（Nigel Whiteley）在《为了社会的设计》一书中进行了相似的探讨，即设计师在设计与社会和自然环境的互动中究竟应该扮演一种什么样的角色。丹麦设计师艾里克·赫罗则认为：设计的实施要求以道德观为纬线，辅之以人道主义伦理学指导下的渊博的知识为经线……设计者本人已经成功地将工业设计转化为一种手段，用以大量生产、大量购买、大量消费，还大规模地毒害数不清的环境。如果这种断言适用的话，这就意味着“设计”要么作为自我破坏的手段，要么成为在合理的世界中生存的手段。

在这种对人类未来的担忧中，绿色设计（Green Design）在狭义上作为一种方法，在广义上作为绿色思想启蒙运动的延续而出现。绿色设计作为一种广泛的设计概念出现于20世纪80年代，相接近的名词还有生态设计（Ecological Design）、环境设计（Design for Environment）、生命周期设计（Life Cycle Design）或环境意识设计（Environment Conscious）。[11]

在广义上，绿色设计是20世纪40年代末建立起来并在60年代以后迅速发展的环境伦理学和环境保护运动的延续，是从社会生产的宏观角度对人的活动与自然和社会之间关系的思考与整合。在当代社会观念多元化的背景下，绿色设计的外延不断扩大，因此其概念也在不断地发展变化，难以形成一个稳定和确切的定义与范畴。

在狭义上，绿色设计是指以节约资源为目的、以绿色技术为方法、以仿生学和自然主义等设计观念为追求的产品设计。不论是从产品与社会的宏观战略着想，还是把观念变成行动以利促销的目的，绿色设计在实际操作中都对环境资源产生着深远的影响。

“绿色设计”从其发挥作用的范畴来看，可以分成两种：“系统性绿色设计”（System-oriented Green Design）和“产品性绿色设计”（Product-oriented Green Design）。

系统性绿色设计主要针对某类产品的生产体系而言，是在较为宏观的层面上把握整个生产体系的“绿色”性质，亦即在这个生产体系中，产品的生产、使用、废弃系统具有生态化的性质。

产品性绿色设计主要指在某一种产品的设计体系内进行产品自身的调整。如增加产品服务时间（如轮回、维修、二手、再利用等）与减少未来垃圾（如采用浓缩、压缩、集聚等方法）等，是在产品的较微观层面上对产品自身的构成部分及产品整体的生态化调整。

二、垃圾——错位的资源

1. 人类文明史与垃圾发展史

人类文明史就是一部垃圾发展史。

垃圾与产品在某种意义上是等同的字眼，只不过是处于不同的时间与空间而已。比如今天的被丢弃在垃圾堆里的黑白电视机、家具不就是昨天还放置在家中的产品吗？谁能保证今天家里的彩电、打印机、电脑等明天不被丢进垃圾堆呢？垃圾的生产与产品生产正是一对对应的概念。更为实质地描述，垃圾正是和生产相对应的社会组织和社会制度的另一种反映。生产活动体现了人类的文明发展，同样，垃圾的处理也体现出人类的文明进程。在这个意义上，人类的文明史就是一部垃圾发展史。

人类并非今天才开始丢弃垃圾，但垃圾所带来的环境问题从来没有像今天这样严重。所谓严重，就是垃圾开始严重地影响人类今天生活的安全与健康，侵占着人类赖以生存的环境空间。

垃圾的问题并非今天才出现，奴隶社会中产生的食物和日常器皿垃圾直到今天仍然大量存在于地下。但在抛弃型社会出现以前，垃圾的生产速度相对缓慢，垃圾的材料也主要是有机物质。当物质生产的方式发生了革命性的变化后，垃圾世界的构成和形成也发生了翻天覆地的变化。特别是垃圾的产量更是以迅猛的速度发展着。以美国为例[12]，尽管其千方百计向第三世界国家转移各种垃圾，但其自身的垃圾储量仍然在世界上名列前茅。1988 年，《每日新闻》（Newsday）引述纽约州立法当局的说法，该委员会估计美国一年的垃圾产量可填满 187 座世界贸易中心的双子大厦。[13]

图 9－6　美国某地的废汽车垃圾堆放场

2. 抛弃——刺激消费下的必然

考古学家丹尼尔·英格索尔（Daniel Ingersoll）认为“抛弃型”世界的时代并非从 20 世纪才开始，而是从 19 世纪就开始。但是在 20 世纪 50 年代之后，“抛弃型”社会（Throw-Away Society）才真正引起人们的注意。

“1950 年以前，种庄稼并不用化学氮肥，也不用合成杀虫剂；如今，这些化学品已经成为农业生产的一种主要组成部分。1950 年以前，美国的汽车体积小，发动机的马力也不大；而如今，汽车的体积大了，载重多了，发动机的压缩比高了。1950 年以前，装啤酒和饮料的瓶子用后常常回收；而如今，瓶子、罐子用后便成为垃圾。1950 年以前，清洁剂用肥皂制作；而如今，85% 以上是合成洗涤剂。1950 年以前，衣服是用棉、毛、丝、亚麻等天然纤维制作的；而如今，合成纤维已在市场上占很大份额。1950 年以前，货物从农场和工厂向遥远的城市运送都是依靠铁路和火车；而今天，货运大多靠公路和卡车。1950 年以前，肉是用纸包起来放在纸袋里带回家；而今天，是装在塑料盒里用塑料袋带回家。1950 年以前，大学食堂和快餐店使用的餐具和容器可以洗了再用；而今天，一切都是“一次性的”，使用一次就成为垃圾。

1950年以前，每一块婴儿的尿布都是棉布制作的，可以反复使用；而今天．大多数婴儿的尿布是用后即丢。1950年以前，只要神经没有毛病，谁也不会把只用了一次的剃须刀或照相机随手丢掉；而今天，这样的事已屡见不鲜。”[14]这一段话形象地反映了现代社会的生存场景和生活特征。在今天看来十分合理而自然的事情，与50年前进行对比，就发现现代社会生活的进步令人深思的一面。

今天这个时代，人类制造了罐头、瓦楞纸盒、成衣、商业包装材料、锯木厂切割的木材以及其他多种大量生产的建筑材料——而这些都是今天一次性商品的前身。事实上，一次性产品的方便性使得忙碌的消费者乐于使用。产品在简短使用后的抛弃和产品包装的抛弃，给使用者带来了很多益处：省却了对一些消费品清洗、再装填等维护活动所需的时间。1987年强生公司（Johnson& Johnson）开发的一次性艾可牌（Acuvue）隐形眼镜的巨大成功就很能说明问题。它不像传统的硬式或软式隐形眼镜那样戴着不舒适且要经常清洗。正因为如此，强生公司在周抛型隐形眼镜的基础上又开发了日抛型。[15]

抛弃成为商业成功的不二法宝。

世界上第一个专职汽车设计师厄尔（Harley Earl，1893—1969）与通用汽车公司总裁斯隆一起创造了汽车设计的新模式，即“有计划的废止制度”（planned obsolescence）。按照他们的主张，在设计新的汽车式样的时候，必须有计划地考虑以后几年不断更换部分设计，基本造成一种制度，使汽车的式样最少每两年一小变，三到四年一大变，造成有计划的样式老化，形成一种促使消费者为追逐新的潮流而放弃旧式样的积极的市场促销方式。

图9－7　建立在汽车轮子之上的现代社会

美国广告界先驱克里斯蒂娜·弗雷德里克（Christine Frederick，1883—1970）曾提出一个和厄尔相近的营销策略——“逐步废止”（progressive obsolescence）：“在旧产品被用坏之前就购入足够的新产品”。[16]

在“有计划的废止制度”下，企业仅仅通过造型设计，往往就能达到促进销售的目的，保持一个庞大的销售市场，这对美国的企业是非常有吸引力的，也在相当长的时间内发挥了刺激消费的作用。因此，尽管这种设计体系不被设计界推崇，并不断遭到环境保护主义者的抨击，却从20世纪30年代直到现在仍然被工业领域以各种名义和口号使用着。

“有计划的废止制度”获得了巨大的商业成功，但由于其人为地对产品的生命周期进行纯粹促销型的缩短，不可避免地带来资源的浪费和环境的污染。因为虽然产品的生命周期本身就有一定的限制甚至在一些特殊情况下允许出现刻意地对产品寿命进行缩短的情况，但为了促销而人为缩短耐用消费品的产品生命周期，无疑是对资源一种极大的浪费，同时加速了环境的污染。

因此，只能说“有计划的废止制度”在商业上的策划获得了成功，但违背了环境原则。

3. “摇篮——坟墓”与“摇篮——摇篮”

从产品生命周期角度出发评价产品，即从原材料的获取、产品的生产及使用直至产品使用后的处理过程中，对环境产生影响的技术和方法，被称作为产品生命周期的评估（Life Cycle Assessment，LCA），也被称为“从摇篮到坟墓”方法。

国际标准化组织（The International Organization for Standardization，ISO）将生命周期评估定义为“生命周期分析是对一个产品系统的生命周期的输入、输出及潜在环境影响的综合评估。”美国环境毒理和化学工会（The Society of Environmental Toxicology and Chemistry，SETAC）则将其定义为“考察与一个产品从摇篮到坟墓的生命周期相联系的环境后果。”

产品的生命周期分为：技术生命周期（产品性能完好的时间）、美学生命周期（产品外观具有吸引力的时间）和产品的初始生命周期（产品可靠性、耐久性、维修性的设定）。“有计划的废止制度”在产品的技术生命周期还没有终结的时候，产品的“美学生命周期”却被人为结束了。该设计策略更不可能在“初始生命周期”这个绿色设计的关注领域中进行深入的研究。

产品生命周期的评价有利于了解产品整个生命周期过程中的环境影响，从而权衡产品生产中的利弊得失，并通过提高生产效率和使用替代材料等方法，来保护资源和环境。这种评价导致对产品的整个生命周期过程有一个全面的环境认识，鼓励企业在每个环节（设计、采购、生产、营销和服务乃至产品的回收与最后处置）都考虑到环境影响，并且帮助企业在各个生产环节最大限度地解决环境问题。如哪些原材料可以减少污染，什么能源耗能较少，什么样的生产程序能在生产过程中减少能源消耗和对环境的影响等。

20 世纪 80 年代中期，瑞士工业分析家瓦尔特·斯泰海尔（Walter Stahel）和德国化学家米切尔·布朗格阿特（Michael Braungart）分别提出了一个新的工业模型。这个模型就是以“租借”而不是“购买”为特征的“服务经济”（Service Economy）。他们的目标是企业不是出售具体的产品而是出售产品的服务即产品的使用。例如，消费者可以交纳一定的月租费获得清洁衣服的服务而不是购买洗衣机。由于它强调产品能被反复修理和反复使用从而不断焕发出新的生命力，斯泰海尔将其称为“从摇篮到摇篮”（cradle-to-cradle）。[17]也有人将其称为“共享原则”。

“从摇篮到摇篮”原则的本质是社会结构中的公司、家庭甚至每个人不必拥有他们所需要的一些工业产品，而是通过“服务”机构的建立，向需要的公司、家庭、个人提供相应的服务，从而减少社会工业品的拥有总量。这种通过提供“服务经济”的方法来减少社会工业品生产的总量，确实能够起到从生产到废弃的量的缩减，从而达到对资源的节约与污染的降低的目的。

“服务经济”的共享特征不仅在表面上降低了产品在社会上的拥有量，从而具有“生态化”的一些特征。更重要的是，通过提供服务大大提高了产品的使用效率，使“物尽其用”，这在生态学与环境伦理学上是极具深远意义的。

在“从摇篮到摇篮”理论的基础上，MBDC 提出了一个智能材料聚合（Intelligent Materials Pooling，简称 IMP）系统。[18]这是一种管理工业新陈代谢的协作式方式。在这个系统中，合作伙伴同意接入共同的高科技、高质量材料，共享汇集的信息和购买能力以带来一个健康的材料流闭合回路系统。因此．发展出一个共享的承诺：在它们所有生产出来的产品中使用最健康、最高质量的材料。它们在一起形成了一个基于价值的商业群体，它们将关注于从生产环节中消除废物，并且最终使智能材料聚合成为可持续发展业务重要的生命支持系统。

无论是在生物新陈代谢还是技术新陈代谢的循环中，该系统都把材料看做是营养成分。技术新陈代谢如果也能被设计成一种可以反映自然营养循环的系统，那么就可以形成一个在生产、回收和再利用的无穷循环中将高科技人工合成材料和矿物资源进行流通的封闭式环路。遵循 MBDC 协议的公司生产的产品和材料被设计成为一种生物性或技术性营养成分，它可以安全地降解或者为下一代产品提供高质量的资源。与大自然管理生物新陈代谢循环的方式类似，IMP 则是技术新陈代谢的营养管理系统。

“从摇篮到摇篮”这个概念如被放到现实中来，或许并不像理论中那么完美。但这种方式确实是对待资源的一种严肃而认真的态度。

三、产品绿色设计对策

减少未来的垃圾，是产品绿色设计中的一项重要方法。它通过产品初始生命周期的优化原则与产品生命末端系统的优化原则来实现。

1. 初始生命周期的优化原则

这个原则的目的是延伸技术生命周期（产品性能完好的时间）、美学生命周期（产品外观具有吸引力的时间）和产品的初始生命周期，这样可以尽量长地使用产品。下面所有的规则都面向这个目标，因为一个产品能满足消费者需求的时间越长，消费者购买新产品的动机就越小。

在某些特殊情况下，延长产品的生命周期可能并不是好的选择。如果技术生命周期比美学生命周期要长得多，就必需寻求新的平衡，即缩短产品的技术生命周期，或者考虑延长产品的美学生命周期。如果正在开发新的能源密集度小的替代品，那么在目前产品的设计时就应趋向于较短的生命周期。

- 提高可靠性和耐久性

提高产品的可靠性和耐久性是产品开发者熟悉的任务。需要遵循的最重要的规则是开发理想的设计和避免较弱的连接。现在已经开发出一些特殊的方法，如故障模式和影响分析（Paul 和 Beitz，1996）。

- 易于维护和修理

更容易的维护和修理对确保产品及时清理、维护和修理是非常重要的。

维修需要极大的创造能力，维修过程所体现的创造价值并不低于生产过程。因为产品的损坏往往只是产品的某一个部分而且这种损坏带有很大的偶然性，机械无法与之匹配。维修业不管在什么时候都带有手工艺行业的特性，即使采用了先进的维修工具。

- 产品结构设计的模块化

产品采用模块结构，使得其在技术或者美学角度不再最优时，可能替换相应模块，从而仍能满足使用者的需求。

- 经典设计

这个原则的目标是避免流行设计可能带来的一些问题，即设计变得乏味或者不流行时使用者马上需要替换产品。

- 加强产品与使用者的联系

大多数产品需要一些维护和修理以维持美观和功能。这样消费者在使用过程中必须因此花费一些时间。这个原则的目标是加强使用者与产品的联系。

2. 生命末端系统的优化原则

产品的生命末端系统指的是在初始生命周期结束后对产品的处理或处置。这个战略的目标是再使用有价值的产品零部件和确保正确的废物管理，主要包括再使用产品、减少产品零部件或者材料在制造过程中材料和能源的再投入，以及防止附加的危险排放。如果通过这种方法无法形成材料和能源的闭环，则必须确保安全填埋和废物处置。

产品生命末端系统的优化在任何产品设计中都应当加以考虑。

- 少量化（Reduce）设计

通常绿色设计中的“3Re 原则”即：Reduce（减少）、Reuse（再使用）与 Recycle（再循环）。其中 Reduce 属于产品初始生命周期的优化设计方式，为了叙述方便，我们把它归纳到这里。Reuse 和 Recycle 则属于产品生命末端系统的优化设计方式。

在日常生活中，“3Re 原则”有时候被转化为“Reuse、Refill 和 Recycle”，这是因为这三种方法在生活中与人们关系密切，有着非常现实的可操作性。

在“3Re 原则”中，“Reduce”是“减少”的意思，可以理解成物品总量的减少、面积的减少、数量的减少。通过量的缩减而实现生产、流通与消费过程中的节能化，这一原则，可以称之为“少量化设计原则”。“Reduce”可以通过“缩小”、“压缩”、“积聚”等具体的设计方法来实现。

a. 缩小设计

缩小化设计是一种节约型的设计观念，通过缩小或减少设计对象的体积与材料来实现经济上和资源上的节约，同时也包含着“以小为美”的审美心态。这种减少“未来垃圾”的方法被称为“减少垃圾源”。[19]

据美国《工业设计》杂志统计，19 世纪 50 年代历史上最成功的企业几乎都在生产汽车。1953 年汽车的总销售量更是达到了空前的 100. 28 亿美元。在这种环境下，“对一个国家汽车产量的评判就成了对一个国家灵魂的评判”[20]。

1968 年，美国汽车发动机的平均马力由 1950 年时的 100 增加到 250。为此，重新设计了发动机，使缸压比增加了 50%。美国汽车公司战后建造大车体、大马力车辆的决定对环境构成了新的危害：排出更多的有毒烟尘；增加市区儿童的血液铅含量，导致儿童智力迟钝；导致酸雨大增，从而使无数湖泊的鱼量减少，并对森林的生存构成广泛威胁。此外，也带来了更为严峻的交通问题。

美国文化对“大”和“力量”的追求与日本文化对“小”和“精致”的偏向形成了鲜明的对比。日本文化中对小的偏爱却极大地影响了设计文化。随身听这样的“微缩产品”诞生在日本也就不足为奇了（如图 9－8 所示）。

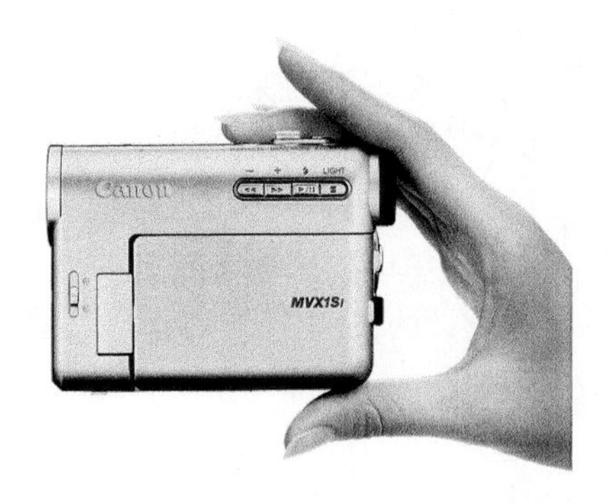

图 9－8　日本产品的微型化设计

日本的微型化设计原则的产生，大致可归纳为两个原因。一是日本民族“以小为美”的审美特征，促进了产品设计的微型化；二是狭小的国土与相对较多的人口所形成的拥挤生存空间、本土贫乏的资源等都成为日本产品设计的限制与约束条件，使得设计不得不选择微型化的原则。如果从文化上进一步分析，也完全有可能正是第二个原因，才促使产生了第一个原因。

这种文化与审美上的差异在现今延伸为生产方式的差异，即以美国企业为代表的“批量生产方式”（Mass Production）与以日本企业为代表的“精益生产方式”（Lean Production）。

美国汽车王国的缔造者亨利 · 福特在 1926 年提出了“批量生产方式”这一名词，[21]亦被称为“福特主义”。它改变了“手工生产方式”（Craft Production）低效率与低产量的生产状况：对工人进行合理的分工，让每个人只完成单一的工作，以及在 1913 年 8 月推出的连续移动的装配线，使生产效率得到了极大的提高；同时，零件的互换、结构的简单以及组装的便利使得每个人都可以成为驾驶员兼维修工。这样的生产方式使福特汽车公司获得了巨大的成功，并迅速传播到美国和整个欧洲。

曾于 1950 年前往底特律参观福特工厂的丰田英二认为批量生产方式不适用于日本。丰田汽车还没有如此大的产量来负担批量生产方式中所出现的浪费。丰田英二走出了一条通过快速更换模具而进行小规模生产的道路。一方面节省了西方工厂中所用的几百台压床，一方面小批量的零件生产使冲压中产生的问题可以得到迅速的解决。这就是从丰田生产体制中所发展出来的“精益生产方式”，也被称为“后福特主义”。在丰田车间的生产线上，每个工序的上方都有一根拉线，每个人都可以随时停止组装线，

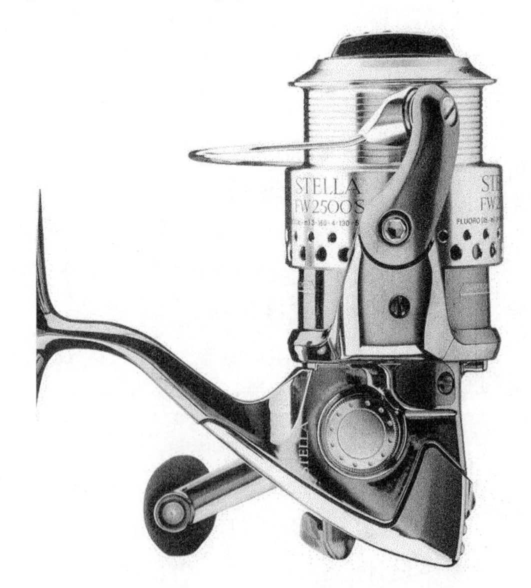

图 9－9　Stella FW2500S 鱼线轮

这是由日本禧玛诺（Shimano）有限公司研制生产的、体积极其紧凑、精致、具有超级 SHIP（超高强度系统）的鱼线轮。

“工人们不再是在一个快速变化的过程中重复性地劳作的个体，而是作为团队的一员与一个快速变化的过

程保持着灵活多变的关系”。[22]

日本的“精益生产方式”有效地节省了生产资源，也带来了经济的繁荣。但在这个资源匮乏的时代，越来越多的人开始注意到“浓缩”化的设计思路。正如韩国学者李御宁在《日本人的缩小意识》中所说：“欧美型产业的殖民主义走向末路、节约备受重视的目前，日本的‘缩小意识’之经济暂时还持有生命力。”“在一个以延展、扩张、空间化为特色的文明里，迷你化的倾向似乎显得吊诡。实际上，它既是理想的达成，又是矛盾的表达。因为这个技术文明的特点也在于都会的限制和空间的匮乏。”[23]

b. 压缩设计

压缩设计，是指通过对产品功能和形式进行压缩与集中，从而在效果上达到节约、便携等作用的一种设计方法。

在这一点上，日本的设计也是一个典型。压缩设计的直接结果既导致微型，又能节约还便于携带。在超市与家电商场中，均可找到压缩到极致的日本产品。这也是日本由于资源状况和生活方式决定了产品必须具有的特征。

产品的包装行业中蕴涵着极大的“reduce”空间。包装的形状对运输过程中的使用能源有很大影响。对运输牛奶这样的产品来说，长方形的包装就比圆柱体的包装更加有效，因为长方形更加容易堆砌，可以占用更少的体积。以至于日本曾有农场尝试生产正方形的西瓜，也是为了减少运输负担。而一个八角形的比萨饼盒子比传统的正方形包装节省10%的材料。

“压缩”设计的优点除了节约空间外就是便携。“压缩饼干”、“罐头”等食品牺牲了营养和口味，无非是为了方便携带。部分“集中化”的产品，例如笔记本电脑，除了有利于使用者携带外，也节约了材料和空间（但在性能和价格上又受到影响）。

在上面的一些例子中能够看到集中化设计思路中的一些优点。除此之外，也有一些设计作品把“浓缩”的方法当成是一种设计观念，例如飞利浦和利奥·路克斯（Leolux）合作的“新物品、新媒体、旧墙壁”系列设计将家用电器和家具结合在一起，把外观冷漠的现代电子产品隐藏在家具之中，它们被称为“插电家具”。

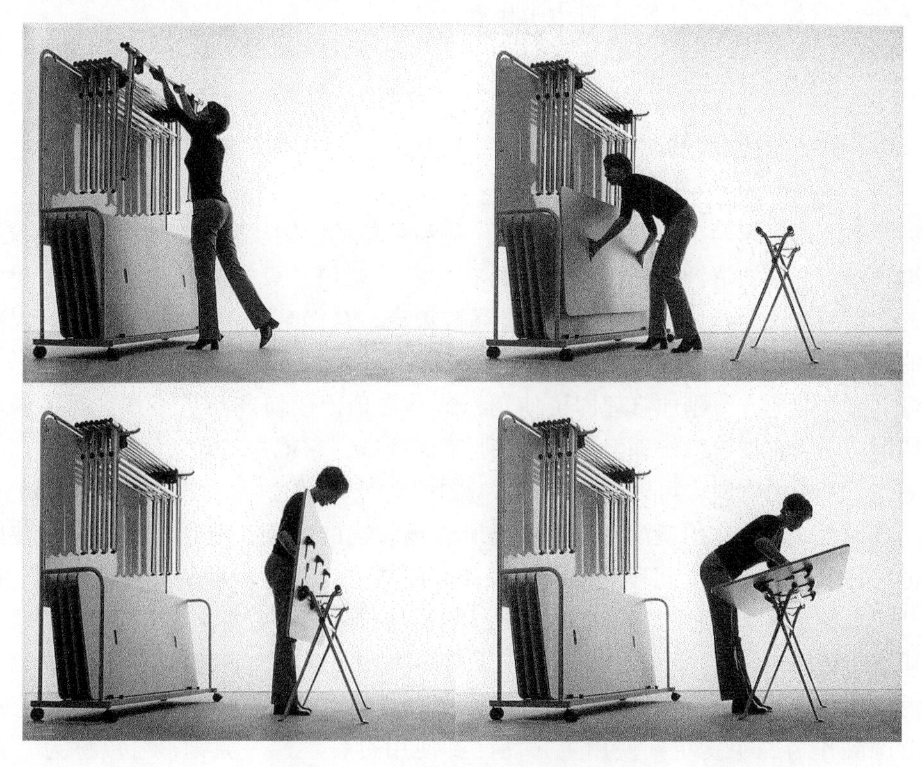

图9－10　产品收纳时的压缩化设计

c. 多功能设计

多功能就是将相关的功能组合在一起，使一个产品能具备众多功能的作用。

多功能设计已成为目前商品促销的主要手段之一。但从理论上说，产品的多功能设计是一个具有正反两方面效应的设计手段。多功能的集合如果是符合一定逻辑关系，那么，这种多功能设计将使产品发挥更多更大的功能，符合绿色设计的原则。如果多功能是一种拼凑的关系，功能之间无逻辑关系，那么，多功能的集约将可能互相影响而大大降低产品的功能效用。虽然，在商品中我们经常会看到多功能设计的例子，但真正达到巧妙的不多。因此，多功能设计应必须事先精确分析，决定是否需要多功能设计。

多功能设计的关键是功能之间具有共性、和谐的关系。所谓“逻辑关系”指的就是这些功能具有共生的特征，即功能自然延伸的特征。如开关带有调光功能的电灯灯头：由于“调光”的功能同“开”、“关”的功能属于功能自然延伸的关系，即符合逻辑的关系，才感到这样的设计自然、适用。

合适的多功能设计可达到资源的节省与产品使用价值倍增的目的。

图 9－11　多功能婴儿车

这款三轮小车单独用时为婴儿车，装到自行车上便是婴儿安全椅，从婴儿车变为安全椅时将前轮转到后方，降下手柄，即可将这个可拆卸装置固定到锁销的后面，使用连接器还可以将它安装在自行车的后方（本产品获 2002 比利时—欧洲设计奖）。

中国的筷子是十分典型的多功能设计的餐具：两根极其简单结构的竹棒，却能够作十分繁多的用餐功用及其他功用。美国“勇气”号探测卫星采用了香港理工大学工业中心黄河清设计的岩芯取样器——“中国筷子”。黄河清在接受记者采访时说道，负责在火星上探取样本的“中国筷子”是一个多功能的关键工具，它的设计充分利用中国筷子的特点，可磨、钻、挖和抓取土质，而且比同类仪器更为轻巧，仅重 370 克。黄博士说：“在航天器方面，欧美发达国家对于飞行器的核心技术都比较看重，除非万不得已，他们是轻易不会和外国同行进行技术交流的。这次能采用我们研制的取样器，确实说明‘中国筷子’的技术是先进的。”[24]

- 再利用（Reuse）设计

什么是垃圾？不能用的东西是否就是垃圾？这个貌似简单的问题实际上颇具辨证的意义。

垃圾，是被放错了位置的资源。任何垃圾都具有一定的功用，只是被放错了地方，使它在某个位置上不能发挥它的作用而被认为是“无用之物”，最终被抛弃。从循环经济的观点来看，世界上没有垃圾；从环境伦理学的角度看，真正属于垃圾的东西很少。

坏了的台灯总有好的地方，稍加修理即可使用，这是常理，任何产品也一样。坏了的电视机，换上新的部件又可使用；但当它没有被修理但仍放置在原来的地方，它就是“垃圾”的概念。

易拉罐被喝完了其中的饮料，可以说成为了典型的“垃圾”，但这是对于其作为饮料的包装功能而言的。被包装物一旦失去，它的作用就没有了，这是所有包装物的特征，但这是在作为包装的空间环境中的概念。如果把它转换到另一个空间环境，它就大有“用武之地”了。我们经常在电视、报章上发现国内外的易拉罐利用大赛，这千百种比赛方案，充分显示了易拉罐作为“垃圾”的新用途。

这种空间环境的转换被称为“reuse”，它是“重新使用”的意思，它包括：将本来已经脱离产品消费轨道的零部件返回到适合的结构中，让其继续发挥作用；更换整体性能的零部件而使整个产品返回到使用过程中；以及产品作为二手货更换使用主人而回到使用过程。这一原则，可以称为“再利用设计原则”。

在农业社会中，除了维修以外，产品的再利用是非常普遍的现象。20 世纪 80 年代初的中国，由于商品的匮乏，普通人仍然保持着这方面的技巧。如刚刚在国内市场出现的易拉罐包装在使用后并没有被抛弃，而被制成了电视天线、烟灰缸甚至台灯等产品。但是在一个成熟的工业社会中，并不是所有的产品都有再使用的必要。易拉罐已经有了完整的材料回收再利用生产体系，繁忙的现代人也大多没有了农业社会的手工艺情结。所以，在工业社会中，“reuse”的实现主要依靠设计师在设计之初为再利用设置预留空间。设计师与企业必须思考以下问题：该产品是否值得回收和再利用？产品的哪些部分可以再利用？产品经过再利用可以有什么样的效益？产品是否应该采取模块化建造与生产？

再利用设计在某种情况下，是一件较为复杂的问题，之所以“复杂”，是因为一些产品的设计思想并没有像上面描述的这么直接。产生这样的情况，是因为如用产品生命周期中的一段进程来看，可能是非绿色设计，而就整个周期而言，则符合绿色设计的原则。这一典型的实例就是一次性柯达相机的设计。

一次性相机的设计肯定会带来巨大的浪费，但柯达通过与全世界照片冲洗商建立联系，对已取出胶卷的一次性相机进行回收，使得“一次性”这个词只是相对于消费者而言，在生产流程中则不具有其“一次性”的本义。这种一次性相机的再制造率在美国达到70%，在全世界达到60%，与铝罐的再循环率相当（1997年，美国铝罐的再循环率为66.5%）。用重量来衡量，柯达一次性相机77%～86%可以再循环或者再使用。从1990年柯达开始实施这个计划以来，已经再循环使用了2亿个以上的相机。

图9-12　富士“配镜头的胶卷”单用途照相机

这款一次性使用的照相机具有令人满意的质量、容易接受的价格和简单方便的使用特点。另外，它还极易被分解和循环使用。在日本它们被称为“配镜头的胶卷相机（FWL），这个名称很好地描述了设计者最初的目标是能自己成像的胶卷。

这款一次性使用的照相机体现了宏观的经济和微观的设计之间的所有辩证关系。作为一款一次性使用的产品，FWL对环境有很强的生态影响，如果没有循环和再利用设计将不可想象。因此，富士的逆向生产设备使用同一辆卡车运送新产品到零售店，同时将用过的FWL产品运回工厂循环利用。

柯达公司一次性相机的设计，把视野扩大到包括消费者、生产者、营销者及竞争对手的范畴，使会遭到社会一致谴责的“一次性相机”在整个“生产-流通-使用-回收-利用”系统中，真正达到了绿色设计的目的。这是一个十分成功的大视野的产品绿色设计案例。

随着社会各阶层收入差距的扩大，不适合原来消费者的需求但仍然能使用的产品逐步进入二手市场，成为二手货，重新返回新主人的使用过程，这也是一种十分典型的再利用。

民间回收系统不仅承担着废旧材料回收再利用的重任，同时也是“老、旧”（从物质状态上或者情感状态上来看）家庭用品流入二手市场的重要途径。

二手产品的意义在于，它成为消费者对产品满意与否和厌恶与否的调节器。由于除了产品本身的“生老病死”之外，消费者的喜新厌旧加速了产品的更新与换代，电子、汽车等产品的更新率不断地加快。淘汰的产品给环境带来越来越多的压力，消费者也希望自己产品的价值能够部分地被回收，再加上特定购买群体的存在，因此在这种经济利益的驱动下，便自然地形成了二手市场。二手市场延长了部分商品的使用寿命，是一种特殊的增加产品服务时间的方式。

一般来讲商品的价值越高，二手市场就越好。比如轿车和住房都有庞大的二手市场，住房的二手市场更是成为一种商业模式。另外，部分特殊的二手市场演变成收藏市场和古董市场。

二手产品的缺点和再生材料产品的缺点很相似，就是总是给人一种“劣质”和“肮脏”的感觉。因此，和人体接触较少的二手产品容易被接受，如汽车；而和人体接触较多的二手产品如服装则较难被接受。

图 9-13　100%可回收的最环保的个人电脑

铅、钡、硼、钴这些有毒的物质在当今的个人电脑中极其常见，今年全球范围内将有 1 000 万部这样的电脑要被扔进垃圾堆。为了保护我们赖以生存的环境，NEC 公司开发出了 PowerMate Eco 型电脑。该电脑采用 100% 可回收塑料为材料，不含任何有毒成分，并且耗电量只是普通个人电脑的 1/3。Eco 配有主频为 900 兆赫的 Crusoe 处理器、20 G 硬盘和 15 英寸液晶显示器。

- 再循环（Recycle）设计

再循环设计，即构成产品或零部件的材料经过回收之后的再加工得以新生，形成新的材料资源而重复使用，这一原则可以称之为“资源再生设计原则”。

日本 2001 年强制要求开发四种产品的回收计划，它们是电视、空调、冰箱和洗衣机。欧盟也有望通过立法形式要求回收电子电气产品。在一些欧洲国家，如荷兰、丹麦、挪威、瑞士和瑞典，回收电子、电气产品的规则已经具有一定的约束力。这些法规对经济和产品设计将会产生明显的影响。

当然，回收材料也面临着一个十分重要的问题，即人们对回收材料的成见：回收材料制作的产品品质低于新材料制作的产品。

因此，再循环设计包括所有的“绿色设计”都有一个关键的要求：它们不能或者在最小程度上影响产品的性能、使用寿命等功能要求，当然最好是能超过非环保产品的功能甚至利益所得。这里有一个对“所得”和“所失”进行衡量与评价的淘汰过程。只要技术成熟到“所得”大于“所失”，这些再循环设计自然会被市场接受的。

当然，通过从小对社会成员进行有关的“绿色”教育，让他们更好地接受再生产品，会取得更好的效果。因为教育比行政命令更有效。

如果再循环比其他战略有更多的环境优势，就需要重新考虑决策。再循环实际上是一个末端解决方法，它不能用作目前产品处置的一种借口。有几种层次的再循环，综合起来形成一个“再循环梯级”：初级再循环（意味着用做原始用途）、二级再循环（意味着降级使用）和三级再循环（如塑料颗粒分解后变成基本原材料）。

图 9 - 14　Patagonia 软毛衣服

Patagonia 在他们的许多软毛衣服中使用 90% 的“消费后循环（post-consumer recycled）”的聚酯。收集起来的塑料瓶子被压成薄片、打成捆，然后被纺成纤维。它有着和真正羊毛一样的柔软感觉和光泽，但环境污染要小得多。从 1993 年起，Patagonia 回收了 1 亿个塑料苏打瓶。

塑料包装占美国固体总污染物的 11%。每年制造的 90 亿个苏打瓶中，只有 1/3 被回收，其他的则被填埋。

图 9 - 15　Dunlop 靴

聚氯乙烯如果燃烧，就会释放大量有毒气体，然而在一个封闭循环里，它变得很优秀。它能被一次又一次地使用。它强度高，高度防水，对油、脂和酸有很强的抵抗能力。这款 Dunlop 靴是用回收的旧靴子制造的。

注释：

①⑩⑭ 巴里·康芒纳．与地球和平共处．王喜六，王文江，陈兰芳，译．上海：上海译文出版社，2002.

② 赫尔曼·E·戴利．超越增长——可持续发展的经济学．诸大建，胡圣，等译．上海：上海译文出版社，2001.

③ 杨通进．整合与超越：走向非人类中心主义的环境伦理学．见：徐嵩龄．环境伦理学进展：评论与阐释．北京：社会科学文献出版社，1999.

④ 齐格蒙特·鲍曼．后现代伦理学．张成岗译．南京：江苏人民出版社，2003.

⑤⑦ 齐格蒙·鲍曼．生活在碎片之中——论后现代道德．郁建兴，周俊，周莹，译．上海；学林出版社，2002.

⑥ 所谓形式的完成指的是形式与功能的日益脱离，功能复杂的机器表现为简单的操作界面，而导致了与传统工作手势相连的象征关系的隐退。参见尚·布希亚．物体系．林志明译．上海：上海人民出版社，2001.

⑧⑨ 伊恩·莫法特．可持续发展——原则，分析和政策．宋国君 译．北京：经济科学出版社，2002.

⑪ 许平，潘琳．绿色设计．南京：江苏美术出版社，2001.

⑫ 美国由于工业化程度高，且消费社会的形成和社会富裕带来了旺盛或者说过剩的消费欲望，因此在垃圾制造方面也“成绩斐然”。根据统计，美国每增加一个人对环境造成的压力超过了印度或者孟加拉 20 个居民造成的压力。参见朱庆华，耿勇．工业生态设计．北京：化学工业出版社，2004.

⑬ 威廉·拉什杰，库伦·默菲．垃圾之歌．周文萍，连惠幸，译．北京：中国社会科学出版社，1999.

⑮ 罗伯特·J·托马斯．新产品成功的故事．北京新华信管理顾问有限公司译校．北京：中国人民大学出版社，2002.

⑯ Susan Strasser. Waste and Want：A Social History of Trash. New York：Metropolitan Books，1991.

⑰ Paul Hawken，Amory Lovins and L. Hunter Lovins. Natural Capitalism：Creating the Next Industrial Revolution. New York：Little，Brown and Company，1999.

⑱ MBDC 即为 MeDonough Braungart Design Chemistry，该公司是 William MeDonough 和 Michael Braungart 在 1995 年创办的，通过智能设计推进“下一代工业革命”并为之提供支持。这家产品和流程设计公司致力于转变产品、流程和世界范围内服务的设计方式。

⑲ 威廉·拉什杰、库伦·默菲在《垃圾之歌》一书中指出；几千年来，人类处理垃圾的方式在本质上并无新意。基本的垃圾处理方式一直就是这四种：倾倒、焚化、转为有用物质（回收）、减少物品（将来的垃圾）的体积。“任何稍具复杂性的文明或多或少会同时采取这四种方法。”参见威廉·拉什杰，库伦·默菲．垃圾之歌．周文萍，连惠幸，译．北

京：中国社会科学出版社，1999.

⑳ Reyner Banham. A Critic Writes：Essays by Reyner Banham. Selected by Mary Banham，Paul Barker. Sutherland Lyall and Cedric Price，Berkeley and Los Angeles：University of California Press.

㉑ 转引自詹姆斯·P·沃麦克，丹尼尔·T. 琼斯，丹尼尔·鲁斯．改变世界的机器．沈希瑾 译．北京：商务印书馆，1999.

㉒ 诺曼·费尔克拉夫．话语与社会变迁．殷晓荣译．北京：华夏出版社，2003.

㉓ 尚·布希亚．物体系．林志明译．上海：上海人民出版社，2001.

㉔ 张谨．金陵晚报．2003-06-13.

第十章　工业设计与文化

把工业设计与文化联系起来的有两个方面：工业设计内蕴的思想、观念深刻地反映了文化的特质；另一方面，文化的各种特征在工业设计的各个层面也得到了完整的体现。

从工业设计角度看待文化，或者从文化角度看待工业设计，研究工业设计与文化的关系，有三个方面：

（1）“工业设计是文化”：工业设计作为人与环境的中介所体现出来的文化特点——设计的文化内涵：

（2）“工业设计的文化”：是研究工业设计的过程、结果所创造的文化现象与文化成果，如“汽车文化”、“电视文化”及“计算机文化”等——设计的文化生成；

（3）“工业设计与文化”：研究工业设计与构成文化的要素间相交叉而形成的各种关系，如工业设计与哲学的关系，工业设计与技术的关系，工业设计与艺术的关系，工业设计与社会的关系，工业设计与伦理的关系等——设计的文化结构。

随着设计活动和设计产品在当代社会经济和文化当中的重要性日益清晰与突出，人类设计活动所创造的产品也正从物质性产品超越为非物质性产品，“超越”不是扬弃，而是既保留原有的又发展出新的产品形式。

由物质性产品与非物质性产品所共同构建起的人类“第二自然”已成为现代社会的重要文化形式，这使得设计作为一种人类的文化活动特征变得越来越明显，促使着社会生活的文化化与审美化。因此从文化的大视野角度来阐释设计在当代社会生活中的重要性，以便我们更深刻地理解设计活动和设计产品在当代文化建构中的重要作用，是十分必要的。

研究工业设计与文化的关系，其重要性首先来自于对工业设计这一学科性质的正确认识。一个学科根本性问题的解决，只有到这个学科以外去寻找。工业设计也一样，要回答工业设计是怎样一个学科，他的学科性质是什么，也只有到其他学科如文化学中去寻找。

要认识工业设计学科的本质，必须把工业设计纳入文化的视野进行研究。也就是说，必须站在文化的高度来思考工业设计、来研究工业设计与其他相关学科的关系，只有这样才能得出正确的结论。

比如，我们不是站在文化的视点上，而是仅仅站在与工业设计相并列的其他学科来看设计，就无法真正理解工业设计及其本质。比如，从机械学的角度看待工业设计，就很容易认为工业设计是机械设计向市场的延伸和扩充。因而把工业设计理解为机械学科下的一个分支、工业设计为机械设计服务就理所当然。这几乎是当今社会许多人对工业设计的全部认知。如从计算机学科来看待工业设计，就有人认为工业设计的过程与结果大量使用了计算机作为工具，因此，工业设计是计算机应用学科的一个分支也未尝不可。从艺术学角度来分析工业设计，认为工业设计是造型设计，是产品的外观形式审美设计，况且工业设计的表达使用了效果图这一种艺术地表达产品形式的图样，因此把工业设计的本质理解为艺术设计似乎是天经地义的……

这种把工业设计与另一个学科交叉的关系理解为从属的关系，在逻辑上是幼稚可笑的。但这种现象不仅存在于工业设计发展的初期，还不同程度地存在于今天的设计界与社会大众中。造成这种状况有认识的原因也有其他的原因，如强势专业想兼并弱势专业，老专业收编新学科以求自身的“新生”、谋求生存与发展的所谓“生长点”……

站在文化的观点上观察人类的不同学科间的关系，它是一个人类知识体系的巨大系统。在这个知识体系中，不同学科的知识有机地组织在一起，相邻学科的知识总是以“和谐过渡”的方式相连接在一起，不存在截然不同的、十分明显的学科知识的边界。因此，学科与学科之间的关系是相互交叉的，这种交叉“地带”就是不同学科间的过渡形式，而不是A学科属于B学科，或者B学科从属于A学科。

第一节 文化概念与文化实质

一、文化概念

在中国古代典籍中，最早提出有关“文化”概念的是《周易》。《周易·贲·象》说：“观乎天文，以察时变；观乎人文，以化成天下。”天文指自然秩序，即所谓“时变”；而“人文化成”，则是通过社会伦理道德的规范，改善社会风气。因此，“人文化成”也就是社会的“文化教化”。后来，在一些著作中更进一步把“文”、“化”连接起来，组成一个完整的概念。西汉刘向《说苑》中有“凡武之兴，谓不服也，文化不改，然后加诛”。晋京皙《补亡诗》中有：“文化内辑，武动外悠。”南齐王融《曲九诗序》中有：“设神理从景俗，敷文化以柔远。”……上述“文化”，都基本上是“以文教化”的意思，即以封建社会的伦理道德规范教化世人的思想言行，是文治和教化的总称。

在西方，文化一词即Culture，来自拉丁文的Cultura，是动词Colere的派生词。其本意是指人在改造外部自然界使之满足自己的衣、食、住、行需要的过程中，对土地的耕耘、加工和改良，对农作物的栽种和培育。后来的古希腊罗马时期，这一术语产生了包含更广泛内容的转义，本来只对土地和作物而言的“耕作”和“栽培”，也可以用于人的教育与提高，即所谓“智慧的文化”。智慧文化的内容是指改造、完善人的内心世界，使人具有理想公民素质的过程。因此，政治生活和社会生活，以及培育人和公民具有参加这些生活所必需的品质和能力等，也逐渐被列入文化概念所包含的内容，使文化的内容主要变成对人的身体和精神、能力和品质等方面的培养，具有了“培养”、“教育”、“发展”、“尊重”等多方面的含义。总之，在古希腊罗马时代及其以后，西方文化概念的外延和内涵都变得更为广泛和丰富。

工业革命以后，随着社会的发展与进步、人们思想认识的不断提高，人们对人类社会的文化问题日益关注和重视。在中国，20世纪末与21世纪初，伴随着经济的飞速发展，产生了文化研究的热潮。这也说明，只有在文化的层面才能进一步回答人类发展过程中所出现的各种问题。

人类对文化的研究一直在不断地发展着，试图用简洁的语言定义文化的意义与概念。但是，由于文化问题涉及人类社会生活的所有方面，研究者都从自己的角度来研究文化，因此，这种定义与描述就五花八门，众说纷纭，莫衷一是。有研究者曾对文化的定义做过一个统计，世界上的学者对文化所下的定义多达260多种，这说明文化定义的复杂性与困难性。

不同的定义，对文化概念的外延和内涵有着不同的界定。但是各种各样的文化定义虽各执一词，异彩纷呈，但还是可以根据不同的角度予以归类，并能找到相似之处。

有的学者认为文化包含着两面性，即把文化分为“显形文化”和“隐形文化”。“一种文化，具有为整体集体成员或为特定的成员所分享的倾向，它由明示或暗示的生活方式历史地形成的体系。”① “显形文化”是指人类行为和行为产物的物态化表现，“隐形文化”是指不表现在外部的知识、态度、价值观念等精神、心理上的文化。

英国著名文化学者雷蒙·威廉斯把文化看做是社会的“符号系统”，他把文化看作是由三个部分组成，而这三部分构成了文化的整体系统。

首先是“理想的”的文化定义，它体现某种绝对或普遍的价值，文化是指人类完善的一种状态和过程。依据这种文化定义所做的文化分析就是对生活或作品中的某种永恒秩序或普遍的人类状况相关的价值的发现和追寻。

其次是“文献式”的文化定义，这种定义把文化看作为人的认知和作品的整体，这些作品详细地记录了人类的思想和经验，文化分析就是借助于对这些作品的批评描写、评价思想和体验的特质。

最后一种是文化的“社会”定义，把文化当作一种特定的生活方式的描述。这种文化分析和阐释方法，不仅探究艺术和学问中的某种价值和意义，而且也考察和探究制度和日常行为中的意义和价值。

威廉斯把文化看作是一种整体的生活方式，而且不像以往的文化学者那样，把文化仅仅限制在伟大思想家和艺术家的作品中，而是致力于从人类的整体生活方式来阐述文化的价值和意义，从而极大地拓展了文化的定义和内涵。他认为，文化概念界定的困难之处，就是我们必须扩展它的定义，直到它与我们的日常生活成为同义的。

因此，不仅人们的思想观念是文化的，政治与经济体制也是文化的，而且物态化的产品也是文化的。物态化的产品决定了人们使用它的方式，影响着人们一定的精神状态，体现了某一方面的价值观，这是容易理解的。如洗衣机的使用方式，决定了使用它的人们必须以它所规定的方式来使用它，而不能使用另一套方式；洗衣机的形式感的审美特征影响着人们对它的审美评价，影响着精神状态。洗衣机的动力损耗、用水量、洗涤剂的使用量等对环境的影响，使用时的噪音、洗净度以及洗衣机的广泛使用使人在节省体力消耗的同时又使使用者的脂肪产生积累等，无不与价值、意义有关。美国专家研究表明，自从洗衣机问世以后，在欧美国家，洗衣机使用者平均每人增加了五磅的体重。我们说，洗衣机这一产品的全部价值与意义的评价，难道可把这一研究成果排除在外吗？因此，任何一件产品，哪怕它在生活中真有点微不足道，都关系着我们的生存方式，都关系着我们的文化生存状态的意义与价值。

人们不是只生活在一个产品构成的环境中，而是生活在成百上千甚至上万种由人自己设计的物化产品与非物化产品中，我们的生活环境、工作环境、休闲环境、娱乐环境、社会交流环境等，无不由产品构成。因此，我们无论生存于何种时空环境中，都无法摆脱我们自己设计的产品所加在我们身上的控制、约束与限制。一个产品对我们约束，我们可能还意识不到这种限制对我们的生活会造成什么样的影响，每天 24 小时的产品使用，不就是由它们的限制与约束构成了我们生存的每一秒钟的状态？在设计的产品面前，人们还有多少“自由”可言？因此设计不仅提供了我们所需要的东西，也强迫我们“就范”他们的所有限制与约束，由一个个产品累积起的价值与意义，就成为我们日常生存所有的价值与意义。这些价值与意义都是我们所肯定的吗？都是我们的希望与目标吗？肯定地说，在这些价值与意义中，有的正是我们所希望与愿望的，可能还有相当多的恰恰是我们设计活动所没有预料到的。因此，设计的创造活动，哪怕就是一件简单的活动，都是一件极具有深刻文化内涵的文化创造活动，我们只有把设计提升到文化创造这一高度，才能说深刻理解了设计的本质与意义。

诚然，技术是文化，艺术也是文化，但是它们都是人类文化结构的一部分，只是在某一方面反映了文化的一些特征；而设计却是从文化的各个层面反映了社会文化的状态，不得不受既有社会文化状态的影响与限制。设计需要技术的支撑，艺术的想象，但设计绝不是只有支撑与想象就具有价值与意义，它更需要在经济的、社会的、伦理的、生理的、心理的、哲学的等因素共同作用下，创造出综合性的价值与意义。只有在这时可以说，这个价值与意义更接近我们期望与既定的目标。

所以，设计活动不是某一个独立的小系统内的一个活动，设计一个产品也不仅仅是设计一个客体。设计就是设计我们自身的生存环境，设计我们自身的生存方式，也是设计我们的文化状态。反过来，也可以这样说，外在于人的产品，在多大程度上为人所用，具有什么样的价值与意义，就反映着人类在多大程度上使自己成为“有文化”的、具有什么样的文化品位。

与把文化仅仅限制在观念文化的价值体系中的文化观相比，我们把文化的意义按照威廉斯的文化理论延伸到人类的每一件产品，而且把我们日常生活的具体式样与行为，与设计的产品联系起来进行考察，从而挖掘出设计在人的生存活动中的深刻意义。行文至此，我们可以说，从技术的层面、审美的层面谈论设计，都是把产品表层的构成因素当作产品的全部价值构成，从而使设计的意义仅仅停留在技术上、艺术上或技术 + 艺术上。这些可直接感知的产品构成因素，仅仅产生了表层的价值与意义，“工业设计应当通过联系‘可见’与‘不可见’，鼓励人们体验生活的深度与广度”（《2001 年汉城工业设计家宣言》）。只有深刻挖掘产品与人之间的关系，从人们的“生活的深度”上考察产品，才能挖掘到设计的深层价值与意义，才能深刻理解设计的物质功能内容、使用方式与形式特征是如何决定着人们的“生活深度”的。

文化概念的拓展极大地扩大了文化的范围，使以往许多认为不是文化的领域和事实进入了文化的视野。在以往的文化观念中，只有那些观念形态的思想和艺术体系，才被人们看做是文化的东西。确实，我们固然可以从伟大的思想家和艺术家所创造的作品中阅读和体验到某种具有普遍性的意义，这种作品体现了一种具有人类普遍性的价值体系。但是，人类所创造的物化形态的人工物也同样属于文化的范畴，这些人工物所呈现的不仅仅是一种物质性的存在，而且同样是一种文化性的存在。显然，一个民族的精神性文化传统深刻地影响着该民族的政治制度、思想、信仰、思维方式和行为方式，这是文化中的精神意识方面；同时，一个民族所创造的所有的物质形态的东西如城市、建筑、服装、产品等物质性的东西也同样渗透和体现着该民族的文化观念。而这些体现为物质形态的东西无一例外都是经过人类设计的物质产品，它们体现出特定的政治、经济、文化和审美观念，显示出某种特定的生活方式并建构着具有文化特色的人们的生活世界。

“文化是一种积淀物，是知识、经验、信仰、价值观、处世态度、赋义方法、社会阶层的结构、宗教、时间观念、社会角色、空间关系观念、宇宙观以及物质财富等的积淀，是一个大群体通过若干代的个人和群体努力而获取的。文化表现为一定的语言模式和一定的行为方式；……同时，文化也详指并受限于在共同生活中起实质性作用的物质存在。诸如房屋、工农业生产中的用具和机器、运输方式、战争器具等构成社会生活中的物质基础。虽然这种定义涉及了人类生活的广大方面，我们不难看出，文化是持续的、恒久的和无所不在的，它包括了我们在人生道路上所接受的一切习惯性行为。文化在我们的物质化环境中同样起着决定性作用，它包含并说明我们生活在其中的社会环境。”②确实，一种真正的文化研究不能排除在人类社会生活中起实质作用的物质产品，它们是人类文化创造最基础的领域，正是有了这种实质性的物质性产品，人类才能更好地追求和创造体现人类存在的文化。

显然，作为以物质性产品为代表的“显形文化”，在整个人类的文化中占有极为重要的地位，它作为一种物质性的东西是人类生活和生命活动得以存在和持续发展的基础，人类必须创造可以居住的房子，可以使用的工具和设备，以及各种各样的用品。每一个人都不可能离开人类所创造的物品，必须依赖和不断创造满足自己需要的物品，并且根据自己的需要有意识有目的地设计、创造和生产这种显形的文化。“因而在一定意义上讲，外在物体在多大程度上变成为人所用的‘文化客体’，就标志着人在多大程度上使得自己成为‘有文化的’。”③

美国当代文化学家A·L·克罗伯（1876—1960）和C·K·克拉克洪（1905—1960）对文化的定义进行了分类和归纳，把文化的定义分为“列举描述性的，历史性的，规范性的，心理性的，结构性的与遗传性的”等六类。“列举描述性”的代表定义就是英国学者泰勒的文化定义：“所谓文化或文明乃是包括知识、信仰、艺术、道德、法律、习俗以及包括作为社会成员的个人而获得的其他任何能力、习惯在内的一种综合体。”

规范的定义强调文化是一种具有特色的生活方式。如O·克林伯格就把文化界定为“由社会环境所决定的生活方式的整体。”美国人类学家C·威斯勒（1870—1974）认为，文化是一定民族生活的形式。中国学者梁漱溟认为，“文化是生活的样法”，“文化，就是人类生活所依靠的一切”。

克罗伯在全面审视并综合考察了各种文化定义的异同之后，于20世纪50年代指出，文化概念应从这五个层面进行研究：

（1）文化包括行为的模式和指导行为的模式；

（2）这些模式不论是明显的或隐喻的，都是通过后天学习而获得，学习的方法须通过人工构造的符号系统；

（3）后天模式或物化体现在人类的人工作品中，因而人工作品也属于文化；

（4）在历史中形成的价值系统，是文化的核心，不同质的文化，可以依据这种价值系统的不同而作出区别；

（5）文化系统既是限制人类活动方式的原因，又是人类活动的产物。

克罗伯对文化概念的理解显然是相当全面的，也是十分深刻的。据此，他对文化所下的定义是：文化是一种构架，包括外显或内隐的行为模式，通过符号系统习得或传递；文化的核心信息来自历史传统；文化具有清晰的内在结构或层面，有自身的规律。

《中国大百科全书》（哲学卷）是这样定义文化的：“文化（Culture）即人类在社会实践过程中所获得的能力和创造性的成果。”文化分成广义与狭义的两种：“广义的文化总括人类物质生产和精神生产的能力、物质的和精神的全部产品。狭义的文化则指精神生产能力和精神产品，包括一切意识形态，有时专指教育、科学、文化、艺术、卫生、体育等方面的知识和设施，以及世界观、政治思想、道德等与意识形态相区别的（方面）。”

许多文化的定义，表明了：一是一个民族的全部的生活方式就是一个民族的文化；二是物质化产品作为显性文化的主体，构成了文化结构中的重要部分。

二、文化的结构

文化可以被分成物质文化、制度与行为文化以及精神文化三个部分。它们以三个层级组成一个文化的整体。

文化的这三个层级可以依据它们各自的特征，作一个规律的组成。即我们如果可以把文化的整体结构看作一个球体的话，那么，最表层的球面层级就是有形的物质文化层，无形的精神文化层则处于球体的核心位置。制度与行为这一既有形又无形的文化层则处于这二层结构的中间。如果将这“球体”进行剖切，那么这三个文化层及相对位置如图 10－1 所示。

物质文化
制度与行为文化
精神文化

图 10－1　文化的结构

1. 物质文化

物质文化是指以满足人类物质需要为主的那部分文化产物，包括饮食文化、服饰文化、居处园林文化、产品文化等。

物质文化的核心是人类与自然作物质交换的特殊方式，这种特殊方式体现为一定的生产力水平，即劳动工具和劳动者的工艺技术的结合，它制约着物质文化的各个方面的风貌。

一定的物质产品是一定的文化及其发展阶段的标志。比如一件粗糙的打制石器，代表的是人类文化的一个阶段；而一把经过精心磨光的石斧，代表的却又是另一个文化阶段；车辆的应用使人们初步摆脱了跋涉之苦，而大型喷气式客机的飞行一下子缩短了不同地区之间的距离，使世界更紧密地联系起来。但是，我们也应该看到，一定的物质生活产品，只是一定的社会生产的结果，即人类文化创造的结果，而对于人类社会历史的发展和文化创造来说，更为重要的却不是生产和创造出什么东西，而是怎样生产，怎样创造。具体地说，就是用什么工具生产，在什么智力水平上进行生产，人们结成怎样的关系从事生产。这就是通过一定社会一定时代的物质生活产品，人们可以了解到的更大范围、更深层次的文化创造内容。

另外，我们可以通过物质产品的消费，了解人们的生活方式。

物质产品的消费直接决定了人们的生活方式，而生活方式是一定社会一定时代的重要表征之一。生产力水平低，物质匮乏，可供消费的产品不多，必然带来节俭清苦、朴实淡泊的生活方式；生产发展、社会安定，人们必然丰衣足食、随遇而安，自得其乐；如果财富来之太易，从未体验过匮乏之苦，只知花费而不需挣取，就会诱发一部分人享乐第一、奢侈浪费、大手大脚的生活方式。以上几种不同的生活方式如得到一定数量的人群认可，成为一种潮流，乃至成为大多数人的榜样和追求，而且在一定的时期内保持下去，就形成一种社会风气或时代风气。作为一种文化现象，时代风气和社会风气已经有了习俗文化和精神文化的成分，但说到底，它是由物质生活资料的消费所决定的，仍属于物质生活文化的内容。

这样理解物质生活文化的含义和内容，自然也就确定了物质生活层级的文化在整个文化结构中的地位：

（1）物质生活是整个人类社会生活的基础，它和社会生产直接联系，不仅维系人类个体的生存而且维系整个社会的生存，因此人们不可能没有物质生活，也不可能没有社会生产。物质生活文化，是和人们的物质生活直接联系的文化，因而在整个社会文化结构中也就处于最基本、最初始而同时也就是一种最不可缺少的地位。

（2）整个人类文化系统，都离不开一定的硬件设施，都必须依赖相应的物质载体。没有相应的硬件设施和物质载体，某些文化创造就无所依附，也就无法传承和积累。可见，物质生活文化是整个文化赖以存在和传承的基础。

（3）物质文化的创造，不但创造出各种物质对象，而且创造出生产主体，即具有丰富精神意识的人。

2. 制度与行为文化

所谓制度，有两个基本的含义：其一是指要求共同遵守的办事规程或行动准则，一般用于人们的生产、生活和各项工作中；其二是指在一定历史条件下形成的政治、经济、教育等方面的体系。这两种含义的制度，都属于制度文化的范畴，而前者是具体的、零散的和初级的各种生产、生活、工作准绳，是制度的低级形态；而后者是已形成完备系统并得到一定社会公认的体系，因此是制度的高级形态。

制度文化是人类处理个体与他人、个体与群体之间关系的文化产物，包括社会的经济制度、婚姻制度、家族制度、政治法律制度，实行上述制度的各种具有物质载体的机构设施，以及个体对社会事务的参与形式、反映在各种制度中的人的主观心态等。

在人类社会生活中，制度文化直接从物质生活文化的基础上生长出来，反过来又为物质文化的繁荣和发展服务。同时，制度文化与物质文化一起，构成了行为习俗文化和精神意识文化的基础和环境条件，由此可见，它具有一定的中介文化的性质。

人们的行为和习俗是重要的文化现象，行为习俗文化是社会文化系统结构中的一个重要层面。美国人类学家A·罗伯特在前人研究的基础上提出了他的著名文化定义，认为文化的第一个涵义指的就是“行为的模式和指导行为的模式”。女人类学家露丝·本尼迪克特说：“人类学家应当对人类行为感兴趣，而不管这种行为是由我们自己的传统形成的，还是别的什么传统形成的。人类学家应当对在各种文化中发现的全部习俗感兴趣，其目的在于理解这些文化变革和分化的来龙去脉，理解这些文化用以表达自身的不同形式，以及任一部族的习俗在作为该民族成员的个体的生活中发挥作用的方式。”可见，行为习俗在人类文化中处于一种十分突出的地位，早已引起了人类学家的广泛注意。

应该指出的是，并不是所有的行为都属于文化的范畴，那些个人的行为、偶然的行为和一次性行为都不能说是文化，而那些对于某一群体、某一地区、某一民族来说是群体的、必然的和重复性的行为，就肯定具有文化意味。所谓习俗，我们也可以从语义上将其分解为习惯和风俗。如果从对人的生产生活行为进行协调管理的角度看，人们的习惯和风俗也可以说是某种规则、规范和制度，属于制度文化的范畴。但从人的活动和行为的角度看，习惯、风俗却又是一种行为定势，是某种具有特点的行为方式的积淀，属于行为习俗文化的范畴。因此，我们在行为习俗文化层级中指的行为，是那些已经成为一定群体、一定地区和一定民族的习俗行为，而所指的习俗则是从行为的角度界定的习俗，是作为一定群体、一定地区和一定民族行为定势的习俗。用这样的观点审视权衡，人类行为习俗就是生活习惯、民情风俗、人际礼仪、年节假日、避讳禁忌等。这里我们重点谈一下生活习惯。

生活习惯，指一定的群体乃至地区、民族在衣、食、住、行等日常生活中长期形成并相对稳定的行为定势、兴趣爱好及不同场合下的不同方式。毫无疑问，这里所说的生活习惯，是直接由物质资料的生产水平、人们的生活方式乃至整个物质生活文化所决定的。许多人类学调查资料表明，不同民族、不同地区、不同经济文化类型的人们，有着不同的衣、食、住、行习惯，这些不同的生活习惯表现出强烈的民族性、地区性、时代性、行业性，因而是不同文化间的显著文化标志。在社会文化系统结构中，行为习俗文化以物质文化和制度文化为基础并处在较高的层面，对人的影响无处不在、无时不在，直接推动着人的性格的塑造，直接用习俗的挡不住的影响力使人们在潜移默化中形成一定的兴趣爱好、价值观念和理想追求，从而进一步影响精神意识文化的创造。

3. 精神文化

所谓精神文化，即是人在长期的实践活动和历史发展中对自然界、人类社会和人自身的认识成果。它直接表现为人的精神意识的丰富，同时外射、对象化到人对外部世界的改造活动中。

精神文化包括文化心理和社会意识等形式。

可以把社会意识形态按照其与人们现实的社会存在关系的远近区分为低级意识形态和高级意识形态。低级意识形态是政治思想、法律思想、道德伦理学说。其中政治思想是人们对于社会政治制度、国家和其他政治组织、各阶级和各社会集团在政治生活中的各种关系的看法的总和。法律思想是人们关于法律制度、法律规范、法律机关以及法律关系的本质、特征、作用等方面的观点的总和。伦理学说是以调节人际关系的道德原则为研究对象的，以描述道德、解释道德和进行道德教育为任务的一种学说，三者都与人们现实的社会关系有着密不可分的联系。高级意识形态包括艺术、宗教和哲学。

精神文化涉及较广，它包括科学认识水平、社会心理结构、社会意识形态与精神产品等，这里我们选取社会心理结构与社会意识形态略作讨论。

- 社会心理结构

社会心理包括生产力状况、经济关系、社会政治制度、社会中人的心理及各种思想体系等五个层级。

人的心理是在社会中形成的对外界的反映，是人所面对的各种环境条件、生活际遇和思考问题方式综合作用的结果。每一个人具体地形成什么样的心理状态，当然和他在社会中的地位、角色关系有关，但作为同一个地区或同一个民族的人，由于面对同样的生产力状况和经济条件，拥有相同的政治上层建筑，必须解决同样的社会问题，因而人们的心理中也就有相当的相同成分，形成大体一致的心理结构，从而构成社会精神意识文化的一个组成部分，并对异地异族表现出自己的特色。

社会心理一般表现为风俗、习惯中的心理定势，表现为某种好恶情感、兴趣爱好、思想成见和自发的倾向、信念等。社会心理是对社会存在的较切近直接的反映，这也决定了它在精神意识文化中占据的是一种基础性的地位。

社会心理结构在社会的日常生活实际中和文化传统、文化氛围是分不开的，常表现为一种社会文化心理结构。由于社会文化心理比一般的社会意识形态更贴近人们的生活，因而对一般人的生活方式、思想信仰、审美情趣等的影响更为直接和强烈。“社会文化心理结构对直观性和情感性很强的审美活动与美感特征的形成及其倾向的影响，就比高级形态的社会意识如政治法律观点、哲学伦理观点等更为直接而具体。如中国欣赏青松红梅的美、日本欣赏樱花的美，而有些国家却欣赏车前草、仙人掌的美，这就只能用社会文化心理结构的影响来解释，可以说，正是通过一定的社会文化心理结构的长期作用，一般的审美感觉才有可能上升为审美意识。”④这就从一个侧面说明了社会文化心理结构在精神意识文化中的地位和作用。

- 社会意识形态

在社会心理的基础上，人们形成了社会意识，社会意识可以说是社会心理的高级形式。社会意识是社会存在的反映。根据社会意识形态的不同形式反映的社会存在的内容不同，反映的形式不同，同社会经济基础的联系不同，对社会存在的反作用不同等，可以把社会意识形式具体区分为艺术、道德、政治思想、法律思想、宗教、哲学等。艺术是通过塑造具体生动的形象来反映社会生活的意识形式，给人以美的感受，靠美的感染力来影响人们的情感和愿望。道德是调整人们之间以及个人和社会之间关系的行为规范的总和，是一种依靠社会舆论、信念、习惯、良心来起作用的精神力量。政治思想是人们关于社会政治制度、政治生活、国家、阶级、社会集团以及关系的看法和理想。宗教是用对某种神灵的信仰来支配人们的思想和行为的社会意识形式。哲学是世界观的理论体系。这些，无疑都已成为人类文化创造的主要形式。

精神文化归根结底是由物质文化决定和制约的。一方面，精神文化需要一定的物质载体，在物质生产力水平很低的情况下就不可能有电影、电视、通讯卫星等各种大众传播媒介；另一方面，精神文化所达到的历史水平（人在真善美诸方面的完善化的程度）一般是与物质文化的发展水平相适应的，是与物质文化发展的曲线平行而进的。尽管精神文化有其相对的独立性，但精神文化的性质归根到底是由物质文化的性质决定的。

综上所述，物质文化、制度文化和精神文化乃是一个相互依存的整体，物质文化中渗透着制度文化和精神文化，制度文化为物质文化所决定，同时又以一定的精神文化观念作为存在的前提，并在其中凝结着、积淀着精神文化的因素，而又反转来给物质文化和精神文化的发展以巨大的影响。精神文化归根到底为物质文化的发展水平所决定，但又受到制度文化的制约和影响，并且反作用于制度文化和物质文化。三者相互依存、相互制约、相互渗透，构成了一个无穷无尽的相互作用的网络——一个由多层、多侧面、多方位组成的有机整体结构。

第二节　设计的文化内涵

“设计是什么”，这是所有学习设计、理解设计的人首先想了解的问题，这也是一个既简单又复杂的问题。说简单，是可以举出设计的定义即可回答；说复杂，是因为一个人想要真正理解设计，不仅要理解设计的表层，还要理解设计深层的本质特征，这则难以用几句话、几段话所能清晰而完整说明的。这是因为工业设计作为一门多学科交叉的、对中国社会来说还是比较新颖的学科，我们还难以找到一个学科与它进行比喻式的说明，即使与它相近的建筑学，也是由于其专业性而导致其本质与特征难以被社会普遍了解。因此，我们常常用一些与之相关的学科进行否定性的判断，如“工业设计不是技术设计”，“工业设计不是艺术设计”来试图说明它们之间的差异性，但是，都难以清晰、准确、完整、正面地回答这一问题。

回答这一问题只能从文化的角度出发。

人类的设计行为，是一种与人类生存和发展密切相连的社会现象，它体现和承担着人类历史发展与文化创造的目的和要求。设计是人类证明自己存在的特殊行为，是动态的活动，具有多层次的文化意义。

设计的文化内涵，是指设计中具有的文化意义。

设计文化是目前社会使用渐多的词语之一，这表明了现代社会对设计认识的深入。尽管设计文化中的“文化”带有形容词的意味，使设计这个行为具有文化的色彩、文化的意味。实际上，在现代社会中，许多行为、产品与文化相结合，形成了诸如酒文化、茶文化等概念，因此，设计文化的提出，使人感到并没有什么深刻之处。

实际上，设计文化指的是设计行为、活动确确实实是一种文化活动。这在前面的论述和本章后面的内容里有更多的涉及。设计作为一种过程，是在文化要素的约束与限制下进行与展开的。任何有意或无意摆脱文化影响的设计行为，实际上是不可能存在的。设计作为一种结果，势必对社会产生一定的影响，这种影响就是文化建构的作用。也就是说设计的结果是一种文化创造行为，它创造了人类整体文化中的某一个新的文化形态，如汽车文化、电视文化等。设计之所以能创造文化，是因为设计的结果——产品在社会中被广泛地接受。一个人或几个人的产品使用，不会成为社会的文化问题。当成千上万、几十万、几百万甚至上千万人的使用，势必成为一个社会文化问题，而不管它的使用结果是肯定的还是否定的。

因此，无论是从设计过程还是从设计结果来考察，设计文化是存在的。不仅设计文化是存在的，而且设计文化是应该存在的。

从“设计”走向“设计文化”，再从“设计文化”走向“设计文化学”，这是工业设计发展的必然。从“设计”走向“设计文化”，表明了设计学科正一步步走向成熟、走向系统；从“设计文化”走向“设计文化学”，是设计真正从“学”的意义上建构起自身系统的、科学的、完整的理论的结构体系，使设计学真正成为一门崭新的科学。我们期待着真正的中国设计文化学的诞生。

一、设计与文化的结构联系

1. 设计的文化结构

如果比较详细地考察设计这一既富有“思”又富有“行”的创造行为，我们就可以对设计的文化要素进行分析与归纳，建构起一个类似于文化结构的设计文化结构图（如图 10－2 所示）。

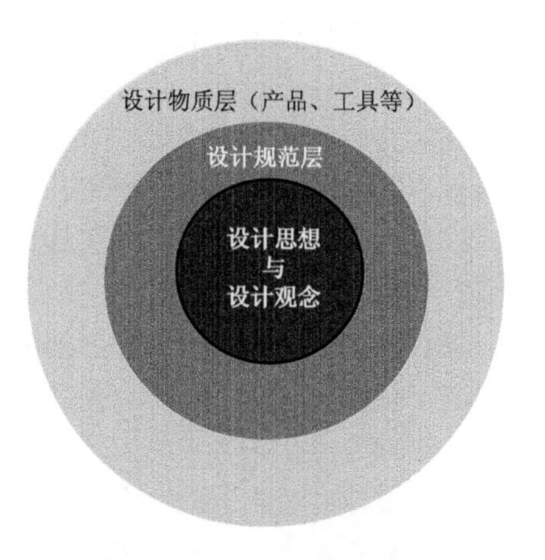

图 10－2　设计的文化结构

- 设计的物质层

设计的产品作为可感知、可操作的特点，构成了这个球体的外壳，这个外壳是由设计的各种产品及工具（包括硬件、软件）所组成，称为设计文化结构的物质层。

设计是以创造产品为目的的行为与活动，因此其结果必然导致一个产品的产生，这个产品可能是物质性的也有可能是非物质性的。实际上，大部分非物质性产品在结构中，仍然是一种带有某种物质性特征的存在。虽然它不像普通物质性产品如洗衣机一样，是可触摸、可度量、可感知的实体存在，但它们在界面上以符号的形式给人以感知（至少是视觉感知）并可操作。如“Word”软件，电子游戏软件，音频、视频播放软件以及其他各种建筑在数字化技术基础上的产品都是非物质化产品的典型代表。它们的可感知、可操作的互动特性，使它们仍具备一定的“物质”特性。

- 设计规范层

设计规范既是设计思想的具体化，又是具体产品设计行为展开的方向。它起着联系设计思想、设计观念与物质层的产品的作用，他们在设计文化结构中介于内核与物质层之间，称为“设计规范层”。

设计思想作为一种纯观念、纯精神的意识，无法直接“指挥”设计的具体展开。设计活动接受的指导，必须是具体的，而非抽象的；必须是可操作的，而非观念的。因此，设计思想必须通过设计规范成为具体化的“指令”，设计才能展开。

这里所说的设计规范，实际上包括两大方面：一是控制设计行为展开的设计“技术”与设计制度层面的问题，如设计程序、设计方法就是属于设计行为展开的“技术”问题。二是控制设计结果质量的设计规范层面问题。

前者的设计程序、设计方法，是关于人的设计行为如何更有效地展开的设计方法论问题，它属于直接指导设计行为展开的“技术性”问题；后者的设计规范，实际上是通过一些政策性指令、产品的技术性指标等控制设计结果的质量。这个“质量”，实际上就是设计物“人化”的质量。物的“人化”必须全面体现出人对设计物的种种需求，这种需求既涉及人的生存活动的广度，又涉及人的生存活动的深度。“人化”的广度关系到人与物产生联系时涉及的相关学科，如心理学、生理学、伦理学、美学等；“人化”的深度则决定于各相关学科对人的研究深度上。

设计学与许多与人相关的学科的交叉形成了设计原理学科群，如设计社会学、设计心理学、设计伦理学、设计符号学、设计管理学、设计生态学、设计创造学、设计美学与设计经济学等。这些学科群的知识成为设计的约束要素，控制着物设计的“人化”质量。当然，这个学科群目前并未全部形成。他们中的大多数只能以简单的原则形式出现，并未形成系统的、完整的学科。但是这些学科群的出现，仅仅只是时间问题而已。这些学科群初步确立之际，就是人类设计行为进入更自觉、更自由、目的更清晰的新阶段。

如果说设计思想与观念给设计提供了总尺度的话，那么设计的规范层则给设计提供各类具体的分尺度，即由设计原理学科群各学科形成的如设计社会学尺度、设计心理学尺度、设计论理学尺度等。

- 设计观念层

设计思想、设计观念等“无形”的东西，作为设计行为的总出发点，成为设计文化结构球体的内核，可称之为设计文化结构的思想观念层。

人类的设计行为，是一项极具哲理性、有计划、有目的的创造活动。由于设计与人的生存的密切相关性，人的生存的目标、生存的合理性、人与物的关系等，首先成为设计师必须认真思考的问题，并且只有在对这些问题有一个清晰的认知后，才能展开其设计活动。设计思想通常以设计哲学、设计观念、设计意识、设计价值等表达出来，他们构成了人类设计活动总的出发点与行为依据。缺乏设计思想与目标，设计就是一个盲目的无意义活动。

2. 设计与文化结构的联系

设计毫无疑问是人类文化中的一个重要组成部分，是构成文化这个大系统的一个子系统。作为构成要素与子系统，文化对设计存在着方方面面的影响与约束。同时，作为子系统的设计，它的任何发展与变化也影响着文化的生成与发展。

作为设计的结果，即物质化的存在——产品及工具构成了设计的物质层，他们构成了文化结构中物质层的主要要素，是文化结构物质层的主要组成部分。文化结构物质层中的其他部分，是工业设计成果——产品以外的所有的人工物（包括非物质性人工物）。任何一个产品都以他们自身的存在表现了文化，证明了人的创造力以及当时人们建构这些产品的能力，反过来也可以说这是文化具体存在的状态，人们可以根据它来认识当时人类文化的状况。从这点来说，任何一件产品都是一段人类社会发展的固化的历史。

设计中的思想，即设计哲学、设计观念、设计意识等无疑是文化结构核心层中的思想与哲理在人类设计行为的具体体现，设计中的思想无不受人类文化结构中的思想与哲理的影响与限制。也可以说，设计思想与哲理构成了人类文化结构中观念与意识层的一部分。

设计中的设计规范层，包含着既体现设计思想与哲理又能指导某一具体产品的展开的种种设计原理，这是一个既包含着精神要素又包含着某些物的要素的中介要素层。它既是设计活动的行为规范、准则，又是设计物创造的具体尺度，它们是文化结构中的制度行为层在设计领域的具体化。不同民族的设计文化差异，主要在这一层有着特别分明与清晰的体现。

二、设计的文化内涵

设计的文化内涵，是指设计在文化的影响下体现出的文化特征。

文化对设计在各个层次与结构上都施加了影响，可以说工业设计始终是在文化的约束与滋养下发展的。作为一个过程，工业设计始终受文化各要素的约束。作为一个结果，设计的产品在不同的层面上体现了一定时代的文化特征。

1. 设计体现了文化作为人类生存与发展的复合条件的特征

人类在劳动实践过程中，创造了我们称之为“第二自然”的客观世界，这就是文化的世界。这种文化的世界是人的本质力量的投射和外化。所谓人的本质力量，就是人改造自然、改造环境的创造性活动的力量。这一种力量不通过他的劳动实践，是无法认识的，必须通过他的创造性活动，改造了自然、创造出某一成果，通过这些成果，我们才能体会到一个人的力量。投射就是指这种本质力量对客观世界的改造所能达到的状态。没有投射，我们就无法领会一个人内含的创造力有多大。外化的含义与投射相似，指一个人作为主体，他的创造性活动必须通过他自身以外的“外部状态”的变化，才能显示并予以衡量。“外化”是相对于一个人主体的“内含”而言。无论是投射还是外化，都是通过外部世界的状态改变让人体会到人的内部所蕴含的无法直接感知的创造力。所以，我们说文化的世界，或者说文化，是人的本质力量的投射和外化，“投射与外化”实际上就是客体化的人的创造物，这一人的创造物反过来确证着人的本质力量。所以，文化是人的创造活动的成果。

在另一方面，文化又是人类生存与发展的前提条件，即文化对人起着规范性和创造性的作用。这种规范性、创造性作用，是通过文化作为人的社会存在的“信息库”而达到的。

文化作为人的社会存在的“信息库”，使文化的各类形态和基本层次与人的行为之间建立起一座不朽的桥梁。全体社会成员通过这个集体的“信息库”，都获得精神的力量、获得知识、获得认知方法、行为特征以及实现各种目的的种种手段等。这种社会文化“信息库”对人类的作用，犹如生物界对于生物遗传信息库的依赖关系，是不可或缺的。这个“信息库”规范着人与人、人与自然之间的形式关系与价值关系，规范着人的行为与价值的生成。人类失去这一规范、这一前提条件，人类只得回到他的原始起点。

因此，文化作为人类生存与发展的复合条件，反映出文化的一种本质。

设计对于人类的生存与发展来说，同样也是一个复合条件。

设计作为人类生存与发展的复合条件之一，指的是：一方面，设计是作为人的生存与发展的前提之一而存在的，也就是说人的生存乃至发展，必须依赖于人的设计行为及设计的结果——产品。设计为人的生存乃至发展提供了尽可能的工具、用品、建筑等，以保证人的生存与发展成为可能。另一方面，人类在生存与发展过程中，通过自己的创造性活动，设计出新的更多、更合理、更科学的产品，成为人类的创造性成果。既作为人类生存与发展活动的成果、又成为人类生存与发展的前提条件，我们称设计为人类生存与发展的复合性条件。

设计作为人类生存与发展的前提条件，有着两层含义。

第一层含义，设计作为创造性活动的成果，支持着人类的生存活动与发展活动。

设计作为人类生存与发展的前提条件，无不建筑在昨天生活的基础之上。人的生存与发展，必须利用已有的各类工具、用品等这样有形的与无形的产品，它们成为人类与环境“对话”的中介。缺乏这一中介，人与人、人与社会、人与自然的“对话”就无法进行。这些有形与无形的产品就是人类设计行为的成果。人类只有依靠已有的设计成果，去开始每一天的生存活动与发展活动。因此设计作为人的生存与发展的前提条件的重要性，是不言而喻的。

第二层含义，作为人类创造性活动成果的设计，规范着、约束着、控制着人的生存与发展的模式。人在自己的生存活动与发展活动过程中，受着文化的控制、规范与约束，设计作为人类文化构成的重要因素之一，也体现出这种规范性、约束性与控制性。无论是有形产品还是无形产品，一旦它成为产品，就对使用它的人产生规范作用，强制性地要求使用者依据它的操作规范进行“一丝不苟”的操作，才能发挥产品设计预定的物质效用功能。

就物质性产品而言，这种“规范”作用体现在三个方面：一是产品的功能内容规范了人的需求内容；二是产品的操作方式设计规范了人的操作行为；三是产品的形式设计规范了人的审美形式与认知方式。

这三个方面的“规范”，使得人们面对一个产品时，从产品形式的符号认知、审美到操作行为、操作规则以及产品提供的功能内容是否最大程度满足人的需求等，已经失去主动体与主体地位，他只能在产品提供的这三个层面上的规范方式内“享用”产品。如果产品设计不适合、不符合人的审美观念、认知习惯、操作行为特征与功能需求等，那么人们只能选择两条道路中的一条：要么“委屈”自己，使自己去迎合产品的特征，让自己去适应产品；要么拒绝产品，丢弃产品。除此之外，别无他法。在这里，我们已经可以清楚地得出结论：设计的结果严重地影响着人的生存与发展。设计的合理性、宜人性与科学性并非一句可有可无的口号，它规范着我们每一天的生活，影响着我们的行为方式，塑造着我们的生存方式，决定着我们活动的效率。

设计是人类生存与发展活动的成果，同时也是文化的成果，体现了人类规范行为与创造的能力。设计成果作为人类确证自己本身力量的投射与外化，确证了人类自身创造的本质力量。因此，作为支撑人生存与发展的设计产品与作为人创造性活动的设计成果，构成了人类生存与发展的复合性条件，既是这一次创造性活动的前提条件，也是这一次创造性活动的成果。

2. 设计体现了文化作为人类自我相关的中介系统的特征

在人的活动中，文化创造物是多样化的，文化是动态发展的系统。文化是人类自我相关的中介系统，是通过文化历时性与文化共时性体现出来的。前一次文化的创造力成为再一次活动的客观条件和前提、工具与手段等，因此文化作为人类活动的中介系统，有着前后相继的价值和意义，这就是文化的历时性特征。

在文化创造活动中，人与文化创造物存在着一种称为自我相关性的关系，这就是文化的共时性特征。

在人类社会历史发展过程中，人们所创造的任何产物一旦作为成果成为客观存在，都会对人自身与社会发展发挥着特定的作用。因此，从文化角度看，人类的文化活动不仅是获得产物，而且是要使这些产物能够成为人类再次活动的中介——客观的前提条件、思想和物质的工具系统及其他必要的达到目的的手段等。但是，这种文化创造物虽然是客观存在，但也是包涵了人自身的相关特征，是人的本质力量的确证与投射，这就是文化的自我相关性。也就是说，所谓文化的自我相关性，就是任何文化创造物，它既是人的创造活动的产物，又有着人的特征的映射，即反映着人从生理到心理的各种特征。

人类的设计行为也完全反映了文化的这一特征，即设计也是自我相关的中介系统。

在前面，我们刚刚讨论了设计作为人类生存与发展的复合条件的内涵。即一方面，设计是人类生存与发展活动的成果；另一方面，设计又为人的生存与发展提供了条件。设计也体现了文化的这种历时性特征：前一次设计的创造物成为再一次活动的客观条件和工具与手段。

设计的自我相关共时性特征则体现在：设计的结果既是人的创造物，同时又在自己的创造物中反映着人的各种特征，成为人类确证自己本身力量的投射与外化。

3. 设计体现了文化作为人类生活实践总体性尺度的特征

在人的文化创造活动过程中，存在着一种评价活动，随时对人类的各类活动进行价值与意义的评价，这种价值与意义的评价标准，我们称之为评价尺度。

所谓总体性尺度，是指在人类创造活动中所秉持的总的价值评价尺度。马克思关于人也“按照美的规律塑造物体”的格言式论述解释了人与动物生产所依据的不同尺度，并指出，在人类的创造活动中，人作为主体所秉特的尺度有两个：一切物种的尺度与人的内在尺度。前者是客体的尺度，是人以外的所有物种（包括无机的自然界）的尺度。有机、无机自然界的“尺度”就是它们自身的客观规律性。后者是人自身固有的内在尺度。人类在创造活动中是将这两个尺度相结合，即将主体的内在尺度和客体尺度共同运用于创造活动，使创造活动的最终产品既“合目的性”，又“合规律性”。“合目的性”就是符合人作为主体的内在尺度，“合规律性”就是符合人以外的所有物种（包括自然世界）的客体的尺度。

文化作为人类创造活动的前提条件，又作为创造活动的成果，凝聚了来自人在这一主体和人以外的客体的各种性质的规律与尺度。人类的任何一种创造物都包含了创造者——人的意图和技能，也包含了创造过程中所涉及的自然世界中的物质材料，前者包含了人作为主体的内在尺度，后者则包含了客体尺度。因此，任何创造物的问世都是人的主体内在尺度与客体尺度的有机结合的结果，是既“合目的性”又“合规律性”的。因此，任何一个文化创造物，既不单纯属于主体的内在尺度，又不完全等同于客体尺度。它们总是同时包含着这两种尺度的约束性特征，所以，文化就成为人类一切创造活动的总体性尺度。

文化作为一切创造性活动的总体性尺度，其另一个含义就是它既包括了人类在创造活动中所涉及的各个具体方面的具体尺度的总和。如生理协调尺度、形式审美尺度、道德伦理尺度、心理尺度、环境尺度，以及自然界客体存在着许多具体的尺度等。

设计作为人的文化创造活动中的一个极其重要的行为，无论是其过程还是作为结果的产品，完整地体现出文化的总体性尺度的特征。

在设计过程中，需要在各方面对设计的产品进行创造，这一个创造沿着两个方面进行。

一个方面，沿着人这一主体的尺度控制设计，即沿着“人化”的方向，赋予物以“人”的特征。设计，起源于人的需要，为了满足特定的需要，人类必须通过设计创造出一个新的物来达到满足需要的目的。这就需要在设计行动之前必须有一个思想、一个观念、一个目标，这一个思想、观念、目标就是出自人自身的主体内在的需要，因此它们就构成了一个主体内在尺度。

如产品的形态、色彩、材质、肌理、大小、重量、高低等都必须与人的特征、需求相协调。

另一个方面则沿着客体的尺度约束设计，即沿着“物化”的方向，使物不违背自然的规律，以确保构思中、图纸上的“物”能顺利物化为一个真正的产品。

上述两个方向，在产品设计中不是分裂、单纯地发展着，而是始终密切地、有机地结合在一起，共同控制着设计的发展与设计的结果。因此，设计的最终创造物就成为既具有“人化”的特征、符合人的“合目的性”的尺度，又能符合“物化”的“合规律性”尺度的高度统一物。

4. 设计体现了文化的价值与意义

由于文化的创造和文化的存在，人类才能生活在人化的世界里。

文化创造和人的文化存在，给人的不仅仅是一个实体的物质世界，一个知识与经验的世界，而且也是一个价值与意义的世界。

文化的存在及文化赋予人的一切，使人能够超越其本能的需要而设立行动的目标，人通过对目标的追求及最终达到目标，就展示了价值并理解其意义。

对于一个社会或民族文化体系来说，一种客观的体系构成了他们的最权威内核和控制行为与思维活动的依据，这一种客观体系就是这个民族文化的价值体系。这一个体系以道德、宗教、艺术、教育、社会交往和社会日常活动的各种方式，向整个社会和民族传播并教化，对该社会和该民族的人们在思想文化、行为方式及评价方式等各个方面都给予规范，使之带上这种文化的特征。同时生活在该社会或民族的人们的思想行为等，只有与这种价值体系的价值取向一致，才能体现出他们一切思想行为的意义。也就是说，与价值体系的价值取向一致的思想与行为，是有意义的思想与行为，否则就是没有意义的。

对于一个社会或民族来说，价值的含义是什么？从一般意义上说，价值是与满足人的需要及其满足需要的程度紧紧地联系在一起的。满足需要是有效性的问题，满足程度则是一个评价问题。从文化哲学的层面上分析，价值是任何一个文化对象所固有的，它表明了这一个文化对象的性质与意义。如果文化对象与价值分离，也就是说对价值毫无关系，那么，这一个文化对象就不具备价值，也就失去了意义。

任何一件设计作品，都是人对自身本能的超越；任何一个设计行为，都是人在预设了一个目标后的一种活动。严格地说，人设立一个目标，就是制定了满足人的一个具体需要的计划，以及通过什么样的过程与手段来达到这个满足人的具体需要的目标。因此，任何一个设计行为都应该是一个有价值、有意义的人的活动行为。但是，这种“有价值、有意义”的行为的最终结果，能在多大程度上满足人的需求，则是这一个设计结果的优劣问题。采用什么样的过程、选用什么样的技术手段来达到设计的目标，则完全涉及满足人的需要的程度，即效率问题。因此，尽管设计师都出于一定的价值目的展开他的设计行为，但最终所能达到的结果即完成目标程度却有着很大的差异性：即设计结果（如产品）在满足人的需要的有效性差异与效率性差异。

如微波炉，作为西方人发明的、用于解决欧美国家饮食方式即西餐的产品，在满足欧美饮食习惯的食物烹调的重要目标上，其具备的有效性是无可置疑的。在满足需要的程度上，也是令人满意的。但是当把这样一个产品引进中国，如不作任何改进的话，那它在满足中国人的需要上就大打折扣。由于中国传统食物的加工方式主要是炒、溜、煲、炸、煮等，而微波炉却不具备这其中的大部分功能，仅仅将食物加工变熟，因此微波炉在满足我们的需要上，其有效性与效率就大有问题。这说明，民族文化的差异，决定了人类各国、各民族、各地区人们的需要是大有差异的，因而，一个产品对不同民族的人们来说价值与意义也就差距甚远。

任何一个时代的文化体系以及内在的价值，都会随着社会的发展与时代的变迁而积累与转换。随着人类创造活动的不断展开，创造物的不断丰富，原有的价值体系便有可能失去往日的光辉而变得黯淡无华，一种新的价值体系会应运而生而取代旧的价值体系，这些都会在人类的设计行为中充分体现出来。

如产品设计中，法律观念会随着社会历史的变迁和社会结构的变化而发生本质上的变更，从计划经济体制下无设计的专利法规意识到今天市场经济体制下设计专利法规的严格约束；道德观念和道德评价尺度从一个时代到另一个时代的转变而变得截然不同（如残障人士专用产品开发、老年专用产品的开发，这些都是涉及设计的道德规范与设计的道德尺度)；作为社会意识形态的审美价值等，也会随着社会形态的变革而在内容与形式上产生变化。

第三节　设计的文化生成

设计的文化生成功能，即指设计对人类文化的影响。设计对文化的影响与文化对设计的影响一样重要。否认前者，就使工业设计成为一种丧失文化目的的活动。对人性的蔑视、对自然的破坏及资源的浪费等，都反映了设计作为文化的欠缺和失职。

大至一个城市、建筑物及航天飞机，小至一支铅笔、一支口红，人类一切的生存空间和生活方式以及所有的用品，都要经过精心而富有创意的设计。人类生活在一个被精心设计且不断被设计着的文化环境与文化氛围之中。在这一意义上说，设计将构成人类生存与发展的一种方式，这就是设计文化的方式。前“全苏工业设计科学研究所”所长尤里·苏罗维夫曾把工业设计界定为人类的“第二文化”：“从属于文化，即由各种产品创造出来的‘第二文化’，反映了由社会经济体系、意识观念的差异和物质与精神之间的矛盾所产生的全部结果的复杂性以及冲突。将工业设计这一行为和其成果（产品）内潜的长处和短处，与社会经济的形式及其设计所适应的社会文化分开来考虑，这已是不可能的了。”

作为设计文化的两个方面，设计的文化与文化的设计相辅相成，互相促进，不断提升着人类文化的水平。现有的文化从各个方面影响、制约着设计，设计又不断创造着具有新内容的文化。

把任何一件产品的设计，看做是新的文化的符号、象征与载体的创造，是理解“设计是新的文化创造”的前提。有了这一个前提，设计就不是一件单纯的“商业行为”，也不是单纯的“实用功能的满足”与“审美趣味的体现”，它是人类文化的创造。

从设计作为一种物态化创造行为来看，工业设计不仅是一种出于物质性需要的物质性产品创造的活动，也是文化符号的创造活动，更是人的生存意义的创造活动。总之，是在生活领域和精神领域之间寻找中介，在他们之间架设起物态化的中介“桥梁”。维克特·帕佩纳克在《为真实世界而设计》一书中，从如下几个方面对设计活动做了描述性的规定：

设计是一种赋予秩序的行为，是一种具有意识意向性的行为，是一种组织安排的行为，是一种富有意义的行为，是一种以功能为目的的行为。⑤这些描述性的规定正体现了人类的设计活动是一种文化创造活动的特征。

一、设计创造了产品赖以生存的物质功能

在这里，功能不只是体现为设计产品所构成的实用性特征，而且体现了人们与设计产品的需要之间的价值关系。任何设计产品所具有的功能都是针对人们的物质性需要和文化性需要而言的。撇开了生活中人的需要便谈不上产品的功能价值，也就是说，功能并不是专属于物品本身的对象性存在，而是与人的需要之间构成的一种价值关系。建筑的功能、家具的功能，各种产品的功能，首先是针对人的生存需要和生存活动而言的。任何针对人们生活的设计产品都必须具有某种功能性，丧失了这种功能，产品也就失去了它的社会价值，不能进入人们的生活世界。

仅仅把设计产品的功能看做是可用、可乘、可坐、可看、可谈论，已过于简单与落后，当代设计已经改变了对这种产品功能的简单性认知，生活中的人们对于产品的要求也有了更丰富和多维的要求。但是，对于满足人们生活需要的设计产品来说，确实不可忽视这些最基本的要求，汽车必须具有可乘的功能，否则不能成其为汽车；椅子必须是可坐的，否则不成其为椅子。任何设计产品都必须是具有视觉性的，是可看的，缺少了基本的形式和结构，不可能进入人们的消费视野和生活世界。失去了产品的功能性要求，便失去了产品的真实性和可靠性，失去了产品之所以成为产品的最基本要求。正是产品的功能

和可使用性构成了它们与人类生活的最基本的价值关系。

我们反复强调产品物质性使用价值，就是试图说明这样一个最基本的道理：任何一个产品的存在都是基于它的物质性使用价值，任何实际思想、思潮、风格的演变都无法改变产品的这一个特性。对产品物质性使用价值的损害、削弱与蔑视，都不是工业设计的正确思想与原则。

设计产品除了其使用性功能价值外，还具有认知功能、象征功能和审美功能等。任何一个设计产品不但以其外观形式告知该产品的结构和形状，而且也通过设计告知人们如何使用该产品。同时，该产品也以设计的独特形式和符号体现着某种象征意义。所有这些因素交织在一起，既使设计产品呈现出物质性的功能，也呈现出其形式美感与符号认知的功能，从而使设计产品同时具有物质性和文化性特征。

从设计产品与人类的生活需要之间的动态关系来看，功能是具有历史性特征的范畴，正是人类对产品功能的多样性需求和对功能要求的发展和转变，促使设计师不断地设计出具有不同功能价值的产品。对于设计活动和人类需要来说，功能不是一个固定不变的概念，也不具有稳定不变的指标体系。它是具有高度变动性和发展性范畴，并随着社会文化和经济、技术以及生活的转变而不断变化发展的概念。从文化的角度看，产品功能不单是作为客体的产品所具有一种独立于人的物的特征，还是与人的需求密切相关的文化特性。正因为人的要求，才使得产品的物质性功能具有被创造的价值。因此，人与产品之间的价值关系的建立，使得作为客体的产品具有了人化的特征，因而产品的功能绝对不是作为物的产品结构所具有的、与人无涉的固有特性，而是人化价值体系中诞生的、具有人化意义与人为选择的必然结果。

图10－3　概念船“AZ岛”

概念船“AZ岛”在海上航行时宛如一座会移动的城市。

法国建筑设计师左皮尼设计的“AZ岛”是一艘巨型邮轮，它长400米、宽300米，有15层楼高，在海上航行时宛如一座会移动的城市。船的里面设有4 000间客房，可同时容纳1万人居住。左皮尼还为船上的居民准备了健身房、海水浴中心、保龄球馆、歌剧院、电影院、网球场、篮球场等公共娱乐场所，人们可以在这里尽情地享受生活的乐趣。在船的周围，是由透明材料制成的约1 000米长的散步长廊。

二、设计创造了可用作认知与象征的符号系统

卡西尔将人类文化创造归结于符号的创造。当然这里符号的含义包括各种图式、符号、代码、活动方式等。

“文化创造活动首先是以形式—符号的创造为标志和根据的。创造形式—符号是人类所拥有的最高创造力的表现之一：小到对某种生活用品、食品及生产工具的造型和改进，大到对思想观念、概念体系、思维方式、社会形态的构设。”⑥

把文化创造归结为符号创造是很容易理解的。人类的一切创造活动都必须也只能通过符号形式进行。表述思想，就得使用语言和文字，语言和文字就是符号。语言是声音的符号，当你说出“电视机”三个字，听的人就在脑子里呈现出电视机的模样与意义，语言交流就实现信息的传播。“电视机”三个字的语言就成了人们沟通思想的符号。至于文字更容易理解，文字是记录语言的符号。看到“电视机”三个字，脑子里同样会呈现出电视机的模样。

用文字记录思想、经验、想法，传之万代，就是依靠符号的力量；一张建筑物的平面图，一个产品的构想图，也是符号，用它们来表述设计者脑子中设想的模样，是用来表示将来现实中的物的符号。

在日常生活中，敲一下门，表示“我要进来”，或者“找人”，这敲门就是符号；伸手去握对方的手，是表示友好的符号；一个深沉的眼神，就是情感交流的符号，传达着难以言传的深深的意义……

设计创造的任何产品，包括物质的和非物质的，都涉及符号创造问题。特别是物质产品的形式创造，更是一种赋予诸多内容与意义的符号创造。一个产品的形式设计，可以说就是一个具有复杂意义的符号系统的创造。

产品视觉符号创造的“质料”有形态、色彩、材料与肌理等。通过这四种“质料”的不同组合，可形成无以计数的产品符号形式。

产品听觉符号创造的“质料”是声响。如人机交互界面在信息与输入输出时有意或无意发出的声响。这些声响可能是有意识设计，也可能是非设计的。产品触觉符号创造的“质料”是各种材质与肌理。不同材质的物理性能与化学性能给人的触觉以不同的感觉，它们可构成特定的符号内容，如钢铁的坚硬、木材的温暖、塑料的温润等。

肌理是不同于材料概念的另一种视觉与触觉符号“质料”。由于肌理可以依附在不同的材料上，而非某种材料的专有，因此肌理就具有自己特别的表现力。如经磨研后如同镜面的大理石，与未磨制的粗糙表面的大理石就由于肌理差异而呈现出不同的符号内容。

加工工艺的发展，使得人造肌理与自然材料相比能达到以假乱真的水平。非木材木材化、非金属金属化、非皮革皮革化等，使得低档材料可以模仿高级材料而大大节约了成本，但却显现出高档材料的符号意义。

当然，产品的符号创造不是任意的“质料”组合，而是必须按照一定组合原则使之蕴含有特定意义的内容。

产品的符号创造可以产生认知功能与象征功能。

三、设计创造了工业化生产条件下产品的审美方式，拓展了现代人们的审美意识

长期以来，人们的审美意识一直指向艺术品。认为只有艺术品才能使人们产生美感。但是，当技术发展成为人类社会前进的主导动力时，技术产品体现出来的特有的审美要素与对人的审美意识产生的巨大影响，大大扩展了人们的审美意识范围，使美学形态领域增加了技术美的概念。

工业设计以有形的技术要素（如结构、材料等）为基础，构建起具有无形的功能内容与人化特征的可视的产品形式，这个形式也就是符号形式。因此，工业设计创造产品形式美是以技术手段、材料、技

术结构、功能等为主体的技术美。

大工业催生了工业设计，工业设计也充分显示与实现了大工业生产的特征与审美，从而把传统美学从艺术美、社会美、自然美的形态的基础上扩展为技术美的第四种形态。

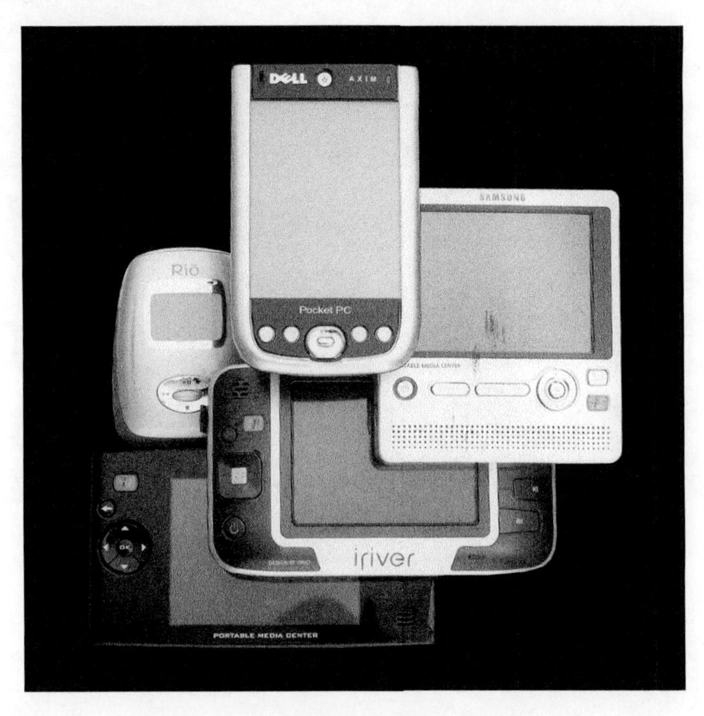

图 10－4　现代社会中的通讯、视听产品

现代社会的商品，是工业技术的产品，每一个人都无法躲避由它们构成的生存环境。规整的形态、机械的肌理、秩序的构成与抽象的语言等现代工业产品的审美特征，不得不影响人们的审美观念。

尽管有些学者不同意把技术美作为美学中审美的第四种形态，认为它不过是社会美与自然美的结合，但是作为构成人类生存“第二自然”的工业产品，已经以独立而特殊的审美形态区别于社会美、艺术美与自然美，我们也不可能把一个产品的审美清晰地分解为这一部分是自然美，那一部分是社会美。技术美以其独特的形式，必将作为第四种审美形态而成为新时代美学的一个崭新内容进入美学体系，从而扩展了现代社会人们的审美意识。也就是说，一件从流水线上下来的工业产品，虽然它不是艺术品，也不是自然物，更不是社会事物，它以自身的人工物特征显示出现代文明综合物的新颖美感——人工材料（或二次材料）现代的美感，加工工艺的精致美，结构巧妙的结构美等——吸引着人们的眼光。

技术美的构成要素有物质性功能美、结构美、形态美、色彩美、材料美、肌理美……它们共同构成整个产品的“交响乐章”，与其他现代文明一起谱写着人类文明发展的进行曲。

四、设计以秩序构建的理念创造人与物、人与世界之间的“和谐”关系

设计同时也是一种赋予生活以秩序的行为。秩序是一种和谐，而和谐正是美的事物、美的关系的最基本的属性：“和谐是美”。

作为一种赋予生活以秩序的设计活动，工业设计体现了人类更自觉的秩序构建行为。设计不仅通过它的创造性活动创造满足人类所需要的物质性功能，而且通过设计赋予产品以形式的秩序、结构和秩序、人机关系的秩序等。正是设计这种赋予设计对象以高度秩序化的行为，把一个非人的世界组构为有机和谐的人化世界，一个适合人类生活的世界，一个能持续发展的世界。无论是一座城市的规划、一座建筑物的设计，还是生活中的用品，不管这些人工物的体量与用途具有多么大的差别，都通过秩序的建构而产生物质的使用性、形式的审美性、认知性、象征性与体验性等。

图 10－5　阿拉米罗大桥

阿拉米罗大桥是西班牙建筑师桑地亚哥·卡拉特拉瓦的作品。

夜幕中，一把巨大的竖琴明亮耀眼，优雅地横跨在水面上，这就是世界著名的阿拉米罗大桥。大桥的设计创造了一种新的斜拉桥样式，采用半边支撑的拉索结构，利用倾斜桥塔的自重代替以往的后部钢索，形成具有轻盈感的桥梁结构。整座大桥犹如一把竖琴，典雅美观，散发着高雅的神韵。这种独特的设计充分展现了当代建筑的高超技术水平，并强烈体现出建筑技术的结构美。

赋予一个产品以秩序，就是以一种理性精神对待设计的要素问题，使之体现和谐的整体感。赋予设计产品和人类生活以秩序，即使是在倡导多元化价值观的后现代社会也是同样必要的。多元化的生活类型和民主化的文化价值观，并不排斥理性的文化秩序。在某种意义上可以说，在一个个充满了语义学混乱的设计中，在一个充满了虚假产品、虚假品牌、虚假广告的社会转型期中，更应该从人类理性的高度来对待设计这种人类秩序建构行为。从这个角度讲，尽管现代设计运动追求的简单、明快和理性的设计美学观，在一个经济、文化和价值观念都发生了巨大变化的后现代文化中，未免似有教条和纯粹之嫌，但是他们试图通过设计构建一个更美好、更富有秩序的思想与努力，在今天看来，仍具有巨大的理论与实践的意义。

严格地说，秩序建构只是一种手段，其目的就是要创造一种和谐的关系，使之实现“和谐之美”。工业设计的“和谐”关系的创造分为三个方面：人与人，人与物，人与环境。

1. 人与人的关系

在工业设计视野中，人与人的关系通过设计师的作品——产品予以体现。设计师虽然直接设计的是物，但物要由人来使用，因此，人使用产品的方式以及人在产品使用过程中的体验和感受，无一不是由设计师事先设计、构思与谋划的。因此，设计师在设计作品中“表达”的人使用物的方式与感受，就是设计师理念中人与人关系的表述。实质上设计师的设计行为在赋予产品以可见的形式的同时，也赋予产品以无形的人与人的关系。工业设计秉持的设计伦理之一，即人与人的和谐关系，就是设计师所必须赋予产品的。较之可见的形态审美的赋予，这种无形的、人与人的和谐关系的赋予更为重要。这就是“无形”高于“有形”，“品格”高于“风格”。

2. 人与物的关系

如果说在产品设计中，人与人的关系有些抽象的话，那么人与物的关系相对直观与易于理解。因为物作为客观的存在，给了我们明确的、可以触摸且可以度量的三维实体，但是这仅仅只是在人的生理层面上。也就是说，在人的生理层面上，人与物的关系的研究与设计可以进入到定性且定量的关系。人机工程学就是这样的一门学科。

但是，在人的心理层面上，构建与物的和谐关系，就基本是定性非定量的关系，或者甚至连起码的定性分析的可能都不存在。如色彩的心理学效应，受后天的社会文化影响，人们对同一色彩的不同喜好就反映了这种关系的复杂性即不肯定性。但是这样说，并不是说，我们无法构建起人与物在心理层面上的和谐关系。而是说，我们不能也无法（至少是在今天）以对自然科学认知、表达的方式，构建起关于心理和谐的定性定量式的关系准则，我们只能使用社会科学的方式，通过社会调查与社会统计的方式，最后以一种规律性总结来作为准则，构建起这种和谐关系。

事实上，前面讨论的工业设计的审美方式的创造。符号的认知功能与象征功能的创造，都属于心理层面人与物的和谐关系的范畴。其中产品符号系统的创造，就很能说明这种人与物间的心理关系处理的复杂性。

图 10－6　“管理人”清扫车

这是体现人与人——即设计师与使用者和谐关系的典型设计作品。这辆被称为“管理人”的清扫车，令人难以置信地将多重功能巧妙地组合在了一起，垃圾箱被置于中间部分，而且将带水分的和干燥的垃圾自动地分成了两块，各个功能的配置也十分合理得体，操作者使用极其方便，当然也使使用者最大限度地提高了清扫效率（本产品获 2002 美国工业设计奖金奖）。

产品符号系统的编码与解码依据的规律，部分是约定俗成的，而大部分却是来源于心理层面。人的心理反映既是生物学意义的也是社会学意义的。对于一个成年人来说，社会学意义的比例大大超越了生物学意义，因此，不同社会中的人对同一事物的心理反映具有较大的差异，这也是产品设计为什么要“定位”的主要原因之一。

人与物的和谐关系的创造，在方法论层面上，所依据的是人机工程学、工程心理学与设计符号学等学科的知识与成果。在思想观念上，则遵循的是人文精神。

人与物的和谐关系中，人是主体，物是客体，主体主宰客体，客体为主体服务，这是基本的人本思想，也是现代人文精神的体现。这构成了工业设计伦理学的一个主要内容。可以说，工业设计思想的深刻性很大程度上表现在人与物的和谐关系上。防止人的异化，首先得防止物的异化。当物不再是物，是“役”人的物时，那么人就是“役于物”，就成为异化的人。因此工业设计的“品格”体现之一就是人不能“役于物”，物只能“役于”人。这是工业设计文化创造的主要内容之一。工业设计是“思”与“行”统一的创造活动，它既有着深刻的人文关怀又有着追逐时代的冲动。

3. 人与环境的关系

对于产品设计来说，自然环境是一个不可分割的要素。这不仅是由于自然环境给设计提供了资源，还因为环境是人类生活、生产一切废弃物的排放的唯一空间。现代工业社会科学文化的片面发展，科学技术发展在提升人的文明水平的同时，也使自然环境成为一个千疮百孔、严重威胁人类生存的居住地。工业设计的人文精神的另一突出体现，就是把环境当作设计活动不可分割的一个重要因素，重建人与环境的和谐关系，实现人类可持续发展的长远目标。

五、设计创造了更合理的生存方式，不断提升人类的生存质量

“创造更合理的生存方式，全面提升生存质量”是工业设计的本质。这表明了工业设计的创造活动最根本的指向，也正是人类文化发展的方向。

生活方式包括劳动方式、消费方式、社会与政治生活方式、学习和其他文化生活方式，以及生活交往方式等。生活方式的变化标志着文化的发展。工业设计所创造的“第二文化”，作为人类生存与发展的“第二自然”深刻地影响着人们的生活方式——生活方式的“量”与“质”。

生活方式的“量”，是指人们生活方式的某些外在的方面，通常是生活水平。即主体的物质需要和精神需要在全方位的满足程度，它可以用一定的数量指标来表示。生活方式的“质”，则是生活方式的内容特征，它表明人们生活活动的本质特点，即主体的物质与精神需要在质的方面的满足程度。

设计对生活方式的影响，是通过同时提升人们生活方式的“量”与“质”达到的。

设计提升生活方式的“量”，是指通过设计的中介，把人的技术活动及技术活动的成果，“加工”成能满足人的物质与精神领域各方面需求的形式，以满足人的需要。设计对人类文化的贡献，首先是提出并解决人在生存发展过程中的物质与精神需求的方法。当然，实现这些方法的基础与背景是技术成果。很明显，这一部分的设计，主要表现为解决人的各种要求的方法的多少，即量的问题。其次，设计对人类文化的贡献，还表现在不断提升解决人的种种需求方式的科学性、情感性上，以更科学、更合理、更富有人情味的方法取代以往存在的解决人的需求的低层次方法。设计正是在这一点上，提升着人的生存质量。

生活方式是量与质的统一。生活方式的“质”是以一定的生活方式的“量”为基础，“量”的提高才能促进“质”的变化。设计在“量”的方面与“质”的方面同时发挥着它的文化创造作用，为人类不断提升着生存与发展的水平。

应该指出的是，工业设计的本质涉及生存方式的“合理性”问题。“合理性”不是以人自身的需求作为合理性的标准，而是在“人—物—环境”系统中进行综合的、全面的、系统的求解，是从人的“类”出发，以“类”的自由而全面发展的目标对生存方式进行选择与设计。因此，凡是一切虽然能满足人的各种物质性与精神性需求却会给环境带来不利影响的愿望，都应该被理性地抑制。

因此，作为生存方式象征的人类消费方式，将是工业设计研究的重点之一。

工业设计的系统论观念，提倡符合人类文化发展方向的适度消费理论与实践，在人的需求与环境的许可之间寻求最佳的处理方式。

工业社会以来，一直把刺激和增加消费作为经济政策的目标。发展巨大的商品市场，鼓励更多的人发展更多的消费，以至形成了工业社会普遍的价值观念：消费更多的物质与物质产品是一件美德，是一种新的美学意识，并最大程度地满足人的消费欲望。因而形成了高消费社会的特征：为地位消费，为体面消费。因而名牌意识、追逐奢华这种消费文化及模式正成为世界性的示范意识，并被中国等广大发展中国家的人们所效仿。香港《远东经济评论》杂志曾指出：“长期以来以勤劳的道德观著称的亚洲，现在又多了一个讲奢侈的名声，这使得全世界奢侈品的制造商们不胜欢喜。”

以刺激消费为目的发展起来的工业设计，在进入 21 世纪以后又不得不义无反顾地承担起一个新的历史使命：工业设计必须以人的全面发展目标为导向，以人与环境共生共荣的哲学价值为取向，设计出符合人、符合环境的消费方式与生存方式。从这一点上看，工业设计正进入成熟的发展时期：从局部的人的利益发展为全局的、系统的和谐；从感性地刺激消费发展为理性地抑制物欲；从满足审美的需求发展为实现“全面发展”的努力。工业设计的文化创造在这里得到了极大的证明。

工业设计提倡适度消费。它的口号是“足够就可以了，不必最大、最多、最好”。它以获取基本需要的满足为标准，鼓励人们去体验生活深度的乐趣。

以适度消费为主旨的简朴生活方式，不是人类生活需求的倒退，而是更为理智的人类对过去自己极度消费的反思，重新构建“商品的丰足与精神的享受和乐趣相结合”的一种新的消费文化。这是一种比过度消费的生活更丰富、更舒适、更高级的生活结构，它符合人类可持续发展社会的要求。

近些年来，逐渐形成的生态化设计（亦即绿色设计），是现代人类伦理思想发展的重要体现。现代工业的发展，把人类生存的环境几乎推到了难以维持人类生存的境地。因此，走可持续发展道路，以全人类的共同前途为出发点的生态化设计自然就成为现代工业社会的必然选择。

此外，“有计划的废止制”、“一次性产品设计”、“人为寿命设计”等产生于发达国家的现代设计方法与思想，成为这些国家创造物质财富的重要手法之一。但是，这些财富都是建立在对自然资源的不合理应用及对环境造成巨大污染之上的，就连这些国家的有识之士都将此谴责为“血腥的创造”！因此，理智的现代人类应该本着现代的伦理思想，对这些创造利润的“有效”手法进行公正的审视与严肃的批判。

六、设计赋予有形的产品以无形体验，创造着人的生活与生命的意义

1. 设计产品的“使用”，也就是设计产品的“体验”

设计是赋予产品以意义与价值的创造行为。

从设计作为一种物化形式的创造活动角度来看，设计首先是一种为人的生活创造物质性需要的“显形文化”活动，是“可见”性质的创造活动，但它又是赋予对象以“无形”的体验，从而让人体会到生活、生命的意义与价值的“隐形文化”创造活动。

什么是“生活与生命的意义”？在理论上这是一个十分庞大的问题，在设计中，是通过“人对产品的使用”这样一个过程来“证明”“人的生活与生命的意义”的。

设计的产品在使用中必将涉及人在产品的使用操作过程中的舒适、方便与乐趣等，它们涉及使用过程中人的自由、人格尊重、人的尊严、人的创造性发挥与生命力的证明等重要的问题。如操作方式设计的不合理，使我们不得不改变已经形成习惯的行为方式，被迫接受（甚至通过培训这种强制性的方式）新的行为习惯。我们就会产生“被迫”的感受、“被命令”的感受、“被支配”的感受，甚至我们将在无法指挥的产品面前束手无策。如此，作为主体的人的尊严、人格、人的地位何在？《宣言》倡导“体会生活的广度与深度”，就是指通过产品的使用，体会人的地位、人的尊严，体现人的创造能力与生命力……

人们在使用产品过程中的体验，构成了产品设计中创造的“隐形文化“的主要成分，它开始成为新世纪产品设计的重要发展方向之一。

体验，一般可以看成亲身经历、形成经验的过程，也可被解释为：通过实践来认识周围的事物。在当今经济快速发展的时代，“体验”不仅再是人类生命基础物质的原始感受，它已经开始发展成为人类生命意义的一部分，而成为现代社会人们的需求。因此，它渗入到我们的经济领域、文化领域，包括整个设计领域，开始形成了一种所谓的“体验经济”。

所谓“体验经济”，正如美国经济学家约瑟夫·派恩和詹姆斯·H·吉尔摩在《体验经济》一文中所言，体验本身代表一种已经存在的、先前并没有被清楚表达出来的经济产出类型，是自20世纪90年代继服务性经济之后的又一全新经济发展阶段。它主要强调商业活动给消费者带来独特的审美体验，越来越多的消费者渴望得到体验，越来越多的企业精心设计、销售“体验”。各行各业的企业都将发现，未来的竞争战略就包括“体验”。英特尔公司总裁葛洛夫（Andrew Grove）1996年11月在一个电脑展的演讲中指出：“我们的产业不仅是制造与销售个人电脑，更重要的是传送信息和形象生动的交互式体验。”这些都表明，一个以“体验”为特征的“体验时代”正在诞生。

在“体验经济”的大潮中，体验文化是工业社会和现代都市生活发展进程中的伴生物。人类总是充满幻想，总是善于将梦幻与现实联系起来，并不断地探索新的观念与新的情感的表达方式，提升人类自身的生命质量。因此，产品就成了现代人体验文化的一种载体，工业设计作为这一载体的创造行为，正是这种体验文化的一种表现形式。

在过去，工业设计把精力与目标集中、定位在设计的“结果”上，即作为结果的产品物质性功能的制造，很少意识到在达到使用目的过程中的操作体验给人带来正面与负面的影响。在情感需求日益强烈的当今，产品的体验设计也成为工业设计的目的之一。

相对于产品经济、商品经济、服务经济和体验经济，产品属性也由自然的向标准化再向定制化以及人性化发展。产品体验设计的出现使设计对象突破了传统物质产品只追求实体建构为最终目的的局限，形成了对使用过程中体验性创造的设计。如耐克公司、迪斯尼主题乐园、主题性餐厅等产品的“体验设计”已成为未来产品设计的范本。

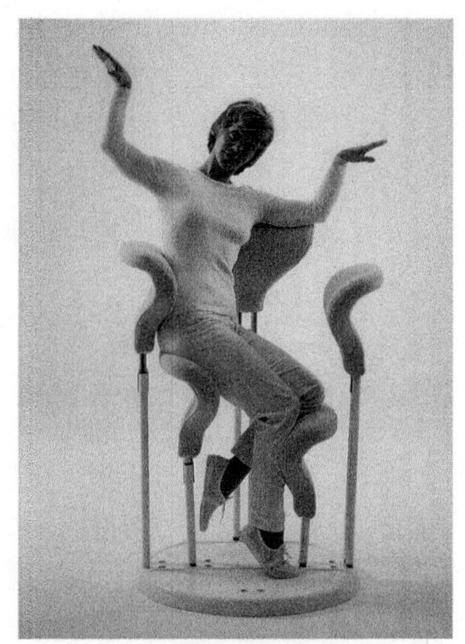

图 10－7　多功能休闲家具

这些貌似坐椅又非坐椅的器具，是根据人的肢体特征与躯体结构设计而成的多功能休闲家具。它可供人体或坐、或靠、或依、或躺、或跪，使人体从单纯的坐姿休闲发展到多种形式的休闲方式，从而使人体各部分肢体与躯体得到放松。

人在这一休闲家具的“限制”与许可下所获得的各种不同的休闲方式，扩展并优化了一般坐椅提供的单一的、臀部压力过大的休闲方式，使人获得了新的休闲体验。这无疑是提升了人的生存与生命的意义。

2. 体验设计的特征

产品体验设计有如下几个特征：

- 产品的互动参与性

体验设计给人带来开放性、互动性的感受，它的终极目标之一便是人的自主性。产品作为道具，应该给予使用者更互动、更独特的体验，以获取充分的人性化的体验价值。具有体验价值的产品才使人们的需求得到更加多的人性化满足。

- 产品非物质化特性

在现代工业社会，许多产品已不具备一般实物的实体形式而存在，数字化、信息化、服务化、体验化的非物质特征是其重要属性。

“体验设计”对于产品设计的重要性在于通过产品传达出对人的想象、内心体验、隐喻的注重和对人生存意义的关怀。

- 感性的追求

在体验经济不断发展的时代，设计开始追求“一种无目的性的、不可预料和无法准确测定的抒情价值”（马克·第亚尼语），大量的设计是“种种能引起诗意反应的物品”。

事实上，一种体验越是充满感觉就越是引起记忆和回忆。为使产品更具有体验价值，最直接的办法就是增加某些感官要素，增强使用者与产品相互交流的感觉。因此，一方面是设计者必须从视觉、触觉、味觉、听觉和嗅觉等方面进行细致的分析，突出产品的感官特征，使其容易被感知，创造良好的情感体验。例如，在听觉方面，对汽车开、关门声音的体验设计等。另一方面是要追求“意在设计先”，设计出具有强烈吸引力的良好主题，寻求和谐的道具、布景，创造感人肺腑的属于物的“故事内涵”，产生丰富的、令人深思的、独特的体验价值。

第四节　设计与人文精神

设计与自然科学、社会科学和人文学科有着密切的关联，但就设计与人的生活、生存及发展的联系而言，设计更具有人文学科的色彩。设计无疑需要技术的支持、方法论的支持与市场的促进，但是设计最重要的问题却常常超越技术的层面、方法论的层面与艺术的层面等，而与人的生存方式、人的文化及精神活动等密切相关。

一般认为，设计的主要问题归结为技术与造型等问题。因为技术是作为创造物的效用功能与物化产品的手段；造型则赋予创造物以一定的结构形式并使之具备一定的审美价值。这些对于设计来说无疑都是重要的。但是，有一点必须提出，也是目前普遍忽视的一个问题：由技术所提供的产品效用功能是否与特定环境中人的生存方式相协调？它在多大程度上满足人的生存与发展需要……正是这些问题才构成某一个产品之所以存在的唯一理由。因此，在回答“如何创造物的效用功能”（这属于物的功能技术）及“如何制作一个物”（这属于物的制造技术）这两个问题之前，必须首先回答“为什么要创造这一个物”与“制作一个什么样的物”的问题。因为，只有对“为什么”、“什么样”等问题做出准确回答，才能保证“如何……”问题解答的正确方向。“为什么”、“什么样”问题的解答，是紧紧地围绕着人的特定的文化背景、生存方式、生存模式、生活水平、行为方式及生命意义等展开，这构成了产品设计的思想与目的。因此，设计首先与人文学科紧紧相连，离不开人文精神的指导。

一、设计的人文精神概念

所谓人文精神，就是以人为一切价值的出发点，以人的尺度、标准衡量一切的精神。

设计的本质，既非艺术的创造，也非技术的实践。设计在表象上得到设计的结果（如产品），而在设计的本质上则是设计结果（产品）对人需要的回应与满足。作为设计起点时的设计原则——人的需要，与在设计终点时对设计的评价——满足人的需要的程度，其实都使用了一个尺度，即人的需要。由此，设计的本质及目的与人的需要、人文精神紧紧相连。缺失人文精神的设计必定是异化的设计，异化的设计导致设计走向服务于人的反面。因此，以人文精神指导设计、衡量设计与评价设计，称作设计的人文尺度。

设计与生活的直接联系，使我们自然地得出“设计产品就是设计我们的生活与生存方式”的结论。以这一个结论为出发点，我们对设计意义的认识与设计评价，必然会从物的建构超越为人自身的生活与生存方式的创造。因而，对设计意义的研究实际上就是对人的研究，对物的研究就是也必然是对人的自身特征、人的生存方式与不断发展的需要的研究。所以，产品物化必须首先“人化”。

与人文精神相对应的科学精神，是构成文化的重要方面，特别是在人类文明发展进程中，科学与科学精神，作为人类与自然对话的强大武器与思维观念，把人类的地位提升到空前的高度，使自然被改造得更适合人类的生存。从这一点来说，科学精神和人文精神，都是人类生存与发展的需要。只是当科学的巨大能力在自然“对话”过程中，破坏甚至严重破坏了人类的生存环境、使人的生存与发展发生危机，以及人开始成为技术系统中的一个构成部分、人成为物的附庸，科学开始走向它的初衷的反面时，重新开始关注人文精神、重视人文精神对科学精神的导向，成为我们这一时代的重要社会特征。

设计的人文精神是设计文化一切以人为本、以人为中心的集中表现。它的内涵就是赋予设计对象以主体属性，即人的属性，亦即“人化”（人性化）。因此，设计的文化就是设计的“人化”。设计的“人化”是设计的基本支点。

从这一点来说，“科技以人为本”并没有什么新颖之处，因为科技的产生与发展本来就是出于人的需求与控制。只是当科技产生其“双刃剑”中异化于人的负面效应时，重申“科技以人为本”，无疑是当今社会重视人文精神与人文价值的理性呐喊。

“人性化设计”不应该只是一句口号，也不应该是设计师外加的一种设计风格与流派，它应该成为设计师创造激情的导火索，是人的造物活动最原始的推动力，是设计实践的最基本的原则与出发点。设计的人文精神并非是由什么人强加于设计的某种外在的性质或特征，而完全是由设计自身的本质和目的所决定的。因此，尊重人、关怀人，一切以人的生命存在与发展为中心，就必然成为设计理论与设计活动的最根本原则。

图 10－8　最聪明的家用冲击电钻

这款 3 速冲击电钻能提供完成工作所需的最合适的力度并在螺钉到位时自动停止转动。另外，旋紧功能还允许你在工作中进行一些微小的调节，而且在螺钉拧好之后还会再多转一两圈，以保证万无一失。低、中、高 3 挡转速、16 级数字离合器、随机带有能使用 55 分钟的充电电池。

“尊重人，关怀人”作为原则，必须渗透在具体的设计实践活动中。对人的尊重与关怀，首先必须对人群（因为产品服务于某一特定的社会群体）进行调查、观察与分析，了解他们的文化背景、生活模式、生活方式、生活水平、生活习惯与行为特征等，才有可能对涉及的产品进行从总体到细节的到位的设计。这种调查与了解，更多地涉及社会、文化的问题。

二、设计中的人文精神体现

设计的人文精神或人文尺度是针对设计对象的整体而言的，而不是仅仅局限于设计对象的某个方面，也就是说，设计的人文精神应该渗透到设计对象的整体及任何一个细节。具体地说，它应该包括三大方面：设计对象功能内容的“人化”、操作方式的“人化”与外观形式的“人化”。任何一个方面的“人化”设计都不能说设计已经是“人化”了。

1. 产品形式设计的人文精神

物质性产品的设计都是以某种可触可见的、具体的物质形式出现的，因此任何一个物的设计必定涉及形式。形式存在，是物质产品的特征，同时也使人在与它的需求关系上产生了形式审美问题。因此，相比产品短缺时期对产品物质效用功能的单一需要，今天对产品形式审美需要的提出且不断的强化，体现了人对产品需求的扩展与提升，无疑是巨大的进步。但是，这也容易导致对设计终极目标的模糊：物的外观形式设计满足人的审美需要，是否就等于产品的“人性化”设计？回答显然是否定的。

物的形式满足人的审美需要，这只能说是设计的“人性化”或设计的人文精神、人文尺度的“显尺度”。设计的更重要、更本质的尺度，是体现“隐尺度”，即物被人操作使用时操作方式设计与物质效用功能设计。从表面上看来，设计师设计的最终结果是创造了物的形式，似乎这就是设计创造的全部，但只要把设计的物与人的生存与发展联系起来观察，就可以发现，设计的深层意义体现在产品“规定”的人的生存方式上，而非审美形式与操作方式上。

2. 产品操作方式设计的人文精神

物的操作方式的设计需要人文精神。人的所有活动，构成了人的生存方式，体现出人所有活动的行为方式与式样。设计师的设计，不仅使物具有一定的形式，同时也“规定”了人操作物的方式，这一“规定”实际上是由设计师在设计物的过程中赋予产品的。产品一经诞生，人使用这个物的方式也就固化在其中了，因而人使用物的方式是设计师赋予的，而不是使用者自己生成的。

因而，设计师对物的使用方式的设计，并不是一种随便的“赋予”，而必须根据使用者的操作行为特征来设计物的使用方式。使用者的操作行为特征的调查与研究，就是设计的人文精神的一种体现。

图 10－9　喷墨打印机

这是一台新一代喷墨打印机，它以简洁而经典的造型设计为特征，机身是圆柱体形，因而机身与桌面的接触面也是椭圆形，从而最大程度上减少了打印机占用的空间，该作品为人性化设计的技术创造史添加了新的一页（本产品获 2001 年度意大利金罗盘奖）。

3. 产品效用功能技术的选择离不开人文精神的导向

物的物质效用功能内容实现的技术手段的选择离不开人文精神的导向。物质效用功能是产品之所以存在的基本理由，也是设计创造的最初的原动力。物的效用功能内容与人的基本需求之间存在着一定的联系，它直接为人的基本需要服务。如洗衣机净化衣服的效用功能与人的净化衣服的需要相适应。但是物的效用功能内容的产生与创造，全由技术系统提供。不同的技术系统或不同的技术手段能产生相近的物质效用功能，这些技术系统与技术手段的选择，似乎是纯技术和经济成本问题。但是，这种选择对人、社会、自然产生的最终影响却不得不让人从人文的视野去审视并取舍。因而，设计师在产品设计创意初期，就必须对解决需求的技术系统与技术手段进行人文尺度的衡量并选择，即以人文精神为导向。在这里，我们可以清楚地看出，设计必须具备人文精神，为设计的构思及设计结果提供人文尺度。如目前传统的用水量较大的洗衣机，已与水资源日趋严重的现况产生极大的矛盾。新洗衣机的创造与研制首先必须在节水甚至不用水这一前提约束条件下展开，任何用水量仍然很大的所谓款式新颖的新产品都是没有多大意义的，是缺乏基本人文精神的。

4. 产品效用功能内容与人需求的匹配需要人文精神的指导

物的物质效用功能内容与人的需求间的匹配，需要人文精神的指导。产品物质效用功能内容与不同民族、不同地区人们需求间的匹配，还存在着看似相同但却因涉及生活模式、生活水平、文化背景不同而可能产生的巨大差异。全球范围内不同国家、不同民族的差异，一个国家中不同区域、省市的差异，一个省市中县、市、村间及城市与农村间等的差异，都使抽象的“人”这个概念变得具体。这些具有不同生存方式差异的“人”无法被一个抽象的“人”所包容。因而，他们差异化的需求，与同一种产品提供的效用功能，绝难完全一致。其结果，要么是一部分人被迫改变自己的生活方式去迁就产品，要么放弃使用这一产品而保留自己的生存方式。实际生活中这样的例子是很普遍的，许多产品虽然有用，但用得并不舒适，并不完全实用，因而长时间被搁置在一边，但很少有某些人群为了适应产品的功能而强迫自己改变生活方式的案例。因此，设计最深刻的意义就在于，设计必须满足不同国家、区域、民族、地区等不同文化背景、不同生活模式的人们的具体生存需求。只有这样，设计才有生命，设计才具有真正的意义。设计的使命不像自然科学那样去寻求一种绝对真理，即一个唯一正确的结果。设计结果的寻求存在着若干个甚至许多个相对真理：甲是好的，乙是好的，丙也是好的。但他们适应的民族、地区不一样。因此，设计的本质不在设计的结果呈现出何种形式与风格，是否满足了人的某种审美需求，而在于设计提供的效用功能内容、操作方式与不同社会群体的生存方式是否紧密结合而产生高度的和谐与协调。这才是设计的灵魂——设计的人文精神与设计的人文尺度。

注释：

① C · Klukhohu，W · H · Kelly. The Concept of Culture，in the Science of Man in the World Crisis，by R · Linton，1945.

② 萨姆瓦等．跨文化交流．北京：生活·读书·新知三联出版社，1988.

③ 李鹏程．当代文化哲学沉思．北京：人民出版社，1994.

④ 中国社会科学．1986（1）：144.

⑤ Vivtor Papanek. Design for the real world — human Ecology and Social Change. New York，1973.

⑥ 李燕．文化释义．北京：人民出版社，1996.

第十一章　工业设计与技术

第一节　设计·产品·技术

一、设计·产品·技术

与技术最密切的是产品。

产品与技术是共生的关系：产品的生产与存在需要技术，技术离开产品或技术无法使产品达到物态化结果，技术的存在也没有意义。因此产品与技术是无法分离的。

产品与技术的关系，是通过设计这一中介实现的。没有设计，也就没有产品。产品作为人类创造活动的目的，需要手段的支持，这个手段就叫技术。在技术的支持下，产品的成立与存在才有可能。

产品与技术的关系，实质上是设计与技术的关系。其原因就是产品是通过设计得以实现的。美国著名专家E·奥利森针对日本通过工业设计取得了为世人瞩目的成绩而惊呼："近十年来，美国已经失去了大量市场。尽管美国拥有许多技术优势，但却未能形成产品优势与市场优势；而主要向美国购买技术的日本，却能从美国人手中夺走许多市场。最根本的关键是日本人懂得及时用新产品保持市场优势的道理。"

有人认为，未来竞争是高新技术的竞争，有了高新技术，就有了一切。几年前，美国一批经济、技术专家，讨论了这样一个问题：发展高新技术的关键在哪里？经过讨论，专家们指出，高新技术如果不能变成商品，最新的技术也将无能为力。日本人表示，如果高新技术不能转化为商品，他们愿意把所有诺贝尔奖送给美国人。

由此可见，技术对社会和生活的贡献，以及对文明的贡献，都是通过产品设计实现的。每一个产品都物化着不同时代、不同水平的技术成就与技术方式。因为技术无法直接进入社会与人的生活发生联系，它必须通过各种产品，将产品作为自身的载体，从而去连接人的生活与一切生存活动。从这一点上说，离开产品，技术就无从发挥其强大的力量，脱离产品，技术就无法创造出人类的文明。因此，正确理解设计、产品与技术三者之间的关系，对正确理解设计的意义是十分必要的。

技术与产品通过设计这一中介的连接，才发挥出其提升人类文明的巨大力量。工业设计对技术的作用体现为整合与控制的作用，具体体现在两个方面。

一是设计对技术转化为产品的整合作用。技术不可直接演变为产品，原因是技术作为手段所能产生的功能结果，并非直接联接社会的需求，必须通过设计对技术及其他文化要素整合，使设计的产品能为人使用，能满足人的要求目的。现代工业产品的要素结构使技术不再是产品的唯一要素，大量的非技术文化要素已成为现代产品的构成要素。设计通过对包括技术在内的文化要素整合，才能到创造出理想的工业产品。

二是设计对技术的选择与控制。产品的物质效用功能内容是由技术系统提供的。不同的技术系统即不同的技术手段能产生相近的物质效用功能，这些技术系统即技术手段的选择，表面上似乎是纯技术问题，其实不然。这种选择，对人、对社会、对自然产生的最终影响却不得不让人从人文的视野去审视并取舍。因此表面上的技术问题实际上是人文的问题。因而，设计师在产品设计创意初期，就必须对产品的技术系统与技术手段，进行人文尺度的衡量与约束，以人文精神进行导向。

如果就物质化产品而言，设计与技术的关系，是目的与手段的关系。这也就是说，设计追求的是目的，技术作为手段，支持目的的实现，因此技术是在设计的引导下展开的自己的创造活动。显然，目的高于手段，技术取决于设计。

在产品设计过程中，设计与技术的关系是系统与一个子系统的关系，而不是两个子系统之间的关系，设计是把产品放在由产品与人、环境共同构成的“人·产品·环境”系统中，决定产品设计的方向与品质。因此产品设计是着眼于“人·产品·环境”系统最优化的前提下展开自己的创造行为，这就使产品设计成为产品的系统设计。

因而产品与技术的关系，是系统与系统中的一个主要子系统间的关系，明确这一点对产品设计很重要：设计与技术既不是并列关系，也不是分离的关系。

技术作为产品的系统中的子系统，其功能与特征必须受系统的约束，在系统的整体功能的引导与约束下，创造其作为子系统的功能。

二、技术的概念

在当代，技术已成为人类社会生活的一种决定性力量。或者说，在某种意义上技术已成为决定现代人命运的强大力量。在现代人可以察觉到的一切领域，人类都在借助于复杂的技术系统来满足我们的各种需求。可以说，技术正在一路高歌地前进着。

对于技术的定义，不同的学派有着不同的定义。综合有关技术的各种定义，我们可以把技术理解为人类借以改造与控制自然以满足生存与发展需要的、包括物质装置、技艺与知识在内的操作体系。

严格地说，与设计相关的技术应该涉及技术的各个方面，但就物质产品而言，则较多涉及人类改变与控制自然环境、物质性的技术或自然技术。

三、“第一自然”与“第二自然”

技术的本质就是自然界人工化的手段和方法。自然化的人工化就成为人工自然。人工自然与天然自然就构成人类生存的环境，前者称“第二自然”，后者称“第一自然”。

天然自然只有“一重性”，即自然自身的属性。天然自然在自身的属性、在自己客观规律的自发性作用下有其必然的发展趋向。在一定意义上，它有自己运动的“目标”，如热量趋向于熵最大，水流趋向于最低处……

人工自然则具有“两重性”，即自然属性与社会属性。人工自然的创造必须利用自然物质、自然能源和自然信息，必须遵循自然规律，因此人工物必须具有自然性质的属性。

另一方面，人工自然应具有内容丰富的社会属性。人的生存所需的衣食住行，以及马斯洛需要理论中人从生理到心理的一系列需求，都使人工自然的创造打上了社会的属性。

人工自然始于自然规律和基于自然规律，只是前提，它的社会属性是其更本质、更重要的方面。人工化程度越高，人工自然越发展，其社会属性就更加明显与突出。

第二节　社会需求、技术目的与技术手段

一、目的与手段

1. 目的与手段

人的任何活动，都是有一定目的与起点的。目的是一个观念形态的东西，是人这一主体根据自身的

需要而设定的关于外在对象的未来模型。

目的实现也就是将观念的东西转化为现实的东西，这一转化不能光凭观念的力量，而必须依靠物质的东西。这"物质的东西"及使用该"东西"的方式就构成了实现目的的手段。

平常，一个目的的实现，需要一系列的中介环节构成多变的手段系统，而不仅仅是一种工具手段。因此，目的与手段的关系不是绝对的，而是相对的：第一级关系中的手段可能是第二级手段的目的，而第二级的手段可能是第三级的目的……这就使目的与手段都具有双层的意义。

手段具有双重的性质。一方面，手段作为一种物质的东西，肯定是从客体中分化出来的，因此具有不以人的意识为转移的客观属性；另一方面，"物质的东西"是一个经过改造的东西，因而它是凝结了人的本质力量的、具有一定主体属性的客体，是主体本质力量对象化的物质成果。它既没有丧失其作为客体的客观物质性，又具有服从于主体目的性的特性。因此，手段的这种双重性又生成了手段功能的两重性。

手段功能的两重性是指：工具作为手段的制造和使用，不但使人占有外部自然，而且按照社会需要和社会的方式解放和占有人自身的自然（人自身的肢体感官与思维器官等）。也就是说，工具不仅是认识与改造外部对象的手段，也是主体自我的改造手段。工具不仅延伸了人的肢体感官，而且是解放与改善了人的自身器官。

2. 目的与手段的联系

在设计学中，讨论目的与手段的联系十分重要，它具有深刻的现实意义与文化意义。

在工业设计中，我们反复强调目的高于手段，是因为目的的确是根据人的需要提出的。人的需要的满足是设计的最终价值所在，因此，直接与人的需要产生联系的产品的价值创造无疑是设计追求的最高目标。手段仅仅是保证目的实现的一个中介，为了目的实现，使用什么样的手段是无关紧要的。因此，从设计学宏观关系上论述，目的无疑高于手段。目的体现了设计文化的本质：满足人的需要。因而设计中目的的确定是设计文化目标的确立，体现了人类设计实践活动的文化性质。

指出这一点很有必要的。在设计活动中，由于直接面对设计对象——即人这一主体以外的产品客体，人们很容易把注意力全部集中在这一客体身上，为求得这一设计对象最后以物化的形式出现并存在而努力。由于在物化过程中，构成产品客体的各种因素及他们之间相互关系的复杂性，设计师很容易在设计对象物化的过程中淡化甚至忘却当初对目的的追求，而把最终的目的追求异化为对手段的追求。

设计的对象是人们设定目的的手段，无论这个产品是工具、设备还是用品等，都是哲学意义上的工具，都是作为实现目的的手段而存在。前面我们已经说过，目的与手段的关系不是绝对而是相对的。在第一级中，设计的产品是作为实现目的的手段即工具而存在，而在第二级的关系中，产品成为手段的目的，第二级手段是第三级手段的目的……指出这一点十分重要：即任何一级的目的都是实现上一级目的的手段，只有第一级的目的才是我们真正追求的目的。如果我们在设计的过程中能始终清晰地意识到这一点，那么我们在设计活动中就不会迷失对最高目的这一方向的追求，整个设计活动与设计结果都会针对着人的需要，才能保证设计对象不会偏离最终目的甚至对立于最终目的。

另一方面，手段也具有十分重要的意义。

手段有选择关系目的实现的意义，即价值。一般意义上来说，手段的作用就是为了保证目的的实现，这是毫无疑问的。但是手段与目的的关系往往是多对一的关系，即为了实现一个目的，可以有若干种甚至更多手段的选择。这样，就产生了一个问题，选择什么样的手段为宜。这里就涉及价值的标准与价值判断。除了一般意义上的手段评价标准，如手段的节约（资源、能源、人力资源等节约）与高效率等指标外，还有一点极其重要，就是在目的实现中，有无异化价值即负价值的存在。如一般农药的使用目的是为了避免虫害对农作物的侵害。农药发明与制造是作为实现保护农作物顺利生长这一目的而产生的，但是今天我们普遍知道，农药使用的这一目的是达到了，但农作物的果实中遗留着农药的残余，使人体的健康受到极大的损害，因此手段选择往往与目的的实现不完全吻合甚至可能产生其他方面的异化。这就使得我们必须认真地、谨慎地选择"手段"。

二、社会需求、技术目的与技术手段

1. 技术目的与社会需求的联系与区别

社会需求是人性化的，它是从人的需求中提炼与归纳出来的，因此完全属于人性的范围，正因为如此，社会需求通常是原则性的，定性而非定量的。

技术目的是技术过程的内在因素，是技术系统所达到的一种结果，是具体的、明确的、定性定量的，它必须依赖技术手段达到。

技术目的与社会需求的联系在于：社会需求由技术目的来满足，从这一点来说，整个技术（包括技术目的）都是实现需求目的的手段。人类发明技术的目的就在于此。

两者的区别在于：技术目的与社会需求并不相等。首先，在许多情况下，虽有社会需求甚至有强烈的需求，但未必有实际的技术目的来满足它。

其次，从严格的意义上来说，技术目的与社会需求之间还是存在着一定的差距，有时甚至是相当大的。社会需求是感性的、以观念存在于头脑中的未来结果，是一种超前的反映，它指向未来。人的需要只有通过改造和扬弃对象的现存状态才得以满足。比如在洗衣机发明之前，人就需要一种装置能代替自己净化脏衣服。这种“装置”是指向未来的主观观念的，也是对当时曾普遍存在的手工洗衣工具如搓衣板、刷子等工具进行改造与扬弃才能达到的。人的这种需求仅仅根据自己的愿望而相当“感性”地提出，与技术无关。技术系统作为客观的对象，是合规律性与合目的性的存在。“合规律性”使它具有服从自然规律的特征而与人的目的无关；合目的性是人强制的结果，使它成为满足人的需要目的的手段和工具。但是，这一种“满足”仅仅相近而已但却无法完全相等，与人的需求完全吻合。比如洗衣机的出现，它确实解决了机器代替人净化衣物的这一个需求，但是却产生了这些可能：衣服磨烂了，褪色了，扣子丢失，某一部位尚未洗净而有的地方却洗破了，所费的水太多，耗电太高，噪声太大，含有洗涤剂的水排放后污染了环境，洗衣机占用人的住房面积。因此，技术在满足人的一个需求的过程中可能会产生十个问题。这里我们借用洗衣机这种技术系统作为例子说明技术目的在满足人的需求时的一种不完全吻合性，这种不完全吻合性的存在是可以理解的。因为，技术系统产生的可定性定量分析的技术目的是人类改造自然所获得的人工物，仍然具有拒斥人类的自然规律性。

因而可以这样说，人的需求完全是依据人类自己的感性需求提出的，与技术系统提供的技术目的的有限性无关。当一个产品出现后（如洗衣机的发明），人们在这一技术系统面前理解技术的局限性，采取向自然妥协的态度而接纳了它。

2. 同一社会需求可通过不同的技术系统即技术目的来满足

一般地说，社会需求与技术系统之间的关系是“一对多”的关系，而非“一对一”的关系，即一种社会需求可以有若干个技术系统予以满足。如人类保鲜食物的需求，既可以通过降低保存温度的方式即冷藏保鲜的技术（如冰箱），也可以使用杀菌后真空包装技术来保鲜。这就产生了不同技术系统的选择问题。工程师与设计师必须以人文精神为尺度进行技术系统的选择，使选择的技术系统，在实施过程中与实施过程后产生的技术系统反人性特征即技术的负价值降为最低。关于这一点，我们在稍后的内容中予以讨论。

3. 技术目的的成立与技术手段密切相关

技术目的必须有技术手段支持，没有技术手段的支撑，技术目的无法成立，自然也不可能存在。如外出旅行便于携带的洗衣装置，外出时可随时对数码及手机充电的高效而轻巧的充电装置等，都是由于缺乏相应的技术手段而无法存在的技术目的。

技术目的与技术手段的划分是相对的。作为前一级的技术手段成为下一级的技术目的，依此可以类推，如图 11－1 所示。

在图 11－1 中，第一层级的目的就是社会需求，其技术作为实现这一目的的手段存在，但是这一技术

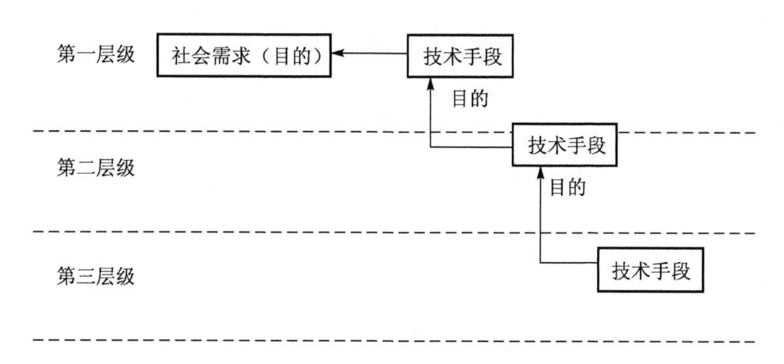

图 11－1　技术目的与技术手段

手段则成为第二层级技术手段的技术目的，而第二层级中的技术手段则成为第三层级技术手段的技术目的……如此构成整个技术系统而实现社会需求这一目的。

三、技术建构的折中兼容理论

人们常常认为，在运用技术去解决某一个问题时，是应该也有可能进行“最优化”的设计，并按“最优化”的方案执行并行动的。

但是，在实际的技术活动与人的实际活动中是不可能有理想化的“最优”、绝对的“最优”与全面的“最优”的。因为人们的实践活动或技术活动中是在“人—技术—环境”建构的系统中进行，技术活动的过程与结果必然受复杂的相互约束的人、环境等各种因素的影响。因而无法得到系统中各要素都为“最优”的结果。也就是说我们只能在各种相互牵制的因素中，按照它们对活动目的影响的大小来区分他们的重要与否，分别作一些折中，即对重要要素予以保证，对其他次要要素则做一些退让甚至较大的让步，这种“顾此失彼”的处理原则我们称之为折中兼容原则。

我们无法自由地选择技术，让技术在任何方面随心所欲地为人类服务。因为任何技术都是自然规律的再现，通过人们的努力而历史地形成。但是在技术建构过程中我们可以做到对技术的选择与设计的适度折中兼容。日本学者吉谷丰认为“技术不可能绝对完满，通常只是妥协冲突的结果”，“技术就是使相冲突的要求得到妥协从中找出最佳方案”，设计是最佳的妥协。

技术建构的这种折中兼容理论对工业设计富有启迪作用。工业设计作为产品系统的设计，所涉及的要素广泛地分布在各个领域，如生理、心理、认知，审美、技术、哲学、经济、市场、人力、文化、社会等，这些要素都不可能调和。产品设计，如同技术系统的建构一样，设计只能寻求一种最适宜此时此地此人（群体）的产品方案，而不是在绝对的意义上寻求“最优”甚至“最正确”的解决方案。

因此，设计是妥协的艺术，就是要找出各方面因素相互兼容、相互妥协、保证主要方面需求的一种“妥协”活动。

工业设计是在人文价值标准下，寻求众多要素非均等的“妥协”艺术。

第三节　技术的人性价值与非人性价值

对于技术，绝大多数人首先看到的是它造福于人的一面。看到它在将人从动物界中提升出来，并不断促进人向着更强大、更自由、更富足的方向发展中所起的巨大作用。这正是和人的内在本质与需求相符合、相一致的地方。正是这种符合与一致才使得人们不能不颂扬技术在人的进化和发展中做出的不可磨灭的功绩，并构成了人类推动技术持续发展的内在动力。

在我们满怀激情地颂扬技术的人性功绩时，也不能不冷静地正视这把“双刃剑”的另一面，即它与人性需求相冲突的负效应。无数事实表明，技术在不断创造出人性功绩的同时，也不断地产生着非人性效应。无论是一种既成的技术在发挥它应有的功能，还是技术在完成从一种形态到另一种形态的演进过程中，技术都会与人性要求产生某些冲突，违反人的良好意愿而作用于人，给人带来灾难、祸害或痛苦。这是客观存在的事实，无论如何也是回避不了的。我们只有正视这些现象的存在，才有可能进一步分析它的根源并寻求对策，以便最大限度地发挥人的能动性消除这些非人性现象。因此，我们有必要对技术进行必要的反思。

一、技术反思的意义

技术不断发展，使人类比以往任何时候都更加强大，但是技术也给人类带来了失望、痛苦和绝望，因此必须对技术的这种人性价值与非人性价值展开反思。这种反思的意义在于：

1. 对技术本性的认识，尤其对技术的主导功能的认识

技术是人类赖以提升文明的有力手段，同时也提升了人类自身，这是技术的主体的一面。尽管技术有反人性的一面，但人类却无法离开技术。这是人类认识技术的基本出发点。

2. 对技术的双重性有一个清醒的了解

尽管技术的人性价值是技术的主导性社会功能，但技术作为一把“双刃剑”又必然对社会、对人类有着负价值的作用，即技术的非人性价值。

技术的非人性价值使得技术在一定的条件下，不仅不能成为满足人的自身需要的手段，而且反过来成为剥夺人的需要、压抑人的感情、束缚人的自由的东西，成为给人类带来灾难的根源。技术的非人性价值提醒人们：技术并非都是提升人类文明的天使，要清醒认识到技术对人的异化作用。

3. 在认识技术两重性的基础上，为我们从哲学上把握人与技术的发展提供了新的视角

即充分发展人的智慧，从文化高度认识技术、整合技术，使技术的非人性特征降到最低。对工业设计来说，即如何通过其文化整合的作用，在产品设计中充分发挥技术人性的一面，避免、降低非人性的一面，使技术与人的关系趋于最和谐的程度，而不是严重的对抗。

二、技术的人性价值

技术是人们应用于自然和社会过程的知识、技能、工具手段、规则和方法，是人与自然、社会间进行物质、能量和信息交换的“中介”，是变天然自然为人工自然的手段。

工具是技术中的硬件，是人类技术水平外在的明显标志，通过它可以划分为不同的技术手段，继而划分为不同的经济时代和历史时代。技术的人性价值体现为：

1. 创造和提升人的同时也创造了和人同在的人性，使人成为有目的、有理想、有追求的物种

从人的形成历史完全可以看出，人类从自然界中分化出来，成为可自觉地利用自然、改造自然的能动主体，人类从动物界中提升起来，成为超越于任何只能被动地适应自然的新型物种，是凭借了技术以及使用技术的劳动才成为可能并转变为现实的。没有技术，没有人类制造和使用工具的活动，人就永远只能和自然混沌不分，永远只能与动物为伍。

人性只是伴随人而存在的，只有在有人的时候，才有所谓人性的问题，才有人对幸福、快乐、自由、解放的追求。技术使人成为不再满足于现状的物种，而是有目的、有理想、有追求的物种，使人性的呼唤随着人的诞生一起来到了人间。从此以后，便开创了人性因素借助技术而不断得到弘扬的历史，开创了人类奔向更加强大、更加自由和富足的未来的历史。

2. 技术使人得到体力的解放与脑力的解放

首先技术进步所产生的自动机器能够取代包括人的动力行动和操作行动在内的全部体力行动，承担实践过程中的全部物质变换活动。这时人就由在机器旁转到了控制系统的中心，从事为控制机编制程序、输入指令以及调节反馈信息之类的信息行动，而体力行动则基本全部从人的行动中分离了出去。信息行动成了人在实践过程中唯一亲身从事的行动，这是劳动性质的根本变化，是实践方式的划时代飞跃，劳动者由此而真正实现了体力劳动的解放。在使用自动机器的实践活动中，人所行使的职能尽管受体力的限制较少，但受脑力的限制却多了起来。当计算机技术进一步发展，使得智能机出现并引入机器系统之后，人的这种困境又进一步得到了改观。劳动者从部分单调、重复、繁重、繁琐的脑力劳动中解放了出来，可以去从事更有意义、更富创造性的脑力劳动。于是，人的本质力量得到了更充分的体现，人性也得到了更加宽广的弘扬。

技术对于人性的弘扬，在很大程度上就是通过技术对人的一次又一次的解放来体现的。在这个过程中，人一次又一次地从充当工具手段的地位中摆脱出来，同时，技术以强有力的手段帮助人们实现不断增长着的目的意图，使人的实践能力不断提高，在这个基础上，越来越多的人性追求就可以变成现实。

3. 技术提升了人的主体地位与自由程度

人作为有理想、有追求的物种，他们的需要永远不会停留在一个水平上。而要实现更高水平的追求，就必须摆脱更多有形或无形的限制与束缚，就要拥有更大的支配外物的力量，只有这样才能实现自己更丰富的目的和意志。人只要有所追求，就必然不满足于现状，就必然要赋予自己改造和支配外物的使命，即一种作为主体的责任和地位，这同时也就是一种摆脱外界束缚的追求，即对自由的追求。因此，主体地位和自由程度，在一定意义上更集中、更深刻地体现了人的本性，而提高人的主体地位和自由程度，无疑是合乎人性要求的。

随着技术从低级向高级的发展，人借用技术而能够驾驭和利用的自然力就越来越大，人将其纳入到人工系统中所构成的支配外物的力量也就越来越强大，人所能摆脱的外界的限制和束缚也就越多，这就意味着人的受动性减少而主体性自由度得到了提高。同时，技术越发展，由它造成的人工运动就越高级，越能代替人的复杂的行动，人就转入从事更高级、更复杂的行动，随之而获得更大的自主性、能动性和创造性，即提高着自己的主体性——这也是人性需求的辉煌的实现。

4. 技术改善了人的生活质量

人们发明技术、从事生产、追求更高水平的实践能力，最终目的无非是改善自己的生存状况，提高生活质量，使生活方式朝着更富足、更充实、更美满的方向发展，减少乃至消除人类在物质生活上的贫穷和精神生活上的单调，让人们在生活中能更多地体验到人生所应有的幸福和快乐，使人作为劳动主体和享乐主体的双重价值都能实现。

纵观人类发展的历史，不难看出，人所创造的技术水平，在很大程度上决定着他们的生活水平。人类生存状况和生活质量的改善，是随着技术的发展而进行的，因为技术决定着人类的实践能力，即生产物质财富的能力，决定着能为社会的物质生活提供多少财富，从而决定着人们的物质生活能达到什么样的水平，由此进一步决定了人们的精神生活能达到什么样的水平。

5. 技术促进人的思维认识能力的发展

人的伟大在于他能够制造和使用工具，而这又是和他具有思维认识能力联系在一起的。制造和使用工具的技术活动既是人的思维认识能力的展开，同时也不断地促进着思维认识能力的发展。当人的思维认识能力得到提高后，就能更多地把握事物的必然性，并利用这种必然性为自己服务，人也就具有了更强的实践能力，使自己在必然性面前变得更加自由，人的主体地位得到进一步提高，这无疑使合乎人性要求的需要和追求得到了进一步的实现。

技术在推进人的思维认识能力提高的过程中，是通过提高人的实践能力和改善人的认识工具这两个主要途径来达到对人的思维认识能力的促进和提升的。

三、技术的非人性价值

1. 技术的非人性表现

（1）重复与单调——技术与直接劳动者、操作者的对抗：重复、疲劳、单调与乏味。

① 反映为机械时代的体力劳动的重复，信息时代的精神重负与疲劳（引发无数的心理障碍乃至精神疾病患者），使得人们精力衰竭、未老先衰。

人类迄今发明的任何生产工具，似乎都会在被人使用时向人的耐力提出挑战，即人们长时间使用工具后产生难以忍受的疲劳。

② 技术对个性抑制与抹杀，使人处于单调乏味与千篇一律的行为劳作方式中。工具的出现与使用，使得工具操作的行动趋向规范化、模式化、标准化、共同化。现代人常常这样描述自己："我是一台机器。"

（2）生存危机——人类以往发明的技术，出于当时的出发点却违背人类的最终目标，对生存环境起着越来越强烈的破坏作用，以致危及人自身的生存。因此到处都可以看到这样的提醒："我们只有一个地球！"

英国地球化学家密尔顿博士领导的研究小组发现：英国人血液中许多化学元素的平均含量，与地球地壳中元素的平均含量有着明显的一致性，如把这两种含量的各种元素连成一条曲线，就可以发现二曲线竟能重叠在一起！可以想象，当地球遭到破坏、人为因素增加了污染物的话，那么它们将通过物质循环的方式进入人体的血液，这真是一幅可怕的图景！

（3）人类新疾。

① 大气污染引发的呼吸道疾病及死亡；

② 添加剂、杀虫剂、化肥等的大量使用造成化学品中毒；

③ 重金属污染环境，使人致病致死；

④ 噪音、电磁波、放射线等对人体的危害。

（4）危及安全——技术事故导致人的死亡与残疾，如交通事故、化工厂核电厂等泄漏及爆炸事故等。

（5）精神失衡——人除了对生存、健康、安全等有所要求外，还对精神上的自由、充实、愉悦和发展有所要求，这是人的高层次需求。

在高技术面前，人往往因惧怕技术而丧失了自信心和主人感。技术作为"理性的产物"、"刚性的结构"、"严密的程序和规则的体系"，与人的随意的情感世界相抵触。

"精神的丧失"的最可怕现象要算智力的退化了（美国超市收银员的心算能力就是一例）。技术越先进，越是智能化的技术，越无须使用者的智力协助，只须简单的操作即可。目前计算机键盘的中文输入方式，已经使得一部分大学生对一些文字只能输入却不会书写！可以想象，再过几十年中国人的中文书写能力将普遍大幅下降。由记忆懒惰、计算懒惰到思维懒惰，这是人类发展的福音还是不幸?

2. 技术产生非人性效应的原因

导致技术产生非人性效应的情况有下列几种：

（1）物性与物性冲突。技术是人造之物，它来自自然又不同于自然，成为自然世界运动系统中的"异己之物"。当它介入自然系统，干扰了自然界运行，破坏了原来的和谐平衡。这种失衡与不和谐势必影响到人类，于是，技术通过干扰自然界进而危害了人，导致了非人性效应，各种环境污染就是一例。从这一角度上看，技术对具有自然性的人来说总是有害的，日本技术学研究专家中山秀太郎认为："所谓技术……就是反自然的……因此不会有什么绝对安全的技术或者无公害的技术。""不引起自然破坏的技术是没有的。"

（2）人性和物性的冲突。当人使用工具时，人就要服从工具，人性必须服从物性。在人性与物性相一致的地方，人性与物性就不太会有冲突，当人性与物性有严重冲突时，人性服从物性就会导致非人性的痛苦，就感到物的残酷与折磨。特别是人的情感需求在"冰冷"的工具面前不可能得到满足，就会产生痛苦。

（3）人性与人性冲突。人的需求是多方面、多层次的，也是分群体的。不同方面、不同层次、不同群体的人性需求常常不可兼得而造成人性的冲突，满足了这一方面的需要却牺牲了另一方面，满足了这一层次却失去了另一层次，满足了这一群体却否定了另一群体……

① 人性与人性的冲突，有时产生于人自身的某些需求之间的相互否定性。如电脑使用减轻了人的许多脑力劳动，享受到合乎人性的轻松，但同时也剥夺了人运用智力的机会，可能导致智力退化的非人性后果。

② 人性与人性的冲突，有时还来源于利益群体的对抗。如计算机的利用所带来的人性是有目共睹的，但另一方面，它引发的人与人之间、企业与企业之间的竞争从传统的资源、材料甚至体能的竞争变成智能的竞争、信息的竞争，扩大了文化差异和知识差距，进而扩大了贫富差距。

③ 人性与人性的冲突，还来源于技术只能为人提供有限的服务。即只能满足人众多需求中的某一方面，会抑制甚至破坏其他方面的需求，从而产生了非人性效应。常给人以效益的技术常常吞没人的情感；为人谋取近期利益的技术而破坏了人长远的利益……

（4）人忘掉了技术的本来意义，则会加剧技术的非人性效应，使某些并不突出的非人性现象变得更为突出。

技术是实现人的某一需要这一目的的手段。当人淡忘了技术是一种手段时，就有可能把手段当作目的来追求，而把人的需求这一目的忘记或抛弃了。这样，就可能使技术这一手段异化为人的需求目的，从而无法满足甚至破坏了需求目的。这种手段异化为目的的现象在目前的高等工程教育中经常可以见到。

第四节　技术双重效应的联结

一、技术人性面与非人性面的共生共存

迄今为止人类所发明的一切技术都具有双重效应，正因为这一点我们说技术的人性面与非人性面是共生共存的。

人的需求目的往往不是单一的，而是多维的复杂的系统。如既有物质的需求，也有精神的需求；既有目前的需求，也有未来的需求；既有这一个领域的需求，也有其他领域的需求。这些需求，往往互相冲突。而技术往往是为了解决某一特定需求而发明产生的，因此它可能满足了这一个需求，但却违背了人的另外需求。因而，在某一方面它体现了人性，而在另一方面它却是反人性的。比如，发展畜牧业生产，土地有可能沙化；为增加粮食产量而使用化肥时，土壤却容易板结破坏……

利益与需求的冲突，体现在不同的人群中间。技术的出现可能会被某些人所享受，而另一部分人却只能承受技术所带来的反人性一面，如汽车驾驶者的方便与步行者受到的尾气污染，发达国家的环保与不发达国家的污染等。

技术本身并无意志与目的，它遵从自然规律，不过是将自然的运动转化过程以集约的方式在人造的物质系统中进行展开而已。技术双重特征的应用与控制完全决定于人的思想。

二、技术的人性面与非人性面的互渗互补

技术的双重效应，不仅共生共存，且互审互补，它表现为“显含”与“隐含”。显含：如医疗技术的救死扶伤与无法治疗的疾病的痛苦。“隐含”：如技术进步导致人的解放人性活动中往往隐含着人的某些能力与品质退化的非人性现象。

人对工具的依赖、对机器的依赖，就促使了人自身的生理能力甚至心理能力的退化。技术的进步使人类向文明又前进了一步，同时也埋下了人类某一方面退化的“种子”。人性与非人性交织在一起，可能在反对使用某种非人性技术的动机中，却隐含着非人性的结果，如反对使用核能就意味着燃烧煤与石油，产生更大的环境污染。

手段与目的之间体现的人性面与非人性面相互渗透，这点显而易见。比如在目的上是人性的，而手

段上是非人性的。如游戏机给孩子带来了快乐，但却隐含着荒废学业的结果；移动电话的普及能使人及时沟通信息，却让人失去了自由。

三、技术人性面与非人性面的双向转化

技术的非人性面是无法剥离的，它与人性面往往交织在一起，唯一方法就是促使非人性面向人性面转化。任何一种技术的进步，实质上都是否定了先前技术的非人性面，提高了技术的人性面，这就是一种转化。当然这一种转化也会产生：新技术产生后反而丧失了原有技术的人性面，提高了的新技术又带来了新的非人性面。

因此，人性面与非人性面不断地转化、不断地被克服与产生。

在人类技术形态的演变中，可以看到技术的非人性面沿着如下集中途径得到减轻或发生变化：

（1）由物质性的非人性向精神性的非人性演变；

（2）由有形的非人性向无形的非人性转变；

（3）从直接的非人性向间接的非人性转变。

这三种演变途径实际上反映出技术人性水平不断提高的趋势。因此，技术的人性面与非人性面的双重关系是：两者不可分割、相互依赖，另一方面又在互相渗透、互相贯通的基础上随技术的发展而永恒地转化着。

四、人类提高技术的意义

由上述的讨论，自然地产生两个尖锐的问题：

技术的发展与提高最终能否消除其非人性效应？

如果不能消除，人类不断地改正、提高技术的意义是什么？

第一问题的回答是：人类创造的技术最终也不能消除它的非人性效应。因为：

（1）从“手段”的意义上考察：人作为技术系统中的构成要素，与技术一起成为实现人的目的的手段，在实现目的的“工具”这一点上来说，人永远不可能不是“工具”。

虽然人创造出一定技术是作为自己实现一定目的的手段，从总体上来说是为自身的利益服务的。但通常说来，作为手段的技术离不开人的把握。只有把人也纳入技术系统，才能构成活的、围绕人目的而运转的手段系统。于是人在手段系统中不得不充当“手段”中的一分子。

（2）从“目的”的意义上考察：人作为技术成果的享用者，也难免会因技术的非人性效果受到损害，如技术对人的“娇惯”而使人的能力退化。

由第一个问题的结论很自然导致第二问题的产生：人类创造并不断提高技术的意义何在？

这个意义就在于：技术的进步和发展，尽管存在着无法摆脱的非人性面，但在总体上技术也在不断地提高人性水平。这是技术仍然需要不断提高、不断发展的不容置疑的人性意义。这是由于：

（1）技术除具有直接的人性与非人性效应外，还存在着为实现目的的效率这一“物性标准”。

效率与目的直接联系，也就是与人的需求有直接联系，所以效率都是与人性标准密切相关，这是技术进步的真谛。效率包含着速度、强度、寿命、精度、精确度、安全性、节省资源、节省财力、节省时间……这些都与人的目的相一致，因此技术进步所带来的效率提高是符合人性的。

但是物性标准必须以人性标准为标尺进行判别是否科学与合理。光是效率提升但不符合人性标准也是应该加以否定的。人的原则应是技术系统中最基本的原则，也是最重要的原则。如20世纪20年代十分流行的泰勒管理方式虽然是以效率为标准的，但它严格管理工人的方式导致工人劳动热情的低下，反而达不到提高生产效率的目的。后来，以人为中心的行为科学管理方式代替了泰勒方式。

（2）技术的手段功能越来越高，人所需要充当手段的职能越来越少，技术越来越多地取代了人的手

段性作用，使人在手段的地位中得到越来越多的解放从而获得自由。机械化时的人控制机械发展为自动化时的机械控制机械，典型地反映了技术进步对人性的提升。技术的这种二重性，西方学者称为“技术悖论”（Technological paradox），指技术产生的后果与技术要实现的目的相背离或不一致。

控制论的创始人维纳（N. Wiener，1894—1964）也提出技术是双刃剑的思想。爱因斯坦1931年给加州理工学院学生的讲话中指出：“……你只懂得应用科学技术是不够的。关心人的本身应该始终成为一切技术奋斗的主要目标……在你们埋头于图表和方程时，千万不要忘记这一点。”这一忠告对于今天的人们仍然具有很大的意义，特别是对以创造更美好生活为己任的工业设计师有着更现实的人文导向意义。

第五节　“技术理性”批判与设计

一、“技术理性”及“技术理性”批判

“技术理性”是自西方工业革命以来随着现代技术在人类生活中占据越来越重要的地位而形成的一种文化观念。

技术理性以强调人类物质要求的先决性为前提，展开其巨大的改造自然的力量。技术理性包括了以下几个基本文化观念：① 人类应该征服自然。② 自然的定量化描述。它导致用数学结构来阐释自然，使科学知识的产生成为可能，为人类征服自然提供了理论工具。③ 高效率思维。它指的是在行动时各种行动方案的正确抉择和对工具高效率的追求。④ 社会组织生活的理性化。包括体力劳动与脑力劳动上的分工、社会与生产的科层控制。⑤ 人类物质需求的先决性。只有在人类的物质需求获得了相对于其他需求的绝对优先权后，人类的才华才有可能大规模地投入物质生产技术中。这一点，是技术理性观念中最重要的一点。

由上述基本文化观念构成的技术理性具有强大的社会功能。它带来了现代技术与科学的高度发展，带来了现代工业与经济的飞速增长，带来了不再依赖于神话与宗教的社会生活的世俗化。然而，技术理性毕竟是一种有限理性，它以支配自然为前提，是集中于工具选择领域的一种理性。人生问题、价值问题、社会的目标与社会发展问题都被排斥在其观念之外。因而，技术也作为一种异己的、毁灭性的力量摆在人类面前，窒息着人的生存价值与意义，造成了人类前途前所未有的困境。

很显然，人类这种进步与倒退的两难，与技术理性发展到极端而走向自身的反面有关。20世纪六七十年代兴起的人文主义思潮对技术理性的批判，表现出人类对技术的认知已自觉地发展为从人类文化整体系统立场出发的文化批判精神。

许多人文主义学者都参与了对技术理性的批判，他们反对的不是单一的技术本身，而是一种越来越决定人类生活方式的文化价值取向，即技术理性。正是这种技术理性指导下的技术文明使今天的人类文明陷入一种前所未有的困境之中。它们的批判简约归纳如下：

（1）技术理性以对自然的支配为前提，它的进一步发展将造成两个可怕的后果：一是对外在自然的破坏；二是对人的内在自然的限制。技术虽然延伸了人类某些方面的能力，同人的某些方面的生理机能相适应，但人的很多生理机能却遭到了可怕的压抑。

（2）技术理性需要数学式的思维方式作为了解和解释自然的重要工具。在这种思维方式中，每一种事物都是可替代的，可化约的，每一种事物可归结为另一事物的抽象对等物，质上的区别和非同一性被强迫纳入到量的同一性的模式中，独特的个性丧失了。在技术时代，人成了市场中一个可计算的市场价值，成了整个社会机器中的一个部件。

（3）技术理性追求有效性思维，追求工具的高效率与行动方案的正确抉择。一旦这种思维方式盛行，人们所注重的将是效率与计划性，而不是人的情感需要或精神价值。

（4）技术理性观念是竭力寻找知识基础，但却不问人生意义的根据。即使是探求伦理与价值问题，

也是套用自然科学的认识方式。人的情感、人的爱憎、人生的价值不是自然科学体系中广泛使用的定性定量分析所能描述的。

总之，技术理性从功能、效率、手段与程序来说是充分合理的，但它却失去了对人的终极价值的依托，失却了对生命意义的反思。如韦伯所说的，纯粹的工具理性在其背后掩盖着实质上不合理的一面，因为它摆脱了价值理性的支配。因此，人从自然界和宗教的蒙昧中解放出来，却又被理性的自身创造物——技术、机器和商品等所奴役。

人文主义学者对“技术理性”的批判是在两大方面展开“拷问”：一是对技术价值“拷问”，另一个是对基于技术理性基础上产生的人的价值“拷问”。这两个方向的“拷问”，实质上就是对技术的人文价值这一个最基本的也是最重要的“拷问”。

二、技术的世界，设计的世界

今天的设计扩张到了人的生活的各个方面，成为人的生活方式、人的本质特征的体现。

技术一开始就是与设计无法分离的，设计甚至被视为技术活动的本质性环节，因为技术将把世界变成什么模样，在一开始就成为设计的目的。现代技术使设计的色彩更加浓厚，它通过抽象出的图景来沟通意向性目标与实际生产之间的鸿沟，使得技术活动及其效果的每一个细节都可以由脑力（理论）来决定，使得设计成为决定技术活动走向的一种观念与思想。所谓“人工自然”、“技术世界”，均是人设计活动的产物。

高技术时代人类设计的成果越来越纷繁多样。其设计的层次和领域也不断扩展，如从宏观到微观，从无机物到生命，从物质过程到认知过程。这些技术设计的新成就在带给我们更多的物质财富和精神享受的同时，也干预了自然变化的过程，使人付出种种不同的人文代价。

技术来到世间，就使得它所在的世界越来越是一个设计出来的世界，即一个依赖于人的先期的“构思”并“策划”出来的世界。与此同时，设计也就成了人的一种重要特质，这种特质就是要把事物按照特定的目标进行构想。

人的设计行为的产生，源于对特定目的的憧憬与追求，是对未来生活的希望。正是这些永无止境的“憧憬”、“追求”与“希望”，才使得人的设计行为永不停歇的发生，也才使得技术源源不断地产生着。

通过设计，人类创造了一个又一个的奇迹。通过设计及其实施，世界也才变得越来越像人所要求的那个样子。所以，人是设计的动物。

三、技术需要人文控制，设计需要人文导向

设计的本质就是将非自然的东西植入自然系统中，就是将人工性的制造物和运动过程并入天然的系统之中。一切设计都是人的智慧对自然过程的干扰，由于人的认知的有限性与手段的有限性，这种“干扰”具有一定的破坏性。正因为这一特点，使得设计活动隐含着一个巨大的危险，就是人为对自然的介入和改造，很可能造成对自然的破坏。从广义上来说，任何人工物都是人为设计的产物，因此人对自然的任何破坏都是人为设计活动的结果。所以，对人类来说，“成”在设计，“败”也在设计。

因此，一方面，人类的设计创造本质作为人类自身最可贵的品质，不仅必须保留、而且也需要不断地发展；另一方面又要不断提高我们正确设计、有价值设计的能力。其中一个重要的方面，就是要反思自己在设计过程中该做什么和不该做什么。尤其是设计中不仅需要有科学的原则或技术的可行性，而且需要有更多的人文关怀，将设计作为一种科学精神与人文精神充分融合的活动。

科学无禁区，而设计应该而且必须是有禁区的：有损于人类生存质量、人类整体尊严和共同价值观的设计，就必须通过法律、人文价值评价及其他的手段彻底加以禁止。

高技术时代，是一个更加辉煌的设计时代。人类设计的雄心越来越大，设计的领域也就越来越广阔，

随着人的设计能力越强，对自然潜在的破坏力也越大（其中包括人自身的自然）。人想通过设计来战胜一切，包括战胜自己的基因。于是，一方面是前所未有的“辉煌”的涌现，另一方面则是史无前例的危险的潜伏。

这样，人就越来越将自己往“造物主”的方向推进，而他的预测能力、对目的和后果的把握能力又不如他的设计能力提高得快，于是就有了种种出乎意料的灾难性后果。一个基本的事实是，我们克服了一个个自然世界所设置的困难，取得了一个比一个更伟大的技术成果，但是，我们却很少甚至不愿意冷静地反思我们之所以这样做的本质性的理由与价值，尽管后者的思考比起前者的科学探索与技术求证要简单得多。因此我们会经常遇到这样的情景：我们的设计解决了面前的一两个问题，但是却产生了“意想不到”的三四个甚至十多个新问题。

比如我们设计的汽车、洗衣机、电视机、微波炉……这些象征着现代社会生活的产品，给人们的生活提供了种种方便，但产生的环境污染、资源耗费以及人的行动能力的降低（及生命力的降低）等一大堆问题是我们“始料不及”和“熟视无睹”的。如果说我们今天对污染、资源问题焦急和“近忧”，是因为我们赖以生存的环境质量足以影响我们的生存质量，那么生命力的降低这些属于“远虑”的问题，即使我们今天理解了，也是“不以为然”。从这一点来说人类真是“近视”的物种。

因此在技术的世界也是设计的世界中，必须引入人文精神，用人的终极目标而不是近期目标，用人的最大整体利益而不是局部利益作为价值评判的标准，反思一切技术、一切设计的得与失。因此技术需要人文的控制，设计需要人文的导向。缺乏人文控制与导向的技术与设计难逃异化的结果。

技术与人文的结合，设计与人文的同行，对于今天的中国来说不应是一种理想，而应该是一种必须马上开始的行动与实践。

四、设计的人文价值与“技术理性”批判

在现时代，技术已成为人类社会生活的一种决定性力量，或者如海德格尔所说，已成为现代人的历史命运。今天，我们需要借助于复杂的技术系统来满足我们的各种需求：食物、住所、服饰、安全、通信、交通、健康娱乐和学习等。我们的社会与政治实践可通过电子媒介（电视、广播）来进行。我们甚至有了控制机器的机器——计算机，而人工智能的开发也正处在紧锣密鼓之中。与此同时，随着生命工程技术的发展，我们正在学会创造生命本身，因而有可能超越那些长久以来强加在人类身上的进化过程与心智限制。正因如此，技术才具有符合人的需要、愿望和要求的特性。它趋向于给人带来幸福、富足、快乐、自由和创造机会，这是符合人性要求的。

人文主义对“技术理性”的批判，以及今天我们对“技术理性”批判的部分接受，都是基于这样的事实：一方面，技术提升人作为人的主体地位，使人成为有目的、有意识、有理想的物种，这正是我们所肯定的；另一方面，技术也使人陷入空前的困境之中，使人的主体地位受到了极大的挑战，这也是我们所否定的。因此，我们除了不能接受少数人文主义学者全盘否定技术的观点之外，大部分人文主义学者的批判还是应该值得肯定的。

“技术理性”批判在中国工业设计发展进程中有着多方面的意义。

（1）技术与科学一起，作为第一生产力，对于正在蓬勃发展中的中国来说，仍然是一种强大的推动力，我们仍然必须予以肯定，并且不断发展科技的生产力，这一点，对于深受科技落后之苦的中国是一个无法动摇的坚强信念。

发达国家对技术的责难，特别是人文主义学者对技术的批判，应该说是值得肯定的。他们批判的是把技术这种理性精神扩展到人类生活的所有角落甚至是情感世界的行为。对技术的批判，基本上落在其理论的文化取向上。技术理性至上是不可取的。那种把人类现存的社会弊端和问题归咎于技术、试图拒绝技术的做法是错误的，我们需要反对的是科学技术的文化霸权，是技术理性无限制的虚无主义扩张。

工业设计首先是一种人文价值的创造行为，这种创造活动是通过产品这一载体体现的。因此，工业

设计师首先是人文学者，而不是艺术家与技术专家。

设计师必须坚持两个视野——国际视野与民族视野。国际视野就是要关注世界工业设计理论与实践的发展，以此作为民族工业设计的营养与参考。民族视野就是着眼于本土，立足于本土，熟悉并理解本国工业设计的现况、文化与社会生活，以及它与设计发展相关的要素，来决定设计发展的方向、设计发展的道路及设计发展方法。

中国的现代化发展与发达国家不仅有着程度上的极大差异，而且还有着很大的"时间差"，我们并没有发展到与发达国家同步发展的程度。工业设计也是如此。我们必须以此作为出发点来思考中国工业设计发展的阶段性问题。

（2）设计与设计的产品全方位地反映了设计师对人文价值的理解与追求，反映出对待技术的态度，因此设计承担着产品设计的人文导向与产品人文品质的塑造。

技术对社会、对人发挥的作用，都是通过产品这一与自然的中介系统得以体现，产品是技术的载体，没有产品，技术作为一种观念形态是无法直接作用于人与社会的生活的。

因此，技术与技术理性所产生的种种问题，首先是设计遇到的问题，也是设计必须予以正视的问题。

当然，设计对技术采取任何一种方式与方法并不完全是设计师个人的行为，是社会各种要素共同约束与限制技术的结果。尽管如此，设计师仍然必须首先对为达到某一目的而采取的技术手段与技术途径进行人文价值的审视与评价，对技术方案做出抉择。尽管他无需解决具体的技术手段问题。

放弃对于技术手段的人文价值审视、评价与导向，放弃对技术方案的抉择是现代设计师的严重失职行为。也就是说，在今天，把设计与技术分离开来，放弃对技术的人文价值的评价与导向，首先违背了设计最基本的出发点——为人的设计，这是不可能产生好的设计的。设计中缺乏人文精神的审视与人文主义的抉择，决不是关乎产品形态的风格问题，也不是关乎设计的技巧问题，更不是关乎设计的时尚问题，而是关乎设计师对人在设计中的地位、设计本质的基本理解与认知问题。那种把产品的技术问题全部归结为工程师职责的想法，反映出对工业设计理解的表象与肤浅。

（3）目的是第一位的，手段为目的服务。这是目的与手段的关系准则，违背这个原则其结果就是人的异化。产品作为人与自然的中介，是为人的目的服务的，技术则是保障产品达到一定目的。就人与产品的关系，人是目的，产品是手段；就产品与技术的关系，产品是目的而技术是手段。因此，技术对于人来说，无法改变其永远作为手段的地位。"技术理性"把技术的特性推广到社会管理与人的价值衡量，是把手段当做目的来追求，违背了目的与手段的基本原则。工业设计对"技术理性"的批判，正是立足于人的价值、生命的价值与人生的意义，是对目的与手段关系的把握与坚持。

设计目的体现了对人的价值的关怀，作为手段的技术自身无法承担起目的的价值与意义。因此，把技术这种理性特征进行虚无主义的扩张而成为人生的终极目标，遭到人文主义的批判，这是相当自然的了。

可以说，自现代技术产生之日起，人文主义者就对技术理性至上展开了激烈的批判。在他们看来，技术理性至上必须让位于价值理性对技术理性虚无主义发展的介入与引导。技术理性本身是有意义的，它体现了一系列人类的基本旨趣，然而人生的意义与价值却不可能由它来决定，因为它并不体现对人类终极价值的关怀。理性不应该仅仅体现在人们对目的与实现这一目的的手段关系的调节上，而且也应该体现在对目的的正确理解与把握上，体现在对目的的行为的后果的预见与权衡上。一句话，理性应该成为一种人类选择与调节自我行为的能力。

第十二章　工业设计与社会

严格地说，现代设计至少具有这两方面的特征：一是设计与现代社会的大工业生产密切相关，或者说，现代设计的产生离不开工业社会的大工业生产这一前提基础；二是设计为社会大众服务，力图改善社会大众的生存状态，提升生存质量。后者，体现了工业设计广泛的社会意义：它不再是为手工业时代权贵与帝皇们处心积虑地提供生活与把玩用品的设计观念与活动，而发展成为社会大众提供必需品的社会行为。因此，现代设计的社会性是不容置疑的。

苏联格·波·波利索夫斯基在《未来的建筑》中说："衡量我们的建筑的尺度也应当是人，这是我们的同代人"，"使他们，使所有这些物品、物体、房屋充满并闪耀着人的思想、幻想和理想，使它们人化。因为人是衡量一切事物的尺度。"这里所说的"人"，指的是同时代的社会公众或社会大众。王受之在《世界现代设计史》中肯定这个"人"的性质："如果这个'人'只是指少数权贵，那就是旧式的设计活动。人类近5000年的设计文明史其实是一部为权贵设计的历史。一旦设计满足的对象是大众，便开始有现代的意味了。"

源于大工业生产方式、着眼服务于社会公众的工业设计，其自身无疑也是一种社会行为。现代设计虽说由个体或小群体的设计团队完成，但从总体上来说，它是人们在一定的社会环境中由一定的社会意识支配进行的社会实践活动。从设计接受者看，设计确实是由个体消费者接受，但个体消费者的集合却可以形成社会中的某一群体（尽管这一群体中的每个个体分布在社会学意义上的社会分层的某一群体中，但他们购买了某一设计用品，也即形成这一特定意义上的消费群体）。反过来，这一群体之所以都分别购买消费了这一产品，是因为他们在某种社会学意义上具有类似性。因此，设计不是设计师个人爱好的表达，而是社会群体共同需求的反映。设计的社会学意义正在于此。

第一节　设计——为社会公众的设计

现代设计与传统设计的本质区别在于服务对象的差异，即公众的还是权贵的，而不是表象上服务对象的人数多寡。

之所以强调设计的服务对象，是因为正是在这一点上，体现出现代设计的根本目的与方向。设计以满足社会公众的需要为目的，同时又以他们的"尺度"来检验设计的优劣。在这里，社会大众的广义解释是指社会所有成员。但是由于社会成员彼此间存在着太多的差异性，因此，某一种设计满足的社会成员仅仅是社会成员中的一部分，亦即社会中的某一群体。所以我们在这里所指的社会公众，在严格意义上仅仅是指社会群体。

设计的社会公众对象蕴涵着设计的几个本质特征：

1. 设计服务对象的社会性

不管采用什么样的大批量生产方式，批量生产必然导致质量的稳定与价格的低廉，这样才使得设计服务对

图12－1　鞋底与鞋套可以分离的鞋

这一款有着广大市场潜力的新型鞋，它由两部分组成，消费者可以根据需要换上颜色鲜艳的"鞋套"。设计符合脚部在一整天的自然缩胀，鞋套采用可透气的莱卡材料制成，这有助于散热散湿、防菌除味，有利于脚部健康（本产品获2002美国优秀工业设计奖金奖）。

象的社会化、大众化成为可能。

2. 设计交流与设计评价的社会性

设计的结果必然进入社会。设计师、制造商、经营者、广告商，他们不仅是设计成果社会化的参与者，同时也是设计成果的消费者，这就使设计的交流具有广泛的社会性。

3. 设计目标的社会性

以社会公众的需要提炼出的设计目标构成了设计的功能内容、设计的时尚特征与设计发展趋向，这都建立在社会公众的需求基础之上，从而使设计目标体现出广泛的社会性。

4. 设计的结果构成社会美育的重要因素

通过交流、沟通、使用与消费，设计在社会生活中无时不在、无处不有，因而也成为社会美育的一个极其普遍而重要的要素。

第二节　设计与社会

一、社会对设计的影响

严格地说，社会是作为设计的环境对设计施加各方面的约束与影响。社会环境意指社会的背景文化与社会土壤。因此可以说，设计不是设计师的设计，而是社会的设计。

社会是一个极其复杂而又动态变化着的综合体。首先，社会是人们交互作用的产物，这些交互作用体现为经济关系、政治关系、文化关系、军事关系、宗教关系、伦理关系、教育关系与民俗关系等形态；其次，社会存在人口构成、历史文脉、文明程度与科技水平等构成要素。这些关系形态与构成要素无不随着时代变迁而变化着、发展着，这就使得社会这个综合体的结构分析与发展分析有着极其复杂的因素。

社会对设计的影响与约束体现在下列方面。

1. 社会是设计产生的外部条件

社会生活方式、生产关系和社会文化等以及它们产生的变化，都促使社会产生特定的需要及其需要的变化，从而使相关的设计应运而生。

有趣而又色彩丰富的“温柔熨斗”与“电桶”都是日本松下电器有限公司生产的家居用品之一，它为熨衣、洗衣过程的欢乐和趣味性需求提供了可能。前者的外观、材料和颜色的设计都是为了创造更为悠闲的烫熨衣服过程。温柔熨斗使用了有许多小孔的聚氨酯和尼龙作为底部，蒸汽能够通过这些小孔到达衣服底部，创造出高效的压力熨烫效果。这件产品最独特的地方在于它的外观造型，为用户传递出一种人性化的、轻松快活的精致触感。

图 12－2　松下“温柔”熨斗与“电桶”洗衣机

“电桶”是一种设计巧妙的小型洗衣机，专门针对日本小家电市场，松下电器设计出这样一种简单易用真正满足洗衣机微型化要求的产品。它的桶可独立购买，并且洗衣完成后可换下来，清洗少量衣服或者是有特殊洗衣要求、不能与大量衣服混在一起洗的衣物时使用这个产品是不错的选择。竖立式、节省空间的造型布局很适合摆放在小空间的厨房或者旅馆房间里。

电脑的出现与普及，使人们的生存方式产生了革命性的变化，为了携带的方便，电脑必须向携带化、轻薄化发展。

夏普 Mebius PC-MTl 膝上型个人电脑曾是世界上最轻、最薄的笔记本电脑，加上电池也仅仅重 1.31 千克，厚 16.6 毫米。它运用了最先进的液晶显示屏技术，键盘随着笔记本的开启和闭合而升降，充分展示了笔记本电脑发展的潜能。对于超薄技术的这种不懈追求引发了对于电子纸张的长期梦寐以求的模仿。

图 12-3　夏普 Mebius PC-MTl 笔记本个人电脑

2. 社会为设计提供动力、原料和技术

设计需要信息、知识、物资、材料与人力等，它们都存在于一定历史时代的社会环境中，它们不可能与一定的社会环境相脱离而孤立存在。如技术水平，就不能脱离社会环境而存在。因为作为社会文化构成的要素之一，技术的发展与水平始终与一定的社会文化背景相适应。相应的产品设计与社会对该产品需求的发展密切相关。数码相机、摄像机、笔记本电脑等产品及其设计，都与现代社会大众对数码技术的认知、对数码产品的需求（这种需求不管是工作需求，还是休闲需求、娱乐需求），以及对消费高档产品的经济能力的提升紧密相连。后者构成了前者的最原始的推动力。如 20 世纪 30 年代以后出现并在二战得到发展的大跨度建筑，就是出于当时欧美建造大型展览馆、体育馆、飞机库等的需求而产生的。当然也是因为当时技术手段的保障而得以成功实现。技术手段的保障包括高强度钢材和混凝土、合金钢、特种玻璃等材料与薄壳和折板、悬索结构、网架结构、张力结构与充气结构等技术。

3. 社会对设计师的智力结构、思维模式、设计观念和设计方式与手段起着支配作用

设计师既是自然的人，更是社会的人。即使体现出强烈个性的设计师，其个性也只是其作为社会的人的特性的一个细节，他的“个性”，也是社会生活在他身上的某种折射与反映。以个性形式表现的设计师的意识活动在很大程度上取决于一定时代历史条件下的社会生活和社会意识。社会、文化、习俗与伦理等制约着设计师的心态与行为。他们的个性体现反映出社会的共性特征。不少设计师都论述过社会环境对设计师的设计行为的影响与作用。格罗皮乌斯曾这样强调设计表现形式必须随时代的变化而改变：“我们处在一个生活大变动的时期……在我们的设计工作中，重要的是不断地发展，随着生活的变化而改变表现方式，决不应是形式地追求‘风格特征’。”①勒·柯布西埃的“住宅是居住的机器”的名言，表达出的是其对现代建筑的理解及对简洁几何形体建筑形式的肯定。他说：“工业像洪水一样使我们不可抗拒，”“我们的思想与行动不可避免地受经济法制支配……在这更新的时代，建筑的首要任务是促进降低造价，减少房屋的组成构件。”②

4. 社会制约着产品的功能、性质与形态

一个产品不同于另一个产品的根本属性是产品的功能差异，即产品应达到功能目的或功能效用，而产品的功能则取决于社会的需要。一定社会历史时代中的社会生存方式决定着社会的需求，这需求包括为满足这一时代中以特定生存方式活动的人产生的各个方面的具体需求：如学习、工作、交流、休闲、审美、交通、饮食与居住等。这些需求以个人的具体需求体现出来，但却又在众多的个体需求中体现出共性的特征。设计活动开始的一个主要任务就是在个性需求中归纳、筛选出共性需求，作为设计追求的目标。因此，设计强调的人性化追随的人，不是具体的人。设计不可能（至少在目前）为某个个体设计生产一个产品，只能集合多数个体的人的共性，以此作为设计目标。因此，设计的人性化不是个人化，是这一个社会群体区别于另一个社会群体需求特征的共性化。社会环境使得社会公众对具备某一功能的产品产生共性的需求。因此，设计目标的确立，依据的是公众的“人”，群体的“人”，即社会的“人”而非自然意义上的具体的人。

5. 社会决定着消费者接受设计的观念与方式

社会公众，也就是社会的设计受众，始终处于与社会的互动之中。也就是说，社会的发展与变化将导致设计受众在设计接受方面的兴趣、观念的变化，从而也决定着设计的取向。从这一点来说，无论是设计者还是设计受众，都受社会环境的影响，在一定程度上，表现出观念与思想的相似性。冰箱、洗衣机、微波炉等在现代社会中的被广泛接受，是因为社会工作压力增强，生活节奏加快，以及个人对自己余暇时间更加重视。现代人们了解信息的方式正在从纸面信息媒介逐步转移到网络媒介，这是现代社会逐步建立在数字化技术上的必然结果。

6. 社会引导着设计标准与设计评价体系的建立与变化

设计标准与设计的评价体系的确立历来不是由哪位大师决定的。设计史很清晰地表明了这一点。当然我们也可以在设计史中找到这样的情况：即某位设计大师的设计作品开创了一代设计风格，甚至开创了一场设计运动。实际上是在特定历史条件下，特定的社会文化特征被设计大师所感悟而被捕捉，因而产生由个人引发的思潮、运动等特殊现象。我们不排除历史上伟大的设计师对社会设计文化发展所作的推动与贡献，但究其原因，只能说明他顺应了社会发展的需求而取得了成功。

当技术的发展不断挤压着人类的生存空间与精神空间时，在产品设计中对人性的呼唤就成为设计界的统一口号。如果说今天的“科技以人为本”成为某公司的形象宣传口号，倒不如说，这原本就应该是任何企业在产品设计与制造中所首先必须明确的认知。人们一味顾及效率而不顾及环境时，严重的生态危机不得不成为全球关注的对象，因此绿色设计、生态设计的概念及其评价体系在全球范围内被广泛接受。

当然，设计标准与评价体系随着时代的发展而不断地变化，但不管其如何发展，以人为本、以人的健康发展为目标，将是一个不变的主题。

二、设计的社会功能

设计的社会功能，就是设计对社会的影响与作用。

设计始终受发展着的社会的推动与制约，同时设计又影响着社会的发展，体现出设计的强大社会功能。

设计影响社会的发展，是通过这样的基本原理达到的：渗透到社会生活中的每一个方面的设计，同时参与并构成了社会生活。以社会全体成员为服务对象的设计，在满足社会公众多种需求的同时，作用并影响着社会公众，对社会产生了各种各样的作用。

1. 设计的改造作用

设计对社会的改造功能不仅体现在物质生活领域，也体现在精神生活领域。

人类社会的“设计 - 制造 - 流通 - 消费”这一系统的形成与发展，成为现代社会文明的表现，也是设计改造社会的表现方式。设计对象的构成，从城市建筑到汽车、家具、服饰这些广义的设计，直接进入人类生活，成为社会生活中不可或缺的一部分。至于现代家电与 IT 产品，更是成为社会生活中的宠儿，不仅改变着人们的生活方式，也改变着人们的思维方式、情感方式与评价方式，推动着社会的进步。

我们把设计本质界定于设计人的“更合理的生存方式，提升人的生存质量”，就是强调设计的改造功能。改造旧有的不合理、不科学、不利于提升人的生存质量的生活方式，创建新的更合理、更科学、有利于推动人的生存质量的生存方式。

人的求异、求美、求发展的需求，使得设计在空前广泛的范围内在物质领域与非物质领域展开了它的创造性活动，以各种富有创造性的设计产品回应社会的需求。因此，可以这样说，社会的需求刺激着设计的发展，而发展着的设计反过来改造、提升着社会的文明。我们使用着什么样的设计产品，在某种意义上标志着我们处于何种品质的生存方式中。设计就是这样把自己与社会的进步紧紧结合在一起。

设计反映着社会的同时，社会也反映着设计。汽车反映着一个国家、一个民族的科技水平、审美情趣与购买能力等的同时，社会也反映着设计对它的影响。汽车这一人类划时代的设计作品，自它问世的那天开始，就开始它改造社会的伟大进程：由于汽车的出现并迅速社会化，城市规划、建筑设计、高速公路、餐饮、电影、购物、学习、休闲、娱乐、交流、居住方式等物质生活方式与精神生活方式，无不与汽车的出现与社会化密切相关。它不仅仅改变人的物质生活方式，也改变我们精神上的审美方式，甚至价值评价的标准。在“汽车”一词后缀以“文化”，使之成为“汽车文化”，就使一个物在社会中存在的意义扩张为社会文化的宏观景观。网络文化的出现，现在已经表现出、将来还将进一步表现出比汽车文化更具影响力的设计改造社会的典型事例。网络文化对人类的生存方式、对社会的影响比汽车更强大，范围更宽广，它不仅仅涉及有形的社会生活，更涉及社会的深处：社会的人性与精神取向。

2. 设计的认知功能

设计被社会公众所接受，从而达到最终的目的——满足社会公众的需求。在这一过程中，实际上包含着另一个过程与结果，即社会公众对设计的认知过程并导致认可的结果。

从表象上看，设计提供了一种产品，通过产品的使用过程及使用后满足社会公众某一特定的需求，来实现设计的目的。但是在一个隐蔽的意义上，设计的被接纳，必须基于社会大众对设计的认识与理解，即认知。缺乏这种认知，设计就无法被接纳。

从传播学的角度研究设计，设计师的设计过程是一个信息编码过程。他将产品的结构、材料、功能内容、操作方式、价值等通过形态、色彩、材料肌理这些设计要素构成符号，从而使一个具体产品的各种可感知的要素都成为负载着信息内容的符号进入我们的视野。一个产品设计，不仅包含产品自身的信息内容，如功能内容、结构形式、材料种类、操作方式等，还包含着设计对科技与审美价值的领悟与表达，对价值标准、社会文化等观念的表达。这些不仅有待于社会大众的认知，也在某种意义上影响社会大众，促进大众对设计所包含着的这些信息进行解读，提高社会大众对设计的理解。

3. 设计的交流功能

设计的交流功能也称为设计的沟通功能。

从产品设计开始，到产品消费，通过产品功能需求的满足、概念的社会需求目的物质化与现实化、形式审美的抽象化与象征化、理性价值观念的感性化，社会大众由于共同需求而被结合在一起；在一定的时空环境中，产品传递着公众乃至人类共同的需要、欲念、兴趣、感情和生活体验，促使人们更多地交流，沟通与亲近。

在“设计 - 制造 - 流通 - 消费”这一系统过程中，设计师与设计师、设计师与设计管理者、设计师与制造商、设计师与销售商产生了广泛的接触与交流；同时，制造商与制造商、销售商与销售商、消费者与消费者之间也由于设计的产品被联结在一起，沟通需求，沟通感受，沟通信息等。特别需要指出的是，大工业生产下，同一产品的同品质、同价格、相同的使用方式等，使得不同阶层的社会群体相互增加着他们的平等意识，增强着他们彼此间的感情沟通，交流着他们之间的价值观与文化观。

设计交流功能的实现，在于产品设计拥有自己的信息交流符号体系和规律。

要使设计实现交流的功能，必须使用能有机结合产品功能内容、产品形式与产品设计意蕴的特有语言。这一语言必须让设计师与社会公众（包括消费者）都能作共同的解读。

可喜的是，我们的设计师已经探索到并在不断提升这种设计语言的表达能力。显然这一“语言”并非如一般数理语言、自然语言一样理性与单纯，而具有模糊性与多义性。但另一方面，设计“语言”在交流中，也在不断沟通着设计方与解读方对设计语义的理解，也在不断提升着设计方与解读方对设计语言的抽象性、象征性认知，从而提升着双方把握与使用设计语言的能力与水平。

4. 设计的教育功能

设计可从多方面对设计公众起“说服”、“教育”与“启蒙”的作用。

设计教育对社会公众的教育作用包括基本的文化科学知识教育、创造思维培养教育、价值观教育、道德与伦理教育等，从而提升社会公众的素养与修养，完善人格个性，净化心灵，提升创造能力和文明水平。日本设计学家黑川雅之等人认为，“设计的概念是21世纪最重要的概念之一”，而“新商品的出现，不仅常常会为社会大众注入新的思想，而且也往往被认为是改变了世界的重大事件”。[③]

设计产品的教育功能，通过设计师有意识地在产品设计时“注入”生活方式、生活态度与价值取向等，通过大批量的数以万计的个体的“复制”，使社会大众在不知不觉的使用、观看、触摸以及商品说明与广告宣传中，被潜移默化而受到教育。

5. 设计的愉悦功能

产品作为人的设计活动的结果，必然遵循马克思“人是按照美的规律创造世界”的命题。

图 12－4　高品质餐具

这是以“时尚·简约”为设计理念的高品质餐具套件，它发挥了不锈钢的特长，将功能性与设计性融为一体。不锈钢与暗色调木制部分的协调组合打造了它的品质感（本产品为 2002 韩国优秀设计商品）。

俄国文艺评论家安纳托利·瓦西里耶维奇·卢纳察尔斯基（Anatoly Vasilyevich Lunacharsky，1875—1933）曾这样论述工业产品要遵循的“喜悦原则”：“工业的任务正是为了使人们能够更好地满足自己的需要去改变世界。而人有喜悦地生活的需要，快乐地生活的需要，有趣地生活的需要……百倍重要的是，生活日用品不只是有用的和合理的，而且也要令人喜悦……衣服应该令人喜悦，家具应该令人喜悦，器皿应该令人喜悦，住房应该令人喜悦……艺术－工业的重大任务将在于，要寻找朴实的健康的令人信服的喜悦的原则，并且将它们应用到比现在规模更大的机器工业中去，应用到建设生活中去……”。④

七八十年前的这段话，除了“艺术－工业”这样的字样稍感陈旧，其内容对今天的设计界仍然有着深刻的意义：人为的产品不仅要解决人对产品的物质功能需求，还必须解决人对产品的“喜悦”追求。尽管时至今日，我们还难以在对设计的“喜悦原则”达到完全的统一与深刻的理解，但是现代工业社会物质大量发展所造成的对人的精神的压迫与压缩，迫使现代人在物质产品的丛林中寻求精神世界的突围之路，而物质产品通过自己的设计给人以“喜悦”的功能，可以说对现代人性的解放不仅是必需而且更是必要的。

设计的愉悦功能原则，在产品设计中有着多方面、多层次的内涵，它应该包括产品形式、产品方式与产品的功能三大方面。

产品形式的愉悦功能主要通过产品形式的审美来实现，这是普遍的理解。

产品功能的愉悦性，主要体现在产品功能在满足人的目标需求上，切入点准确、有效，具有较少的非人性的负价值。

产品方式指的是产品的操作方式。产品操作简洁、便利等整个操作体验的愉悦性，构成了产品操作体验性美感的主要内容。体验过程中的愉悦感不仅来自操作的简易性与准确性，更来自在体验过程中人作为人的尊严的满足。

三、设计与社会的互动

社会对设计施加着约束与影响，另一方面，设计又以反作用的形式对社会施加着影响。这实际上是设计与社会相互影响的互动关系。

图 12－5　形态风格一致的茶具

形态风格一致的茶具既给人以统一的秩序感，又给人以节奏的韵律感。

1. 设计与社会互动的基本原理

如果我们把两者结合起来观察与分析，特别是观察两者相互推动、相互促进的动态过程，便可进一步了解两者之间的密切关系与逻辑联系。

设计作为现代社会中极其普遍而极其重要的社会现象与社会行为，与社会因素如科技、经济、审美方式、价值观念等存在着错综复杂的关系。设计在它们的影响制约下前进的同时，又以自己的成果影响着社会这一个综合体，改变着社会的存在方式。在这里，我们实际上已接触到这样一个貌似矛盾的问题：设计既然是在社会的影响与约束下完成的，又何以使自己的成果影响着社会、改变着社会的生存方式？

设计作为一个结果，对社会产生影响并改造社会的生存方式，必然包含着一些不同于原有社会因素的新因素，否则就无法对原有的社会产生影响甚至改变社会的生存方式。但是，设计作为社会种种因素影响与约束下的结果，为何能包含着一些新的因素？

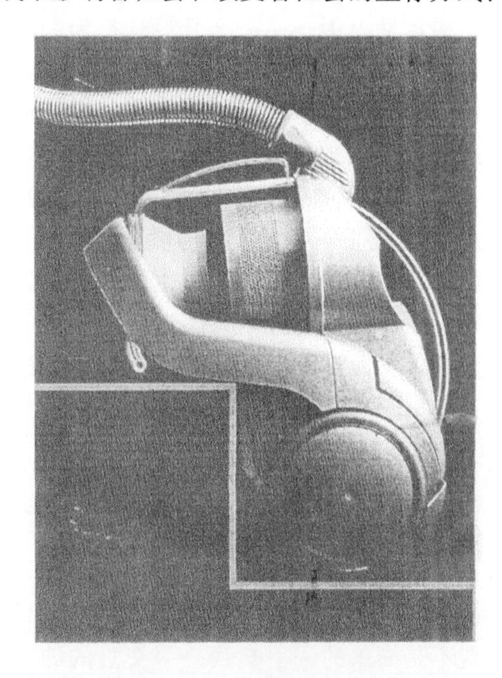

图 12－6　能爬楼梯的吸尘器

这款吸尘器操作简单，功率强大，能爬楼梯，更重要的是吸管能很方便地收纳起来。这些都给使用过程带来了愉悦性体验。

在宏观的意义上，人们的设计行为是在社会因素的约束与影响下展开的。无论是科学原理、材料、结构、经济、审美意识与价值观念等，都成为人们设计行为的起点。所谓“约束与影响”，就是前提的条件、先行的观念等形成的物质与精神的环境，人们无不在这一特定的物质与精神的环境下展开设计活动。但是，时代的发展、科技的进步与意识观念的转变，使设计所依赖的物质、精神环境中的某些微观要素上出现了变化，如科学原理的突破、力学原理的发展、材料性能的改变、审美意识的变幻等。这其中的某一要素有了变化，设计就会在设计目的的导向下，毫不迟疑地在原有基础上进行突破而导致新产品的诞生。当然，这一种突破，有着量与质的差异，但凡是突破，我们都称为设计创造。

当具有某种程度创造的设计结果反过来服务于人们时，新设计中的忠实反映着原有社会因素影响的设计构成要素，依然十分和谐地回应着社会中的相关因素，我们称这些要素为传统。对某种程度上新的创造因素，则因为不是原有社会因素约束下的产物，于是对社会产生了刺激与影响。

设计这一部分反作用力量，如果严重不符合社会因素特征而为社会所不容，那么，这一设计就会遭到社会抛弃而失败。另一个结果是，当这一反作用被社会所接受，或者开始被小部分人然后又被更多的人接受，这就说明社会接纳了设计，与此同时，设计就开始对社会产生影响。这一种影响依设计时的突破点的性质与内容而有大小的差异。原理性的突破，材料的突破等可导致产品成本降低，或提高了产品效率，或提升生活效率；形式的突破可以导致审美意识的变化；使用方式的突破可导致生活方式的改变……

如果当一个新的设计成功进入社会、被社会广泛接纳，同时新设计又与人的生存方式有着太多联系的话，那么这个设计或者说这一个产品对社会的作用就不仅仅是局部意义。汽车的设计与普及对人类生存方式、对社会的发展影响就形象地说明了这一点。

上述的论述说明了设计与社会的相互推动、相互促进这一动态过程的基本原理，其中设计的创造性是设计推动社会前进的内核。

设计的创造，如果说这只是设计师的创造，倒不如说是公众的创造。而公众的创造就是设计的社会属性。设计师的创造也是基于社会公众的创造。社会的每一个成员，以他们各自的方式如设计、生产、销售、宣传、使用、评价、合作、管理等，参与到设计行动中，不同程度地表现出独创性。设计师的创造性在于对社会的观察与分析，筛选出富有创造性的设计构成因素，把它们整合进设计。因此，没有一种社会行为像设计那样广泛而又始终不断地融合进社会公众的物质生活和精神生活的每一个角落。

社会与设计的互动关系，主要体现在设计－制造与社会消费的互动上，并由此展开更大范围的互动。

2. 社会与设计互动关系的主要体现

● 产品消费对设计的促进

（1）只有消费，才能使设计成为现实意义上的设计。公众的消费是使设计师成为实际意义上的设计师的最后行为要素。严格意义上说，一个产品设计行为的结束是产生于产品进入消费阶段之后。任何大脑中的设想与纸面、电脑中的设计仅仅为设计行为中构想的视觉化，设计还必须由视觉化发展到现实化，并到达消费者手中使用，设计才具有真正的现实意义。没有消费的推动，设计是没有动力的。

（2）消费能创造出对新的设计的需求。产品在消费过程中，由于各种因素影响，会产生人对产品新设计的欲望与需求。这种新的欲望与需求，通过市场反馈的方式及文化的反馈的方式，促使设计师改进产品设计或创造出新产品。因此，消费创造出对新设计的需求，实际上是创造出新产品设计的前提——观念动机。

● 设计制造对消费的促进

（1）产品消费需要对象，设计－制造为消费提供了对象。没有设计－制造，产品消费就无法实现。

（2）设计－制造规定了消费的特征与性质。当前私人轿车消费不是简单的一手交钱一手交货的纯购买行为，而是与销售者的销售方式、购买者的经济水平、消费观念、审美方式、生活态度、环境影响及空间环境许可等因素密切相关。这些因素规定了一个人与轿车消费的可能与特征。

（3）设计－制造创造出消费者。设计－制造不仅为消费者提供了消费对象，也为消费对象创造出消费者。设计－制造的动机与动力是消费者的消费欲望，这是一般原理。但是，一旦设计制造出直观的产品形象，其动人的形象与功能的展示，也会成为另一部分消费者消费的动力，启发并促进他们的消费欲求。因而在这个意义上，设计－制造能创造出消费者。因此，我们有必要重视产品的展示与适当的推销，特别是对生活方式产生影响的产品功能与操作方式的展示，将会直接刺激出新的消费群体。

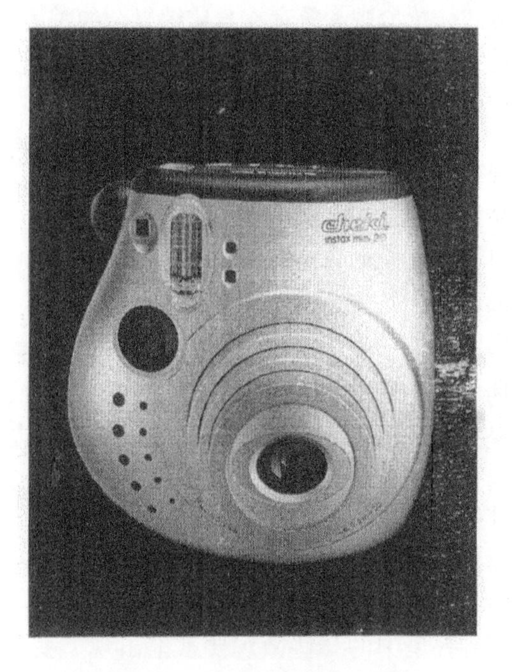

图 12－7　自动立拍立现式相机

当所有相机都把成功的因素依赖于相机自身图像的品质时，富士 Cheki 这一最新款自动型立拍立现式相机却因为价格合理、购买便利和图像尺寸等因素获得成功。从 20 世纪中期这个产品被开发以来，已经有多达 150 万台信用卡大小这一机型被销售到世界各地。这个结实、亲切、易于使用的产品拥有一个焦距为 60 毫米的自动三倍大变焦，一个闪光灯，一个图像自动输出口和一个液晶显示屏，净重仅 310 克。

设计－制造与产品消费之间存在着互相贯通、互相渗透、互相依存、互相联系与互相转化的辩证关系，它们具有同一性。这种同一性体现在两个方面。

一是直接的同一性，首先，设计－制造本身也是消费行为。设计过程与制造过程中对设计用品、工具、手段及制造用的设备、材料、能源产生消耗。其次，产品消费本身也是一种设计行为。即消费者在选择产品、使用产品、欣赏产品与批评产品的过程中，实际上体现并提示着消费者自身的知识修养、审美能力、价值观念与创造能力等。消费一个产品实际上体现着对产品设计价值观念的肯定，体现出消费者的评价体系与评价能力，而这种评价体系与评价能力是构成设计力的重要内容。

二是两者相互依存，互为前提。设计－制造与产品消费双方都表现为对方的手段，以对方为媒介。通过设计的活动过程，彼此发生关系而表现为互不或缺。如设计－制造的初始，设计师的任务是对大众进行市场调查，提取设计初始条件，就是把消费者意愿作为设计的起点。在这里，消费者成为设计师的“手段”，为设计提供必要的信息，设计－制造的产品到达消费者手中，产品则成为消费者的“手段”，达到一定的生活目的。

设计是现实社会生活的反映，同时又构成、改变着社会生活。设计总是在总体上与社会发展同步，但在局部又可能体现出与社会生活的一段距离。这“一段距离”有的是有意识的，有的则是由于种种因素的影响，“不得已而为之”。前者常体现为有个性的设计师的超前性设计，这种超前性往往体现在或是形态创造的超前性，引发起一种新的、独特的审美趣味；或是功能的超前性，引领社会一种新的生活方式。

设计与社会的互动，往往涉及设计的道德或伦理问题。社会道德与社会伦理是社会学中的一个重要概念。设计既是一种社会行为，同时又影响着社会生活，因此它不可避免地与社会道德与伦理密切相关。关于这一点，前面已有所论述，此处不再重复。

第三节　设计与社会心理

设计与社会心理有着极其密切的联系。设计与社会的关系，很大程度上是缘于设计与社会心理内在的深刻联系。

社会心理的研究与研究成果，构成了设计原理学与设计方法学的重要内容，在一定程度上给设计指明了方向与途径。

一、设计与需求、需要、动机及兴趣

1. 需求与需要

社会公众的需要是设计产生、存在与发展的唯一原因。设计史已经清楚地表明，没有一种设计门类与一个设计结果不是由社会公众的需要催生出来的。

在平时的使用中，“需求”与“需要”两个词常常被混用，成为表达渴望、满足某种欲望的词。但严格地说，两者之间存在着一定的差异。

需求是客观的，是指主体客观上必需的东西。需求可能不被一个人、或社会群体、或全社会察觉，但缺乏需求，主体就不能存在。如老年社会对老年用品的需求。

需要是个体（社会群体或全社会）对内外环境的客观需求的反映，即被感受的需求，它表现出主体的主观状态和个性化倾向性。

需要的产生是主体受生存的自然环境、社会环境及自身条件约束的结果，需要是产生人们行为的原始动力，也是兴趣的基础。现代城市中的人们，由于经济条件、社会地位、文化修养与消费观念等不同，对于交通工具的选择是大不一样的。即使是选择了轿车，对轿车的品牌、价格、规格、色彩、驾驶方式等的选择差异也很大。这就是个性化倾向性的差异所致。

马斯洛的需要层次理论是一个被设计界熟知的人的需要理论。它对我们认识社会的设计需要和动机是大有帮助的。进一步分析这个理论的特点会使我们更能理解设计的某些规律。

马斯洛的需要理论的特点有以下三个方面。

（1）人的需要的层次性。认为每个人都有必须被满足的系列要求：生理需要、安全需要、归属关系和爱的需要、尊重需要与自我实现的需要，它们由低到高分成五个层次。

（2）人的需要的递进性。马斯洛认为，人只有在满足了较低层次的需要后，才会出现对高一级层次的需要。他还认为，一、二、三这三级低级的基本的需要，可以通过外部条件得到满足，而四、五两类的高级需要，只能在人的内部得到满足，且永远不会得到完全满足。

（3）人的需要的核心性。马斯洛认为，要建立起健康人格的核心，即自我实现需要的满足。人在这种超越性需要的驱动下，人格的各个组成部分得到充分整合而成为真正健康的人。

2. 马斯洛需要理论给设计的启示

马斯洛的“需要层次论”在一定程度上揭示了人的需要发展和动机形成的一些规律，给设计提供了

方向性的启迪。反过来说，设计的本质特性也决定了设计能在马斯洛的需要理论的五个层面上为人类需要的满足提供可能。这也从需要的理论角度，证明了设计与社会公众的密切关系。

需要层次理论给设计提供了一些值得注意的问题。

（1）必须根据不同的需要层次进行相适应的设计目的的设置，而不能混淆。在低级需求尚未充分满足时，对高级产品的需求就不会或少有产生。在错综复杂而又不断发展变化着的社会群体的需要面前，如何合理、充分地满足社会需要，如何通过不同类别、不同层次的设计满足不同层次水平受众的需要，这无疑是一个相当现实而又相当复杂的研究课题。

（2）社会的发展与进步，不断提升着人的需要层次，设计就必须及时设定新的设计目标与要求，以满足发展着的社会群体的需要。在这里，特别要注意的是，当需要的层次从较低的生理需要开始提升到精神层面的需要时，设计师必须通过各种媒介了解并掌握这种动态，及时地捕捉相关信息，设计相应的产品以满足社会公众的精神层次需要。从满足社会群体物质需求的设计发展到满足社会群体精神解放的需要，这种设计目标的转换，要求设计师从过去擅长于解决物质生活的需要，进入较为陌生的、解决精神生活的需要。可以断定，随着社会现代化程度的不断提高，竞争与生存的压力日趋加剧，精神生活需要的满足将成为今后设计发展一个极其重要的方面。当然，这种转换不是突然的，而是通过两者的逐渐交叠而产生，即从过去的满足物质生活领域需要的产品设计慢慢过渡到既要满足物质生活需要又要满足精神生活需要两者同时存在的设计状态。

（3）设计应具有引导社会公众走向更为健康的生存方式的责任与义务。虽然说，设计是为了满足社会大众的需要而产生、存在的。但这并不意味着它仅仅是社会需要的应声虫。马斯洛的需要层次论提出人的需要层次迁跃与人类社会生活向更健康生存方式发展是相一致的。因此，设计应该在设计公众需要层次的迁跃开始萌芽时，就准确地把握、引导、呼唤社会公众向更为健康的生存方式发展，这是设计应必须具备的文化本质。

3. 动机与兴趣

动机，就是推动人或激励人用某种形式行动的主观或者内在原因，以愿望、兴趣、理想的形式表现出来，显现为个体（或社会群体，或全社会）发动和维持其行为的一种心理过程。动机决定人的任何行为。设计与创造行为、推销行为、购买行为、使用行为等都源于人的动机。

动机可以习得也可以诱发产生。购买、使用某一品质、风格产品的动机，可以来自对某个人、某个社会群体生活方式的模仿与学习，也可来自外在社会因素的刺激，如对时尚流行、生活品位等的追求。

动机与需要密切相连。当需要被自觉认识到，并发动、驱使人的行动时，需要就变成了动机。所以，没有需求就没有需要，没有需要就不会产生动机。

需要从方向上规范着人的行为活动，使人的追求与需要相关才能获得一定的满足。

在社会心理学层面，兴趣是指个人或人们力求认识乃至积极探索某种事物和进行某项活动的意识倾向，通过对于目标的选择、亲近态度和积极的情感反应表现出来。

在我们生存的环境中，我们用设计改造着一切，改造着由各种产品组成的我们生存的“第二自然”。但是，这些产品决不是设计师凭借自己的意愿随心所欲而产生，而是根据社会公众的需要与兴趣设计的。

兴趣与需要、动机关系也很密切。这三个概念形成了相互交叉的关系。

兴趣决定于需要。按倾向的客体本质分，存在着物质兴趣、精神兴趣及物质－精神兴趣。社会公众对设计的兴趣一般集中在物质－精神兴趣上。

按倾向的客体质量与品格区分，存在着健康、高尚的兴趣与病态、低下的兴趣，在设计中我们选择健康、高尚的设计兴趣。

按内容分，存在着全人类兴趣、社会兴趣、群体兴趣与个人兴趣的区别，这些兴趣有时可以协调，有时可能无法协调。设计在它们中都可以存在并衍生，但根据设计的服务对象，更关注社会公众的兴趣及群体兴趣。

美国社会学家阿尔比翁·伍德佰里·斯莫尔（Albion Woodbury Small，1854—1926）曾提出人类生活基本趋势的六种兴趣说。这六种兴趣是健康兴趣（求生存，如饮食、男女、身体锻炼等）、财富兴趣（占有物质资料或生活用品等）、合群兴趣（追求友谊、群体归属，参与社会活动等）、知识兴趣（因好奇而努力求知，从事科技活动等）、审美兴趣（爱好清洁、爱好自然界事物）及正义兴趣（追求“大我”和“小我”的理想实现等）。这六类兴趣的分类并非完全与科学，但基本上涵盖了一个“社会人”兴趣的主要方面。它与马斯洛的需要层次理论的内容与结构有着较为相似之处，这也说明了需要是兴趣的基础。

某些艺术学学者认为，在所有的社会力量中，对艺术家影响最大的就是公众趣味。这一个结论同样适用于设计师。不管设计师个人对社会公众的兴趣有无兴趣，他的设计工作都不能无视这种社会兴趣的存在。因为社会兴趣实质上是一种强大的力量，无视这种力量的存在，设计最终将失去市场。

谈到兴趣，不能不谈到“趣味”一词。设计趣味不同于设计兴趣，设计趣味可以被“界定为设计活动或设计产品具有的使人感到有意思、有吸引力的特性”。[⑤]设计趣味是客观的，属于客体；社会兴趣是主观的，属于主体（设计师，设计受众）。

设计趣味应该是由设计兴趣所引发，是设计师在社会公众兴趣的基础上运用自己的设计特点吸引社会公众的注意并产生兴趣。由于不同的设计师可以以自己的不同设计特点来吸引社会公众的注意，所以我们认为，在相同的社会公众兴趣上可以引发产生出多种具有不同设计趣味的设计。

二、设计主题、设计思潮及设计运动

1. 设计主题

在设计学的理论体系中，主题指的是设计的主题思想、中心概念，是说明设计作品中通过其观念内涵和设计元素组合造型显现出来的主要思想理念和基本意识倾向。它体现出设计师通过反映公众需要和兴趣，对设计项目做创造性处理所表达的对该项目及其意义、价值的主要认识、理解、态度和评价。

芬兰裔美国建筑师和工业设计师埃罗·沙里宁（Eero Saarinen 1910—1961）在1948年设计了著名的伍姆椅（Womb Chair，意译为子宫椅），以其简洁的细长脚支撑着一个基本上以子宫造型为形态的座部，这个椅子宣扬了让人联想到母体生命孕育处的安全、舒适与温馨，坐在其中，感受到慈母般爱抚的温情，这个椅子的主题就在于此。沙里宁的另一个杰作郁金香椅（Tulip chair，1956），其独立的支撑和座部在视觉上被组合成有一根主茎的花形结构物，赞美了大自然的生命美感，这也构成了郁金香椅的主题。

德国设计师路吉·柯拉尼是一位以独特的有机风格享誉设计界的大师。他的设计立足于高科技与高情感的完美统一，采用大量的有机形态作为产品的形态特征，其范围从日常用品到汽车、飞机等大型交通工具。这些有机形态设计，充满了复杂而流畅的曲面。在对高科技和人机工程学充分掌握的基础上，他力求自己的设计符合生物学的原理，从而体现出热爱生命、尊重生命、讴歌生命的主题。他设计的作品因夸张的有机造型而缺乏技术上的生产可能性，但其设计思想、设计追求、设计主题却常常带给设计界巨大的启迪（如图12－8所示）。

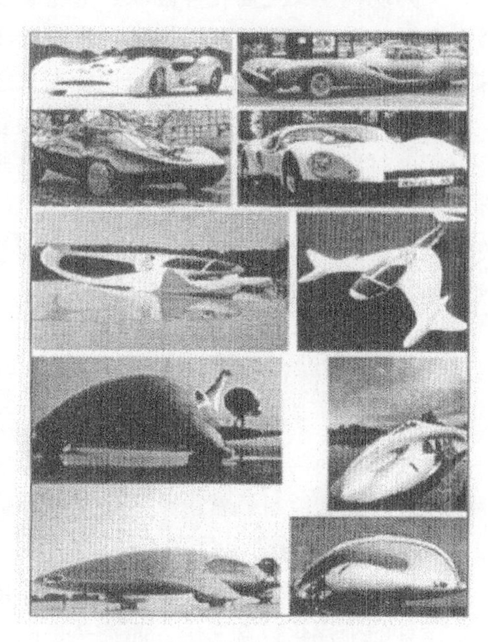

图12－8　柯拉尼的一部分设计作品

设计的社会本质、功能和公众对象，决定了设计的公共属性，即社会属性。在工业设计中，设计的主题自然属于公共主题，公共主题是设计内容的社会生命力的核心。

公共主题，是在一定时代历史情境中产生的、通过一系列设计作品中显现出来的，有广泛公众基础的主要思想理念和基本意识倾向，体现出设计师背后的社会关注热点和积极的社会情绪，反映了社会公众的某种共同的需要和兴趣。

设计选择公共主题，对于任何一个设计师来说都是一件十分必然的行为。

首先，设计师与其他一般人一样，作为社会中的人，既是社会文化的接受者，也是社会文化的享用着。他们不管具备什么样的个性，总是与一般人一样，与社会保持着各种方式的联系，与社会中的人有着共同的利益、共同的需要和兴趣。因此，设计师必然以自身内在的动力去主动表现某些公众主题。

其次，除设计的社会属性之外，设计的另一个属性就是经济属性。设计产品的目的，从社会学角度看，是为社会公众服务的活动；从经济学角度看，设计的目的是通过市场获取利润；从生产者的角度看，产品市场越大，获取利润也越大。因此，没有一个设计师不希望自己的设计作品去赢取更大的市场，并由此获取尽可能多的利润。从这一点出发，设计师选择公众关心与感兴趣的主题，也是极为自然且必然的行为。

在工业设计领域，涉及的主题往往并不明显，但总是隐隐约约地存在着。产品造型的抽象性，使产品设计的主题也归于含蓄，但主题还是存在的：产品的亲和性，体现出设计亲切与和谐的主题；产品冷峻的精致感，体现了高科技的现代感主题……在当代所有设计中，绿色设计所体现出的对生态环境的保护，争取人与自然和谐相处的这样的主题，无疑是全人类社会意义的公众主题。

2. 设计思潮与设计运动

在社会心理领域中，与设计学相联系的还存在着设计思潮与设计运动两个概念。

设计的公共主题反映并印证了社会公众兴趣，当这种公众兴趣或者说群体意识倾向变成一种较大的精神势力，对当时乃至后世产生较大影响的时候，它就成为一种思潮。

实际上，设计思潮是社会思潮在设计领域的表现，是一种形态化的、具体化的社会思潮。因此，设计思潮是设计发展史上某一历史时期内依托某一社会集团或群体利益需要而形成的，反映当时社会经济变革、政治文化发展情况而有较大影响力的设计思想趋势或倾向。

如后现代主义，就是被我们谈的较多的一种社会思潮。

后现代主义是一个含义较为复杂的词。如果简单地予以理解，可以认为是“将后现代看做一种对现代主义的反抗，诸如限定之类。后现代主义保持着现代运动的无约束的先锋主义”。后现代主义的社会心理根源可以追溯到20世纪60年代，当时西方国家社会动荡、经济增长以及人口结构变化（特别是二次大战后出生的婴儿长大步入社会）造成了一种新的消费观——所谓的消费主义。而新材料、高新科技的发展，又为现代主义之后花样翻新、造型自由的设计提供了现实的可能。当时社会公众出现的求新、求变乃至求怪的设计需要，与对国际风格设计中无视人性化的形式主义的厌倦排斥心理糅合在一起，正是这种社会公众新的需求和兴趣，使现代主义之后的设计思潮得以产生。

设计运动的概念往往与设计思潮纠集在一起，但两者还存在着相对独立的概念。设计运动往往是指一定历史时期内在某种思潮中形成、参与者众多、有组织有目的的声势较大的设计活动。设计运动通常有发起人与主要领导者，有纲领。设计思潮是主观性的，设计运动是客观性的，先由设计思潮而后有相关的设计运动。可以这样说，设计思潮是设计运动的动机，设计运动是设计思潮的行为化、实践化。当然，并非所有的设计思潮都会导致产生相应的设计运动。

三、设计个性、设计引导与设计流行

设计的时尚与流行是当代社会中极为常见的一种大众文化现象，它反映着社会公众心理的变化。

设计时尚与流行通常由某些个性设计引起。

1. 设计个性与设计引导

在以人为本的现代设计中，强调个性化是一个重要的理念。

设计的个性化包含三个方面：一是以社会为背景和生成条件的设计产品个性；二是设计师的设计创作个性心理；三是设计消费个性心理。

从本质上说，设计产品个性是设计师对设计项目进行独特处理的结果，在不同程度上反映出设计师的个性特质。设计产品个性可以看成设计师创作个性心理的物化结果。以静态的存在形式表现出设计师曾以动态存在形式表现出来的独特性。需要指出的是，设计师的设计产品个性绝对不同于艺术家所创造的艺术品个性。艺术品的个性，可以说是艺术家自身个性的反映，而设计师的设计产品个性，不得不受到产品的功能内容、社会经济、科技、材料科学等的限制。在艺术品的创造中大量存在着“纯粹”表现，而在产品设计中，不可能有“纯设计”的形式存在。也就是说，设计师在设计产品中的个性体现仅仅是有限的存在。

设计为社会公众服务，决定了产品的社会性与公众性。自然也决定了设计理所当然地体现出为社会某一公众群体服务的用户的“个性”特征。由于设计师与社会公众用户都生活在同一社会环境中，因而也给设计产品的设计师个性与用户消费个性的共同性、相似性以及它们的结合提供了可能。

设计产品的个性特征是一个相对的概念。在不同环境、时空中存在的普通产品可能成为产品个性特征。一款在南方普通的服装在北方可能是个性的，一款国外产的小家电在国内可能是极具个性的……

在设计中，还有一个重要的概念叫引导。

所谓引导，就是设计师通过自己设计的、具有个性特色的产品，在消费初期的较少的消费者发展成后来具有众多的消费者。引导是否成功，决定于两个因素：一是设计产品本身是否包含着适合多数用户需要的产品品质；二是有无适时地以有效的方法介绍给更大范围的消费者而引发广大消费者的兴趣。

严格地说，设计产品的引导，不是单纯的某种形式、某种方式的引导。既然是一种带有一定主观意识的“引导”行为，设计师的设计创造行为不仅应为“生产者”的利益进行“引导”，而且还应为提升社会公众的审美水平与审美品格、提高社会的文明道德水平而进行引导。后者，真正体现了设计师作为社会文化设计的一分子的责任与义务。

2. 设计流行

流行是反应设计与社会之间紧密互动关系的一种普遍存在的文化现象，一种轮番更替的社会群体行为。如20世纪三四十年代美国工业设计界流行一种流线型风格，因而从汽车、飞机一直到吸尘器、冰箱

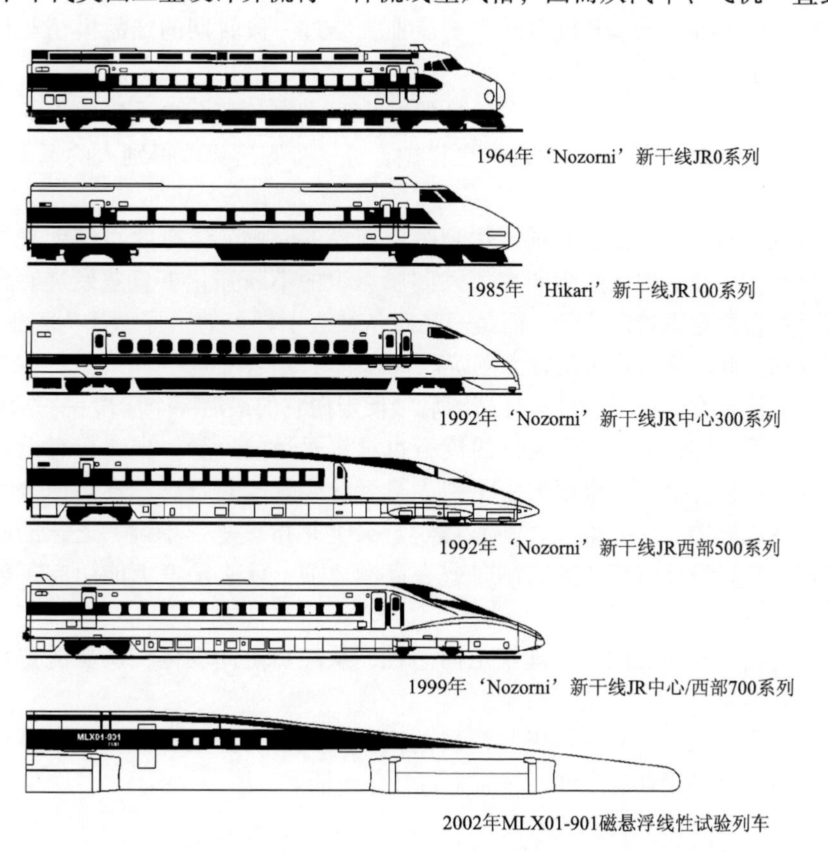

图12-9　日本新干线高速列车、磁悬浮列车不同型号的流线型造型

与榨汁机，无不流行着流线型的造型。这种原来出于根据空气动力学原理，以提高交通工具速度的外观造型特征，很快就成为一种时髦的风格样式，不仅应用在交通工业上，而且也被广泛地应用在日用品及各类办公用品上，成为一个富有特征的造型样式。

今天的流行才算是真正的流行。因为数字化技术的普遍运用，使得今天设计的流行拥有宽广深厚的科技基础和精神基础，所以说，今天的流行才真正是世界意义上的几乎同步的流行。

流行意识是一种社会意识，是社会公众需要和兴趣的一种特殊表现形式。

个人时尚心理体验诱发并受制于社会群体。群体乃至广大公众的时尚心理体验，才会形成流行的心理动机。在这里，我们可以发现，心理学其实与社会学有着相互依赖的关系，即心理体验不可能是脱离社会与历史的真实行为，所有的心理冲动都受到社会的制约。

流行意识大致可分为新奇感、模仿心理、从众心理与厌倦四个阶段。

新奇感首先属于欣赏情绪，它是对新奇设计的反映，是一种求异心理。这种心理关注的往往是对象的奇异形式，但未必与美有关。在现代而言，一个普遍的现象就是以“怪”为美，这在心理学研究中是不符合逻辑的。

仅有新奇感并不一定带来流行，流行的关键在于是否引起消费者态度的改变。社会心理学的研究表明，影响接受者态度改变的信息源特征在于其吸引力和信息发出者的可信赖度。一般来说，令人喜悦的公众人物，如球星、明星、主持人、社会名流等，他们的身份给人们以高度的信赖感，消费者容易接受他们宣传的内容。这就是当前各类广告盛邀明星、球星代言的原因。

模仿是为他人动作行为所吸引，并作出类似动作行为的反映性过程。

设计模仿，有两种情况：一是模仿设计创作，二是模仿设计消费。前者是对已有的某种产品的模仿与修正；后者则是在名人、明星的广告刺激与暗示下模仿他们的消费行为。特别是后者，为了显示自己并不落伍或引人关注而不断追逐时尚，这在现代社会中比比皆是。

不具备任何创新的产品设计模仿，在某种意义上不能称为设计。这种完全的设计模仿侵害了设计创造者的利益，为社会所不容。改革开放后的中国企业，经过一段时期的产品模仿与修正的产品模仿，开始或正在开始走上自主创新设计的道路。

康德说，人的一种自然倾向是，往往在自己的行为举止中与某个更重要的人的作比较，并且模仿他的方式：“这种模仿仅仅是为了显得不比别人更卑微，进一步则还要取得别人的毫无用处的青睐，这种模仿的法则就叫时髦。”⑥

当模仿心理由少至多、由弱至强发展，达到一定规模的时候，流行的高潮就来临了，这时从众心理在模仿中占了主流地位。社会的从众倾向在个人归属意识的不断强化下日益发展。此时，模仿心理中包含的某种理性因素和自觉意识难以找到，而是一味跟从社会上样板的引导而成为习惯。当模仿成为习惯，那么鉴赏也就不存在。此时就形成了流行高潮阶段。

作为动态发展的流行意识在经历过流行高潮后，便走向它的最后一个阶段——厌倦。

像任何流行的东西一样，某一具体设计的流行也没有永远的流行。当流行意识或流行过程处在高潮时，当模仿行为变成习惯，模仿对象便失去了引人喜爱的生气与新奇感，不再使人激动与兴奋，也便逐渐使人感到厌倦。变成厌倦的主要原因，在心理学意义上是指重复、单调、乏味的心理体验。针对这一现象，设计师应该在某一设计流行达到高潮时或在高潮之前，就必须考虑能引起下轮流行的产品，策划掀起新的时尚。

从小众的求异走向大众的趋同，从理性走向感性，从狂热走向厌倦，从功能走向唯美，从超前走向平庸，这就是流行。

流行作为一种社会现象，它有着积极与消极的两面。流行与虚荣有关，这便是流行的消极之处。流行的积极之处在于可以推动设计的发展，进而丰富社会生活。

四、设计的社会沟通

1. 设计师与受众

设计行为的起点为设计师，终点则是设计的接受者——设计受众。设计作品从设计师的构思创造，一直到设计受众的接受应用，整个过程可以被看做是一个设计传播、设计接受与设计沟通体系。设计师的设计创造，必须是针对特定消费群体的特征，如经济水平、理解水平、生活方式以及他们的需要与兴趣。作为设计的起点，没有这样如实反映生活及“超前预测”生活的思考，是不可能顺利实现设计的传播的。对于设计师来说，设计的传播不仅仅限于其设计的产品，还包括演讲、论文与著作、传媒、设计展示等，但最具体、最形象的传播是其设计作品——产品。

- 设计沟通的概念

传播的前提是“沟通”，没有沟通，就不可能存在真正意义上的传播。

设计沟通是设计师与公众关于设计的功能内容、设计形式与设计思想的沟通、契合和了解。设计沟通至少可分成两个层面：

一是功能技术沟通，主要是物质层面。设计师理解并适应公众的求知欲望、实用和技术需要、兴趣；反之，公众能理解设计产品中所包含的效用功能、技术含量、科学知识，并且能正确、恰当地使用产品。

二是设计创意的沟通，主要属精神层面。这主要指设计师与公众在理解力、想象力、创造力、审美鉴赏力和情感等方面的沟通，主要表现在公众能理解产品的设计创意，并且能以自己的创造性阐释补充，丰富它的涵义。

产品中耐用工业品的设计，因为使用的周期较长，因此设计沟通不仅考虑到眼前的理解，还必须考虑到使用者的意图和其他意识状态可能的变化，新增加的需要以及他们主流兴趣的变异。因此设计师的设计作品必须兼顾眼前的和可预见的将来的公众理解与沟通，也就是说，将产品的“生命周期”纳入设计的思想。

设计沟通的双方，即设计师与受众，如果放在社会学的视野中考察，设计师就不是单一的设计师个人，受众也不是某一个消费者。前者的涵义可以是一个人、一个群体，也可以是设计者与制造者共同组成的利益共同体。这一个利益共同体，应该说是中国目前比较典型的被称作为设计师的群体。在这里，设计师不再是个人，而是代表着制造者的愿望的设计群体。制造者的利益，是通过产品这个载体实现的，也必须通过对受众的关注、关心与体贴才能达到目的。因此，这种关注、关心与体贴大部分通过产品的设计来体现。所以说，我们提及设计师，不应只理解为设计师个人，而应理解为某种利益共同体的代言者。

设计受众，指的是物质上和精神上占有设计产品、接受设计文化的人或社会群体。由于整个社会都在接受着不同的设计产品，因此所有的社会成员都是设计受众。从这一点上来说，设计与受众的沟通实质上是设计与整个社会的沟通。

设计受众的社会学考察，可分为制度性群体与非制度性群体两大类。前者指依据某种社会规范组织起来的、受一定制度制约的社会群体，如学校、企业、部队、机关等群体的设计消费（家具、服装、用品等购买与消费），就具有非个人喜好的约束；后者是出于个人需要、兴趣而形成的群体，是一种暂时性群体，不受制度性的约束。

- 设计受众的特征

设计受众可用三个性质的指标来分析其特征。

（1）受众的一般性指标。即受众的社会人口学特点、社会心理学特点与个性心理学特点。社会人口学特征包括性别、年龄、身体情况、教育背景、职业、经济状况、家庭人口结构及状况，居住地区等。社会心理学特点包括对社会通行标准和主流文化的态度，对新的时髦的东西或旧的、传统的东西的情感倾向等；个性心理学特点包括气质、性格，理智型、情感型还是意志型的等。

（2）受众素质行为指标。即指设计接受者的设计知识修养、设计接受主动性程度、设计需要和动机（一般动机和显示地位、扩大社交圈、追慕虚荣等特殊动机）、设计兴趣、接受设计的感受集中程度等。

（3）设计接受质量指标。指设计接受者接纳设计的力度和稳定度，对设计产品功能、科技、经济、审美、信息等特性的感知侧重和理解水平，对设计的评价能力等。

如果我们对上述三方面作具体调查分析，就可以得到某个设计受众群体的一组特性，我们就可据此具体而翔实的需求与特征进行设计定位，从而使设计的产品更能与受众群体沟通，以达到他们普遍接受并消费的最后目的。

实际上，我们也可以将设计受众分成具有高、中、低接受水平的三大基本类型，其设计接受的沟通呈现由高到低的向度阶梯。高水平的受众包括设计界人士和达到行家水平的其他社会成员；低水平受众基本上是设计外行；介于中间的是最大量的中等接受水平的人们。当然在这三种分类中，每一类又可分为若干甚至几十个类型。因此，一般说来，一种设计对应着一定的受众群体，但不过对设计师来说，总希望自己的设计被更多的、更大的受众群体接纳并消费。

2. 设计沟通的方式

意大利工业设计师马西莫·摩罗齐（Massimo Morozzi，1941—今）说过："一个设计师通常要做的第一件事是发现适当的消费者。"这里的"发现"，指的就是对消费群体的设计定位，就是预测某些可以与之沟通的设计受众。

设计沟通不同于艺术沟通的重要一点，就是在于设计沟通建立于产品商业交易的基础之上，这就决定了设计沟通的经济特征。

设计沟通的方式可根据消费者与产品的关系分为直接接触产品的方式与间接接触产品的方式。

直接接触设计产品的设计沟通方式，是指消费者个体直接面对设计产品或设计服务活动，通过直接接触了解设计内涵，解读设计理念、设计追求。一切使人能直接接触到设计产品的场合与环境都属于这一种沟通方式，如商场、超市、展销会、博览会、时装周、陈列馆、日常生活空间等。

间接接触设计产品的设计沟通方式，是指消费者个体并没有真正见到现实的设计产品或设计服务活动，而是通过第三者（中介）发生关系、经过某种中介感知设计产品。间接方式一般不作商业交易，它包括如下形式：

（1）设计师或理论代言人的演讲、著作、介绍与说明等。宣传设计理论，普及设计知识，可以帮助一般公众认识设计、理解设计，从而达到与大众沟通的目的。

（2）媒体宣传。媒体的作者与设计权威、设计学家和设计批评家、设计师等一起，面向全社会宣传，宣传设计的产品及与此相关的设计价值。

（3）设计教育机构的设计知识传播。设计教育已成为当今世界上最重要的教育内容之一，也成为中国近些年高等教育发展最快的学科之一。设计教育不仅培养专业的设计人员，还在做着广泛的与社会沟通的工作。不仅专业的设计师被培养出来，他们还向他们周围的人宣传设计、设计思想、设计理念、设计价值与设计文化等，这无疑是极其重要的设计沟通行为。

事实上，间接方式比直接方式更能让公众理解设计及其作者，因为它直接地表达出设计师的设计意图、理念与追求。

其实，设计沟通双方都是主动的，并不是只有设计受众从设计师那里接受到设计信息与情感。设计受众的建议、反馈，使设计师从设计受众方的肯定中得到鼓舞，在建议中修正设计，在理解中得到信心，不断发展自己对设计的理解，丰富着设计的内涵与思想。试想一下，如果没有市场对某一设计产品的热烈回应，设计师还能对自己的设计思想与设计追求存有信心吗？

3. 设计沟通的时代与历史背景

设计沟通涉及一定的社会时代历史背景，即在一定的历史条件下为公众不太理解的某种设计，在另一时代历史条件下可能被广泛理解，这就是设计沟通的时代历史背景。

特定时代的历史背景的属性和程度，直接影响并制约设计师设计意识的形成、变化及其表达方式，也直接影响乃至制约公众对它们的理解程度与态度。当然，设计内涵固有的多义性和受众个体的差异性造成了公众对设计的多种理解，但这种理解客观上存在着某种相似的东西，除了设计沟通双方作为人的生理心理共性之外，还有在同一时代历史背景中社会因素作用产生的共同性。

对设计产生影响的社会环境可分为宏观与微观两类。前者指整个社会以及沟通主体所属的社会阶层、大的群体等；后者指设计师与设计受众生活空间中存在的社会思潮、社会倾向、社会性格、社会热点、社会情绪、群体追求、群体标准，以及人们对某类设计的态度、评价等。哪怕是一个人进行的设计，他也无法回避社会环境对他的设计的影响。

在特定时代历史情境的社会生活中，为广大公众所接纳、熟悉、理解的设计思想和设计产品集合，它们内在的有机性和它们与社会的关联性，构成了一个整体的设计文化体系，它承载着包括这一社会生活某种具有本质特性的信息在内的所有信息。这一切构成了设计这一体系的理论。在特定的时代历史背景下，这一理论体系的表述（包括它的术语的使用）就具有时代性，因而也就难以与另一时代历史背景的社会所沟通。因此，要理解沟通某一时代的设计语言、设计理论、设计体系与设计文化，只能把它放到那个时代的历史背景中，用那个时代的历史背景的文化去分析与解读。如早期有名的现代主义建筑，它崇尚的实用功能美学为当时社会时代历史背景中的人们所理解与接纳，它简洁的外形特征隐喻着实用与效率。在以追求个性为特征之一的新时代中，形式主义倾向重视形式的作用同时极力遮蔽其功利实质时，建筑界与社会公众就不能理解这种新时代的设计风格，于是沟通也产生了困难。

一定时期中社会流行的风气与习惯，常常成为影响设计沟通的一个要素。

在解读一个设计作品时，人们一般总依据自己内心的知识经验结构与一种定势状态。也就是说设计受众与设计师都会依据一定的编码规则去对设计的产品进行编码或解码，编码或解码的规则与社会风俗习惯密切相关。如20世纪60年代末开始，以宇宙空间开发为标志的科技新时代来临，不少西方国家关注、爱好这方面知识技术成为了时尚，于是出现所谓“宇宙色”（中性灰色）、宇宙飞行器和宇航用品造型为代表的“太空热”设计思潮，便有了较广泛的设计沟通社会基础。

4. 设计的国际对话

今天，全球范围内的经济、文化、技术的交流日益频繁，信息革命、知识经济、电视、互联网、移动通讯、可视电话、笔记本电脑、数字技术……让人眼花缭乱、应接不暇。高科技发明和经济奇迹、技术的均质化，使得地球似乎变成了一个村庄，“地球村”一词处处可见。南极与北极的关系似乎就像住在村东头的老张与住在村西头的老李，5分钟就能打个来回……

“地球村”的概念在经济学、技术学范畴中，似乎有着一定的合理性，但在设计文化学范畴中，“地球村”的概念、“全球化”的概念、“一体化”的概念等，却容易使人产生设计概念上的本质性错误。因此，至少在设计学范畴中，提倡“国际对话”比“全球化”更具有本质的积极意义。

实际上，“全球化”是一个有着复杂含义的概念，更不用说“一体化”。“经济一体化”、“跨国公司”、“全球定制策略”等字眼引诱着人们产生所谓“全球化”概念，但事实上，有更多的学者都否认这种真正“全球化”概念的存在与产生。在设计领域，由于更多涉及文化的问题，在“设计”一词前加上“全球化”、“一体化”，在某种意义上误导了人们对设计本质的认知。

近年来设计界的跨国合作，跨国承接设计项目，无论是这种跨国设计的组织形式，还是设计过程乃至设计结果，更多地显示出设计的国际对话而非“全球化”。在设计界承认国际对话、强调国际对话，不是对一种字眼的选择，而是出于对设计本质意义的坚持，出于对文化含义的正确解读。

尽管文化的意义有几百种之多，但“文化是一个民族的全部的生存方式”的结论却能够被人们广泛接受。“文化全球化”意味着在偌大一个地球上，各个国家、民族、地区以一种“生存方式”生存。显然这是一个令任何稍有文化常识的人难以接受的结论。设计的本质是“创造一种更合理的生存方式”，全球的生存方式无法统一，设计“全球化”更是子虚乌有。日本著名设计学家黑川雅之就声称：“比全球化观点更重要的是对本土文化的重视。”

我们强调设计的国际对话，实质上是在尊重不同国家、地区、民族文化个性的自主性和相对独立性的基础上，倡导它们之间平等意义上的相互关系、交流与沟通。

因此，在今天乃至将来的设计界，“设计本土化”将是一个永恒的字眼。因为“设计本土化”反映了设计的本质，“设计全球化”则违背了设计的本质，虽然我们还很少看到设计界内著述中的“设计全球化”的肯定言论，但设计界中却弥漫这模糊不清的“全球化设计”观念，这对中国的设计界来说，是必须认真对待的一个问题。

就设计本质来说，“设计本土化”是正确的，但就设计的非本质，即设计方法论而言，设计确实也有着“设计全球化”的趋向与可能。设计组织的国际化，跨国的设计联盟、设计公司，跨国的设计项目，以及设计资源共享的国际化，随着地球上人类生存环境的不断恶化，资源的日益缺乏……这些世界性的、全球性的、共同性的设计前提摆在了各国设计师面前，使得全球设计师不得不面对许多共同性的全球化问题，这就要求不同国家的设计师采取共同一致的努力，遏止、缓和乃至改变这些恶化与变化。在这个意义上，“全球化”对于设计界来说，是客观存在的。因此，这个“全球化”概念，对于设计来说，仅仅是在设计方法论与设计的宏观环境意义上存在。在设计的中观与微观环境中，则由于各个国家、地区与民族的生存方式差异性的存在，设计过程与设计结果必将体现出强烈的本土化色彩。设计在宏观意义上为全人类的生存与发展服务，在中观与微观意义上，其本质则是为某一特定国家、民族、地区的人们，创造与他们的生存方式相适应甚至更合理的生存方式。在设计中，绝对不存在能为各个国家、地区、民族都能提供最优服务的、通用化的、全球化的产品设计。

从文化的角度来看，世界各种文化也有强弱之分。随着国际交流的发展，强势文化向弱势文化的侵入是一个不争存在的事实。设计文化也是如此。经济、科技与设计文化优势的发达国家利用自己优越的文化话语权，把自己的价值观念推向全世界。欧美的家具样式、巴黎的时装、法国的化妆品、日本的汽车与家用电器正向弱势的文化群体侵入。因此，在理论上，坚持设计国际对话而不是臣服于西方文化，坚持设计的本土原则而不是审美奴化，是中国设计界认知当今世界设计文化的起点。中国的设计界要有一种文化自觉意识、文化自尊态度和文化自强精神，树立起中国设计文化的自信心，以文化的自信与文化的平等之心对待世界上的一切文化与设计文化，逐步建立起健康的、具有强大生命力的中国设计文化。

注释：

①② 同济大学，清华大学，南京工学院，天津大学编写．外国近现代建筑史．北京：中国建筑工业出版社，1982.

③ 黑川雅之．世界设计体验——设计的未来考古学．王超鹰译．上海：上海人民美术出版社，2003.

④ 涂途．现代科学之花——技术美学．沈阳：辽宁人民出版社，1986.

⑤ 章利国．现代设计社会学．长沙：湖南科技出版社，2005.

⑥ 康德．实用人类学．邓晓芝译．重庆：重庆出版社，1987.

第十三章　设计程序

第一节　概　　述

工业设计程序与方法是贯穿工业设计过程中的指导战略和实施战术。整个设计进程，需要总体的战略部署和具体阶段的方法支持。

设计程序是有目的地实现设计计划的次序，体现出设计学科理性化、科学化的特征。设计程序的实施有时是循序渐进的，有时也会出现循环交错现象。无论哪种现象，其目标是有效地解决设计过程中的各个环节的问题。也正是因为这一目标，在设计程序的科学化、规律化的总结和运用过程中，不能以单纯追求生硬僵化的理性逻辑而忽略并阻碍了创造性思维活动的发挥，束缚设计师的创造能力。因为对于设计来说，有时想象比程序更为重要。

工业设计程序与方法是一个完整的概念，它们无法分离而单独存在。因为在一定的设计程序中使用一定的设计方法才能顺利完成该程序预定的目的。为了叙述的方便，本书将设计程序与设计方法分别列为两章予以讨论。

一、研究设计程序与方法的意义

1. 指导设计，使设计科学化

设计作为一项不断发展的社会活动，具有经验的积累性和实践的创新性。根据不同的设计内容和目的，可以遵循一定的设计程序。在具体产品设计中，各个部门可以根据同样的设计规范和设计程序指导，进行设计的协同和整合。这样就保证了设计方向的同一性和设计进程的快捷性。为科学、合理的设计提供帮助和规范，保证了设计过程的行为合理性，保证了产品设计的顺利进行。

2. 整合与规范设计要素，保证设计方向的合理性

目前的设计方法处于不断充实的阶段，方法形形色色，从理论指导到技术支持，从产品设计的调研到后期销售反馈，几乎都需要一系列的设计技巧和方法辅助进行。在设计过程中，不同的设计元素如形态、色彩、材料、肌理、加工工艺、市场消费信息分析结果与方案图等，需要统一的方法进行整合与规范，以方便设计。一些设计方法为设计提供了比较规范统一的设计评价标准和指导，从而保证社会整体设计方向的合理性。

3. 在统一的设计环境下发展工业设计

设计是团队精神的体现，单独的力量无法成为设计整体的生产力。而团队设计的形成，首先依赖于设计理念和设计精神的统一。只有在统一的设计环境下，设计活动才能公平、合理、科学的进行。通过设计方法的规范，如协同设计成为设计者和企业生产之间的交流方法，电子商务为设计者提供及时快捷的市场信息，而绿色设计又保证设计者向消费者和社会环境提供产品的健康性。目前，工业设计领域处于个体设计向团队设计过渡的阶段，规范、统一的设计方法无疑是取得设计发展成功的重要前提。

二、设计程序与方法的特点

（1）设计程序、设计方法与设计评价是共时态的存在，它们相互交叉在一起，保证了设计每一个进程的科学性与合理性。设计程序中的任何一个阶段都可能使用到一种或若干种设计方法，同时，又通过设计分析、综合与设计评价来衡量设计的合理性。

（2）设计具有与市场、企业、用户等之间的信息交互性和工作并行性。

传统设计方法分具体的几个步骤，比如资料收集与分析、方案构思、方案细化、效果图绘制、模型制作、样机生产及投产等步骤，各个环节之间首尾相接，一项完成，另一项才可能开始。而且前期设计和后期生产往往脱节，一项产品设计是否合格只能到具体的生产阶段才能知道，许多产品在发现不适于生产时，需要再送回设计阶段，重新调整。这样一来，不仅影响了设计效率，而且对生产和材料也造成不可估量的损失。在现代的设计程序中，越来越被设计师认可的是打破线性设计程序、称为并行工程的设计方法。即在设计之初，就将企业生产、市场销售和设计联系起来，形成一个信息共享的平台。设计信息、生产信息、市场信息之间可以及时发送、反馈，设计者可以随时根据生产和市场调整设计。

三、设计程序——设计的过程系统

如果从系统论的观点看，设计程序的本质即为设计的过程系统。

产品设计是一种由多重相关要素构成的方法系统，而且也可以认为是一个由多种方法构成的过程系统。但是，如果从产品诞生到消亡的整个生命过程看，产品设计活动仅仅是一个子系统。如果从企业的宏观策略上看，产品设计只能是大系统中的一个关键要素。产品设计在整个战略中处于中下游的位置，但与所列出的所有领域有着不同程度的关联，其中产品企划和产品开发是更上一级的系统，产品设计系统往往要从属于产品开发系统。当然，在企业系统之外的或是仅限于某些侧面的产品设计，似乎不受过程系统的制约，如美的造型、时尚的形态等感性的因素，似乎是都是凭着具有创意和个性的设计师的能力所为。实际产品的某些侧面确实需要依靠设计者个体才能的发挥，但产品功能的实现，毕竟要通过工业化的量产途径去面对难以确定的消费者，自然存在生产技术、成本等一系列的实际问题，尤其是如何获得良好的市场效果，必然脱离不了系统的制约，否则只能是纸上谈兵。

在实践中，设计的过程是一个动态变化的过程，受外部条件的影响很大。因此，设计系统的构成是多样化的。

四、设计的一般程序

设计的一般程序：

1. 市场调研与分析

（1）设计任务的确定；

（2）设计调研；

（3）信息资料的分析整理。

2. 设计定位

（1）环境分析（生态环境、使用环境、人文环境、人体环境等）；

（2）用户群体分析（用户年龄结构分析、用户心理和行为分析、用户需求分析、用户收入分析等）、使用方式分析；

（3）产品工作机制分析，功能原理分析、结构分析。

3. 设计方案

4. 方案评价、优化与初步审定

5. 效果图的输出制作

6. 方案的最后确定与设计制作

（1）工艺可行性分析；

（2）样机模型制作与设计检验；
（3）结构工程图的规范制作；
（4）设计模型的制作。

第二节　设计程序

一、提出设计问题

人们生活工作中的各种需求、各种问题的发现是设计的动机和起点。在设计实践中，设计任务的提出会有很多种方式：企业决策层以及市场、技术等部门的分析研究中产生的设计任务；受客户委托的具体项目；直接通过对市场的分析预测，找到潜在的问题进行设计开发等。

二、调查、研究与分析

调查内容包括社会调查、市场调查和产品调查三大部分，依据调查结果进行综合分析研究，得出相关结论。

这个阶段要达到以下目标：
（1）探索产品化的可能性；
（2）通过对调研结果的分析发现潜在需求；
（3）形成具体的产品面貌；
（4）发现开发中的实际问题；
（5）把握相关产品的市场倾向；
（6）寻求与同类产品的差别点，以树立本企业特有的产品形象；
（7）寻求商品化的方向和途径。

1. 社会调查

从社会需求、社会因素（人与产品的关系）等方面进行调查分析，通常是有针对性地对消费市场、消费者购买动机与行为、消费者购买方式与习惯等涉及消费者的内容展开。

2. 市场调查

针对设计物的行销区域对环境因素（物与环境的关系）进行分析，其中环境因素包括经济环境、地域环境、社会文化环境、政治环境及市场环境等方面。

经济环境是指总体的国家经济大环境，如国民生产总值与国民收入，基本建设投资规模、能源与资源状况、市场物价与消费结构等。地域环境是指设计存在的外部因素，如自然条件、地理位置以及交通状况等。社会文化环境是指消费者的总体文化水平、分布状况、风俗习惯、审美观念等。政治环境是指政府的有关政策、法令、规章制度等内容。市场环境是指与产品相关的产品价格、销售渠道、分配路线、竞争情况、经营效果等。

3. 产品调查

从产品的现状及过去进行的调查分析，其主体是产品自身。

对产品的现状如产品的使用功能、结构、外观、包装系统、生产程序等方面，从人机工程学和消费心理学以及管理学等角度进行调查研究。对产品的过去调查是对产品的历史发展状况的调查，包括产品的变迁、更新换代的原因及存在形式等内容。另外，对法规方面如产品的商标注册管理、专利权及有关的政策法规调查也属于产品调查范畴。

4. 资料分析

配合调查各组成因素而搜集的文字和图片资料，其内容大致与调查相一致，不可忽视的是在许多资料中存在着的潜在价值，往往是影响准备阶段结果的重要因素。

把以上内容的研究分析结论加以综合整理，通过制订相应的各种图表进行分析比较和研究，使结论更加合理、客观。在这一阶段，不要急于得到一个结果，多种可能性结果并存的状态更有利于以后的设计构思和展开。

在市场调查过程中，可使用市场倾向分析图（如图 13－1 所示）。在这个图中，将各种产品的功能和用途进行分类，继而面向整个市场，就功能和用途设定几个能够涵盖市场倾向的关键词，并以其为基准将产品进行分类。实际做法是：建立一个由 X 轴和 Y 轴构成的概念框架，分别在 X 轴和 Y 轴两端置反义关键词（如古典的、现代的，精神的、物质的），将市场上已有的同类产品按关键词进行分析且在分析图上分别予以定位，这样便可以对产品分布情况进行比较分析，从而掌握市场的倾向。

这种方法多用于市场细分，所以在产品开发设计时也应用广泛。图中产品分布越接近上下左右的位置，属性就越明确，越接近中心位置，属性就越模糊。

为了正确把握产品的市场特征，可以用不同的关键词对 X 轴上的关键词进行置换，如用“积极的”、“消极的”代替“古典的”和“现代的”，然后再进行分析予以重新定位（如图 13－2 所示）。如此便可以进一步理解市场情况，最终与产品开发设计联系起来。

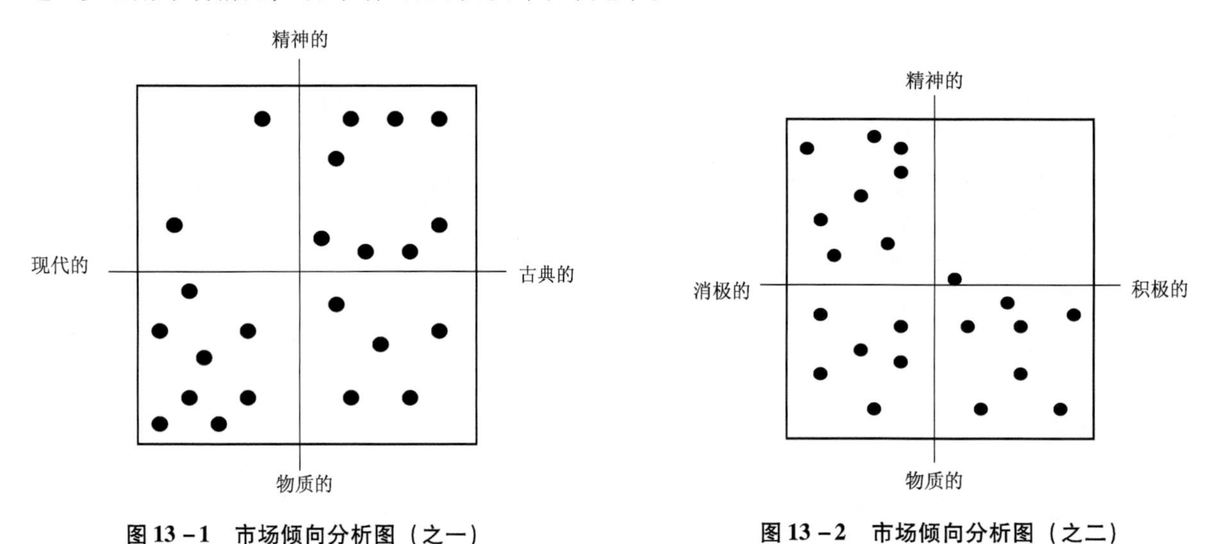

图 13－1　市场倾向分析图（之一）　　**图 13－2　市场倾向分析图（之二）**

三、产品构思与开发定位

经过市场调查、分析，找到了需求所在和新旧产品方向之后，就要进入具体勾画产品形象阶段。首先，将调查所获得的与产品相关的各种信息罗列出来，这时可暂不顾及可行性的问题，尽量将各种构思提出来。因为即便是存在现实问题的构想，也有成为现实的可能。

在这些罗列出来的产品设想中，对有深入价值的构想进行判断，这是进行下一个步骤的基础。这些判断可以利用先前介绍的、用于市场倾向分析的概念分析图，即将所设想的产品标入分析图中，便可从中看出构思产品所处的市场位置。将此产品与相同位置的其他产品进行比较，看其他产品是否是强势产品，或是有望扩大市场的产品，以及技术上的可行性等，从各种角度对所构想的产品进行评价，使其接近成功。

随着构思范围的集中，产品开发方向也将趋于定位，这关键取决于集体创造性思考对市场领域的准确判断。如：在 X 轴用“消极的”和“积极的”关键词来界定市场时，“精神的”与“积极的”所界定的区域并无相应的产品存在，这正是值得考虑的开发方向。但是现有商品较为集中的区域未必没有扩大市场的可能，也可以通过准确的判断后投入有竞争力的产品。

产品的最终定位有利于对市场的正确判断，市场调查分析是完成这种判断的具体手段，而概念框架图是这种手段的有效的作业方式。

1. 用户需求分析

不仅用户会为了解决某一需求而需要某种产品，而且在特定环境、特定的生活方式甚至特定的价值观念下，也需要产品与他的“特定”相吻合。在淡水充沛的地区使用目前国内普遍使用的洗衣机没有什么大的问题，但是在淡水稀缺的海岛、沙漠等缺水地区，类似的洗衣机能否使用与推广就是一个很大的问题，此时就必须设计一种用水量特别节约的甚至不用水作为洗涤介质的洗衣机来满足他们的特定需求。

另外，农村中用户需要洗衣机还能另作“它用”，即帮助农家清洗农产品，如花生、土豆、地瓜、萝卜等。这样的洗衣机对农村用户就有着更广泛的用途。设计如何满足这一部分用户的“特定”需求？

针对中国的人口、城市道路、能源与环境污染，中国人的出行方式除了大力发展公共交通之外，用于上下班及短途交通的工具能否比现有的轿车更小、更轻巧、更节能、更环保、更方便？以发达国家已形成的交通方式原封不动地拿来解决中国城市中人口众多、能源短缺、土地资源紧张的交通问题，是否具备科学性与合理性？在某种意义上，我们是否需要一种特定的方式来解决中国人的出行问题？

因此，设计中的使用者需求分析必须抓住其行为方式的本质，才能准确地了解顾客真正意义的需求本质。成功地进行需求分析应该做到：识别和区分顾客与使用现场，促使消费者表达真实的声音，理性地分析并量化调查数据。从系统论角度来看，这个阶段就是要分析研究设计目标系统中的外部因素。

顾客现场是顾客真正关注的地方，也是企业和设计师应该着力加以分析研究的地方。使用者是在“现场”生活、工作，接受产品和服务的。同时在需求分析时也应该借助于适时创造的产品使用的虚拟现场，以挖掘使用者的潜在需求，创造潜在市场。

有效地进行顾客细分也是寻找优秀解决方案的手段之一。将整体顾客根据不同的行为特点分为若干“共同需求主题”，其中的原则是尽量满足每一位顾客的使用要求，尽管这一点很难做到，但是适当的顾客细分可以简化研究、设计和操作的过程，提高设计效率。

在进一步的使用者需求分析研究的过程中，设计师可以根据研究的深化去调整设计定位，修正设计发展的方向。

2. 概念创意

为了决定新产品的用途、性能、功能、形状等条件，对产品应该有一个具体的想法，这个想法或看法，就是产品的概念。通常人们对产品的竞争力都极为重视，而消费者对产品的感觉更为重要。在设计开发时，产品概念的定义，就是针对特定的消费者，或者说是基于特定的需求，根据企业所处的环境如社会状况、市场动向等，将产品战略性构想具体化。

总之，所谓产品概念就是根据市场需求，找到产品的“亮点”，并将其明确化，成为产品开发设计的方针。如果存在着模糊概念，就可能导致失败。可以说，产品概念是赋予产品以特征和个性。

产品概念的确立，是使产品越来越接近现实的过程。在这个过程中，必然伴随着各种技术上的问题，在构想时，应保持对技术上的预见性，设立现实可行的产品概念。在这个阶段与技术人员并行作业是解决问题的有效方法。

在概念创意阶段，设计工作的目的是获得各种解决问题的可能，寻找实现产品功能的最佳构成原理。所有解决方案的创意只能够有一个出发点，就是对用户的研究分析。伊利诺理工学院的帕特里克·惠特尼教授将这种分析研究过程分为两类：第一类，微观意义的产品焦点研究。通常通过概查、集中讨论、面谈、家庭走访和易用性测试来询问顾客。这类研究的优点在于它可以引导出关于供应的具体洞察，能够使得公司修正问题，并增加产品特性。它可以是迅速的，实用的，并能引导出在主要细节方面有效的统计结果，为进一步的方案设计提供更为有利的功能框架模型。第二类，宏观意义的文化焦点研究。运用类似进行人口普查和人口统计学数据的措施来关注像价值系统、社会结构以及朋友和亲戚之间关系的日常生活总体模式。这类研究可以引出有关一种文化的惊人发现。设计师在这一阶段应该训练自身灵活运用各种手段快速洗练地记录下灵感创意与分析思路的能力。

四、方案设计

在创新性设计过程中，我们很容易被一些思维定式或者经验惯性所左右。如果设计一开始就陷入一些具体的功能、结构细节中，那么，得出的方案很难带来创造性的突破。上述诸方面深入细致的研究分析的结论，就是从事物的本质入手寻找最佳方案的有力依据，同时它们也有可能给设计师的创造构思带来技术上的禁锢。因此在这个阶段，设计师必须学会将以物为中心的研究方法改变为以功能为中心的研究方法。实现用户所要求的功能，可有多种多样的方案，现在的方案不过是其中的一种，但并不一定是最理想的方案。从需求与功能研究入手，有助于开阔思路，使设计构思不受现在产品方式和使用功能的束缚。设计师在理性分析与思考后，现在需要更为感性的创造灵感与激情。

到产品设计的制约因素复杂多变，设计活动更是一种综合性极强的工作，这就要求设计师具有创造性地综合协调设计目标系统内诸多因素的能力。为了高效快速地记录各种解决草案以及草案的变体，速写性的表达方式是必不可少的。它是设计师传达设计创意必备的技能，是设计全过程的一个重要环节，是对产品总体造型构思视觉化的过程。但是，这种专业化的特殊语言具有区别于绘画或其他表现形式的特征，它是从无到有、从想象到具体，是将思维物化的过程，因此是一个复杂的创造思维过程的体现。设计师将头脑中一闪而过的构思迅速、清晰地表现在纸上，主要是为了展示给设计小组内部的专业人员进行研讨、协调与沟通，以期早日完善设计构想。同时大量的草图速写也能够在设计初期起到活跃设计思维、使创造性构思得以延展的作用。由于设计初期的许多新想法稍纵即逝，设计师应该随时以简单概括的图形、文字记录下任何一个构思。这种草图类似于一种图解，每个构思都表现产品设计的一个发展方向，孕育未来发展的可能性。设计师可以借助于任何高效便捷的表现工具，例如钢笔、马克笔、彩色铅笔等，还可以使用一些二维绘图软件，例如 Photoshop，CorelDRAW，Painter 等手段进行表现。

这个阶段的主要任务是尽可能多地提出设想方案，设计师可以借助于排列组合的方法寻找问题解决的多种渠道，学会分解问题的方法是提出更多方案变体的前提，将现有的主要问题分解为诸多子问题，每一个子问题可以提出相应的几种解决方案，将不同子问题的解决方案作排列组合，就会得出意想不到的奇思妙想。

图 13－3　方案草图

五、方案评价与优化

1. 较优化的评价体系与方案初审

传统的设计方法受自然科学与技术理性的影响追求最优化目标，它要求在研究解决问题时，统筹兼顾，多中择优，采用时间、空间、程序、主体、客观等方面的峰值佳点，运用线性规则达到整体优化的目的。但是，由于制约因素的多样性和动态性，在选择与评价设计结果时，无法确定最优化的标准。设计过程中，由于任何方案结论的演化过程都是相对短暂的，都不是走向全局"最优"状态的，真实的产品进化过程不存在终极的目的，面对客观环境的适应性而言，也总是局部的、暂时的。这就为当前工业设计的评价目标提出了相对和暂时的原则，"合理的生存方式"本来就是被界定在有限的范围内，因此这种"合理"也就是"较优化"的。

设计评价应该是动态地存在于设计的各个阶段，贯穿于设计的全过程。设计只有通过严格评价并达到各方面的要求，产品才能降低批量生产的成本，让企业真正通过设计获得效益，让消费者得到性价比最佳的产品。优秀设计的评价标准，不同的项目具有不同的内容。一般情况下，一个好的设计应该符合下列几项标准：

（1）高的实用性；

（2）安全性能好；

（3）较长的使用寿命和适应性；

（4）符合人机工程学要求；

（5）技术和形式的特创性、合理性；

（6）环境的适应性好；

（7）使用的语义性能好；

（8）符合可持续发展的要求；

（9）造型原则的明确性；整体与局部的统一；色彩的协调。

在经过对诸多草图方案及方案变体的初步评价与筛选之后，优选出的几个可行性较强的方案需要在更为严谨的限制条件下进行深化。这时候设计师必须理性地综合考虑各种具体的制约因素，其中包括比例尺度、功能要求、结构限制、材料选用、工艺条件等，对草图进行较为严谨的推敲。这一步工作应达到两个要求：一，使得初期的方案构想得到深入延展。因为作为一种创造性活动，设计构思通过平面视觉效果图的绘制过程不断加以提高和改进。这一过程不仅锻炼延展了思维想象能力，而且诱导设计师探求、发展、完善新的形态，获得新的构思。这时的表现图绘制要求更为清晰严谨地表达出产品设计的主要信息（外观形态特征、内部构造、加工工艺与材料……），设计师可以根据个人习惯选择得心应手的工具，也可以借助于各种二维绘图软件及数位绘图板等计算机辅助设计工具。二，它能够有效传达设计预想的真实效果，为下一步进行实体研讨与计算机建模研讨奠定有效的定量化依据。设计师应用表现技法完整地提供产品设计有关功能、造型、色彩、结构、工艺、材料等信息，忠实客观地表现未来产品的实际面貌。力争做到从视觉感受上沟通设计者、工程技术人员和消费者之间的联系。

2. 工作模型

在计算机介入产品设计领域的前提下，设计师有时为了缩短设计的周期，开始忽视或者跨过工作模型这一过程，实际上，这是一个具有极大风险的行为。许多设计开发失败的事例都发生在由设计向生产转化的阶段。如从构想效果图直接进入生产工艺设计，然后又基于生产工艺设计进行模具的制作，当发现结构上的问题时，高额的模具费用已经浪费。在造型设计阶段，为了研讨绘出了无数效果图，但那只是在平面上表现的形象。之所以造成失败，问题在于由二维形象向三维形象的转化难以正确把握。有时会因为开发时间紧迫或费用方面的原因而省略制作模型的步骤，这往往就是失败的原因。

将设计形象转化为产品形象时，必须利用模型手段。在设计定案阶段所进行的设计评价和最终承认的是工作模型和生产模型。向生产转化时的生产模型，是从各个方面对产品进行模拟，所以能够明确把握构造上和功能上的问题。

这种广泛利用模型的案例，多见于汽车和家电领域的设计。设计汽车时，由于曲面多，所以需要制作原大模型，以利于造型研究、生产技术检验与制图检查等。在家电的设计开发生产中，也必须进行类似的模型制作，以用于严密的设计研讨和生产技术及构造上的检验。这样的模型制作，在有些企业（如汽车制造厂家）已成为专门的部门，但在多数情况下是通过外协解决的。因此，社会上已出现专业化的模型制作公司。模型材料常选用木材、黏土、塑料板材或块材，制作方法则多种多样。

工作模型制作的目的不仅是为了把先前二维图纸上的构想转化成可以触摸与感知的三维立体形态，以此检验二维图形对三维形态表达的准确性；而更在于在模型制作过程中进一步细化、完善设计方案。尤其是在当前先进的数字化、虚拟化技术得到广泛应用的前提下，设计师的感性知觉评价受到了前所未有的挑战。因为今天的设计师可以远离三维实体的空间感与具体材料的触感，构建起一个活生生的、逼真的三维视觉形象。但这仅仅是产品视觉形象的平面化，而非产品三维实体综合感觉的存在。总之，设计师应当为使用者创造出全方位、高品质的用品，应该用自己的手指去感知与创造一个更为微妙的情感物体，而不仅仅是一个冷冰冰的机器。

工作模型的作用与意义就在于使得我们能用手指去感知设计，以综合感觉代替单一的视觉感受，有效弥补了二维图纸与电脑虚拟形态的致命技术缺陷，可以让设计师在更为感性的细节问题上进行深入研讨。工作模型应该是目的性较强的分析模型，是设计深化必不可少的手段。设计师可以根据需要就设计中的某些具体问题进行工作模型的制作研讨，可以专门为研究形态的变化而制作模型，也可以在选择色彩时制作模型，可以就某一工艺细节制作模型，还可以为改良功能组件的分布制作模型……由于工作研讨模型的特殊要求，在选材制件上应该尽量做到快速有效地达到研讨的目的，一般都选择较为容易成型的材料，如石膏、高密度发泡材料、油泥等。在一些特殊专项的研究中，可以寻找一些更为简单有效的方法。

3. 计算机辅助参数化建模

由于计算机辅助设计和辅助制造的软件界面及功能的智能化、“傻瓜化”，设计生产中的并行工程、模块关联互动的特性不仅成倍地缩短了设计、生产的周期，更主要的是导致了设计者工作方法的变化。设计师可以更加充分地发挥自己的才智与判断力，从更直观的三维实体入手，而不必将精力过多地花费在二维工程图纸上，从此远离过去那些繁琐的图纸绘制、装配干涉检验、性能测试等繁重的重复性劳动，转而让更为智能化的计算机代之完成。在德国奔驰公司的设计部，设计师、工程师们已经远离了繁重的油泥模型制作、样车打造、风洞实验、实体冲撞实验等耗费人力物力的传统设计检测手段，取而代之的是各种不同的数字化虚拟现实设备。波音公司在其波音 777 产品的设计开发过程中，完全借助于计算机，整个设计阶段没有一张图纸。现在，设计师凭借感性设计手段将最初的原创想法绘制成平面效果图，智能化的软件就能在三维空间内追踪其效果图的特征曲线，完成三维实体建模及工程图纸的绘制。如果设计师在任何一个模块中的一个环节进行修改，相关模块中的参数也随之进行修正，这一优势在许多复杂系统的设计中更能发挥其长处，也许传统的以严格的尺度固定的模型已经失去了意义，而仅仅成为设计者进行大体估量的参照系。在这样的设计生产环境中，设计者或工程师不必准确详细地了解整个系统，在需要时，他们会借助于电脑，从数据库里调出相应的功能参数，这样设计者和工程技术人员能够将更多的精力投入到前期富于创造性的工作中去。

4. 效果图渲染及报告书整理

经过上述诸多步骤的不断深化，设计已经基本定型，此时设计工作小组需要将整个的工作成果展示给决策领导进行评价。逼真清晰的效果图将在最终的评价决策中起到关键作用，由于审查项目的人员大多不是设计专业人士，效果图的绘制渲染必须逼真准确，能够完全展示设计的最终结果。同时，设计分析过程的诸多调查分析过程与结果，也应该准确地加以展示，为设计方案提供有力论证与支持，因此设计报告书的整理与展示也将成为左右最终决策的重要因素。一般情况下，设计师会调动较为强大的电脑软件进行效果渲染，甚至借助多媒体动画技术以求做到全方位逼真地展示方案。

5. 综合评价

在最终的方案评审过程中，评审委员中汇集了各方面的人员，既包括企业的决策人员、销售人员、生产技术人员，也包括消费者代表、供应商代表等，他们会从各种不同的角度审查、评价设计方案。因此尽可能全方位立体、真实地展示与说明设计构想尤为关键。

综合评价的目的就是将不同的人、不同的视角、不同的要求进行汇编，通过定量定性化分析，对设计施加影响，其本质可以说是设计付诸生产实施之前的“试验”，其目标是尽量降低生产投入的风险。

6. 方案确立

经过反复的论证与修改，方案终于得到了确立。但我们必须清楚，这个过程往往并不是一帆风顺的，有时需要多次反复才能得到较为完满的结果。

六、设计的生产转化

由设计向生产转化阶段的重要工作就是根据已定案的设计方案进行工艺上的设计和样机制作。这时，要对造型设计和产品化的问题进行最后的核准。具体地说，就是要为该造型寻求合适的制造工艺和表面处理方法等。把制造方法、组装方法、表面处理等问题作为生产技术、成本方面的问题进行充分的研究，需变更的地方要加以明确。根据样机，可进一步推敲材质感、手感等感觉方面情况。

最终的产品形象和品质感，对外观制作的方法有很高的要求。因此，成为制造方面问题的重点往往与产品外观部分有关。如，要忠实地再现构成微妙曲线的、具有柔和感的设计形象，那么，塑料注塑成型或铸模成型的制造工艺，便会重点加以研讨。这种制造方法需要昂贵的模具费用，但却可能从量产方式中得到回报。而小批量生产时，往往因模具费用高而不被采用。小批量生产时往往要对真空成型、钣金、精密铸造等工艺方式进行研究。这些方法，所做出的形状往往受精密度的限制。所以，设计上要充分考虑装配、组合的问题。这些设计与制造方法的问题都必须在设计定案之前完成。

1. 结构工艺可行性设计分析

由于设计过程已对结构、材料、工艺进行了调整研究，因此在设计向生产转化前，设计人员的主要工作是协助工程技术人员把握结构与工艺的最终可视化效果，将其转化为量化的生产指导数据，以求设计原创性不在生产中损失。

2. 样机模型制作与设计检验

由于数字化技术的导入，计算机辅助设计与辅助制造技术不断得到完善，现在模型制作就不仅仅停留在传统手工技术的基础上了，设计师在实践当中有了更多灵活的选择。我们可以看到，基于参数化建模技术平台上的RP激光快速成型技术以及NC数控精密车铣技术是当前社会上常用的样机制作手段。虽然它们所应用的技术原理及成型材料具有一定的差异性，但是这些技术手段却拥有着一些共同的优点：

（1）由于数控技术操纵下的机器设备处理的是设计研讨后的最终参数化模型文件，这就使得设计原创性得到了完整的体现，避免了传统手工制作样机模型时人为性的信息损失。

（2）在加工精度提高的同时，加工的时间也大大缩短。传统意义上需要一个月左右才能完成的样机，现在只需要三四天就完成加工了。这极大地缩短了产品研发的周期，为现代企业制度下提高市场竞争力提供了有力的武器。

（3）由于从设计初期就导入参数化的理念，使得无论是设计还是试制都在一个共同的数字平台上进行，也就为并行工程的导入提供了技术前提。也就是说，我们可以在设计的同时进行样机生产，在样机制作过程中修改设计，优化结构和功能。同时并没有因为这些调整与修改而使项目实验受到影响，反而进一步优化了设计，真正实现了样机模型的设计检验职能。

3. 设计输出

根据样机和电脑中的参数化模型绘制工程图纸，规范数据文件（文件格式应转化为符合数字化加工的要求）。这时模型文件可以交付模具生产厂家进行模具设计与生产，设计师同样肩负着生产监理的任务，以确保最终的实现效果。在可能的情况下，设计小组还要对产品的用户界面、包装、使用说明书以及广告推广等诸多因素进行统一设计，这才是一套完整的设计输出过程。

第十四章　设计方法

第一节　设计方法与设计方法论

一、方法与方法论

1. 方法与方法论

方法是指在任何一个领域中的行为方式，它是用以达到某一目的的手段的总和。人们要从事一系列思维和实践活动，这些活动所采用的各种方式，统称为方法。方法的正误、优劣直接影响工作的成败或优劣，自古以来方法就是人们注意的问题。

随着社会的进步，人们认识和改造世界的任务更加繁重复杂，方法的重要性也就更加突出。以方法为对象的研究，已成为独立的专门学科，即科学方法学（亦称科学方法论）。方法论是探索方法的一般结构、一般规律、发展趋势和方向，以及科学研究中各种方法的相互关系的理论。

科学方法论的发展经历了自然哲学时期、分析为主的方法论时期、分析与综合并重的方法论时期以及综合方法论时期共四个时期。

- 自然哲学时期（16 世纪近代科学产生前）

在这个时期，人们将世界看作一个混沌的整体，表现为哲学、自然科学和方法论三者的混合。这一时期方法论的最高成就，就是亚里士多德的逻辑学和欧几里德几何学中的方法论思想。

- 分析为主的方法论时期（16 世纪经典力学建立到 19 世纪初期）

这一时期自然科学相继分化出来，并形成了各自的研究方法，而哲学则担当了方法论的职能，哲学的范畴、原理、世界观都作为自然科学研究的方法论出现。培根的经验归纳法、笛卡尔的演绎法等都是当时以分析为主的哲学方法论。

- 分析与综合并重的方法论时期（19 世纪 40 年代到 20 世纪中叶）

在这个时期，一方面是分析方法论有了比较重大的发展，数理逻辑和分析哲学作出了重要的贡献；另一方面是自然科学中实现了重大的综合，能量守恒和转化、细胞学说和进化论在很大程度上实现了宏观领域自然科学的综合；相对论和量子力学理论的创立实现了宏观和微观的理论综合。这一时期，综合的思维方式日益受到重视。

- 综合方法论时期（20 世纪中期开始）

这个时期出现了许多综合性的学科，如各种边缘学科、横断学科（系统论、控制论、信息论）、综合性学科（环境科学、能源科学、航天科学等）。这些学科的迅猛发展极大地促进了综合方法论的发展。当代思维科学与思维方法的重大发展将大大促进科学方法论的发展。

2. 方法的层级

方法论认为，方法是以四个不同的层级分布的，也就是说，各种方法在人的思维活动与实践活动中以高低不同的层级，组成了方法论的整个体系。

第一层级是哲学方法。哲学方法，普遍适用于自然科学、社会科学和思维科学，是一切科学所适用的方法，在众多哲学观中，辩证唯物主义是唯一科学的世界观，也是唯一科学的方法论。

第二层级是科学研究中的一般方法。它们是从具体方法中归纳出来的一般方法，不属于某一个学科，而是各门学科共同适用的方法。如系统论方法、控制论方法和信息论方法等。

第三层级是各门学科的一些具体方法。它们属于各门学科本身的研究对象，是这些学科本身的使用方法。如工业设计中的“计算机辅助工业设计方法”、“人机工程学方法”、“ 符号学方法” 等。

第四个层级是各种技术手段、操作规程等构成的方法论中的最低层——经验层的方法。工业设计中的草图、效果图、工程图等绘制的方法，模型的制作方法等，均属这一层次的方法。

工业设计的方法涉及方法论结构中的各个层级。它既反映为设计的经验层面即技术手段与操作方法，又涉及第三层面中的方法如符号学理论与方法、人机工程学理论与方法等，同时又与第二层级的系统论方法、信息论方法乃至第一层次的哲学方法密切相关。

二、现代设计方法论简介

科学自身的发展，以及人类社会生产力的发展，引起了科学的交叉、综合，各种科学方法论也处于不断的发展之中。

设计方法是20世纪60年代以来兴起的一门学科，主要探讨工程设计、建筑设计和工业设计的一般规律和方法。

设计方法是实现设计预想目标的途径。S·A·格里高利（S. A. Gregory）认为：“设计方法是解决某种特定种类的问题的方法，即是创造充足的条件使之达到相互关联结果的方法。”设计目的和内容的复杂性，决定了为达到预想目标所采取的设计方法的多样性和丰富的可选择余地，对于设计方法的研究，不单纯是为了明确地界定某一特定设计目标所必须采用的设计方法，而是将各类设计问题的解决、处理办法加以系统化的总结，以得到具有普遍意义的方法论结果。

设计方法论是对设计方法的最基本研究，是关于认识和改造广义设计的根本科学方法的学说，是设计领域最一般规律的科学，也是对设计领域的研究方式、方法的综合。

通常所说的设计方法论主要包括信息论、系统论、控制论、优化论、对应论、智能论、寿命论、模糊论、离散论、突变论等，在设计与分析领域被称为十大科学方法论。

设计方法论涉及哲学、心理学、生理学、工程学、管理学、经济学、社会学、生态学、美学、思维科学等领域，是研究开发和设计的方法论的学科，包含了方法论中的各种层次的问题。第二次世界大战后，由于信息工程、系统工程、人类工程、管理工程、创造工程、科学哲学、科学学等一系列新兴学科取得了迅速的发展，一批哲学家、科学家、工程师和设计师从一般方法论的角度研究设计中的方法论问题，使许多工程师和设计师认识到：传统的设计方法已经不适于解决日益复杂的设计问题，因而需代之以新的设计观念、思想、原则和方法。

设计方法在近年来得到了迅速的发展，在一些不同的国家中形成了各自的独特风格。德国着重于设计模式的研究，对设计过程进行系统化的逻辑分析，使设计的方法步骤规范化。ULM造型大学早先的工作产生了重要的影响，在工业设计上形成了精密、精确、高质量的技术文化的特征。美国等则重视创造性开发和计算机辅助设计，在工业设计上形成商业性的、高科技的、多元文化的风格。日本则在开发创造工程学和自动化设计的同时，特别强调工业设计，形成了东方文化和高科技相结合的风格。

现代设计的主要特点是优化、动态化、多元化及数字化。具有较为普遍意义的方法论，决不是方法的简单拼凑，它具有与传统、狭义设计不同的种种特征。现代设计方法论的主要范畴及常用的设计方法简介如下。

1. 突变论方法

突变论方法是现代设计的关键。因为人类要突破自然增长的极限，不断开拓发展，关键就是要有创新、有突破，才会有新的思想、新的理论、新的设计、新的事物。后边将要述及的各种创造性思维与设计技法，均能产生突变性机理。因此，它们是一种用于开发性设计的科学方法。目前，对于这些方法已建立起初步的数学模型，已可对设计创造的质的飞跃进行一定的定量描述。

2. 信息论方法

信息论方法是现代设计的前提，具有高度的综合性。它已超越了原先应用于电信通迅技术的狭义范围，延伸到经济学、管理学、人类学、语言学、物理学、化学等与信息有关的一切领域。它主要研究信息的获取、变换、传输、处理等问题。常用的方法有预测技术法、信号分析法与信息合成法等。

3. 系统论方法

系统论方法是以系统整体分析及系统观点来解决各种领域具体问题的科学方法学。所谓“系统”即指具有特定功能的、相互有机联系又相互制约的一种有序性整体。系统论方法从整体上看，不外乎是系统分析（管理）→系统设计→系统实施（决策）三个步骤。具体设计方法有系统分析法、逻辑分析法、模式识别法、系统辨识法等。

为适应各学科的特点及发展，系统论方法已形成许多独立的分支，如管理系统工程、环境系统工程、人才系统工程等。工业设计是一种新的设计观与方法论，是系统论方法中重要的分支之一。人类认识的发展，已将工业设计置于“人－机－环境－社会”的大系统中，由此创造人们新的生存方式。

4. 离散论方法

对立统一规律告诉我们，事物的矛盾性总是具有成对性。既有用系统工程观点分析、研究事物的系统论方法，必然也有将复杂、广义的系统离散为分系统、子系统、单元，以求得总体的近似与最优细解的离散论方法。常用的设计方法有微分法、隔离体法、有限单元法、边界元法、离散优化法等。

5. 智能论方法

智能论方法是现代设计的核心。运用智能理论，采取各种方法、工具去认识、改造、设计各种系统。发掘人的潜能的方法，计算机求解、设计、控制，机器人技术、仿生物智能、专家系统等，均是常用的方法。

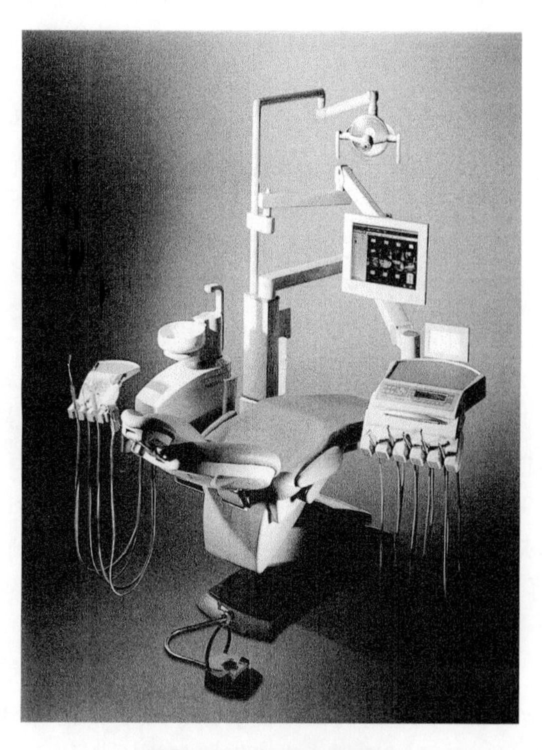

图 14－1　牙科治疗系统

这是一款欧式风格的牙科治疗系统，带有躺椅和可精确操作的数码用户界面，躺椅的设计基于人类工程学，有多种颜色可供选择，通过 LCD 接触式液晶屏，躺椅可呈现出三种角度，这款产品的设计目标之一是实现系统的维护功能（本产品为 2002 韩国优秀设计商品）。

6. 控制论方法

控制论方法重点研究动态的信息与控制、反馈过程，以使系统在稳定的前提下正常工作。现代认识论将任何系统、过程和运动都可看成一个复杂的控制系统，因而控制论方法是具有普遍意义的方法论。常用的设计方法有动态分析法、柔性设计法、动态优化法、动态系统辨识法等。

7. 对应论方法

世界上的事物虽然千差万别，但各类事物间存在某些共性或相似的恰当比拟，具有大量而普遍的对应性。以相似或对应模拟作为思维、设计方式的科学方法，即为对应论方法，如科学类比法、相似设计法、模拟设计法、建模技术、符号设计法等。对应论方法常用于已有成熟的参照对象而尚未掌握设计对象性状的各种情况。

8. 优化论方法

优化论方法或优化设计法，即用数学方法在给定的多因素、多方案等条件下得到尽可能满意的结果，这是现代设计的宗旨。它包括线性和非线性规划、动态规划、多目标优化等优化设计法，优化控制法，优化试验法等常用方法。

9. 寿命论方法

设计事物的功能与其使用时间，以及功能与成本之间存在着密切的关系，设计中以产品使用寿命为依据，保证使用寿命周期内的经济指标与使用价值，同时谋求必要的可靠性与最佳的经济效益的方法论，即为寿命论方法，也称作功能论方法，如可靠性分析法，可靠性设计法，功能价值工程等。

10. 模糊论方法

这是将模糊问题进行量化解题的科学方法学，主要用于模糊性参数的确定、方案的整体质量评价等方面。常用的方法有模糊分析法、模糊评价法、模糊设计法等。

综上所述，现代设计方法论中的设计方法种类繁多，但并不是任何一个系统设计需采用全部的设计方法，也不是每一个单体或子系统均能采用上述每一种方法。工业设计是综合性、交叉性的学科，设计时常需综合应用上述方法。如突变论方法学中各种创造性设计法，智能论方法学中的计算机辅助设计，信息论方法学中的预测技术法、信息合成法，对应论方法学中的相似设计法、科学类比法、模拟设计法、符号设计法等，寿命论方法学中的价值工程与价值创新，系统论方法学中的人机工程学等，则是经常需要用到的。

设计方法论是打开并通往成功设计大门的钥匙，在它经过了自身发展的历程后，还必将随着人类文明进程而更加完善。因此，设计方法论这一新兴学科也正越来越受到人们的关注与应用。

三、设计方法的经典流派

设计方法自20世纪60年代开始建立起比较科学的研究系统和理论体系。手工业时代，师傅带徒弟的经验传授，使设计方法具有强烈的经验主义色彩和偶发性试验特征，对于设计方法的研究往往由于传承的突发性中断和行业、门类的人为阻隔而显得零碎且封闭。进入工业化时代后，科学技术的发展，为设计方法的形成提供了新的条件与手段。数学方法、控制理论等一系列横向科学的诞生，为现代设计方法的研究和推广奠定了坚实的基础。1962年召开的首次世界设计方法会议以及随后举行的有关问题研究探讨会议，掀起了国际性设计方法运动，并逐渐形成了研究方式各异、角度不同的多种流派，极大地丰富了设计方法论的研究和体系，下面择其有代表性的流派予以简介。

1. 计算机辅助设计方法流派

该流派是以强调客观的科学性和逻辑性为特点，主张积极运用现代最新科技成果和信息技术，对复杂的设计问题进行细致的分解，然后借助计算机等先进的技术分析手段，将已分解的各基本要素综合、归纳、研究、评价，最终得到完善的设计方案。由分解到综合的过程，是一项较为庞大复杂的系统工程，因此要求设计师对设计本身及相关问题的构筑内容有全面的认识，尽可能细致入微、全面客观地完成分解过程，并提出各个基本要素的可发展内容，以供综合、归纳、选择和提取。这一流派中，由于分解和综合的多样性，而形成了各具特色的设计方法。如由罗伯特·克劳福德教授（Robert Crewford）提出的“属性列举法”，以系统论为基础，主张利用属性分解的方法对设计物进行全方位的研讨和评价，他说“如果问题区别得越小，就越容易得出设想”，并认为“各种产品部件均有其属性”。日本的上野阳一，依此理论而将设计物的基本属性分为名词属性（全体、部分、材料、制造方法）、形容词属性（体积、颜色、形状、性质）和动词属性（功能、使用方式）。在确定了设计物以后，首先将其依照这三种属性进行分解归类，逐层逐个地分析各分解因素的现状和可发展内容，寻求其理想的最佳状态和最佳解决方法，然后进行全方位的综合调整，列出多个供选择的设计方案，再回到设计物属性的分析研究中，以取得最终的设计方案。

另外，利用检核表格进行逐项检查分析的“检核表”法和将产品开发设定成四大范围而逐一研究的“范围思考法”等也属于这一流派。

2. 创造性方法流派

这一流派注重设计者的主观能动性和创造性的发挥，相对于“计算机辅助设计方法”，它更加强调设计者个人或团体的学识和经验的积累以及直觉顿悟的爆发力。

该流派最具有代表性的是由美国广告大型公司（Battem Barton，Durs-tine and Osborn）的副经理

A·F·奥斯本（Alex. F. Osborn）发明的智力激励法（Brain storming）。

日本学者高桥诚将100种创造技法分为扩散发现技法、综合集中技法和创造意识培养技法的三大类型，进行了目的、对象及适用阶段等项内容的分析，由此可见，能够运用于现代设计之中的方法是非常丰富的，总结归纳这诸多方法的基本特征，可以发现所存在的能够凝炼成为基本原理的内容：

• 综合原理

将多种设计因素融为一体，以组合的形式或重新构筑的新的综合体来表达创造性设计的意义。

• 移植原理

在现有材料和技术的基础上，移植相类似或非类似的因素如形体、结构、功能、材质等，使设计获得创造性的崭新面貌。

• 杂交原理

提取各设计方案或现有状态的优势因素，依据设计目标进行组合配置和重新构筑，以取得超越现状的优秀设计效果。

• 改变原理

改变设计物的客观因素，如形状、材质、色彩、生产程序等，可以发现潜在的新的创造成果；改变设计者的主观视点，能够使设计构思得到更具创造性的体现。

• 扩大原理

对设计物或设计构思加以扩充，如增加其功能因素、附加价值、外观费用等，基于原有状态的扩充内容，在构想过程中，可引发新的创造性设想。

• 缩小原理

与“扩大”相反，对设计的原有状态取缩小、省略、减少、浓缩等手法，以取得新的设想。

• 转换原理

转换设计物的不利因素和设计构思途径，以其他方式超越现状和习惯性认识来达到新的设计目标。

• 代替原理

尝试使用别的解决方法或构思途径，代入该项设计的工作过程之中，以借助和模仿的形式解决问题。

• 倒转原理

倒转、颠转传统的解决问题的途径或设计形式，来完成新的方案，如表里、上下、阴阳、正反的位置互换等。

• 重组原理

重新排列组合设计物的形体、结构、顺序和因果关系等内容，以取得意想不到的设计效果。

以上的基本原理内容体现了现代设计方法科学性、综合性、可控性、思辩性的特征，作为解决设计诸多问题的有效工具和手段，它的运用和发展奠定了设计方法论的研究基础。

3. 主流设计流派

该流派主张设计中主客观的结合，一方面基于直觉和经验，另一方面基于严格的数学和逻辑的处理，并提倡高效率地解决问题，必须把与设计问题相适应的伦理性思考和创造性思维结合起来进行思考。

克里斯托弗·琼斯（Christopher Jones）是这一流派的代表人物，他的专著《系统设计方法》和《设计方法——人类未来的种子》是举世公认的设计方法论的经典著作。

他提出，设计在任何场合、任何时候都不应受到现实界限的制约，以开阔自由的思路发挥主观的创造性思维能力，同时不依靠记忆，记录和与设计有关的情报，而创造出使设计需求与问题求解相结合的手段。依照上述前提条件，从分析、综合、评价三个阶段进行设计。

• 分析阶段

将全部设计要求以图表形式表示出来，再把与设计相关的问题进行伦理性思考，整理成完整的材料，它包括以下内容：无规则因素一览表、因素分类、情报的接受、情报间的相互关系、性能方法、方针的确认。

• 综合阶段

指对性能方法各项目的可能性求解的追求，以及最终以最少的妥协使设计目的完成。综合阶段包括独立性思考、部分性求解、限界条件、组合求解、求解的方法等内容。

• 评价阶段

评价阶段是检验由综合而得到的结果是否能解决设计问题的阶段。它包括评价的方法和对操作、制作及销售的评价。

评价阶段所运用的设计方法可分为两种类型。第一类提倡运用黑箱方法（又称黑盒子方法）、白箱方法（又称玻璃盒方法）和策略控制法；第二类是变换视点，采用发散法、变换法和收敛法等设计方法进行设计评价。

四、设计方法系统模式

为了适应不同的目的，产品设计往往采用不同的系统模式，O-R-O 模式、串行模式与并行模式为其中常用的三种方法模式。

1. O-R-O 模式

所谓 O-R-O 系统，即客体（要素）、联系（结构）、产出（功能）系统模式。该系统往往适用于决定投入产出的高层管理，对于产品设计过程也同样适合。具体内容是：一个系统起始于不同的客体，例如自然资源、人力资源、材料、工艺等，在各客体之间建立起一定的结构联系，并通过这种联系产生出既定的结果（如图 14－2 所示）。

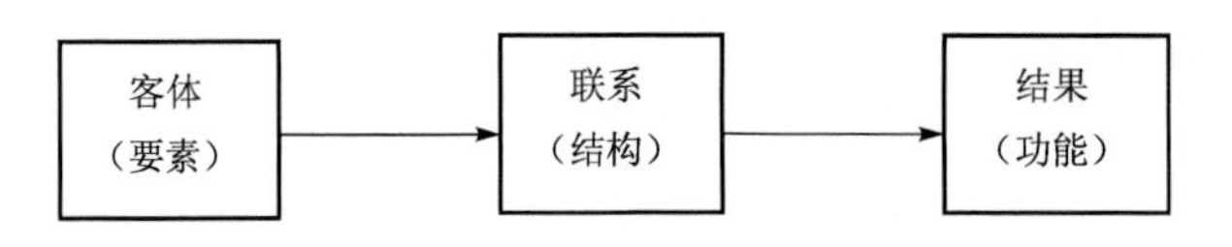

图 14－2　O-R-O 系统的结构

这是一个直观、单纯、易于控制的系统结构，投入和产出关系明确，而设计集中在要素的转换关系上。因此，该模式常用于关系单纯而明确的产品设计过程。其特点是：对超常和意外的因素易于控制，对设计过程及其结果具有可预见性。如，在椅子设计过程中，原材料、构件等元素的质量或结构不合理等因素，对最终目的的影响均可预知和进行控制。

O-R-O 模式在系统设计中往往是逆向使用，即产出—联系—要素。目标往往是首先被确定的，如设计项目立项—确定构成方式—确定要素内容。

2. 串行模式

将设计过程中的各个环节视为系统的要素，而要素之间的构成关系是按一定顺序进行的，所构成的系统即为串行系统。这种系统模式是以强调行动、行动之间的关系以及行动之间的顺序为特征，往往也用流程图进行表现，所以也称为流程图式（如图 14－3 所示）。

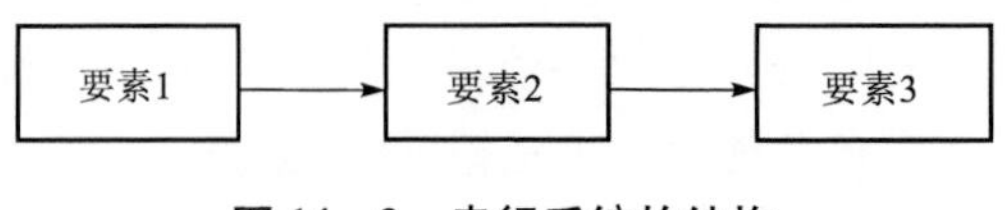

图 14－3　串行系统的结构

串行系统的突出特征是要素之间具有相关性和依次产生制约性。这也是该系统的缺点所在，犹如一个串联电路一般，只要线路上的某个元件出现故障，就会造成整个线路的瘫痪，电路上的保险装置正是利用了这一特点。串行模式的实质内容就是对设计工作过程的控制。由于是单线并进，所以易于进行整体控制。

3. 并行模式

如果说串行模式是以要素的顺序结构关系为基本特征的话，那么并行模式则是以要素的网络结构关系为基本特征。并行模式就是对产品及相关过程进行集成、并行设计的系统化的设计模式。这种模式力图使产品开发设计一开始就要考虑到产品整个生命周期中的各种因素，包括概念的形成、需求定位、可行性、进度等。所谓相关过程，就是指整个产品开发设计过程中所要涉及的诸如市场需求定位、实施设计和生产制造等过程，甚至还包括商品化过程。这些过程的参与者往往由来自不同专业领域的成员组成，如生产决策人、市场研究者、设计师、工程师、营销人员等。这些相关过程作为设计系统中的子系统或要素，共同形成网络关系，相互协同，相互支持，相互制约。

需要强调的是，并行模式不是设计活动的并行，那样就是各自为政。并行模式是设计过程中相关过程的协作。并行模式也不能被理解为一种管理方法，而是包括人员组织、信息、交流、需求定位和新技术应用等要素的综合和同步。并行模式也不排斥其他模式，而是传统模式的继承和发展，并行模式中的某些子过程往往含有其他模式的特点。

相对于串行模式，并行模式更具有可靠性。并行模式避免了时空顺序关系造成的制约。犹如并联照明电路系统一样，某个电灯的损坏，不至于影响到其他电灯的正常工作。在产品开发设计过程中，难免会出现由于决策和判断上的错误导致总体上的失误。相反，在这种模式下，便于及时发现问题，修正错误。原因在于：该模式下的相关过程处于并行关系，而且是朝着同一个目标运行，从属于整体。相比之下，串行模式中的各个阶段只对下一个程序负责。可以说，并行模式是一个整体控制的模式，因而可以最大限度地避免错误，减少重复和变更，降低成本，提高效率。

并行设计的观念改变了传统的、只在产品定型时才导入设计的做法，而使设计介入整个开发过程，使得不可避免的各个相关因素的协调过程，从设计后期提高到了初期，以至各个阶段。因此，也就能避免和减少反复、变更及浪费。这对于新产品的研究和开发来说是至关重要的，所以新产品开发系统往往是并行系统。

五、设计的思维方式与技巧方法

设计思维方法和技巧方法两种设计方法，相当于设计活动中的总体指导战略和具体执行战术。对于一个完整、成功的设计来说，这两种设计方法缺一不可，理论指导和技术掌握对于设计来说都是十分重要的。

1. 设计思维的方法

设计思维的方法是研究如何界定研究对象，发展多种不同构想以及辨认最佳构想的思维技巧。其目的在于探索、激励创新的心理机制，克服定势思维所带来的心理障碍，充分发挥创造性思维的积极作用。

设计思维方法主要对设计起总体或阶段性的统领作用，对设计的技术方法起指导和协调作用，主要包括创新设计理论与方法、形态组构理论与方法、价值工程理论与方法、人机工程理论与方法以及设计管理理论与方法。本章在后边的几节中将对这些思维方法做简略的介绍。

2. 设计技术的方法

技术方法，是针对具体的设计行为和设计目的采取的针对性较强的设计方法，在实际的设计活动中，能够起到合理化设计，清晰化、可视化设计和加速设计进程的作用。具体包括调研方法、草图绘制、CAD以及其他绘图程序支持方法、多媒体技术支持、虚拟现实建模语言的支持、电子商务对设计的参与支持、并行工程切入方法、人机界面的交互设计方法以及其他信息技术参与的设计和表达方法。

其中设计调研方法还可细分为调查问卷的制作、调研信息的采集（图片拍摄、录像影片摄制、声音的采集、同类产品的综合信息采集）、实地调查、网络查询收集、文献资料调查等。

随着人们对设计活动中设计信息交流的要求日益加深，设计者对设计信息的外在表达（Presentation）成为目前设计中的一项重要方法和内容。从传统的麦克笔、水粉水彩笔技法、色粉笔技法、喷笔技法、比例模型表现到数字化表现技法，再到后来全新的数字可视化表现技法如三维模型、二维效果图、多媒体综合表现等，设计表达方法正在不断更新和充实。

第二节　创新设计方法

这一节讨论的设计方法主要指产品的创新方法，它们应该属于我们在本章一开始提到的第二层次的科学方法论，即创造学在工业设计学科的专门化。

一、沿用设计思维方法

与产品开发设计有所不同，沿用设计即是在已获成功产品的启发下，沿用他人的经验和成果展开设计。前者是经过广泛调查和综合研究，创造性地进行设计；后者则是对同类产品的改良。现实中尽管创新产品层出不穷，但沿用设计的产品却占大多数。例如，电风扇和自行车的最初产品和现在的产品作比较，在形式上并无多大差别，其演化过程说明：产品的形式或原理，被一直沿用下来。在我们生活的周围，随处可见沿用设计的产品，尽管可能与最初的产品有较大的变化，而这种变化是经过一步一步沿用设计发展而来的。可见，这是一种不可缺少或者说不可回避的设计方法。

1. 模仿设计

模仿是人类创造活动必不可少的初级阶段，也是涉入新型产品的第一步。通过模仿，可以启发思维，提供方法，少走弯路，省时、省资金，能迅速达到同等水平而赢得市场。

模仿设计不等于抄袭。抄袭既不合法也没有出路，现实中许多独创的产品或产品的某个部分往往受专利保护，但其经验、方法却是可以共享的。将别人的智慧转化为可利用的资源，这是社会进步的必然，也是必要的过程。

模仿设计的方法是多样的，基本可以归纳为直接模仿或间接模仿，其实质就是接受启发，通过模仿设计出完全不同的产品。

- 直接模仿

直接模仿即对同一类产品进行模仿。例如，市场上有一款半高电风扇，很受广大群众欢迎。该设计可能源于日本特有的席地而坐的生活方式。这种低于普通落地扇、高于台扇的产品，既适于站着受风，又适于坐着受风。正是这种具有广泛适应性的设计，深受百姓青睐。这一产品能在中国市场占有一席之地，反映了中国人的生活水平和生活方式正在改善，如，室内铺设上干净的地板或地毯，越来越多的人能在室内以较低的姿势活动。产品的成功说明了某种需求的存在。按照一般的情况，要准确地把握某种需求，需要花费大量人力和财力，模仿设计可以从需求识别方面走出捷径。如果从列举的产品中或多或少地受到启发，设计出一系列符合大众生活的同类产品，甚至在此基础上更有创造，那将使模仿设计更有意义。

- 间接模仿

间接模仿即对不同类型的产品或事物进行模仿，如将常见的摩托避震设计用于自行车上，将摄像机的变焦方式用于照相机上等。我们常常可以见到一些产品，是将其他产品的某些原理、形式、特点加以模枋，并在其基础上进行发挥、完善，产生另外的不同的功能或不同类型的产品。

仿生是间接模仿设计的另一种方式。设计的仿生与科技的仿生有相似之处，即两者都受天然事物和生物中合理的因素的启发，并对其进行模仿，模仿的内容往往是生物的构造、运动原理和形态，前者是功能的模仿，后者是形式的模仿。形式的模仿是产品设计中最多见的手段，目的的模仿是通过仿生设计传达文化的、象征的产品语意。

2. 移植设计

移植设计类同于模仿设计，但不是简单的模仿。移植设计是沿用已有的技术成果，进行新的目的要求下的移植、创造，是移花接木之术。这种移植设计的方法可以分为纵向移植设计（即在不同层次类别的产品之间进行移植）、横向移植设计（即在同一层次类别产品内的不同形态之间进行移植）、综合移植设计（即把多种层次和类型的产品概念、原理及方法综合引进到同一研究领域或同一设计对象中设计）与技术移植设计（即在同一技术领域的不同研究对象或不同技术领域的不同研究对象或不同技术领域的各种研究对象之间进行的移植）等类型。

3. 替代设计

在产品开发设计中，用某一事物替代另一事物的设计为替代设计。常用的替代设计有材料替代、零部件替代、方法替代与技术替代等。

4. 标准化设计

标准化设计就是参照国内外先进、合理的标准，利用其有价值的部分进行创新设计。各国制定的标准或国际标准经过严格的科学验证，具有相当的合理性，也反映了所采用技术的先进性和普遍性。采用标准化设计对降低成本、提高劳动生产率、扩大商品市场、加强贸易竞争以及迅速将科技成果商品化等，都具有重要意义。

5. 专利应用设计

专利应用设计，就是利用已有的专利或过期的专利对其进行改进，产生新的设计方案，并形成新的设想甚至取得新的专利。专利文献的利用，是产生创新设计的一大捷径。

利用专利进行设计可以有以下几个方面：

（1）综合利用。许多产品所涉及的专利技术不止一个，只有同时对几种不同的专利资料加以利用，才有可能解决问题，从而实现创新设计的目的。

（2）从专利中寻找规律。众多的专利信息必然会显示出许多成功的因素，也会暴露出失败的因素，通过专利研究，可以发现发展的脉络，从而找到有效的创新方法。为达到此目的，设计的难度提高，不仅要在功能上下功夫，而且要充分考虑产品的使用状态。

6. 集约化设计

集约化设计是一种常用的重要的设计形式，其实质是归纳和统筹。实际中的产品，有可能是若干或同一个产品的归并，也有可能是系列产品的归整、收纳。无论是哪一种形式，其核心就是通过集约化设计，使多样性变为统一和有序。

- 相同产品的集约化设计

当一种产品在大量使用时，必然会遇到归整、移动、调整和存放的问题。一件设计得再好的产品，如果不解决这一问题，也是不合格的。在这方面体现得最为典型的就是公共坐椅的设计。在空间经常更换使用内容的场所，坐椅的移动和收纳是常有的事情，好的公共坐椅的设计，无论是在独立使用时还是大量囤积时都应是合理的。

- 系列产品的集约化设计

有的系列产品尤其是成套系列产品需要进行集约化设计的目的在于方便使用、移动、展示。具体手段有：

（1）通过设计，使系列产品本身具有集约功能。

（2）通过中介物，使产品集约化。例如采用包装形式使产品集约化或采用构造物，使零落的产品能归纳在一起，变得简化。

- 非系列产品的集约化设计

以方便使用、方便移动、易于收纳、利于展示等为目的，通过媒介物的设计，将并不相关的各种产品汇集一处。这种类型的设计重点是承载体，而被集约的产品不一定要有集约化特征，如工具箱。

二、创造设计思维方法

创造设计思维方法各国称谓略有不同，美国称为“创造工程”，苏联称为“创造技术”，日本叫

“创造工学”或“发想法”，德国则称为“主意发现法”。不管怎样，都是进行创造发明的技巧与方法。目前，世界各国总结出的方法达300余种。现就几种常用的方法作简单介绍。

1. 头脑风暴法

这是美国创造学家A·F·奥斯本（A. F. Osborn）于1901年提出的最早的创造技法，又称为脑轰法、智力激励法、激智法、奥斯本智暴法等，是一种激发群体智慧的方法。一般是通过一种特殊的小型会议，使与会人员围绕某一课题相互启发、激励，取长补短，引起创造性设想的连锁反应，以产生众多的创造性成果。与会人员一般不超过10人，会议时间大致在1小时之内。会议目标要明确，事先有所准备。会议的原则应是：

（1）鼓励自由思考，设想新异；

（2）不允许批评其他与会者所提出的设想；

（3）与会者一律平等，不提倡少数服从多数；

（4）有的放矢，不泛空谈；

（5）力求将各种设想补充、组合、改进，从数量中求质量；

（6）及时记录、归纳总结各种设想，不过早定论；

（7）推迟评价，把见解整理分类，编出一览表，再召开会议，挑出最有希望的见解并审查其可行性。

这种方法可获得数量众多的有价值的新设想，有广泛的使用范围，特别适于讨论比较专门的创造课题。

“头脑风暴法”已有了多种“变形”的技法：可以是与会人员在数张逐人传递的卡片上反复地轮流填写自己的设想，这称为“克里斯多夫智暴法”或“卡片法”。德国人鲁尔巴赫的“635法”，是6个人聚在一起，针对问题每人写出3个设想，每5分钟交换一次，互相启发，容易产生新的设想。还有“反头脑风暴法”，即“吹毛求疵法”，与会者专门对他人已提出的设想进行挑剔，责难，找毛病，以达到不断完善创造设想的目的。当然，这种“吹毛求疵”仅是针对问题的批评，而不是针对与会者的“人”。

2. 综摄法

这又称“提喻法”、“集思法”或“分合法”，是W·戈登于1944年提出的，也可以说是“头脑风暴法”最重要的变种技法。

奥斯本的“头脑风暴法”中，思想的奇异性，是由“激智”小组里不同专家所进行的无关联类比来保证的。而“综摄法”，则使“激智”过程逐步系统化。“头脑风暴法”在开会时，明确又具体地摆出必须思考的课题，而“综摄法”在开始时，仅提出更为抽象的议题。其基本方法是：在一位主持人召集下，由数人至十数人构成一个集体，这批成员的专业范围应较广，即要为互补型人才。这一小组不是随便凑成的，要经历人才选择、“综摄法”训练、把人员结合到委托方的环境中去这样三个阶段。会上，课题提得十分抽象，有时仅为极简单的词汇。各人自由思考，凭想象漫无边际地发言。主持人将各人发言要点记到黑板上，当设想提到某种程度时，主持人才把所委托的课题明确宣示，看这些随意想出来的想法能否成为解决委托课题的启示。小组成员根据委托的评题与刚才的种种发想相结合，就会形成许多方案，然后对这些方案进行检验、评价、细化，以得到创造方案。这要求小组成员的心理素质要好，要富有设想，要能团结共事。同时，应有不同领域的专家参加，当需检验设想方案的可行性时，引进几位有关领域的专家，起技术咨询等作用。

3. 联想法

由一事物的现象、语词、动作等，想到另一事物的现象、语词或动作等，称为联想。利用联想思维进行创造的方法，即为联想法。

大脑受到刺激后会自然地想起与这一刺激相类似的动作、经验或事物，叫“相似联想”。如从火柴联想到发明打火机；从毛笔写字联想到指书、口书；从雨伞的开合，发明了能开合的饭罩。

大脑想起在时间或空间上与外来刺激接近的经验、事物或动作，称为“接近联想”。奥地利医生奥斯布鲁格受叩桶估酒的启发，联想到发明叩诊诊断疾病。日本竺绍喜美贺女士，从幼年捕鱼、捞水草的网，联想发明了洗衣机的吸毛器。

大脑想起与外来刺激完全相反的经验、动作或事物，叫“对比联想”，亦可说是逆反法则在联想中的应用。

4. 移植法

将某一领域里成功的科技原理、方法、发明成果等，应用到另一领域中去的创新技法，即为移植法。现代社会不同领域间科技的交叉、渗透已成为必然趋势。而且，应用得法，往往会产生该领域中突破性的技术创新，如将卤化银加入玻璃中生产出变色玻璃，广泛用于眼镜等产品中，就是照相底片感光原理的移植。将电视技术、光纤技术移植于医疗行业，产生了纤维胃镜、纤维结肠镜、内窥技术等。激光技术、电火花技术应用于机械加工，产生了激光切割机、电火花加工机床等新设计、新产品。将集成电路控制的防抢防盗报警器移植到手提式公文箱上，设计成了新一代的防抢防盗的自动报警的电子密码公文箱。

英国科学家 W·I·贝弗里奇指出：移植法是科学研究中最有效、最简单的方法，也是应用研究中运用得最多的方法。

5. 发散思维法

针对所给信息而产生的问题，求该问题的尽量多的各式各样的可能解，这种思维过程，称为发散思维，或辐散思维、求异思维。如问：“试列举砖头的各种用途。”则答案至少有以下各种：可以造房、筑墙、修阶梯、造马路、压东西、垫住停在斜坡上的汽车、砸人、当锤子、敲碎当填充物等。这类回答就具有思维的发散性，因为它可以任意地想下去。分析上述答案可以看出，前 4 个答案属建筑类，对砖的用途来说是习常性的，后几种则非习常性的。对创造性思维而言，运用发散思维作出非习常性联想，化好似、无关为有关，引发出新思路是非常重要的。美国心理学家吉尔福特（Guilford）非常强调在发明创造中要重视发散思维。

发散思维主要用在寻求某一问题的各种不同答案的过程中。然而，当许多不同的可能性答案提出之后，又有一个选优问题，这又要过渡到收敛思维。因此，发散思维和收敛思维在实际中是相辅相成的。

6. 稽核问题表法

稽核问题表法最早是由美国 G·波拉于 1945 年提出的。奥斯本在 1953 年也提出了这一方法。该法是一种激励创造心理活动的方法。其特点是：主体参照稽核问题表中提出的一系列问题，探求自己需要解决问题的新观念，创造性地解决问题。泰勒把稽核问题表法分为两类：（1）项目稽核问题表法。其特点是：表中罗列一系列较为具体的问题和注意事项，给人指出一般解决问题的方向；（2）普通稽核问题表法。其特点是：表中罗列一系列具有共性和普通意义的问题，给人指出创造性解决问题的方向，奥斯本的稽核问题表法原为智力激励法的一种补充方法，因有其特殊性，后来作为一种独立方法而存在。奥斯本的稽核问题表中共有 75 个激励思维活动的问题，按其内容相似性可归纳为 9 组：

（1）有无其他用途？

（2）可否借助其他领域模型的启发？

（3）可否扩大、附加、增加？

（4）可否缩小、去掉、减少？

（5）可否改变？

（6）可否代替？

（7）可否变换位置？

（8）可否颠倒？

（9）可否重组？

奥斯本的稽核问题表是在他研究大量近现代科学发现、发明、创造事例以及总结自己研究成果和实践经验的基础上编制的，具有广泛的使用价值。

7. 焦点法

焦点法是美国 C·S·怀廷（Whiting）在 1918 年提出的。其特点是：以所要解决的问题为焦点对象，把 3 ~4 个偶然选到的对象的各种特征与焦点对象进行强制组合，从中引发新的观念，并通过自由联想把新观念具体化。该法的理论基础是联想。其基本过程包括 6 个阶段：

（1）确定焦点对象——课题；

（2）选择 3 ~4 个偶然对象；

（3）编偶然对象特征表；

（4）把偶然对象特征与焦点对象组合形成新观念；

（5）通过自由联想把新观念具体化；

（6）评价、优选，确定最佳方案。

使用该法时偶然对象应从不同角度选择，异质为佳，不宜雷同。这样，才能保证联想的广度和所得观念的新颖性与解决问题的独创性。

8. 缺点列举法

社会总在发展、变化、进步，永远不会停止在一个水平上。当发现了现有事物、设计等的缺点，就可找出改进方案，进行创造发明。工业设计中改良性产品设计，就是根据现在产品存在的不足所作的改进。价值分析方法，也就是分析产品功能、成本间存在的问题，设法提高其价值。故又可称为“吹毛求疵法”。例如，针对原来手表功能单一的缺点，发明了双日历表、全自动表、闹表、带计算器的表等。

9. 希望点列举法

上述缺点列举法是围绕现在物品、设计的缺点提出改进设想，因此离不开物品、设计的原型，是一种带有被动性的技法。而希望点列举则可按发明人的意愿提出各种新设想，可不受现在设计的束缚，是一种更为积极、主动型的创造技法。人们希望像鸟一样地在蓝天上翱翔，终于发明了飞机；人类要像神话故事中的嫦娥一样奔向月球，终于发明了卫星、宇宙飞船；希望能在黑夜中视物，发明了红外线夜视装置。人们提出的希望服装不起皱，免烫，不要纽扣，重量轻而保暖性、透气性好，两面可穿，一衣多用……这些均已在生活中得以实现。

10. 特征列举法

特征列举法，亦称属性列举法，是美国 R · P · 克劳福德（Crawford）在 1954 年提出的。克劳福德认为世界上一切新事物都出自旧事物，创造必定是对旧事物某些特征的继承和改变。这就是他的特征列举法的理论基础。因而，特征列举法就是列举现有事物的特征，从中发现需要改进的问题（特征），提出新的创造设想。该法的基本过程包括 4 个阶段：（1）选择需要改进的对象；（2）编制改进对象组成部分表；（3）编制改进对象组成部分的本质特征表；（4）改进需要改进的问题（特征），使改进对象臻于完善或面貌一新。

利用该法时，一般考虑事物 3 个方面的特征：（1）名词的特征——组成部分、材料、要素等；（2）形容词的特征——事物的性质、颜色、状态等；（3）动词的特征——事物的功能，特别是使事物具有存在意义的功能。这样从不同角度把事物分解为一系列特征，使问题简单化、具体化，易于发现和解决问题。

11. 十进位探求矩阵法

十进位探求矩阵法，亦称 10 ×10 型矩阵法，是前苏联波维莱科 1976 年正式提出的。这一方法的特点是：有步骤地利用 10 种创造学技法与 10 项技术系统基本指标中的一项指标进行组合，形成 10 × 10 型矩阵，从中获得新的思路以探求新的解决方案。10 项基本指标是：

（1）几何指标；

（2）物理和机械指标；

（3）能量指标；

（4）设计工艺指标；

（5）可靠性与寿命指标；

（6）使用指标；

（7）经济指标；
（8）标准化与统一程度指标；
（9）使用方便与安全指标；
（10）美术设计指标。

10 种创造方法是：
（1）迁移——把某一技术系统的基本指标转用于另一技术领域；
（2）适应——把已知的过程、结构、形式、材料应用到新的具体条件时，予以适应性改变；
（3）倍增——增加基本指标；
（4）分化——指基本指标分解，细化等；
（5）综合——把基本指标相加、联结、混合、统一等；
（6）方向——使顺序相反、转向、颠倒等；
（7）瞬变——把基本指标作瞬态变化；
（8）动态化——使重量、温度、尺寸、颜色及其他指标在时间性上作动态变化；
（9）类比——寻求和利用某技术系统与已知系统的指标在某些方面的相似；
（10）理想化——使技术系统的指标接近理想值。

十项基本指标与十种创造方法形成 10×10 型矩阵，矩形阵每一小格形成一个组合，但这种组合方格并不是一个现成技术方案，而是帮人们产生联想、探求新观念的一种形式。

第三节　人机工程理论与方法

人机工程是研究人、机器以及工作环境之间相互影响、相互协调的科学，涉及人的生理、心理以及工程学、力学和解剖学等各方面的因素。它在工业设计中的应用，直接关系到产品设计的成功与失败，并最终关系到人机对话的协调性、高效性，影响整个生产效率。正确地运用人机工程学的理论和方案为我们的设计作指导，必定会大大地提高产品的设计质量和成功率，提升人的生存活动的质量。这在当今以“以人为本”作为生活理念的社会，显得异常重要。

最具权威性、完整性的人机工程学（Man-Machine Engineering）定义，就是国际人类工效学学会（International Ergonomics Association，简称 IEA）所下的定义：人机工程学是研究人在某种工作环境中的解剖学、生理学和心理学方面的各种因素；研究人和机器及环境的相互作用；研究在工作中、家庭生活中和休假时怎样统一考虑工作效率、人的健康、安全和舒适等问题的学科。

一、学科的起源与发展

英国可以说是世界上最早开展人机工程学研究的国家，而美国则完成了这一学科的奠基性工作。

人机工程学的起源可以追溯到 20 世纪初期，但作为一门独立的学科，还只有 50 年左右的历史。

人机工程学经历了经验人机工程学、科学人机工程学与现代人机工程学三个发展阶段。

1. 经验人机工程学

二次大战前是经验人机工程学的发展阶段。在这一阶段，研究者把心理学研究与泰勒的科学管理方法联系起来，在选择、培训人员与改善工作条件、减轻疲劳等方面进行了大量的实践与研究。这个时期的人机工程学的研究工作以选择和培训操作者为主，其主要的目的是使人适应机器。

2. 科学人机工程学

促使人机工程学这门学科得到大幅度发展的还是在第二次世界大战期间。战争期间许多近代机械、飞机、雷达迅速发展，一方面，它们的设计未充分考虑人的心理和生理特性，致使它们不能适应人的要求；另一方面，操作者也缺乏训练，无法适应复杂的机器系统的操作要求，于是出现了许多严重事故。因此，科学工作者进入对人体特性和识别控制能力方面研究的新阶段。从此，包括生理学、心理学等学科有关知识在内的科学的人机工程学产生和发展起来，并逐渐成为确定产品合理化、决定造型、研究尺码系列等方面的重要标准之一。可以说，战争期间军事领域中对“人的因素”的研究与应用，促使了科学人机工程学的诞生。

随着战争的结束，人机工程学的研究与应用逐渐从军事领域向工业与工程技术等领域发展，并且运用军事领域中的一些研究成果解决一般工业领域中的问题。人机工程学的研究进入一个新的阶段——人变成研究的中心。人们开始把研究的注意力放在研究操作者的特点上，使机器适合操作者的生理、心理特点，达到安全可靠而且高效的生产目的。

3. 现代人机工程学

20 世纪 60 年代，欧美各国进入了大规模的经济发展时期，科学技术的进步使人机工程学得到了更迅猛的发展。

宇航技术的发展，原子能的利用，计算机的应用及各种自动装置的广泛使用，使人机关系进入到更复杂的阶段，这些都对人机工程学提出了新的研究课题。在科学领域中，控制论、信息论、系统论和人体科学等新理论的出现，给人机工程学的研究提供了新的理论武器与实践手段，从而使人机工程学进入系统的研究阶段。从 20 世纪 60 年代至今，可称为现代人机工程学的发展阶段。

现代人机工程学的研究方向是把“人－机－环境”系统作为一个统一的整体进行研究，创造出最适合人工作的机械设备、产品和作业环境，达到人－机－环境系统的和谐与协调，从而获得最高的综合效能。

二、人机工程学的研究范围

一般来说，人机工程学的研究范围有如下三个方面：

1. 研究人和机器的合理分工及其相互适应的问题

这类问题包括两个方面：一是对人和机器的特点进行分析比较，从而在人与机器间将职能作合理地分工和配合，并且研究人的动作准确性、速度与范围的大小，以便确定人机系统的最优结构方案；二是机器设备的设计如何适应人的特点，以求更高的工作效率和更小的精神和体力负担。

工业设计视野中的人机工程学原理，重点讨论上述问题的第二个方面，即机器设备中直接由人操作或使用的装置如何适合人的使用。

2. 研究被控对象的状态、信息如何输入及人的操纵活动的信息如何输出的问题

显然，这里主要研究的是人的生理过程和心理过程的规律性。

3. 建立“人－机－环境”系统的原则

这一类问题是环境控制和生命保证系统的设计要求。

生产的发展促使人类向各个领域进行更深入的探索，包括向宇宙高空、海洋深处探索。这样，就遇到了人如何在缺氧、高温、低温、失重、振动、噪声、污染、辐射等特殊条件下，保证人体安全并进行工作的问题。这就需要设计出各种装备、生命保障系统和安全防范措施。

在工业设计中，讨论人机工程学有关理论，其目的就是使产品的设计不仅符合形式美的规律，而且还符合人体各项功能的要求。因此，这就要求设计师充分考虑人的生理、心理特点与操纵系统的结合，从人的各项功能特点出发确定产品的工作条件，人机间的信息传递方式及操作机构的结构、位置、形状的设计。产品设计如何给操作者提供方便、轻巧、安全，减少精神负担和体力疲劳，从而实现操作高效率、高可靠性、高准确性。

在“人－机－环境”系统中，人的一切活动的最优化本质之一就是符合人机工程学的原则。因此，在某种程度上说，人机工程学是工业设计实现其最终目的的基石。

工业设计是以人为出发点又以人为归宿点的设计。工业设计师的使命与其说是在创造一个“物”，还不如说是在创造一种新的更合理的人与物、人与环境的关系。由此可见，人机工程学与实践，对于工业设计目的的实现，有着何等重要的意义。

工业设计视野中的人机工程学，至少在如下几个方面支持着工业设计的科学性。

- 为“物”的合理性的创造提供设计准则

“物”的创造实质是人的生存方式的创造，“物”是人的生存方式的“物化”。因此，“物”的合理性有一部分就是人与物关系的和谐性与协调性。

对人体结构特征和机能特征进行研究，提供人体各部分的结构特征参数与人体各部分的机能特征参数等，既是给“物”的设计提出了种种限制，又是给“物”的设计进行了定位。人至物的信息传递及物至人的信息传递所涉及的各种装置、设置，其色彩、形状，大小、肌理、布局等，无不以人机工程学提供的上述各种参数为设计依据。

- 为生存环境的设计提供准则

生活环境、工作环境、休息环境、娱乐环境等，通称为人的生存环境。通过研究人体对环境中各种物理、化学因素的反应和适应能力，分析声、光、热、振动、粉尘及有毒气体等环境因素对人体的生理、心理及工作效率的影响程度，确定人在各种生存环境中的舒适范围和安全限度，给工业设计中环境的设计提供了分析评价的方法与设计的准则。

- 为“人－机器－环境”系统的最优化设计提供理论依据

具有强烈系统论色彩的人机工程学，着眼的不是单一因素、某一子系统的优良与否，而是关注整个系统中各个因素的和谐协调与系统的最优化。

例如，物在整个系统中受到人的种种因素的限制，又受到环境的种种因素的限制，因此物的设计除必须适应于人的生理结构特征与人的一般心理特征以外，还必须不断注视因时代的变化而产生的新变化、新需求。

实际上，工业设计与人机工程学都具有一个共同点，即以人为核心、以人类社会的健康发展作为最终目的。这一共同点，把工业设计与人机工程学紧紧联系在一起。当然，它们也有差异，人机工程学以人为对象，研究人自身与环境有关的生理、心理特征；工业设计师以物为对象，探索如何设计出与人、与社会、与自然和谐协调的工业产品。很显然，这两个学科构成了互补互存的关系。一方面人机工程学为工业设计提供了有关人自身，特别是“人－机”、“人－环境”关系方面的研究成果，使工业设计的以“人”为核心的设计思想的实现具备科学的依据；另一方面，工业设计使人机工程学的应用范围扩大到前所未所有的程度。新技术的不断出现会带来许多崭新的人机关系问题，这就向人机工程学的已有成果提出了新的挑战，从而推动人机工程学向新的广度与深度发展，使人机工程学理论更趋全面与系统。

三、人机工程在产品设计中的应用方法

在实际的产品设计当中，每位设计师对人机工程都有不同的应用方法和手段，但通常情况下，我们常见的方法有人体模型法、人体参数法以及实验和实测法三种。

1. 人体模型法

人体模型法主要是通过建立人体模型的方式来辅助设计，或者是检验设计的合理性。如设计椅子，可先建立一个坐姿的人体模型，然后在此基础上进行人机设计。这里的人体模型具有普遍性，它的各部分尺度应该是对象群体的典型代表。人体模型可以是实物，也可以是计算机模型，现在随着计算机的普遍应用，许多人体都用计算机模型来代替，它不但调节方便而且成本低廉，使用起来也非常灵活。

运用这种方法，设计师可以不必拘泥于固定的人体参数值，而只要根据模型的尺度有个直观的把握就行了。

2. 人体参数法

人体参数法就是设计师在设计产品时，对相关的人体参数、尺度有个整体的把握，在设计之前或过

程中就将合理的人体参数融合在设计方案之中。

在实际应用中，设计师可以通过查阅相关的人体参数图表来获得自己所需要的数据，并以该尺寸值作为产品设计的参考。

3. 实验和实测法

此方法主要是通过对使用人群或特定使用者进行实验或实际测量的方法来确定产品的尺度。设计师通过实际测量产品使用者的相关人体参数，来直接获得特定使用群体的数据，而不是从现在的资料中查询。这样也比较符合实际的产品使用情况，因为每个产品都不会满足所有人的需要，它只是定位于特定的使用群体，所以对于特定的使用群体，他们自然具有特定的人体尺度。

图 14－4　为头等舱乘客设计的新航空坐椅

为了在飞机上营造家庭气氛，英国航空公司在人体工程学专家、医生、英国皇家空军和英国民航管理局的专业人士的帮助下，制造出了“俱乐部世界”航空坐椅。这种新坐椅不仅可以让乘客工作、进餐、看电视，还能让乘客平躺着睡个好觉。利用可调节的搁脚板，这种座位能变成一张 1.8 米长的“床铺”。坐椅上还配置了液晶显示屏、机载电话、笔记本电脑电源。

第四节　符号学理论与方法

在工业设计中，引入符号学理论与方法，是出于产品形态创构的需要。也就是说，工业设计的形态结构是以符号学理论及方法为基础的。

形态是设计最终的物化表现形式。它既是产品的物质效用功能创造产生的结果，也是产品其他功能创造的必然。这其中，产品作为一种符号，承担着“说明”自己文化价值的责任，因而产品符号的形式就不得不在产品语义创造的导向下表现出一定的结构与特征。

产品销售与使用的过程，也是设计的传播过程。设计追求的文化价值、人文精神，通过传播得到社会的认可而走向千家万户。根据传播学原理，工业设计的传播内容，必须借助于某些能被感知的感性符号来达到传达这一无法被直接感知的抽象内容的目的。因此，产品作为感性符号的设计又必须顾及到受众对这一感性符号的“解读”的便捷性与准确性，以便达到受众经“解读”之后，得到的是设计师设想计划的“复印件”的目的。

这样，符号学理论视野中的产品形态设计，不仅仅是简单地对“表达物质功能”的回应与对“审美需求”的满足，而必须严格地按照编码规则对所传播的产品文化价值进行编码，并保证受众对产品形态的解读得到一个“忠实的”文化价值信息的“复印件”。而编码规则不是约定俗成的，而是由每个受众的经验建构起属于自己的“规则”，这样又使得产品形态的符号建构具有不确定性、模糊性的特征。

一、符号学概述

符号学是研究有关符号性质和规律的学科。现代符号学作为一门独立的分支学科形成于20世纪初。这门学科的发端可以说有两个源头，分别出现于逻辑学和语言学的研究中。一个是美国哲学家查·桑·皮尔斯（C. S. Peirce，1839—1914），他对理论符号学的建立起了奠基的作用。20世纪30年代，他的理论引起人们的重视。另一个是索绪尔，他是从语言学的角度提出符号学研究的，并侧重于符号社会功能的探讨。

索绪尔认为，语言现象是由语言和言语两种形态构成的。言语是在具体日常情境中由说话人所发出的话语，它具有个别性，是因人而异的。语言则是指系统化了的抽象系统，它具有社会性，不以个人意志为转移。言语是每个人说出的一句句的话语，离开了言语提供的各种表现，语言便失去了自己的具体存在。

语言是表达概念的符号系统，语言符号是由音响形象和概念内涵组成的，前者称为“能指”，后者称为“所指”。“能指”和“所指”是符号的两个结构因素，前者是表征物（能指），后者是被表征物（所指）。例如“树”这一语词符号，就是由词的音响和树的概念两者组成的。语言符号的语音（能指）和语义（所指）之间是严格的约定俗成的关系。语言符号的选用只是在语言形成时才具有任意性，形成以后就对人们具有规范和制约的作用。语言是在时间的延续中展开的，因此具有一维的线性特性。

另一种符号学体系，即皮尔斯符号学，其原理是建立在对人的判断或命题的逻辑关系进行分析的基础上的。皮尔斯认为，符号是用来表现或代表另外一个事物的东西。例如，一个婴儿出生后，他的亲人就在相关机构中申报了一个名字，这个名字也是这个婴儿以及今后长大成人并陪伴他一辈子的符号，人们就会以这个符号称呼他。

任何一个符号都是由三种要素构成的：媒介M是符号；指涉对象O是符号所表征或代表的具体对象；解释I是解释者对符号的理解或说明。这三者构成了一个完整的符号关系，它们是同时存在的。也就是说，符号同时是作为媒介、被表征对象及其解释的。

符号所指称或表征的对象是人为确定的，确定之后便具有约定俗成的效用。任何符号都不是单独存在的，而是与其他符号相互关联地组成一个符号系统。因为每个符号都具有一定的解释，这便是通过另一个符号对它作出的说明。对一个符号的说明，本身就又是一个符号，解释可以无限地进行下去，使符号系统不断地扩大。

符号的三个构成要素涉及人的思维的不同层次。媒介是一种自身独立的存在，它涉及人的知觉或感觉；指涉对象关系到人的经验，如对两种知觉间的比较，它依存于一定的时间和地点；解释涉及事物的关系和人的思考活动。借助符号，人们才能进行思维。符号是使人的认识从感性上升到理性的工具。

从符号媒介如何表征对象的角度，可以在对象指涉方面将符号划分为以下三种：

（1）图像符号（Icon）：以媒介物模拟对象或在形象上与对象的相似构成的符号。图像符号具有直观性，从形象的相似便可为人所认知。

（2）指示符号（Index）：在媒介物与指称对象之间具有某种因果联系或空间上相接近。如路标与道路之间在空间上必然有直接联系，路标就是道路的指示符号。

（3）象征符号（Symbol）：它是通过约定俗成的方法形成的，与其对象没有直接联系的符号。它表征的往往是一种普遍对象。如红绿灯中红灯表示禁止，绿灯表示通过。

符号类型的区分具有一定的相对性。从不同角度，可以把同一符号纳入不同的类型。因此，三种符号类型存在一种递进的发展关系。在这种符号演化过程中，经历了媒介物与指涉对象的逐步分离，使符号的组合日益复杂化，图像符号的媒介与指涉对象之间存在重叠即相像关系；指示符号的媒介与指涉对象之间存在空间接触或因果的联系；而象征符号的媒介与指涉对象之间，则存在游离（约定）关系(图 14 -5)。

在现代符号研究中，形成了三个分支性学科，其中语构学(Grammar）是研究语言符号之间的结构关系；语义学（Semantics）是研究语言符号与它所代表的对象之间的联系；语用学(Pragmatics）是研究语言符号与它的使用者以及环境之间的结构关系。

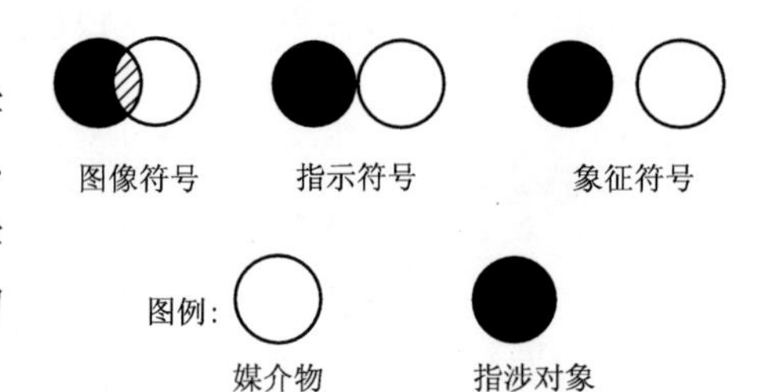

图 14 -5　符号类型及演变

二、日常语言、艺术语言与产品语言

日常语言和设计语言虽然都是符号现象，但是这两种类型符号在性质上却有明显的不同。日常语言是一种概念系统，而设计语言则是一种形象系统。认识这种区别，对于把握产品的造型语言具有重要意义。

自然语言是建立在逻辑概念基础上的，是一种推论式的符号；设计语言则是表象式的，从而富有情感的意蕴。设计语言是整体的，一个设计作品不可能分割开来加以解读；推论符号是可以分解的，如一篇论文可以分解为许多段落来解读，每一句话都有明确的句法组合关系。

美国美学家苏珊·朗格（S. K. Langer，1895—1985）指出，自然语言作为一种推论的符号具有以下特点：

(1) 具有自己固定的语汇系统；

(2) 它的每个语汇可以由另一个词加以解释，因而可以有词典供人查阅；

(3) 在语言中同一个意义可以用不同的词表达出来。

语词是按照明确的语法规则组织起来的，语词的意义由语词的“所指”以及它在语句中的地位决定，因而每个语词的意义是确定性的，因为它的“所指”是确定的，但同时又有一定的可塑性，它的具体意义要靠在具体语句中的地位即语境（context）而定。

艺术作品作为表象式符号系统，与上述推论式符号具有完全不同的性质：

(1) 艺术形成的语汇系统具有因人而异的特点，不同的艺术门类或不同的艺术家可以形成自身特有的艺术语言。

(2) 艺术语言具有不可翻译的特性，不能用其他语汇作出明确的解释，因此不可能编辑出艺术符号词典。

(3) 艺术表现具有多义性。不同流派和风格往往有不同的造型语言。

产品是以它的造型因素，即形态、色彩、材质和肌理等，作为传达各种信息的语言或符号。它是一种表象符号，从造型形象的直观性上说来，它与艺术语言是相同的。然而，作为实用与审美的统一体，产品的造型根据却与艺术语言迥然不同。作为社会生活形象的反映，艺术是通过对社会生活形象的模拟来反映生活，尽管这种模拟是经过主观变形和艺术抽象的，但它总是以外在的社会原型作根据。例如，人的雕像总是以人的形象为根据的。然而，产品是一种功能形态的造型，它不是对外在事物的模拟，而是自身物质功能的表现。因此，产品作为一种表象符号，它表现的是它自身产品的功能结构，是产品造型的形象基础。

三、产品语言的设计

产品造型作为一种表象符号，不仅具有认知功能，而且也以它的形象和意义蕴含而具有审美功能，所以产品造型中并不存在单独的审美符号。审美效应的发挥，正是我们在对造型形象的感受和意义的领悟中完成的。准确理解这一点，对于产品形式的创造是十分重要的。

产品的造型语言具有整体性。各种造型因素的组合构成了具有一定含义、互相联系的符号序列，由此才获得各种符号意义的相对稳定性，便于人们习得和识记。所以，一种产品所使用的造型语言，它的每一个符号构成都应该从属于这一确定的符号系统，使整个符号序列保持其内在的统一。所谓统一性，是指符号在风格特征和表现方式上彼此接近，这样才能保持产品造型的格调一致和完整。

造型语言应具有良好的可理解性，便于人们学习和识记。雷蒙·洛威提出了一种“MAYA”阈限，即Most Advanced Yet Acceptable（最先进而又可接受）的范围。这一概念对于造型语言的创新和变化提出了一种规范，即产品造型要体现产品的科技综合含量的提高，然而它的变化又有一定的限度，就是要考虑市场和大众的接受能力。也就是说，要适应人们的消费文化和生活习俗，使产品造型有一定的承续性，便于人们认知和识记。

一个生活环境或一件产品，都应该为人们提供充足的信息，便于人们认知和活动。一个家用电器设备，在面板上布满各种旋钮和按键，却缺少明确的功能标志和识别方法，会使你在操作上手足无措。因此，各种产品和环境不仅要利用符号增加可识别性，而且符号的信息量必须超出一般认知所需的数量，以便在各种情况下或在不同的接受者中，都能保证冗余度足够的信息量。这一信息的富余程度，称为信息冗余度。这也称为产品造型设计的信息冗余度原则。

信息传播中，信息设计应保证一定的信息冗余度。但冗余度如果过高，则会给人眼花缭乱的感觉；而冗余度不足，则在信息损失或被干扰时使人难以认知。例如，开关装置的按键，如果单纯依靠文字标注出开关位置，当文字不清或污损时，就会使人无法辨认和操作。如果此时按键由不同颜色的材料制成，识别的信息和抗干扰性便得以加强。

产品造型语言的构成，可以依据完形心理学提供的形态规律，在产品整体的处理上首先构成一个完形，使其与背景环境分开来。如果产品形体是分立的，也就是说在空间上是分散的，如机床与控制台，则要依靠产品语言的同调性，通过造型风格和色彩的一致，而呈现出整体性形象。产品的整体形象，一般具有类型化特征，作为一种复合的图像符号，会引发人们的不同联想。这种联想具有发散性，不同的人会产生不同的想象。但是，形象的特性应避免使人产生消极联想，尽可能激发出积极的或至少是中性的联想。例如，变速箱或工具的外形不要使人联想到棺木，汽车外形尽量避免给人以缓慢的爬行动物的联想。

指示符号是利用媒介与指涉对象之间具有的空间联系或因果联系而成的标识。例如电器产品上的各种按键和旋钮，其功能和操作方法应尽可能使人直观地识别和把握，而无需加以思考和判断。对于产品的工作状态及其变化，也应通过指示符号提供必要的信息，如电源的通断、运转的正常与否等可用指示灯或仪表来显示。指示符号在产品形体上的位置应该醒目且靠近操作部位，形体上出现变化的部位最容易引起视觉的注意和心理紧张。因为视觉具有连续性运动的特点，在轮廓线有规则的连续之中视线不会造成停留；而连续性中断、出现变化的地方则会引起人的注意。为了造成视觉的注意中心，可在各种操纵装置的部位利用造型因素使人们视线集中并造成某种期待，从而更好地发挥产品语言的信息传递功能。

色彩也是产品符号创造的重要构成因素。由于色的明度、彩度和色相的变化会使人产生冷热、轻重、强弱、远近、进退、胀缩以及兴奋与宁静等不同的心理效果，利用这种心理效果可以调整造型的空间比例、改变环境界面的限制和增减体量感，有助于显示物体层次、体面关系和导向等。对于危及人的安全的部位，可以利用橙色的示警作用予以提示。

根据人的感知特性，在产品造型的处理上首先应抓住与感知和记忆关联度大的部位。例如桌子为人提供的是一定大小、形状和高度的台面，人在看桌子时，首先感知和记忆的便是桌面的形状和大小，然后才是支架或桌脚。椅子使用性最强和最先被感知的部位是椅面和椅背。这些部位的处理关系到它们的实用功能和语义创造。桌面形状的变化可以产生不同的语义，如椭圆形、腰果形、矩形、方形、曲线形等，它们会产生不同的场所感和环境气氛。

象征符号的媒介与其指涉对象之间并无直接关联。它的意义的获得具有约定俗成的性质。因此，象征符号的构成总是与特定的文化背景和语境相关。产品象征意义的获得方式也是多种多样的，例如特定款式的男女手表的组合可以形成情侣表，使手表与婚恋联系在一起。原木家具不加油漆涂敷会给人以自然和温馨的感觉，雕花玻璃的晶莹剔透会给人以高贵的感觉。因此，产品的细部处理传达了设计师对用户的关切，同时也表现出产品质量的档次。

对于产品设计的符号学方法，马克斯·本泽在《符号与设计——符号学美学》一书中指出，设计对象相对来说具有更大的环境相关性、适应性和依从性，因为不仅物质性要素甚至连功能性要素都是它的造型和结构设计的符号贮备。也就是说，设计对象具有三个符号学维度和主题可变的自由度：其一是技术物质性的物质维度（材料）；其二是技术对象本身的语义维度（形态）；其三是技术功能的语构学维度（构成）。

一个对象只有具备了这三种主题可变的自由度才是设计对象，只有通过这些维度它才能获得符号特性。这些特性不仅与设计对象的使用、维护和操作相关，而且涉及在特定环境中对某人的适用性。

此外，本泽还指出："图像性与适应、指示性与接近、象征性与选择相关，我们把这些行为方式作为人的基本的符号学行为方式，因此设计对象也可以进一步通过适应、接近和选择来表征。"①这为产品的符号学表现提供了一种思路。

四、产品的语义学设计问题

下面我们就产品语义学领域具体地讨论产品的符号学设计的若干问题。

1. 产品的语义设计应有效引导产品的使用与操作

当下的信息社会中，人机交流多采用按键、鼠标或语音输入。同时，网络世界中的虚拟构架无处不在，因此设计师在产品设计中更应关注操作界面的符号系统结构，使其能够正确地引导人们进行方便、安全的操作。记得20世纪七八十年代的日本收录机设计，前操作面板上布满了大小不一、密密麻麻的按键，到处是发光二极管，并附有厚厚的使用说明书，相信即使学习电子专业的人士也必须通读说明书后才能学会操作这台怪物，更何况不识字的老人和儿童！也许很多消费者直到这台收录机报废，也没有机会使用上面的一些功能键！

优秀的界面及操作系统应该是简洁、安全，易于识读、引导操作的，更深层次还要使人在操作过程中产生乐趣。这就要求设计师对人的动作行为习惯进行研究，使产品的操作界面和操作形式与人的行为及认知习惯相呼应。在这里设计中的"所指"即人们正确的操作行为习惯和操作直觉习惯，这两种习惯可以减少人们在操作之前判断的时间。习惯操作往往是因为被操作的物体或图表符号具有某种能被人自然觉察到的、与人的下意识的经验相符合的实质上的特质，既包括物理上的也包括心理上的，通俗点说就是让使用者更容易理解，更容易操作。比如圆棒提供了可被握取的特质，尖而窄长的锥形则提供了可用来刺穿他物的特质，这些特质在人们操作时提供了明显的暗示。

2. 产品的语义设计应表现出产品的文化属性

当代设计的文化属性包含两方面。一方面，在全球经济一体化的世界市场竞争体系内，设计需要迎合时尚审美的价值取向，刺激消费，积极参与国际市场竞争。另一方面，产品设计中地域社会文化的符号传达又是设计师面临的一个严峻的主体身份确认的挑战。

当今世界，正经历着政治经济一体化的重大变革，地球村的概念已经深入人心，网络使空间距离失去了意义。在这个大的背景下，如何保护人类不同的文化资源，如何在产品设计中体现地域社会文化特征，如何在互联网络上烙上民族文化的符号印记，已成为信息时代工业设计一个共同关注的课题。在体现国际化、全球化观念的基础上，进行民族文化的开发，要求设计师对本民族文化有一个全面而深刻的了解，其使用的民族文化符号语言应深刻而有内涵，切实体现本民族的内在精神与文化，而不能停留在简单的符号运用上。在设计中，我们不能就事论事，而应不断地汲取社会科学的各种知识，无论是哲学、人类学、心理学……都应有所接触，以积淀较为扎实的文化基础，这样的设计师才可能在设计实践中，贡献出具有民族文化底蕴的设计。

我们看到，世界各国在产品设计的民族化研究上已经取得了一些成绩，从布劳恩的小家电、博世的电动工具到西门子的日用品，可以看到德国产品的理性；从通用电器的家用产品、福特公司的微型车到戴尔的微电脑，可以看到美国产品的商业化；从索尼的随身听、三菱的商务车到松下的家用电器，可以看到日本产品的严谨……总之，这些都从不同的方面体现了本民族内在的精神文化。要做到这一点，需要设计师对社会、民族的深层特性有一种敏锐的洞察力，在不断的设计实践中进行积淀，才能在工作中潜移默化地表达出来，而不是进行简单的符号模仿。例如，斯堪的纳维亚半岛简约的功能主义木制家具设计源于北欧冬季丛林的自然条件；日本设计的汽车以节约能源著称，因为其国土资源匮乏；欧洲的理性化设计源于其悠久的民主科学传统……总之，在学习和研究中努力挖掘这些设计形态符号背后隐含的社会历史原因，有助于更深刻地理解如何将符号语言运用到产品设计中以体现地域文化的特点。

3. 产品的语义设计应与产品的机能原理有机结合

产品的语义设计，就是使产品的功能形态在能指与所指之间架起一座通畅的桥梁。农业社会中，刀耕火种的农具是原始功能主义的代言人，它们的形态完全是生存竞争的结果，因此从某种意义上说是将功能视觉化最典型的范例。工业革命的到来，使科学上的重大成果迅速运用到社会生活中，在设计上集中体现了技术原理或功能语义的特点，使人们通过对不同产品外观符号的识别就可以了解其功能与技术的特点。

但是，随着人类步入信息社会，数字化技术突飞猛进，往日功能迥异的不同产品都可以使用相同的技术来实现。从电视到移动电话，从电脑到复印机，概括起来，它们都是用数量不等的印刷线路板、大小不同的液晶显示器以及诸多按键构成，这些产品完全可以用尺寸不同的方盒子来设计。因此，如何通过产品形式的符号设计，明确区别出这些数字化产品各自特定的物质效用功能，以及它们的品质，是目前及今后设计师必须予以重视的问题。

第五节　设计管理理论与方法

一、设计管理的定义

设计管理（Design Management）的第一个定义由英国设计师迈克尔·法雷（Michael Farry）于1966年首先提出："设计管理是界定设计问题，寻找合适的设计师，且尽可能地使设计师在既定的预算内及时解决设计问题。"他把设计管理视为解决设计问题的一项功能，侧重于设计的导向，而非管理的导向。其后，Turner（1968年），Topahain（1984年），Oakley（1984年），Lawrence（1987年），Chung，Gorb等都各自从设计和管理的角度提出了自己的观点。

日本学者认为，日本在设计的应用与行销上经常创新的重要因素是掌握"设计管理"，强调在设计部门所进行的管理，"图谋设计部门活动的效率化，而将设计部门的业务体系化的整理，以组织化、制度化而进行管理"。

目前，被较为普遍接受的设计管理的定义如下：

设计管理"研究的是如何在各个层次整合、协调设计所需的资源和活动，并对一系列设计策略与设计活动进行管理，寻找最合适的解决方法，以达成企业的目标和创造出有效的产品（或沟通）。"

早在20世纪上半叶，虽然没有严格的定义，但作为企业发展的一种有效的方式和手段，设计管理已经被一些企业运用。发端于伦敦地铁、奥利维蒂的企业形象识别系统（CI）战略的产生和发展，体现了顺应市场竞争要求，企业主动地强化设计系统管理的自觉意识和设计管理的能动作用。1955年，在亨利·德雷夫斯出版的《为人设计》一书中预见性地提出："设计和设计师应从高层得到支持；设计师要通过正式和非正式的方式使沟通更容易；设计师要专注于产品未来的使用者，毫不妥协地关注细节。"从而进一步明确指出了设计管理的作用。后来，英国皇家艺术协会（Royal Society of Arts）于1966年正式设立了设计管理的奖项。1976年，美国也成立了"设计管理协会（Design Management Institute，DMI）"。40年来，美国设计管理协会（DMI）一直致力于研究企业如何有效地使用设计资源，推广设计管理活动。

与此同时，在欧美企业的设计和管理部门，设计管理随着工业的发展日益受到重视，并且得到有力的实施，这使得企业推向市场的产品和自身的品牌更具竞争力。随着管理和设计的结合，设计从战术的意义被提高到战略的高度，同时使设计部门具有长期的设计战略的视野，这无论是在理论上还是实践上，正是设计管理对设计的提升。

二、设计管理的意义

设计物化的实现是一个与许多社会行业和部门发生关系的过程。在这个过程中，设计师必然要与市场、管理、工程、营销等各部门相互合作，彼此互动，才能有效完成设计目标。同时，设计的过程也只有纳入整体企业管理过程中成为企业经营管理系统中的一个重要元素，才能够使之最终得以实现其价值。

设计与管理的结合，主要来自设计学科和管理学科两方面的需求。设计自身的发展，使其逐步从单纯的产品外观美化功能中超越出来，而形成了多学科交叉与相关要素共生的状态，以达成系统目标为最优的产品设计活动，而使得设计成为一种空前复杂、与人类生存的发展密切相关的人类自身的创造性活动。目标的完成需要对多种因素加以思考判断，组织运用，才能得到较为准确的设计概念和立足点，这个过程，单凭设计师主观的理解与偶得的灵感是不能实现的。同时，日趋激烈的市场竞争态势，使企业也逐步认识到整合战略的重要意义。整合市场营销，整合企业形象，整合品牌战略，整合经营管理，整合过程就是管理深化的过程。当设计作为企业发展整体战略中的一个重要目标与环节被进行整合的时候，也已经被纳入了企业管理的层面，具有自己特殊的管理意义。

良好的设计管理，使得设计成为一项具有决定企业命运的产品开发的高效率活动，有利于整个企业重新认识和发挥设计在企业中的作用，使设计扩展到企业经营计划和销售的全过程，成为战略性的竞争手段，同时帮助企业通过有效的产品开发建立起良好的形象。良好的设计管理使得设计师和管理者达成一致，使设计师的观察技能、创新技能、专业知识与市场研究相结合，明确设计的目标和产品的导向，提供设计师激发创意所需的环境，以更有效地完成新产品开发；协助企业在充斥相关类似产品的市场中保持独特风格，并把产品所具有的价值或讯息清晰地传递给消费者，增加其对产品的满意度。

总之，设计与企业管理的结合是设计发展的必然趋势。随着企业设计工作的日益系统化和复杂化，设计活动本身也需要进行系统的管理。一项好的设计不仅是一项设计工作，同时也是一项管理工作。设计管理是一个过程，在这个过程中，企业的各种设计活动，被合理化和组织化。另外，设计管理还要负责处理设计与其他管理功能的关系。

设计管理的关键是企业内部各层次、各部门间工作的协调一致。如产品开发设计、广告宣传、包装、展示、建筑、企业识别系统以及企业经营的其他项目等，都必须予以有效的协调与控制，以便建立起企业完整的视觉形象，确立企业在市场中的地位并扩大企业的影响。

协调的设计管理是充分发挥企业设计资源的重要保障。20 世纪 70 年代以来，设计管理作为一门跨学科的新兴学科有了较大发展，受到工商界的日益重视。

三、设计管理内容与方式

设计管理因内容不同而具有不同的管理方式，大致可分为以下三种形式：

1. 设计事务管理

设计事务管理主要负责实际的设计工作、设计咨询或公司内部设计部门方面的具体事务。在国外企业中，设计事务管理如确定设计任务书、安排设计进度、控制时间及成本等，通常是由那些被提升为设计经理的设计师来负责。在不少国外企业中，设计经理与财务经理、人事经理、销售经理一样，在企业中起着重要作用。为了做好设计事务管理工作，设计经理必须参与其他的设计管理活动。

设计事务管理是以体制和组织形态为基础进行的。就欧美成熟企业的经验来看，企业内部的设计管理活动是多层级的，取决于公司组织的结构与大小，一般来说分为企业、部门、专案三个相互关联的层次。

企业层级的设计管理属于设计战略管理。考虑如何使设计配合企业的整体发展，正确区分需求，明确竞争对手、竞争价格及成本等相关因素，由企业高阶管理层制定产品的战略，界定设计管理执行的范畴和规划设计的目标，并使这种战略计划植根于企业整体发展和不同的企业计划，以便设计能够吻合企业的目标。

部门层级的设计管理属于设计策略管理。主要针对企业的产品战略，规划具体的设计策略，组织设计资源，协调设计部门与其他部门的日常沟通，以有效地开展设计活动。同时，确立企业的设计理念，建立与维系设计标准，并对设计结果进行评估。

专案层级的设计管理属于设计策略管理。这一级主要负责设计的实务工作，管理专案小组的日常设计活动。他们负责界定设计问题、企划和管理专案，组织人员及配备，日常沟通与协调，控制专案进度以确保及时执行等。对于设计小组执行专案工作的过程制定明确的制度化体系和程序，来管理设计的具体进展，以符合已制定的策略目标。

2. 设计师管理

设计人员和设计小组的管理是设计管理的重要一环，因为设计是通过设计师们来完成的。设计师或设计小组管理主要负责设计师的选择和确定设计师的组织形式。如确定是选用企业以外的顾问设计师或设计事务所进行委托设计，还是建立自己的设计部门，或者是两者兼而有之。为了保证企业设计的连续性，有必要保持设计人员的相对稳定，同时又必须为新一代的设计师创造机会，为设计注入新的活力，设计管理必须对此作出长远的安排。

在设计师和管理方式上，还可以分为驻厂设计师管理和自由设计师管理两种形式。

所谓驻厂设计师，是与自由设计师相对而言的。驻厂设计师受雇于特定的企业，主要为企业进行设计工作。

为了使驻厂设计师能协调一致地工作，保证产品设计的连续性，需要从设计师的组织结构和设计管理两方面作出适当安排。一方面要保证设计小组与产品开发项目有关的各个方面直接有效的交流，另一方面也要建立起评价的基本原则或规范。

所谓自由设计师是指那些自己独立从事设计工作而不属于某一特定企业的设计人员。对于许多中小企业来说，建立自己的设计师队伍在经济上是不合算的，也难以吸引好的设计师来工作。因此，利用自由设计师为企业提供设计服务，是一件双方都乐意的形式，由于自由设计师是自由的，为他们的设计工作进行管理就更为重要。一方面要保证每位设计师设计的产品都与企业的目标相一致，而不能各自为政，造成混乱；另一方面又要保证设计的连续性，不会由于设计师的更换而使设计脱节。

为了保证设计的连续性，最好与经过选择的一些自由设计师建立较长期的稳定关系。这样可以使设计师对企业各方面有较深入的了解，积累经验，使设计更适合企业的生产技术和企业的目标，并建立一贯的设计风格。

3. 设计项目管理

设计项目管理是在企业安排各种实际工作时，考虑设计在项目管理过程中所占的位置。设计在企业的创造性活动与企业经营工作如制造、采购、销售等方面的准备阶段的控制之间，起着关键的作用，也就是说设计管理是新产品开发与企业经营之间的一种协调机制，是企业的一项中心的、决定成败的活动。

好的设计管理将产品形象、品牌形象与企业形象视为一个统一的概念加以体现。因此，设计项目的各个方面应该以一种“平行”的方式来发展。这就需要有一种贯穿设计项目各个方面的总体思想，在项目开始时就应对产品、包装、用户说明书、宣传样本、广告等方面的工作通盘考虑，齐头并进地发展。

这样做不仅会使设计项目各方面的目的性达到统一，而且由于各方面专家的交流，有可能产生出一些新的观念，成为项目开发的动力，充分发挥出企业内部的创造性。如果达到了这一目标，那么设计工作就不仅是产生了一种产品，也激发了企业本身的整体意识，这是设计管理对企业的重要贡献。

第六节　价值工程理论与方法

价值工程是研究产品功能与它的成本之间相互关系的一门科学。它以独特的分析问题和解决问题的思想和方法，争取以较低的资源消耗来获得优质的产品，达到获取最佳经济效益的目的。

一、价值工程的定义

在国家标准《价值工程的基本术语和一般工作程序》（GB 8223—87）中，价值工程是这样定义的："价值工程是通过各相关领域的协作，对所研究对象的功能与费用进行系统分析，不断创新，旨在提高研究对象价值的思想方法和管理技术。"

二、价值工程应用的一般方法

1. 技术替代法

技术替代法是价值工程应用的常用方法。技术替代法是指采用更合理的技术方案、新的工艺和新的材料，以期在产品性能、结构或制造工艺上做出较大的突破，有助于提高产品的功能，降低成本，从而提高产品的价值。

例如，用 R－134a 这种环保制冷剂取代氟利昂，使得冰箱这一市场拥有量巨大的产品有利于地球大气层中臭氧层的保存，提升自己产品的价值，为产品打入国际市场树立自己的品牌形象奠定了良好的基础。

20 世纪 70 年代，美国的 F－14 战斗机无论是在性能上还是在技术上，都是非常先进的，但价格却高达 4900 万美元，并且维修的费用也十分高，后来军方利用价值工程的方法重新研制新机型，终于使研制出的新机型 F－18 除了功能先进外，每架的出厂价格仅为 790 万美元。这是通过科技进步获得突出经济效益的价值工程应用的典型代表。

2. 功能分析法

功能分析包括两层含义：一是对某个产品的各个功能进行必要性分析，二是对产品中某个部件的具体功能进行必要性和替代性分析。

功能分析法要求，设计时要对产品的一些功能进行必要性分析，合理搭配产品能够满足用户需求的基本功能，降低用户为多余功能而付出的额外费用，从而真正达到产品增值的目的，另外还要对产品每个组成部分的功能进行分析，考虑它们功能的必要性。

每个零部件反映在产品上的功能是否必要，也需要进行分析，因为随着科学技术的发展、加工工艺的改进，该零部件在产品中的必要性就很有可能会跟着下降。

3. 结构分析法

产品的结构设计是否合理，在很大程度上决定了产品的质量、功能，以及它的生产制造工艺和成本。运用结构分析法，可以找出产品结构设计上的缺陷和不足，降低产品结构的复杂程度、不合理性以及加工的难易程度等，进而可以将其改造成更加合理、有效、便于制造的部件结构。结构分析法在旧产品的改进设计上，常常会发挥举足轻重的作用。

4. 材料替代法

材料替代法是产品设计过程中常见的一种方法，也是应用最广泛的一种方法。尤其在产品的外观设计中，尝试应用不同的材料、赋予产品截然不同的外在品质，常常会收到意想不到的效果。

著名的苹果电脑公司推出的G4系列电脑，外壳采用了美国通用公司研制的透明塑料材质、配合亲和力很强的外观造型设计，大大提升了苹果电脑的价值。对原有旧材料的合理运用，有时也同样会给企业带来可观的经济效益，如玻璃钢这一廉价材料具有价格便宜、不易腐烂、强度大和容易制成不规则造型的产品等特点，兼具钢材和塑料的优点，使其在很多地方替代了钢材和塑料，在人们的生产生活中发挥着巨大的作用。

5. 标准化、模块化设法

通过标准化、模块化设计，可以使不同的产品选用同一零部件，降低同一功能部件重复设计生产的可能性，节约成本和有限的物质资源，提高社会生产效率。选用标准部件，无疑会省掉这部分零件的制造成本，减少企业的开支；同样，模块化设计也会达到同样的目的。所谓模块化，就是把某些能达到某种特定功能的零部件集成到一个组件上，成为一个通用的不可分割的模块整体。如汽车的发动机总成、转向系统总成、变速箱总成等，计算机上用的各种集成电路板等。有了这些模块，生产厂家可以选用不同厂家的不同型号的功能模块，组成一个全新的产品，并可以形成系列化。

在市场竞争激烈、消费者的消费需求又各不相同的情况下，企业就必须考虑到产品系列化的问题，以扩大企业产品在市场上所占的份额，而标准化、模块化设计是最能节约成本和迅速提高企业市场反应速度的有力措施。

6. 工业原理替代法

现在，许多产品的工作原理和工作方式都可以用数字化方式来实现，从而提高产品的功能、质量和精确程度。如手表的数字化、电度表的数字化以及各种仪表的数字化等，都比原来的机械式结构可靠、精确，并便于维修。

三、价值工程的一般工作程序和步骤

价值工程是为了达到某种特定的目标，通过功能和成本分析，利用创新手法来提高产品价值的有目的有组织的活动。所以，必须要有一个科学的工作程序，以便对价值工程的相关工作进行展开和管理。

一般来说，运用价值工程要经过四个阶段，每个阶段又分若干个步骤进行。如图14－6所示。

这里对各个阶段的一些步骤作简介。

1. 对象选择

价值工程理论不仅被大量应用于第一、第二产业，而且还有向第三产业——服务行业发展的趋势，无论是“硬件”还是“软件”，都可以在一定程度上应用价值工程的原理和思想来进行分析和改进。

产品价值工程的对象选择，一般可按操作性的难易程度由如下顺序来考虑：

材质—标准化与模块化—结构—形状—工艺—管理

上述各个环节的顺序是可以变动的，并非一成不变，它只是一个比较通用的考虑过程，具体的要根据不同的产品和企业目标进行决策。

2. 信息收集

一般所要收集的信息包含以下内容：

（1）对象信息。包括现有产品的功能、材料、结构、生产工艺等相关内容。

（2）技术信息。与产品改进相关的主要技术信息以及最新的技术动态和科研成果等，包括新材料、新结构方式以及新工艺等。技术信息相对来说应该是信息收集的主要内容。

（3）企业状况。正确地了解企业的经营生产状况、企业经营理念、方针、战略以及设计和生产能力等。

（4）其他相关信息。包括国际环境和局势、国家有关该行业方面的政策、法律、法规以及会影响企业决策和经营的一切相关信息等。

3. 功能价值分析

确定产品的主要功能和次要功能，并进行定性分析：每一项功能在产品中是不是都是必须的，它能

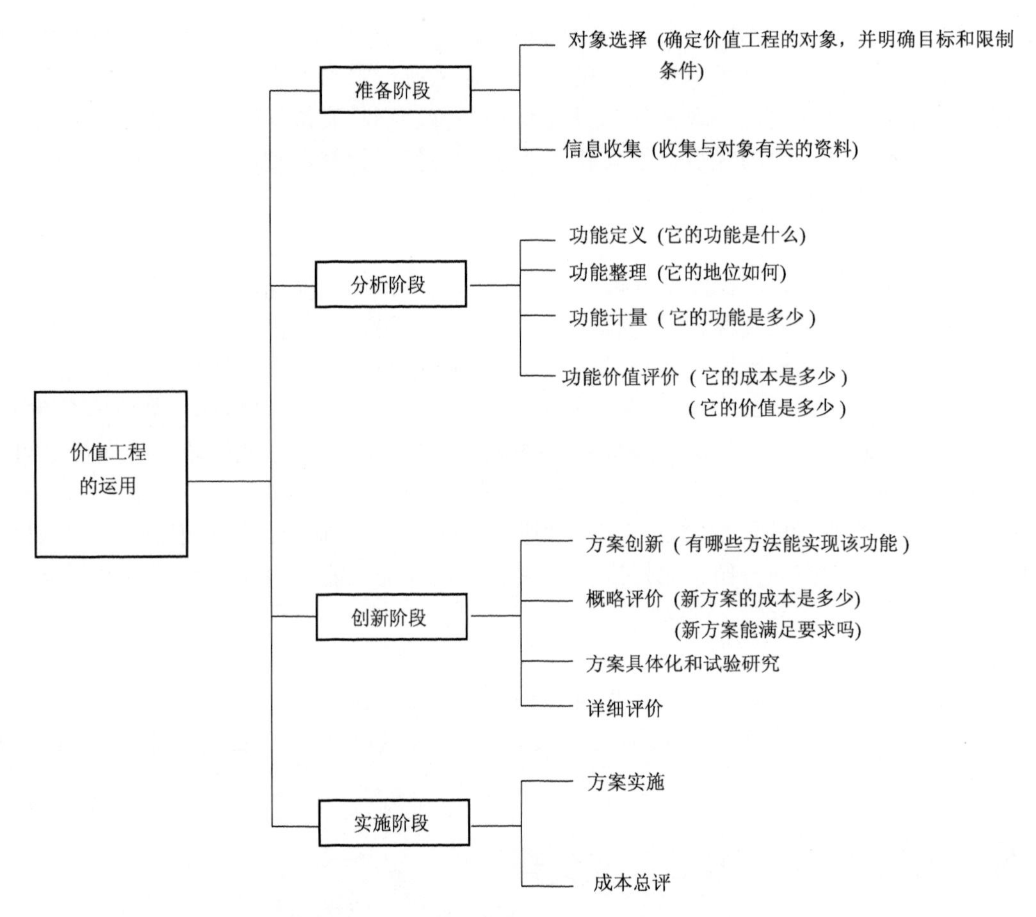

图 14－6　价值工程的一般工作程序和步骤

给产品带来的价值以及用户需求本质是什么等。

4. 方案创新

实施价值工程的目的就是为了提高产品的价值，给企业带来可观的经济效益。而要提高产品价值，则必须通过方案的创新来实现。在价值工程的活动过程中，方案创新是解决问题、提高价值的决定性因素，它的成功与否、创新的程度大小，都直接关系到价值工程工作的成败。

方案的创新，可以利用价值工程的一些方法来进行分析和研究，也可以使用其他创新方法（如本章第二节的创新方法）来进行。

5. 方案评价

方案评价是个复杂的过程，各种创新性方案，都是要经过不断地评审、筛选和深化等过程的，并且评价过程中，要将内容类似的方案加以合并、整理，而对模糊不清的方案内容进行具体化，对于那些有争议的方案，则尽可能地不要急于下结论，或者可以汲取其中的优点再与其他方案进行融合。

方案评价主要包括以下内容：

（1）技术指数。指方案在技术上的现实操作性、可实施性。再好的方案，如果不能进行实际操作、不能实施，也是不可取的。

（2）经济指数。主要是对方案的成本进行估算和评价。如果方案的实施所需要的投入过大，那么就会给企业带来一定的风险，但只要能降低产品成本，提高其价值，达到企业所希望的目标，那么方案还是可以被接受的。

（3）社会指数。主要是考虑方案的实施对社会带来的影响，给企业的社会形象、社会知名度等各方面带来的影响，以及方案的实施是否符合国家利益，符合国家的相关政策、法律和法规等。

（4）环境指数。主要考虑方案的实施对环境的各种影响，是否带来环境污染等复杂问题。

最后，要对各项指数进行综合评价，以确定最终的取舍，并确保方案实施内容的各方面都能达到相关的要求和目标。

注释：

① 本泽，瓦尔特．广义符号学及其在设计中的应用．徐恒醇编译．北京：中国社会科学出版社，1992.

第十五章　设计批评

设计批评，是指对以产品设计为中心的一切设计现象、设计问题与设计师所做的理智的分析、思考、评价和总结，并通过口头、书面方式表达出来，着重解读设计产品的各种价值并指出其高下优劣的设计活动。

批评，是批注、评价、评论、评议等意思。在原先的词性上，应该是中性的，即它既不是褒义的也不是贬义的，是对一种现象、一个事物甚至是一个人的评议和评价。因此，它可以是肯定甚至提倡，也可以是否定甚至反对，或者两者兼而有之，就像文学批评、艺术批评与电影批评等一样。在本章，“批评”一词仍采用中性词性，即“批评”一词与“评论”的意义是一样的。如果有与通常理解的“批评”含义相混淆的地方则使用“评论”、“评价”等字样。

产品设计领域的批评在设计史上也具有一定的历史，可以这样说，整个工业设计史上的理论争论就是一部设计批评史。无论是现代主义还是后现代主义都是在不断的批评中完成理论构建与风格更替，完成了这个主义的出台与那个主义的退却……因此，设计批评是伴随着设计学科与设计行业的不断发展而前进的。

随着我国经济的快速发展，我国的设计事业也正在蓬勃的发展，愈来愈显示出它无可替代的优势。设计教育事业在全国范围内以空前的速度发展着。相信在21世纪里，人们的生存观念、价值取向、审美情趣都将发生更大的变化，信息时代带来的科学技术的革命、新的文化观念，也必然导致设计理念的变化。

然而，面对近些年来涌现在我们面前的形形色色的设计作品，在感叹我国设计学科与设计行业迅猛发展的同时，我们不得不承认一个事实：在这些铺天盖地的设计作品中，不乏劣质的设计和不尽如人意的创意，相当多的设计作品表现出明显的败笔。这包括一些大型的建筑物和公共设施，也包括部分工业产品。但我们似乎听到的更多的是赞美声，却没有对其进行应有的、客观的批评和正确的指导，应当说，这是一种很不正常的状况。因此，提倡设计批评、加强设计批评已成为当务之急。

设计批评的展开是设计文化存在与发展的标志之一，也是设计健康发展的保证，但是由于我国实行市场经济的历史并不长，且自主设计的历史短，甚至还有相当比例的产品尚未真正进入我国企业在品牌意识指导下的自主设计阶段。因此，工业产品设计的设计批评，从真正的意义上只能说尚未开始或者刚开始（近年来许多组织主办的各种各样的设计竞赛也属设计批评的范畴）。

建筑设计，作为学科建立比工业设计（产品设计）早、理论建构也较之工业设计远为完善的学科，其建筑设计评论的状况也一直以来受到业内业外人士的批评，甚至有专家批评近些年的建筑业为“有业无学”。在这里提出这一点并不是评论建筑设计与建筑业的发展状况，而是想说明这么一点：作为工业设计学的理论主要来源之一的建筑设计况且如此，那么工业设计就更不容乐观了。

创造可以促进人类历史的发展，批评也是推动历史前进的动力。认识到这一点，我们就会理解设计批评的真正价值。它将对今天和未来产生积极的影响。在设计领域，设计批评应当成为一个重要的环节和一种有力的武器，引导着设计的方向。

设计批评作为设计发展不可或缺的要素，在一定的设计理论指导下，对设计作品和设计文化现象进行深入细致的分析，并作出理论上的探讨和总结。

19世纪英国学者约翰·罗斯金针对工业革命给工业产品造成的不良影响，提出设计艺术应当回归到自然中去，并对中世纪的哥特式设计艺术备加赞赏。罗斯金的这一思想直接影响了19世纪后半期英国的威廉·莫里斯和他所倡导的艺术手工艺运动。在这之后，历次设计运动的形成和发展，任何一种设计风格的诞生与流行，都离不开当时的一些艺术批评家和理论家。

但在中国，由于长期以来意识形态和经济发展方面的制约，始终未能形成设计运动，更遑论远见卓识的设计批评家。这不仅阻碍了我国设计学科的正常发展，而且影响了设计文化的发展和设计文明的进程。

设计批评的重要作用是帮助我们树立正确的设计观念，不断培育和提高决策者、设计师以及广大受众的鉴赏水平。实际上，任何一件设计作品的问世，都倾注着设计师的个人理念、思想和情感，同时又存在着感性与理性的平衡与统一。因此，设计方案或作品的创意内涵和风格魅力，并非立即就能被领悟和把握，这就需要设计批评来发现和评价，指导和帮助广大受众和消费者进行设计作品的鉴赏和审美。

可以这么说，设计批评实质上是一门揭示设计作品优劣成败的学问，设计批评家则应成为设计师和广大受众最为理想的中介，在这里，批评家扮演的是一个举足轻重的角色。

一个真正的设计批评家应具有高度的设计理论涵养和判断力，对设计方案（作品）进行科学、全面、深入的分析和研究，能够从人们未曾关注的角度发现设计的价值，能够为更正确、更深刻地理解设计方案的内涵和意义，提供有益的指导和富有价值的启示。

与此同时，设计批评是促进设计发展的重要方式。展开设计批评，就是要通过对设计作品的评价，形成对设计创意的反馈。设计师需要广大受众和批评家的帮助，才能够深刻地认识自我，不断地提高自我，以至超越自我。优秀的设计批评还能够集中反映时代的需求和广大受众在物质和精神上的需求，充分发挥设计中的信息反馈和调节作用，推动设计沿着理想而实际的道路发展。

另外，展开设计批评可以丰富和发展设计理论，推动设计文化的繁荣发展。一般认为，设计批评的主要任务是对设计方案和作品进行分析、评价，同时也包括对各种设计现象、设计思潮、设计潮流与设计风格的考察和探讨。一方面，设计批评必须以一定的设计理论作为指导，并利用设计史提供的研究成果；另一方面，设计批评还要通过分析设计方案和作品，发现新的问题，总结新经验，从而不断丰富和发展设计理论和设计史的研究成果，使设计理论和设计史从现实的设计实践中不断地获取新的资料和素材。应当认识到，设计批评在设计构想与设计过程中发挥着十分重要的作用。

设计批评运用一定的哲学、文化学、设计学、美学等理论，对设计作品和现象进行分析研究，并做出判断与评价，为决策者、设计师和消费者提供理论性、系统性的知识。由于设计批评是一种偏重于理性分析的科学活动，它同设计审美既有关联，又有区别。一般认为，设计审美偏重于感性，设计评论偏重于理性；设计审美具有更多的主观性的特征，设计批评需要符合客观规律性。因此，审美可以不含有批评的意味，但批评却必然是经历过审美这个阶段才能进行。只有通过批评才能充分认识设计的本质，才能对设计有正确的批评。设计批评的这种科学性的特征，使得它必然要从社会科学和自然科学等学科中汲取思想、观念、理论和方法，以加强设计批评的合理性和权威性。

第一节　设计批评的实质

一、设计批评的对象和批评者

1. 设计批评对象

设计批评的对象首先是狭义工业设计的对象，然后是广义工业设计范畴中的环境设计与视觉传达设计的作品，以及设计现象和设计师。

2. 设计批评者

批评者包括设计的欣赏者、使用者以及一切与设计有关的人士。

在这里以汽车这一产品为例，列举与其相关的人士，主要包括：

（1）汽车设计师；

（2）制造汽车的人；
（3）营销汽车的人；
（4）购买汽车的人；
（5）汽车驾驶员；
（6）汽车维修者；
（7）在汽车行驶、停泊时环境中看到汽车、汽车行为的人；
（8）汽车报废时的相关人员。

上述 8 个方面的人均会对汽车设计提出批评。

由此可见，一个产品的设计批评人群涉及社会中多种身份、多种职业的人士，因此可以说，设计批评者是整个社会公众。

二、设计批评的实质与标准

批评，是一种评价行为，从根本上讲，批评是一种价值判断活动。

设计的批评，或者说评价，从表现形式上看，是对设计的“好与坏”、“美与丑”、“设计应当怎样”之类的问题的判断与解答。但就实质而言，设计批评的含义却要广泛和深入的多。事实上，最大量的设计批评是在我们日常生活中时时发生并往往不知不觉中进行的。对于人的生活而言，设计应当作为一个整体的概念被理解为容纳这种生活的一种人造环境，或者一个生活的大舞台。在此环境或者“舞台”中的人类生活是一个由大量不断发展的事件所构成的丰富多彩的综合景象，它受到许多因素、条件的影响，而设计环境就是其中一个极为重要的因素。它在不同程度、以不同的方式影响、制约着人们生活的质量和方式。人在自己所创造的人为环境所允许的范围内生活，为自己的行为方式做出这样那样的选择，而每一个选择都必然包含着一种批评和评价的态度。比如人们是否按照设计师预先的构想那样，在一天中的什么时间、用什么方式使用一个产品，用右手还是左手以及哪些指头去控制等，这就不仅取决于这种构想本身是否合理，也不只是看物化后的产品能否达到构想的要求，更重要的还在于使用者是否认同这种构想，是否在生活中与他的生活习俗与行为方式相和谐，这就涉及价值评判。这种评价基于人的内在需求，也必然反应人的内在需求，从而成为设计活动的基本准则与依据。

因此，设计批评与设计创造在本质上是相同的，即它们都是受同一设计价值观的制约。没有正确的价值观念和价值取向，就不会有正确的批评原则，当然也不可能有正确的设计观念。位于产品生产源头的设计创造的观念与产品作为商品进入使用后的设计批评，如果不是依据同一种价值观与价值取向，那么这两种行为就会产生分裂，特别是作为设计批评的价值取向相异于设计的价值创造取向，那么，设计批评作为反馈的信息重新返回到设计创造的起始观念，就会使设计创造的价值观产生互不两立的分裂，使设计创造无法进行下去。那么有无可能两者的价值观存在着一致的错误呢？从理论上来说，这是不可能的。因为来自产品使用中及使用后的批评，是来自生活体验中的批评，这种批评所依据的就是人们对他们在生活中对产品所创造的各种价值的真切的体验与评价，是唯一正确的结论。因为，只有生活，只有生活中的体验，才能使设计产生真正的价值，才能产生正确的价值观与价值取向。

批评，是一种评价行为，从根本上讲即是一种价值判断活动。任何批评和评价必然是以价值问题为核心的，而研究价值问题就意味着对人的自身存在状态的关切，因为任何价值都是对人而言，无论我们对什么进行评价，都是以该物与主体需要的关系为对象，都是主体观念和需要的反映。所以，离开作为主体的人就失去了价值关系存在的基础，也就无所谓价值，从而也就没有真正的设计批评。因此，设计价值可以也应当成为设计创造初期的设计创造观念来约束设计活动的展开。也就是说，设计价值在某种意义上作为约束设计的原则，控制着人们的设计行为。对于设计价值探讨与研究，其实质就是对设计原则的确立。设计原则的确立，就是保证了设计的价值取向。在逻辑上讲，这个封闭的回路结构是合理的、科学的。

因此，设计原则也就是设计批评的标准。

我们可以把批评看做是人类的一种特殊的认识活动——它不同于认识世界“是什么”的认知活动，而是一种以把握生活世界的意义或价值为目的的认识活动；它所要揭示的不是世界是什么，而是世界对于人意味着什么，世界对人有什么意义。在现实生活中，人们正是通过批评和评价，才懂得何为利和何为害；通过批评，一个中性的事实世界展现为一个具有利害之别的价值世界。从这个意义上说，批评就不仅是对我们所经历的行为或事件的评点，而且更是与行为和体验的过程本身密不可分的行为方式和思维方式。换言之，人作为敏感的生物，存在就意味着批评和评价。人的一生，我们都在思量着事物对我们意味着什么，总在与我们有限的时间、精力、资源的关系中估价着供选择行动可能具有的价值。因此，批评就不仅是提供我们对外在事物的判断，更重要的是它意味着我们对自身行为价值的判断，从而使我们领悟自身存在的含义，不断调整自身的思想和行为，以更大限度地实现人生的价值。就本质而言，设计批评的目标也在于此。

第二节　设计批评的社会意义

一、宣传、传播设计思想、理论和知识

目前社会普遍地对设计作为一种文化认知不足，一个主要原因是设计理论知识普及不够。每一次面对公众的设计批评其实都是一次设计理论知识的宣传和普及，有助于人们重视设计。设计产品越新颖，设计现象越独特，公众对其接受就越困难，这就需要设计批评的参与和帮助。设计批评引起和促进公众对设计产品等的感情、兴趣和某种观念，但应当避免对批评对象的肤浅、含糊和片面的解释。在一定条件下，设计批评能够促成社会公众舆论氛围，即以特定设计产品为中心、有一定氛围强度和精神引力的公众言论存在的空间范围，其中设计产品既是现实的物质消费对象，又是社会的文化现象和精神评价对象。下面这段话是30年前的批评但仍使我们感到有今天的时代感：“我们一直生活在一些正在迅速解体的城市中，它们在规划上缺乏远见，禁锢了创造健康的有机的社会生活环境的一切可能性。这些城市的投机性的建设带着阴沉的雄伟性，我们的精神生活传统的那些圣地一直在遭受破坏。”[①]在这尖锐的批评中，明显体现出一些正面的城市规划理念。这虽然是对城市规划理念的批评，对产品设计仍不乏启示意义。

二、总结设计活动经验

对于以不断创新为灵魂的设计来说，分析设计创造实践中的知识或技能，概括在适应、满足公众需求的同时，引导公众消费的经验，并做出对他人、后人的设计创造有指导意义的结论，是很有必要的。对新产品的创造、新设计方法诞生的具体批评，包含有设计知识技能经验的总结。

三、提高对设计传统的认识

通过对设计遗产的再评价，提高对设计传统的认识。前代人创造的或已有的设计产品也可以而且理应成为设计批评的对象，这涉及对设计传统认识的发展和深化，进而会给予今天的设计师以某种教育和启迪。有的设计学者明言：“继承发展一切优秀的传统，不是溶于古物之中，而在于继承保全作为传统精神的创造者的理念，即创造。”[②]对设计经典的已有评价并非终极结论，在今天设计批评的再思考、再评价中，传统、经典的生命在延续、发展。

四、通过引导消费者直接影响设计发展

在广泛的意义上，任何形式的设计批评都直接或间接地影响设计。我们在这里主要指的是与市场销售有关的设计批评往往对设计产生的直接影响。例如，20 世纪 40 年代末 50 年代初，首先在美国以后也少量在一些欧洲国家开始出现的金属玻璃幕墙材料技术，一度成为设计批评的关注点，同时在商业广告的攻势下，在世界范围内逐渐广泛流行开来。当它的弊端（浪费能源、造型单调、造成光污染等）日益明显时，它又从 70 年代后期开始成为设计批评家的抨击对象。如 1977 年 2 月号的《建筑设计》（Architectural Design）中一篇名为《镜面建筑物》（Mirror Building）的批评文章写道："这是美学同工业勾结起来反对房屋的使用者，因为他们的需要与要求全被忽视了……其战略是要为产品市场发掘在流行样式中的潜力。"[③]否定、批判不好的设计，肯定、推荐好的设计，便可能引领一些消费者去拒斥或接纳某些产品。正如赛维（Bruno Zevi）所转引的一种看法："当前既缺乏能宣传报道优秀建筑的适当办法，也缺乏能够制止修建可厌的建筑的有效措施。"[④]

五、推动设计批评学体系的建立与健全

设计批评有着自身的理论体系，在此基础之上形成的设计批评学将引导设计批评更加健康地发展，为设计学的发展起到应有的作用。对设计批评的批评是设计批评的一个特别重要的方面。对设计批评的批评和反批评会推动设计批评学科的真正建立和逐步完善。同理，设计批评家吸取设计史论的成果，并对这些成果和设计史论学科状况作出自己的评价，自然也有助于设计史论学科的建设。

六、提高设计水平

设计批评是联系设计与社会大众的中介。设计批评在社会范围内一头联系着设计，另一头联系着社会大众。设计批评的一个重要的任务，就是引导社会大众对设计成果的鉴赏与接受，另一方面，社会公众对设计的反馈意见与评价也可以通过设计批评，供设计方或生产方修正。

第三节　设计批评的方式

设计批评的方式有国际博览会、展览会等会展、团体审查批评、群体消费批评以及个体批评等。

一、会展活动批评

从国际博览会、国际性行业展览会，全国性展览会到省市的各种各样的展览会、展示会和会展。这些会展通过设计作品的制成品的展示，引发社会的注意与评价，同时也有通过展示活动的评奖，表达对某些设计作品的肯定和提倡。

以检阅世界最新的设计成就，广泛引起社会各界的批评和购买为目的的国际博览会，一直受到各国的重视，被认为是提高本国现代化与国家形象的绝好机会。2010 年的世博会将在上海举办，成为世界各国及我国展示各自设计成果与现代化成就的一个盛大的舞台。

国际博览会的来历应该追溯到 1851 年在英国伦敦海德公园举行的"水晶宫"国际工业博览会。这个博览会在设计史上具有重要的意义，它暴露了新时代设计中的重大问题，引起激烈的争论，在致力于设计改革的人士中兴起了分析新的美学原则的活动，起到了指导设计的作用。而且从此以后，国际博览会

这一形式就被固定下来，频繁举办，每一次在不同的城市，由该国政府出面承办。

在英国举办的第一次国际工业博览会，目的既是为了向世界炫耀他的工业革命成就，也是试图通过展览会批评的形式，改善公众的审美情趣，制止设计中对旧风格无节制地模仿。举办展览会的建议是由英国艺术学会提出的，一些著名的设计家、理论家森珀（Gottfried Semper）等也参加了组织工作。由于时间紧迫，无法以传统方式建造展览会建筑，组委会采用了皇家园艺总监帕克斯顿（Joseph Paxton）的“水晶宫”设计方案，即采取装配温室的办法，用玻璃和钢铁建成“水晶宫”庞大的外壳。这是世界上第一座使用金属和玻璃，采用重复生产的标准预制单元构件建造的大型建筑，它本身就是工业革命成果最好的展示，与19世纪的其他工程一样，在现代设计的发展过程中占有重要的地位。然而当时，人们对它的态度也毁誉不一，有人甚至讥讽地称之为“大鸟笼”，拉斯金批评它“冷得像黄瓜”，普金称之为“玻璃怪物”。

“水晶宫”中展出的内容却与其建筑形成鲜明对比。各国送展的展品大多数是机制产品，其中不少是为了参展特制。展品中有各种各样的历史样式，反映出一种普遍的漠视设计原则、滥用装饰的热情。厂家试图通过这次隆重的博览会，向公众展示其通过应用“艺术”来提高身价的妙方，这显然与组织者的原意相去甚远。只有美国的展品设计简朴而有效，其中多为农机、军械产品，他们真实地反映了机器生产的特点和既定功能。虽然美国仓促布置的展厅开始遭到嘲笑，但后来评论家都公认美国的成功。参观展览的法国评论家拉伯德伯爵（Le de Laborde）说：“欧洲观察家对美国展品所达到的表现之简洁、技术之正确、造型之坚实颇为惊叹。”并且预言：“美国将成为富有艺术性的工业民族。”然而总体来说，这次展览在美学上是失败的。由于宣传盛赞这次展览的独创性与展品之丰富，蜂拥而至的观众对标志着工业进展的产品留下了深刻的印象；但另一方面，展出的批量生产的产品被浮夸的、不适当的装饰破坏了，激起了尖锐的抨击。其后若干年，对博览会的批评还持续不断，其中最有影响的人是普金、拉斯金、琼斯（Owen Jones）和莫里斯。欧洲各国代表的反应也相当强烈，他们将观察的结果带回本国，其批评直接影响了本国的设计思想。

伦敦“水晶宫”博览会之后，英国工业品的订货量急速上升。从水晶宫博览会举办前后，我们可以看出博览会这一批评形式的运作方式。首先，展品入选必须经过展览会展品评选团的专家认定，这便是一个审查批评的过程；在博览会期间和会后，展团的互评，观众的批评，主办机构的批评，各国政府官员的评论和报告，以及厂家及消费者的订货，反映出这种设计批评形式的广泛影响和独特作用。

自1851年开办以来，国际博览会这一批评形式对现代设计运动起了巨大的影响和推动作用，事实上，国际博览会本身就是现代设计的一部分。

二、团体审查批评

设计方案的团体审查也是一种重要的设计批评方式。

审查批评指的是设计方案的审查团体以消费者代表的身份对设计方案进行的审查和评估，以及设计的投资方与设计方进行谈判磋商的过程。这种批评由特定的团体承担，常常包括专家群体、投资方、政府主管部门、使用系统的主管甚至生产部门的代表。他们从消费者的角度，以市场的眼光对设计方案进行分析和综合审查，包括审查图纸、样品、模型以及试销效果。如果设计与消费者的需要发生冲突，则这一团体批评绝对是站在消费者的立场，要求对设计方案进行修正。当然，尽管审查批评者力求预见消费者的反馈，但有时也不尽如人意，审查团体未能够成功地代表消费者的利益。20世纪60年代美国路易斯安那和密苏里州的普鲁依特－艾戈住房工程便是一例。

普鲁依特－艾戈住房工程（Pruitt-Igoe）在完成时候备受好评，美国建筑学会的建筑家曾评它为设计奖，认为这项工程为未来低成本的住房建设提供了一个范本。然而与之相反的是，那些住在房子里的人们却感到它是一个彻底的失败。这个工程的高层住房设计被证明不适合那些住户的生活方式：高高在上的父母无法照看在户外玩耍的孩子；公共洗手间安置不够，大厅和电梯成了实际上的厕所；住房与人不相称的空间尺度，破坏了居民传统的社会关系，使整个居住区内不文明与犯罪的活动泛滥成灾。16 年后，应居民的请求，该住房工程大部分被拆毁了。

普鲁依特－艾戈住房工程显示了住房在被居住之前，建筑专家们是怎样评价设计的（根据静态的视觉标准）和怎样认为它是成功的。普鲁依特－艾戈工程的居民是根据住在房子里的感受，而不是仅从它的外表来形成自己的批评。在一个会议上，当问到居民们对这些被设计家们称颂备至的建筑有何感想时，居民的回答是："拆了它！"美国 60 年代中建造了许多不成功的高层建筑街区，其失败集中表现了设计者与使用者的批评标准是不一致的。运用效果图这种手段来确定设计，带来了制作和策划的分离，以及后来设计和使用的分离。这也造成了对设计进行评价的两种分离标准——设计者和产品使用者各自不同的标准。

三、群体消费批评

群体购买是消费者直接参与的设计批评，是设计批评中最普遍、最简单，面也最广的一个批评方式。所谓群体购买是指消费者表现为不同的购买群体的消费行为。依照社会学概念，社会中的群体是依据一定的特征分化而成，如大学生群体、白领群体、民工群体、企业家群体等。消费群体是依照消费水平、消费爱好、消费行为等的异同自行形成的社会群体。不同消费群体有各自不同的消费需求。不同的消费群体是不同的文化群体，而各种市场的并存，正反映了不同消费文化群体的群体批评。现代设计便是抓住了消费者的群体特征并且有意识地强化这些特征；消费者的群体购买则是接受了这种对自己群体特征的概括与强调，同时反过来进一步巩固群体特征。男人绝不会消费女性的服装，青年女性对中老年时装也不感兴趣。麦当劳快餐的主要消费者是少年儿童，它的设计就紧紧抓住儿童心理。群体消费除了跟这个消费文化群体固有的特征有关，跟消费者的从众心理也有关系。消费批评是消费者自我无意识的反映。群体批评这一形式被公司的市场机构高度重视，他们所做的广告分析、市场定性、定量研究，都是以消费者的群体批评为研究框架，通过对个体意见的统计归纳，达到对群体特征最准确、最适时的把握，使自己的产品在设计更新上更好地迎合群体批评。事先了解群体批评是设计成功的基本条件，也就是说，产品必须主动地选择他的批评者，使自己跻身于特定的群体之中。20 世纪 60 年代以来，工业自动化程度的不断提高，大大增加了生产的灵活性，使小批量的多样化生产成为可能，因而能更好地满足群体购买的需求。现代大工业生产则是以大批量销售市场为前提的，因而它必须强调标准化，要求将消费者不同类型的行为和传统转换为固定的统一模式，并依赖一个庞大均匀的市场；其设计的指导思想是使产品能够适用于任何人，但是结果往往事与愿违，反而不适合任何人。因而，20 世纪 60 年代开始，均匀市场消失，面对各式各样的群体批评，设计只能以多样化战略来应付，并且有意识地向产品注入新的、更强烈的文化因素。

某些群体批评具有较高的文化性，如残疾人群体使用的产品就是一个典型的例子。60 年代，对残疾人生活的关注成为社会舆论的一个主题。1969 年《设计》杂志有整整一期都在讨论这个设计题目，即所谓"残疾人设计"（Design For Disabled）。残疾人是一个特殊的消费群体。从伦理角度出发，当时许多设计师都为他们做出努力，并产生了不少优秀的设计，如残疾人国际标志，以及一系列专门适用于残疾人的日用品，深受残疾人的欢迎。

另一个典型的例子即是女性群体批评。女性作为一支庞大的购物主力军，其群体批评一直是商家悉心分析的对象。设计师与设计批评家从文化学、社会学、心理学分析和人类学的角度分析女性群体的特点，从而设计出为这一群体所认可的各类产品。可以说，在所有的产品设计中，女性群体的产品设计批评包含有较高的文化性。

老年群体生活形态的特点直接影响老年人产品的设计，由此不难得出老年群体产品设计的特点，如功能的实用性、使用的便捷性、尺度的人机性、图文的易辨识性、安全性和健康性，以及价值的可持续性。

四、个体批评

个体设计批评，指的是基本上以个体名义在不同场合包括会议、活动、报刊、谈话所发表的对设计的批评。他们的身份包括设计师、设计理论家、设计批评家、教育家、工程师、报刊编辑、企业家、政府部门官员甚至政府首脑等。他们以各自不同的身份、不同的立足点来评价设计，表现出设计批评的广泛性，也表现出他们出于不同目的需求的批评趋向。

英国、美国的政府官员时常介入设计批评，因为每一次国际博览会后他们都要为展览会作书面报告。连英国维多利亚女王也曾为“水晶宫”博览会大发宏论，因为她的丈夫阿尔伯特亲王就是这次博览会组织委员会的主席，而她的评论也主要立足于为他的国家赢得荣誉上。撒切尔夫人任英国首相时，面对亟待振兴的英国经济专门谈到了设计的价值，并断言设计“是英国工业前途的根本”。

设计家介入批评是设计界的一个经常的现象。许多声誉卓著的设计家同时也是了不起的设计批评家。他们编辑设计杂志，发表演说，在一所或多所大学任教，著书立说等。翻开世界设计史，设计家的设计批评几乎涉及每一个设计事件，每一个社会转型期甚至某一个设计作品的问世。包豪斯学院的创建人格罗皮乌斯除了在建筑和设计上的杰出贡献外，又是现代主义运动最有力的发言人之一。他是教育家、作家、批评家，是将包豪斯精神带到英国又传播到美国的人。法国先锋派代表、建筑家、批评家勒·柯布西埃任《新精神》杂志（L'ésprit Nouveau）编辑时期（1920—1925），对该杂志做了许多重大改革，并撰文倡导机器美学，他的一句有名的口号便是“房子是供人住的机器”。再如著名意大利后现代主义设计家蒙狄尼（Alessanda Mendini），他大量撰文为阿基米亚工作室（Studio Alchymia）摇旗呐喊，在任 Casabella 杂志编辑期间（1970—1976 年）为“极端设计”（Radical Design）和“反设计”（Anti-Design）发表了许多批评文章，随后又担任 DOMUS 杂志和 MODO 杂志（1976—1984）的编辑，80 年代在消费主义和传媒方面也是活跃的评论家。其实，如果我们回顾一下设计发展的历史就会发现，每一个设计运动，尤其以现代主义先锋派各支队伍为代表，都会将某一刊物、学院、美术馆或画廊作为自己的言论的阵地，团结一些观念相投的设计家，营造一种声势和地位，最终推出一个新的运动。设计史与设计批评者的身份在历史上就是紧紧相连的。

第四节 设计批评的复杂性

一、设计批评复杂性的表现

一般来说，设计批评与设计研究、设计实践与设计教育处于彼此的互动状态中，因为他们之间有着密切的关系。但是这样说，并不是意味着它们必须始终同步地发展。事实上，目前的设计批评，特别是产品设计的批评，大大地落后于设计研究、设计教育和设计实践。应该说，这正是设计批评复杂性的一个表现。

体现设计批评复杂性的第二种现象就是设计批评结果的不一致性，有的甚至完全相悖。另外，设计标准的时代变迁和社会环境的变化都可以使设计批评的复杂性大大增加。

二、造成设计批评复杂性的原因

造成设计批评复杂性的主要原因是设计标准的不统一，即每个批评者所掌握的批评标准不一致以及时代变迁所引起的批评标准的变化。

1. 使用者的不同感性体验导致设计评价的差异性

20 世纪 60 年代兴起的接受美学（Aesthetics of Reception）理论认为，一件艺术品的价值和意义，并不是由作品本身所完全决定的，而是由艺术接受者的欣赏与接受程度决定的。作品本身仅仅是一种人工的艺术品，要经过接受者大脑的认知、领悟和解释，才能成为一种“再生”的作品，构成为审美对象。前者是“第一文本”，而接受者的“再生”的作品是“第二文本”。第一文本如果没有经过接受过程，就没有实现自己的作用。也就是说，只有经过接受者的接受过程，接受者产生了“第二文本”，第一文本的存在才有意义，才是一个完成全部过程的艺术品，此时艺术品才是有价值的与有意义的。接受美学这种艺术作品接受论对于产品设计有着重要的启迪意义。

一件产品，当它经过设计并被制造出来成为一个产品时，还只是一个“第一文本”，当这一个文本未被消费者“接受”，只是停留在流通领域中时，这个产品对人是毫无意义的，也是没有任何价值的。而作为工业设计来说，也没有产生设计的价值与意义。当产品进入消费者手里，不同的消费者依据自己的认知习惯、行为习惯、生活方式来使用产品时，便得到了各自不同的体验，从而得出自己对该产品的全部印象与体会，于是就产生了产品的“第二文本”。当产品的“第一文本”促发产生“第二文本”时，产品设计的含义也就产生了。到此，产品设计的意义与价值才真正地显现出来。因此，产品的接受有如艺术作品的接受。不同的艺术作品的接受者产生不同的“第二文本”，也就是在不同的艺术感受基础上建立起来“第二文本”的意义与价值。由于每个人都有自己的认知水平与认知习惯，都有自己的行为方式与生活方式，所以对于同一个产品的使用体验也就不同。因而，每个人所建立起的产品设计的“第二文本”也具有差异性，亦即设计批评也大不一样。这不能归之为设计的无奈，而应理解为生活的丰富与多彩。“有一千个读者，就有一千个哈姆雷特。”对产品设计的评价也一样：有一千个用户，就有一千个不同的设计批评者。这种建立在使用者不同感性体验基础上的设计批评构成产品设计批评复杂化的因素之一。

作为一般的产品使用者，往往只是从使用的体验角度出发，发出设计批评的意见。这是一种主要建立在感性体验基础上的产品设计批评与评价。当然也有建立在理性基础上的评价，这是一个专家系统的评价。但是专家系统的理性评价是一种建立在产品使用体验这个感性基础上予以理论化后的批评与评价方式。因此产品体验是产品设计是否成功的一个必不可少的过程与评价的主要来源。

产品审美有别于艺术审美的一个最大的特征就是：艺术审美方式是一种静态的观照，产品的审美方式是静态的观照与动态的体验的结合，而以动态体验为主。要理解这一点并不难。人对产品不仅有形态感官的审美需求，更需要在产品在使用过程中与人的关系、环境关系全面的和谐与协调。这种和谐与协调的程度会成为人在产品使用过程中的全部体验，无疑地构成了产品这个实用性载体对人的全部价值与意义。

因此，我们在这里就不难发现，把工业设计理解为造型设计，这种观念的产生源自于一个“理论”原由，就是把产品的审美当作艺术品的审美。把产品这种“静态观照与动态体验相结合，而以动态体验为主的”审美方式等同于艺术品“静态观照”的审美方式。“动态的体验”不仅成为产品审美有别于艺术审美的差异性特征，而且成为产品审美方式的主体。正是这一点，决定了产品与艺术品的这两类人工制品设计本质的截然不同之处。

坚持以“动态体验为主”的审美方式，不是出于产品审美理论的需要，是源于人对产品的审美需求。因此，人对产品的“动态体验”的需求，不仅应构成产品设计的内容，还必须成为产品设计的主要内容与主要原则。

2. 设计批评者所掌握批评标准的不一致导致理性批评的差异性

造成产品批评复杂性的第二个因素，就是理性批评者所把握的设计标准或者说设计原则的差异性。

严格地说，在中国目前存在着不断发展的产品消费者建立在感性体验基础上的设计批评，但却缺乏社会化的产品的理性批评。但这并不意味着中国社会完全缺乏这种理性批评。中国庞大的工业设计教育体系在工业设计学科教育上体现出极端多元化就间接反映出工业设计理论理性批评不仅存在，而且因缺乏基本一致的体系性理论认知而使得这种批评的标准仍处于发散而未进入收敛阶段。

中国目前理性的设计批评主要表现为设计教学的培养目标的确定上。这里说的培养目标不是指各个学校在专业人才培养计划中书面所表述的内容，而是指四年本科教学结束后，学生实际具备与掌握的素质、知识与技能等。

目前在国内，主要有两个方面原因导致产品设计理性批评的复杂性。

- 设计学科涉及社会科学与人文学科的特征使批评者持有的批评标准具有差异性

即使在一个较为成熟的设计学科中，批评者对设计标准的把握也存在着差异，有时甚至是很大的差异，这是由设计学科自身的特征所决定的。设计学科更多地涉及自然科学、社会科学与人文学科，而社会科学与人文学科范畴内的标准与原则，不像自然科学范畴中各学科分明的、非此即彼的是非判断，它们存在着许多模糊性与不确定性。因此，这些领域对设计的影响，作为设计的批评标准之一，就由不同批评者的各自的理解与认知而形成彼此有差异甚至有较大差异的批评标准。就像建筑设计这一个相对于产品设计更为成熟的学科，无论在世界建筑史上还是当前存在的建筑设计批评，都明显存在着这一情况。

如勒·柯布西埃设计的马赛公寓（Unité d' Habitation Community，Marseilles，1946—1952）就曾引起激烈的争论，不同的批评意见几乎针锋相对。这是个住有337户共1 600人的“居住单位”（Unité d' Habitation），体现出柯布西埃“住宅是居住的机器”的建筑思想和由居住单位、公共建筑构成现代化城市的理想。法国记者米·拉贡既是该公寓住户，又是懂建筑的行家。他写了一本谈到该公寓的书《论现代建筑》，收集了当时对公寓的不同评论，同时也表达了他自己的肯定立场。书中写出对公寓的肯定意见有：安排得很好的机械化；使得有可能创造出新的城市建设；减少城市运输流量，提高交通速度，保护行人和防治噪声；给人们以阳光，给城市以树木和空间；有助于缩小城市面积，腾出土地；培养出一种新型的居民；认真考虑劳动者的社会生活条件……对它的否定意见有：造成居民“悲剧性的孤独”；居民很快就会发疯；不适于实际生活；建成了供富人居住的街区……20多年后，20世纪70年代中期，关于马赛公寓的不同意见仍然存在，如前苏联建筑学家格·波·波利索夫斯基认为它体现了“单独住宅和交往地点”、“互相渗透，组成统一的、完整的机体”，是“未来的房屋”的参照；⑤而意大利建筑史学家塔夫里（Manfredo Tafuri）和达尔科（Francesco Dal Co）则认为它“隐藏着令人不安的建筑语汇”，“反映出一种无法定论的非理性的构思”。⑥

同样被写进世界建筑史的巴西利亚城市规划与建筑（1957—1960），虽说令巴西人为之感到自豪，但一样惹起争议。一种尖锐的批评意见是：该城市近似于印度旁遮普邦等的首府昌迪加尔（Chandīgarh），后者的规划方案由柯布西埃修订，巴西利亚成为按规划师所制模子生搬硬套造成的人工纪念碑；巴西利亚过分追求形式，却较少考虑巴西经济、文化和民族传统。

在产品设计领域，产品设计、制造方面的所谓“有计划废弃”制度，即人为寿命设计也是一个颇多争议的话题，肯定它的一方认为它是拉动社会消费需要、促进生产的有效手段；指责的一方指责它是控制消费者、浪费资源的狡猾手段，完全反映了商业设计中唯利是图、不顾及设计伦理与违背绿色设计原则的本质。当今日本一些企业在某种意义上说发展了这种制度，使之成为企业“销售一代、存储一代、研制一代”的设计和生产策略，也就是让市场正销售的产品，已设计完、随时可投入生产来取代前者的产品和根据市场需要变化和技术要求变化正在研发的产品，形成一个梯次。这种涉及样式、功能、结构、材料、技术诸多方面的策略实质上已不完全是原先那种基于样式设计的策略了。自然，日本这些企业的做法在国际设计界也是存在着较大争议的。

至于“一次性产品设计”的这种产生于发达国家的设计观念，建筑在对自然资源大量占有及对环境造成巨大的污染之上，就连这些国家的有识之士也将此谴责为“血腥的创造”！

20世纪70年代轰动全球的协和飞机（Concorde）的设计，由英法两国上千名飞机设计师和工程师用两年时间共同完成，它在功能上远远超过当时仅有的另一种超音速民用飞机——苏联的Tupolev Tu－144，而形式审美上更是有口皆碑。但由于该飞机造价过高，仅生产了16架，便耗费英法两国巨资30多亿美元。超音速飞机耗油量很大，同时由于噪声过大，许多国家包括美国在内，都限制协和飞机只能在海域上空飞行。因此，由于该机的实用性总体效能较低而难以进入航空市场。

- 工业设计学科缺乏明晰的本体论结构导致理性批评标准的不一致

在一个新兴学科或一个尚未发展完善的学科中，学科的理论体系尚未建立起来，即缺乏这一个学科的本体论结构，在这种状态下，想把握这一个学科的完整状态是极其困难的。工业设计学科就处于这种情况。因此工业设计的批评就由于批评者对工业设计学科本体论认知的差异，而使得所把握的设计批评的标准不一就毫不奇怪了。这样，产品设计的理性批评的复杂性也就容易理解了。

- 设计原则的动态变化导致设计理性批评标准的变异

设计批评的标准是一个历史的概念、动态的概念，它不是一成不变的。从总体上说，产品的设计原则不是“朝令夕改”的，是相对稳定的。它反映了人对产品与人的关系、产品与自然的关系以及产品与社会的关系的总体性认识。但是，随着时代的发展，人类技术水平的提高，设计原则中的某些方面（如20世纪以来对自然环境的资源与污染的极大关注，以及人性在不断发展与提高的技术面前的地位变化）上升为更为重要的设计原则，因此设计批评的标准也会随着时代的发展而发生变化。

另外，意识形态、政治结构等多方面的重大变化，使设计批评在每一个时期对于设计诸要素都表现出不同的倾向。

功能本来就具有共性、相对稳定的标准。然而，产品的功能可能发生转移，同一设计会因时代的不同而满足不同的功能要求。金字塔在古代埃及是作墓葬之用，并具有礼仪、宗教功能，现在金字塔的功能发生了转移，它成为审美对象及学术研究对象。随着时代的变迁，功能概念的涵义也在拓展、演变。18世纪的设计理论中，功能是以“合目的性”的形式出现，直至整个“功能决定形式”的现代主义时期，功能都是指设计满足人们一种或多种实际需要的能力，其涵义是物质上的。到了后工业时代，功能有了全新的解释，功能“是产品与生活之间一种可能的关系”，即功能不是绝对的，而是有生命的、发展的。功能的含义不仅是物质上的，也是文化上的、精神上的。产品不仅要有使用价值，更要表达一种特定的文化内涵，使设计成为某一文化系统的隐喻或符号。如从“孟菲斯”（Memphis）的设计中，我们可以看出对功能问题的反思，及其从丰富的文化意义和不同情趣中派生出的关于材料、装饰及色彩等方面的一系列的新概念。

第一次世界大战之后，现代主义的信条在荷兰、德国、法国、新兴的苏联都确立起来。对于设计批评而言，功能、技术、反历史主义、社会道德、真理、广泛性、进步、意识以及宗教的形式表达等概念，成了批评家最常用的词汇。各国的设计也逐渐打破了民族的界限，最后形成20世纪30年代的“国际风格”（International Style）。“国际风格”前的现代主义（1914—1930）称为现代主义先锋派。先锋派的观念最终以包豪斯为代表。30年代新大陆风靡一时的“国际风格”，实际上就是包豪斯的设计风格化的结果。成千上万的信徒奉包豪斯设计为至高无上的准绳。这反映了当时批评界对包豪斯的推崇。崇拜的结果，使此时的设计不可避免地走上“国际风格”的道路，作为设计批评的时尚，“国际风格”50年代已发展到了极限。

对国际风格那种冷漠、缺乏个性和人情味的设计，人们终于感到厌倦，于是60年代的设计家们推出了“波普设计”（Pop Design），以迎合大众的审美情趣为目的，打破所谓高格调与通俗趣味的差别。从此，色彩和装饰被重新运用，一些古典主义的视觉语汇也被重新用在建筑中，历史主义东山再起了。“后现代主义”（Post-modernism）作为一个设计批评的概念，始于70年代金克斯（Charles Jencks）发表的建筑理论，[⑦]一时广为传播。后现代主义概念代表了人们对现代主义的幻灭，人们已失去了对进步、理性、人类良心这些现代主义信念的信心。

我们可以发现，设计批评的标准在这里发生了重大转变。现代主义的“生产”理想转向了“生活”理想；过去宣扬设计的广泛性，通过设计的理念引导消费者，而今转为尊重消费者，尊重个性，使设计适应消费者情感上的要求。我们从意大利阿基米亚集团（Alchymia）、孟菲斯集团（Memphis）的设计中，从美国和英国工艺复兴（Craft Revival）、“高感觉”（High-touch）的追求中，都可以看到“感觉”成分的提高。自60年代末，欧洲和美洲大陆掀起了一系列的“极端设计”（Radical-design）和“反设计”（Anti-design）运动。它们激烈的设计宣言，乌托邦式的设计理想，要融设计、建筑、城市规划于一体来改变人们对环境的概念，以及有意地破坏设计的视觉语言等追求，都可以看作对过去所谓“好的设计”（good design）标准的反叛，转向注重消费者的参与，注重设计满足消费者的特殊需求，也即产品向商品的转型。虽然70年代由于经济的衰退这些运动失去了活力，但80年代又迎来了“新设计”（New Design）或“新浪潮”（New Wave），而且理论上更成熟坚实。

后现代主义的设计批评将重点由机器和产品转移到了过程和人，消费者的反应成为检验设计成功与否的决定因素。设计的“消费者化”（Consumerization）与灵活性已成为设计的必要特征和手段。为了适应各不相同的消费集团甚至为了满足个人爱好，机器大生产逐步地调整为灵活的可变生产系统，市场研究成了设计不可或缺的环节。许多大公司，尤其以日本公司最为典型，如夏普、索尼等，成立生活方式研究所，长期雇用了一大批文化学者作为顾问，研究社会生活方式的发展和走向，为设计作定位分析，判断设计的取向。他们广泛研读消费者的心理和消费习惯，甚至还研究一个地区的政治趋势等，以便更准确地预测市场机会。⑧

复杂而变化的设计批评与争论，是批评家思想、理论、智力与才华的交锋，其实更是不同社会力量、不同社会需求、不同社会意识的矛盾冲突，也可以看作社会成员为追求社会良好秩序和真正平衡与和谐的努力，视为人们对社会、对世界认识深化的一个必要过程。例如，大约在20世纪六七十年代，高度工业技术倾向曾在建筑及工业设计中一度繁荣，迄今没有完全止息，但它也一直受到正反两方面的批评。20世纪80年代中期开始，高技术倾向遭遇尖锐质疑，这是由于后工业社会的诸多弊端越来越彰显，对技术的反思越来越成为人们的热门话题，越来越多的人开始不满意过分注重和依赖工业技术却普遍漠视精神情感的设计现象，真正意识到自己所需要的应当是物质和精神的同时满足，一种灵与肉的平衡。

时间的检验就是社会生活实践的检验。设计批评的复杂性还表现在对其本身的判断和验证需要时间，发展、变化着的社会生活在这方面同样显示为最终的决定力量。众所周知，埃菲尔铁塔（Eiffel Tower）施工初始曾引起轩然大波，指责之声不绝于耳。如今它被普遍认为是建筑史上的一次设计革命和一件技术杰作，被巴黎乃至全法国公众公认为是巴黎乃至法国的一个象征。

设计批评的开展在浅近层面上，可以就时代风尚、流行、传统等概念，对设计作品提出评价，以便使设计更贴近当代生活，更接近人们的时尚爱好，或者为热衷传统的人提供既有传统元素而又时尚的表现形式。另一方面，还可以在深层次上，即哲学层面上展开批评，讨论产品设计的过程中手段与目的的关系，使设计师更为清醒地认识到，设计的目的与设计的手段是两个不同的概念。设计的目的是不能随便更改的，而设计的手段却是多元化的，是可以变换的。设计追求的应该是它的目的，手段是为目的服务的，虽然这是一个较为抽象的论题，但是它却涉及设计结果的成败。

如20世纪末，当电脑在设计中的实际应用越来越广泛、电脑取代手工被大部分设计师视为设计发展的一种必然趋势时，有一种冷静的、专业的设计批评意见显示其独特视角和科学精神，它毫不客气地指出：观念模糊、缺乏创意的电脑形象为数不少，快速、便利的电脑却是没有人情味的工具。电脑设计和手工技法的优劣得失被重新审视，电脑形象的人性化和人情味问题被郑重其事地提了出来，而保留某些适当的手工痕迹也被认为是使电脑形象克服僵硬刻板而得到视觉亲和性的一种有效方法。

设计界内外就有一种强大的观念与声音认为：使用电脑进行设计是高水准的设计标志，手工设计不仅在设计方法上，而且在设计理念上也是落后的。这种观念甚至还引发了社会上的一个奇特现象：许多电脑美术培训班自命为设计培训班，这种本质上把设计的电脑表达技能学习当作设计的学习，在某种意义上既是培训商家有意而为之的概念的“移花接木”，也是社会对设计的误读。另外还有一个重要的问题是，由于设计表达手段与工具的革命（电脑取代手绘工具，电脑绘图代替手工绘图），设计人员不得不花较多的时间去学习、熟练电脑软件的使用方法。

过去由于手绘工具的使用极其简易（当然，个别工具的手工工艺过程还相当费时），可以花更多的时间在思考设计、完善设计、推敲设计上。自从电脑进入设计，对大多数设计师而言，表达效果提升了，但必须花大量的时间去熟悉、熟练掌握各种设计软件的使用，反而没有太多的时间花在设计构思与推敲上，这种手段的进步带来设计目的的模糊与异化，在设计人员中深有体会。甚至有一段时间发展到设计招标实质成为电脑设计效果图的招标，设计竞赛实质上成为电脑设计效果图的竞赛。这种基于设计目的的异化不能归咎于电脑作为工具的介入，而是使用电脑作为工具的人及社会自身认识异化的结果，这种状况引起了许多设计界有识之士的警惕与批评。

注释：

①④ 布鲁诺·赛维．建筑空间论——如何品评建筑．张似赞译．北京：中国建筑工业出版社，1985.
② 大智浩，佐口七朗．设计概论．张福昌译．杭州：浙江人民美术出版社，1991.
③ 同济大学，清华大学，南京工学院，天津大学编写组．外国近现代建筑史．北京：中国建筑工业出版社，1982.
⑤ 格·波·波利索夫斯基．未来的建筑．陈汉章译．北京：中国建筑工业出版社，1979.
⑥ 曼弗雷多·塔夫里，弗朗切斯科·达尔科．现代建筑．刘先觉等译．北京：中国建筑工业出版社，2000.
⑦ Charles Jencks. The Language of Postmodern Architecture. 1973.
⑧ H. Sakashita. Japan Design News. 1984（3）.

第十六章　走进21世纪的工业设计

工业设计的发展有赖于人的观念的提升与社念的发展，一些专家在对社会学、机械学、电子学、计算机科学及关于人的科学进行研究后，提出了工业设计在不久的将来将发生的变化，这些预测实际上并非十分遥远，有的已经初露端倪。

设计的发展实际上是人的观念的发展，技术将全力以赴地配合这种发展，使人的种种愿望得以实现。

在这里，我们将列举一些设计发展的动向，引发大家的思考。

一、标准化思维的终结

1. 标准化、大批量生产方式的质疑

大众化社会的兴起是全球现代化的主要发展趋势之一。大众化社会的形成有赖于下列一些条件：

（1）信息量的大量增加，使社会大众的知识水平得以普遍提高；

（2）交通发达，使人们在大范围内的行动没有了大的限制，互联网的产生更是促进了人与人之间的交流；

（3）农业技术的改良，粮食产量空前提高，给大众化社会的发展提供了基本的物质保障；

（4）工业产品的大量生产，并由此产生了廉价商品，给大众化社会提供了充足的生活用品。

上述最后一个条件，即工业产品的生产，在全球现代化发展的初期，都具有大批量生产的特点，而大批量生产这一现代产业的特征是以产品规格化为前提的。

在这样的背景下，产业界只能把社会大众都假设为是特征相似的一个消费群体，以求得产品设计的定位。也就是说，必须先将消费者假设成一个标准化、规格化的均质群体，才能够以同样的设计和规格去制造和生产大量完全相同的产品，这也就是大批量生产体制所造成的产业条件。在这样一个前提下，消费者只能用规格化的消费概念去适应被标准化了的商品，被动地去满足产业界大量生产所需要的条件。而整个现代化过程中的科学与技术的发展，似乎也都是以这种规格化与标准化的概念来作为模式的。就是这种硬将多样化的消费群体用标准化的概念去加以均质化的生产制度，才引发了现代思想、科学技术、社会构造、环境污染等诸多方面的种种问题。

2. 从均质化进入到个性化

创造了现代大众文化的大批量生产体制产生于上述的背景之下，企业为了不断促进商品的标准化而对人们大力灌输产品均质化的合理性和标准性等一系列观念，使社会大众对于所遭受到的均质化待遇变得习以为常。

但是，实际上每个人都是独特的个体，都有着各自不同的个性，我们不可能将这样的人群去视作均质化，视他为一个真正意义上的毫无差异的均质化群体。

我们可以断言，个人的独特性将会成为21世纪社会发展的核心价值。因为，社会大众的均质化在事实上是不可能成立的，每个人都有不同的个性和才能。无论是幼儿、小孩、老人、女性或是身体残障者，都是不同而独立的个体，不能认为谁是标准、谁是特殊的群体。如果认为人类有什么共同点的话，那就是他们都属于既独立而又各不相同的个体。

这种以均质化的消费者作为目标对象的设计方式实际上是以牺牲消费者彼此间的差异性为代价的，因为产品对他们中的任何一个人都有着一定的需求差异，因此这种需求差异的被抹杀是我们今天质疑标准化设计思想的出发点。今天，不但要以多样化的、彼此不同的消费群作为我们设计的思考对象，而且必须从多样化的基本观点上去澄清旧有的观念，从事环境或商品设计的规划。设计师不应该盲目地崇拜全球现代化进程以来所惯行的规格化和标准化的生产体制，至少在思想认识上必须明确这一点。

3. 进入产品多样化时代

所谓对标准化设计思想的终结，当然不是要求所有的商品都要以独一无二的设计方式来加以生产，实际上，我们目前的生产技术体系也无法保证这一点。我们强调的超越规格化或标准化的方式，并不对目前的这种设计方式与生产方式加以全盘否定。相反，我们只要能够很好地利用标准化所形成的经济优势，为大量生产的各种零部件予以多样化的组合来变换设计，就可以实现个性商品的生产和对应生活形态多样化的需求，以及社会可持续发展的理想。

为了实现这一目标，我们必须在商品设计观念中导入系统结构概念，也就是有效地采用由标准化概念大量生产的零件，继而发展出多种组合方式的、并构成可以适应各种生活形态的多样化商品。这也是未来商品设计的概念。另外，大量生产的规格化零部件也可以成为各种商品在使用之后的后续维护的构件，使生产、流通、消费、废弃的单向式生产方式，能够合理地转变成为一种可以反复循环再生的生产模式。

二、不断“成长”的产品

未来的产品设计，将进入不断“成长”和发展的产品及服务系统的设计新阶段。

所谓不断“成长”和发展的产品，是随着时代的发展与人类需求的提升，未来的产品将会在生产方的帮助下不断“升级”与“扩展”，使得原有的产品如同现在电脑一样，可以扩充内存，可以进行软件升级，可以新安装原先没有的功能插件等，提升产品的功能，加强产品为用户服务的功能与范围。

在这样一种新的产品设计思想导向下，将出现下列种种变化：

1. 淘汰“既成品”的产品设计概念

工业化生产体系建立以来，工业设计关于产品设计的思想一直建立在创造一定功能内容的产品上。当这样的产品一经制作完毕，就成为一种既成品提供给社会，对于设计师来说，设计也就完成了。

实际上这一种以产品制作为中心的产品设计思想，完全抛开了人的生存与发展的需求。社会的发展和技术的进步，促进了人的需求的产生与提升，为了满足人的新需求，传统的思路就是抛弃原有的产品，制作新的产品以满足人的需求。

于是产品作为废弃物就一代一代地发展着、积累着，成为环境问题产生的主要原因。为资源及环境寻找出路的一个最有效的方法之一，就是让产品像一个能不断“成长”的生命体一样，通过自己的“扩容”、“升级”等不断“成长”的方法，不断满足人类新的需求与环境的约束。这样就大大延长了产品为人类服务的寿命。因此，“既成品”的产品概念在未来必须被淘汰，代之而起的是产品的“未成品”概念。就像一个孩子从婴儿成长为成人，其生理结构是积累、发展、成长的过程，而不是抛弃的过程。

2. “未成品”产品的概念

作为“未成品”概念的产品设计，在结构空间上与结构逻辑上必须留有一定的空间，提供产品在“成长”过程中“扩容升级”的可能。这种为后续的“升级”与改善而提供的设计弹性是必要的，因为任何一件产品都不是以某种最终的固定形态出现。

如吉普车的设计就属于多样化发展的弹性结构概念。

在第二次世界大战即将结束之前，于 1943 年开发出来的吉普车，可以说完全是以战场的需要为使用前提的一个产物。由于在战争中从当地运送体积较大的成车到前线去有很多困难，而前线也缺乏足够多的、能装配汽车的技术人员，所以最好的办法就是把装配中较为困难的初步组装工作先在当地完成，再将模块化的组装件以节省空间的包装方式运送到前线，最后由普通的士兵手工完成汽车最终的组装工作。

因此，车体结构的设计就必须完全符合上述的要求。而根据这一原则成型的吉普车，即使在战场上被损坏了，也只要将大约三部损坏车子里还可利用的零件加以收集整理，便可以原地组装出一辆再生的吉普车。

这一种设计方法包含着两个重要意义：首先，吉普车的造型及结构完全针对使用环境的需要而设计，所以具有相当的合理性，这不是一般的汽车设计方式所能够达到的；其次，它完全不针对一般的装配方式进行设计，而是根据零部件的互换性和方便性，采用了高标准化的模块组合方式。其结果就是，即便车辆在战地上被损，仍然能够轻易地被拼装而获得新生。所以，当我们探讨这项设计时，不应该单纯地着眼于造型的"结果"，而必须针对这种特殊的"制造程序"和需求背景。

基于使用环境的需要，吉普车在设计上优先考虑的就是保持其长期生存的可能性，它不能像一般的汽车，是以操纵性及一般的功能作为主要目标。能够在战地简易组装，以及被损坏后可以拼装再生的可能性与方便性的特殊设计，正符合了生存性的要求。这一实例带给我们的重要启示就是：不论是汽车还是其他产品，在设计它的造型之前应该首先具备结构的再生概念。而这一概念的形成，首先应该来自于绿色设计的生态概念，来自于对该产品与其生活环境之间关系的深入观察的结果。

在未来的时代里，我们不能依照过去的思维模式，即只是将具有适当功能的产品制造出来，我们必须像上述吉普车的设计原则那样去重视产品在使用寿命上的耐久性。不管是建筑或产品，都应该能够在使用中便于维修，便于再生。只要加以适当地维护或局部的更新，就可以有效地延续其使用寿命。这也如同一个城市一样，必须具有持续再生、不断发展的可能。我们应该清楚地认识到"生产之后使用、使用之后丢弃"的时代已经成为过去，在追求可持续性发展的今天，吉普车的设计实例启示我们的预留性概念，以及有充分的弹性发展空间和组合结构的设计概念，在地球的环境保护中显得更为重要。

3. 消费者的再生产行为

传统的消费概念将消失，代之而起的是消费者的再生产行为。"未成品"的产品设计概念，将使未来的产品进入可持续发展与可持续成长的状态。这里的"可持续"是指产品的零部件可以进行调换与回收，从而大大延长了产品的使用寿命，而不是消费之后即废弃。过去，生产者不断推出新产品，使得消费者不断废弃旧产品而购买新产品，这是造成大量废弃物的主要原因。

新的消费概念，就是消费者购买一种"未成品"的产品后，在使用过程中，通过生产者与使用者双方的努力，提高产品零部件的回收更换率，使得产品不断"成长"与发展。实质上，这种消费行为是消费者把产品从生产者手中接过来，再持续进行生产的行为。就如今天的电脑一样，我们经常买回内存及其他功能硬件与软件，自行安装，使得电脑不断在进行扩容、扩展功能与软件升级，就如同用户自己在"生产"一种新的电脑。当然这样比喻，并不是说目前的电脑设计就是未来产品设计的典范。交际上，今天的电脑设计仍然存在着许多不合理之处。

在上述商品的全新概念冲击下，相信今后的商品，将不会再以全部更新的方式来取代旧的商品，而是利用回收和再生的全新技术，使商品本身具备像生物那样能够持续成长与自我进化的合理结构。

4. 消费者参与产品设计

近年来，我们已经看到了许多由消费者参与商品开发过程的行为出现。例如耐克运动鞋就以为其代言的超级运动明星们作为消费者代表，并以采纳他们专业权威建议的方式，共同来进行商品的研发。汽车可以说是集20世纪科技成就于一身、体现了尖端技术的一种工业产品。但是于1998年开始销售的DIY组装汽车（KIT CAR）却非常出人意料地，让我们可以像玩组合模型一样从头到尾由自己亲自把它组装起来。日本光冈汽车Kit Car DIY系列组装车是从MC－1起步的，它是一辆单人座的超小型迷你汽车，配备有汽油发动机和电动马达两种动力方案以供选择。这是一辆很适合在居家环境附近办事或购物的小型汽车，对于高龄化社会以及重视环保的社会价值观而言，它已经颇具前瞻性的意义了，何况它还能够提供亲手组装的无限乐趣。此外，大型的民航客机也采取了"协作研发"的崭新模式，让作为乘客的使用者和航空公司、飞机制造公司共同进行开发工作。显然，上述种种现象已经逐渐形成了一种新的生产趋势。

比如波音777客机的研制就是一例。过去，新型客机的开发，一般都是采用工程师根据载重量及强度的物理需要先绘制出工程图，然后再制成实物大小的模型交各部门予以研讨，最后才进入正式生产的流程，这就是所谓"成品开发模式"的研发体制。它对于制造方法的合理化、有效降低成本、功能验证，以及常见的性比变更、工序修改等很有帮助。然而，与此相对的是，20 世纪末开发的最后一款巨无霸喷气式波音 777 型客机，采用的却是一种与过去截然不同的研发体制。该型号客机的开发工作，从一开始就把发动机的生产、零部件供应商，以及订购客机的航空公司等相关部门的工程制造、设备运输、客户服务与高品质管理的全部人员，整合成一个“研发设计及制造团队（Design/Build Team）”。结果，它成功地跨越了波音公司与其他公司、众多国家之间的界限，完全打破了供应商与客户之间在心态方面的种种隔阂，实现了由全体参与者携手共创的巨无霸客机。在这一全新研发体制的背后，存在的基本原理就是“协作研发（Working Together）”的概念。针对 21 世纪的客机所应该具有的面貌，集合了相关的各行业人才，并经过充分地沟通与探讨，最终建造出来的这款客机可以说是获得了极大的成功，而它在最后阶段让乘客参与商品开发的方法，不仅可以有效地减少以后在应用方面的设计变更，还可以在机组人员训练、内部配备等各个方面减少成本。由于作为乘客的使用者能够亲眼目睹产品开发的整个过程，所以也可以及时地提出自己对于使用时的种种要求，最大程度地避免了因日后发现而增加不必要的修改困难和成本上升。

今后，在进行环保以及无障碍空间等相关产品的设计研发时，也应该采取同样的方法，不能直接简单地将商品设计并完成出来，应该像巨无霸客机那样及早地邀请相关人员参与研发过程，共同研讨并确定商品的协作开发体制，这一点，将会变得日益重要。

在这一趋势下，未来商品的生产制造，与消费使用的出发点将逐渐趋于一致，制造商将以更接近使用者的观点作为商品开发的基本原点。现代工业化发展以来一直处于对立关系的制造商与消费者，相信将因此开始趋向融合而成为一体，发展成为协作研发的全新关系。

5. 服务业将成为产业主流

众所周知，生产制造业无疑是产业发展的起点。但是，自 20 世纪后半叶以来，产业界主宰的地位就已经转移到了零售业。而在追求可持续性发展的未来社会里，势必形成由服务业掌握产业界主流的社会构造。在终止了以废弃为主的消费行为的情况下，从事商品及环境维护管理的产业将以供应适当零部件的方式，使社会整体消费维持在一个相对适宜的状态。这种从事商品及环境维护管理的产业，将是在第一线与消费者直接接触的服务产业，它将会以代表消费者利益的形象督促生产制造业与零售业，成为新时代产业界真正的主导。

三、走向回归自然的时代

人类最重视的问题是如何与大自然融合。

人类过去对大自然的态度实在过于自私，因为我们一向都只关心自己的既得利益。比如说我们不但单独脱离了自然界的食物链，而且还在以大自然主宰者的姿态对地球的生态结构做出种种破坏。今后人类应该改正这种错误的态度，我们必须认清，人类自身事实上也是大自然的一个组成部分，千万不能随意加以改变。人类只能通过对大自然的了解而因势利导，设法诱发它朝着我们所期待的方向发展。唯有如此，我们才能超越自身作为大自然的一小部分、却又能够将大自然作为掌握的对象的根本矛盾，进而实现与大自然融合共存的理想。

从 20 世纪 40 年代开始，建筑家富勒（Buck Minster Fuller）就曾经以“地球号太空船”的称呼，来比喻地球资源的有限性。已经严重超载了的地球号太空船，如何才能够延续这一居住了 60 亿以上人口的空间，而不破坏它的生态环境呢？这是人类今天不得不承担的一个巨大难题。

为了达到增加生产却不增加废弃物的理想目标，唯一的办法就是将所有的产品都充分地加以再生利用。我们必须建立一个不产生任何废弃物的全球性生产体系，以及物流与消费的运作体制。所谓“可持续发展”，就是指在持续发展的过程中，减少资源耗竭的状态。自然环境中没有任何一种生物会肆意破坏自己周围的生存环境，人类作为其中的一种，当然也应该为了生态环境的可持续发展，而在产业结构、生活理念以及生活方式上寻找理想的解决方案，并且为此建立起一套新的价值观念。例如 BMW 汽车的零件就是以全部可循环再利用为标准而设计的。另外，富士胶卷推出了底片加上镜头的“即可拍”相机，它根据只要有底片就可以拍照的基本原理，巧妙地为零部件的回收再利用创造出了一种全新的消费观念。

为了实现上述的理想目标，我们有必要将产品零部件的回收与循环再利用，作为一个流程融入商品的生产体制之中，因为回收工作确实要比生产本身困难得多。但是，可持续发展绝不只是一个生产体制的问题，而是人类生存与发展的唯一出路，它与人类的生活形态以及整个社会体制的构架密不可分。今后，传统的“消费”观念将逐渐被淘汰，起而代之的是一个由使用、零件交换以及回收利用等一系列程序构成的、可以称为“产品生命循环”的全新观念。在21世纪，生产、营销和消费应该共同构成这样一个理想的循环方式。我们坚信，今后的消费活动将成为整个生产过程的一部分，产品的生产与消费环境不可分离的时代已经来临。

四、人与物的融合

1. 身体与物的贴近

人类之所以需要创造出种种器物，是为了强化自身的各种生理功能。比如眼镜及望远镜是用来强化眼睛的功能；刀、枪等武器是用来延伸双手的进攻功能；而电脑则是为了辅助人脑的功能而产生的。只是过去所有的器物都还仅仅存在于人体之外。

因此，所有的器物都应该围绕着人的身体特点甚至是人的内部构造去设计。但是直到目前为止，人们设计器物的方式，仍然停留在与人体完全隔离、只是在必要时才去使用的阶段。像机器人战士那样把各种强化战斗功能的武器都装置在身体内的做法，一般都认为在人的身体上是不可能实现的。但是对于人体已经失去或是弱化的部分功能，以强化或补充的装置安装在人体上的构想，就十分容易被人们所接受。到目前为止，已经有许多应用于临床的人工器官出现了。相信就像在眼睛里放入隐形眼镜一样，把电脑埋入到人类大脑里的梦想，离实现的日子不会非常遥远。

由于微电子技术的不断进步，许多商品都得以向小型化与轻量化快速地发展，同时方便携带的技术也得到了重大的突破。如电话的发展，就由每个地区才有一台，很快地发展到今天每个家庭、每个房间甚至人手一部的状况。这种设备的个人化与随身便携化的趋势之所以能够形成，可以说大部分是得益于小型化与轻量化技术的发展。从最早的手枪、手表，到随身听，以至呼机、移动电话等通讯产品，一直到移动电脑等，都已逐渐成为我们生活中不可缺少的随身携带工具。

上述这些随身便携化产品的问世，同时影响着现代生活的形态以及价值观的变化。例如，自从随身听出现以后，城市的人际关系也随之变得愈来愈淡薄了，而有些新的生活习惯也马上养成，耳朵上挂着耳机，已经成为现代年轻人所共有的一种生活形态。移动电话，它正在促使一种全新的人际关系的形成，本来是由全体家庭成员共同使用的通讯器材，在如今变成了个人单独频繁使用的生活用品之后，竟然会使家庭面临近乎于解体的危机。其次，由于它有利于发展家庭成员以外的人际关系，所以也同时成为了寂寞孤独的现代人寻求心理治疗的一大救星。商品随身、便携穿戴化的趋势，将很快地带动人际关系的形态及人们情绪思想的改变。

美国麻省理工学院媒体实验室人类设计研究组的科学家史蒂文施瓦茨认为，即将问世的下一代个人电脑将具有相当水平的智能，它们不会被放置在一个盒子里，而是被织进衣服中。这样我们就能将电脑、网络穿在身上，并拥有一个个人软件“助理”，24小时待命准备随时完成各项命令。它也能够在网络和现实世界中搜索我们需要知道的事情，甚至会提醒我们对最不可能发生的意外做好准备。

一台功能齐全的个人电脑网络系统被织入衣物中，它能通过观察和记录主人的行为习惯，知道主人的爱好，管理个人日志，甚至在主人启程之前就知道他会去哪里，而且通过不断上网学习，它还会经常更新自己处理任务的最佳方式。

如果人体内植入健康监视器，那么它可以与织入衬衫的电脑一起处理一些看不见的数据和计算工作。比如在超市购物，只需把物品放入袋中而不用去收款台结账就可以离开，因为嵌入袖子里的个人身份电

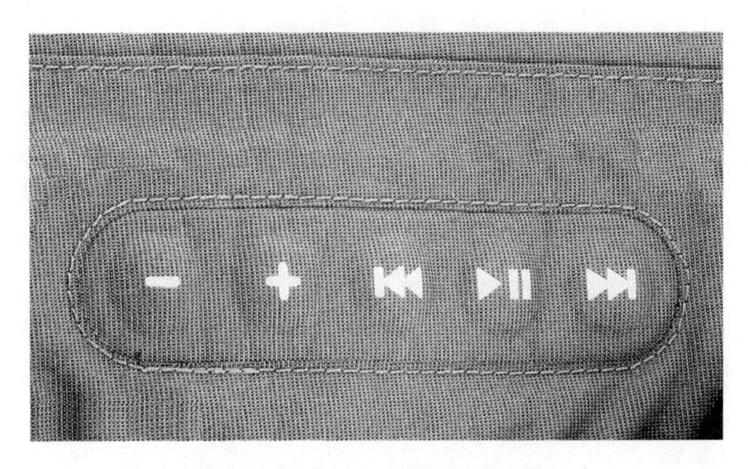

图 16－1　Burton Shield iPod 外套

把 iPod 缝制在服装里，用手控制服装上的相关按键，便能听到耳机中动听的音乐，这是商品穿戴化的一个典型范例。

子识别系统会自动扫描物品，并且直接从我们的账户中扣除相应的金额。

这些都意味着人与电脑融为一体已经开始，人被联结进网络即将成为事实。

2. 生理、心理与物的融合

由于各种商品朝着与使用者的身体无限接近甚至是一体化的方向发展，所以即使是目前仍然不能植入体内的各种商品，也都必须开始重视与使用者接触的感官作用。如果说 20 世纪的商品设计是以视觉要素为中心，那么 21 世纪的设计必须重视触觉、重量感、温度感及嗅觉等感官的作用。

这些作用有一个十分特别的地方，即虽然它只是人体局部的感觉，可是在一瞬间就会传遍全身而变成人的整体感觉，因此这种感觉的认知作用是非常直觉而主观的，它与强调理性和客观的现代科学精神格格不入。人类在整个 20 世纪中，片面地、过度地强调了科学技术的理性主义特征，产生了许许多多的生存与发展难题，包括人在精神世界的情感缺失。所以在 21 世纪里，我们应该多加重视人类感官作用的原始特点，因为只有依靠生理感官的原始作用，才能回归到设计意义的最基本层面。

就整体而言，社会大众在感官接触的追求上，已经强烈地表现出了反数字化的偏好模糊化的倾向，也就是说，渴求更人性化的、更有机的、更具有生命力的商品表现形式。这里所谓的“有机”与“生命力”，并不仅仅是指表面上的生命形态，它其实是基于一种自然主义的价值观念，对现代主义所主张的一切不自然的、反人性的各种表现形式所提出的抗拒行动。人们已经厌倦数字化所带来的毫无个性的产品式样，并开始回过头追求更符合自然规律的连续化、类比化等各种表现形式。

在上述的价值观下，人们所期待的商品将不再只是呆滞的商品，而是具有生命、能够使人与环境达成融合的一种有机媒介。在这样的环境中，生命与周边环境的律动产生着直接的关联。在未来的时代里，我们非但不能厌弃这种人类、商品与环境之间所形成的复杂关系，还更应该充分地加以发展及运用，让自己更有能力去准确掌握这种复杂秩序中所隐含的种种矛盾。

21 世纪的社会必然是一个复杂而矛盾、存在着多元价值观的世界。具有复杂的、类比的及有机特性等的各种材料、商品与环境都将大大地受到人们的欢迎，商品也更具活跃的生命力。所以，对生命力表现的准确把握能力在设计中必然更加重要。

在信息越来越发达的社会里，无论是男女还是老少之间，所有的人际关系变得越来越淡薄。这可以说是人们由追求理性转为追求感性、由于开始回归原始而重视触觉等感官作用的根本原因。所有的商品开发，也因为人们的这种心态，而不得不考虑更加贴近人心的创意，甚至必须考虑到如何深入人们的心灵深处。

在上述心理背景下，商品将会更有机会超越其原来的存在意义，并由此担负起全新的重要角色。如果我们无视这种商品的全新意义，那将很难开发出成功的商品。

以大量生产作为基本前提而得以发展的现代产业，为了提升其生产力而成功地发展了许多生产技术。

但是，如果要谈到与消费者之间的接触和沟通，那么我们过去所发展的这些技术就无能为力了。在21世纪里，我们必须进一步去努力开发的，将是能够把握人类情绪的技术。

至于这方面技术，世界上有一些公司已开展这方面的探索，有的已取得了可喜的成果。

单镜头照相机不仅仅只是记录影像的工具，它主要还用于表现影像的品质。如果以影像品质的最佳表现而言，也许只有当专业摄影师透过单镜头相机特有的取景框，直接选择拍摄范围内适当的定焦位置，才有可能获得高品质的画面。而佳能（Canon）所推出的“EOS 5 自动对焦单镜头照相机”，具有有效延伸单镜头照相机的特点，即在取景框的系统中采用了被称为“电子视线控制”的革命性对焦技术，使人类在视觉上能够“将视觉焦点定位在被注视的物体上”的自然反应，予以电子程序化，并通过以眼睛注视取景框内想要定焦的位置来直接完成（该照相机的取景框内会发射出一束红外线到使用者的眼角膜上，并根据眼球上的红外线反射光点与瞳孔中心的相对位置，迅速计算出眼球的偏转角度，照相机的微电脑会自动判断确定对焦物体在取景框中的位置，及时调整相机与被摄体之间的焦距）。从整体操作程序的过程分析，这台照相机还刻意地将它全部的技术高度体现在握柄的设计上，它能够使五个手指坚实牢固地紧贴机身。EOS 5 自动对焦单镜头照相机的对焦控制界面和独特的握柄，十分明确地显示了这样一个全新主张：“在照相机愈来愈密切配合使用者身体功能的今天，操作方式的设计已经成为照相机设计的核心所在。”

美国的陆创（Lutron）电子公司，是一家针对室内使用的各种灯具专门开发电子控制开关的生产商，当然他们所开发的电子控制开关绝不仅有简单的开、关作用，而是能够使其所控制的灯具，把使用者在各种生活环境中所需要的光亮度记忆下来。该产品最大的亮度及调光的快慢也都可以随意地进行设定，并能够根据设定及记忆的内容，自动控制灯具的开关以达到对明暗的调整。我们应该都有过在半夜里起床、眼睛因受灯光刺激而感到不舒服的经验。这是因为，人的瞳孔调整速度一般都跟不上普通灯光变亮的速度，当开灯的瞬间有过量的光线射入瞳孔时，视网膜因为受到过度的刺激就会造成视觉上的不适感。但是，如果使用这种电子开关的话，就不会再有类似的情况发生了。所以灯具电子控制开关，是一种对人的生理现象予以体贴入微关注的产品。

又如保时捷（Porsche）跑车开发出的智慧型（Tiptronie）排挡，是一种能够把驾驶者的意识传达给引擎，从而控制汽油的喷射量、配合运行速度的系统。任何人在开车时如果想要立即加速，一定会马上猛踩油门，通过这套系统的电脑可以发觉驾驶者意识的改变，从而立刻调整适当的汽油喷射量，并同时将排档自动切换以加大马力。而当驾驶者只是想与普通轿车一样，慢慢地开车时，踩踏油门的力量也会随即变得和缓，系统能够立即察觉到这种心态并及时配合排档的切换需求，所以这是一种能将驾驶者的意识与引擎运转两者合二为一的人性化系统。

过去人类所追求的科学技术突破，几乎都是以促进大量生产以满足社会大众基本生活需求为主要目标的。这种相对看重人类的物质的需求，而忽略其精神层面要求的做法，对于有着巧妙构造的人体而言，实在无法达到对生命价值的充分肯定和重视。当一切商品的生产都以产业与经济的目的作为前提时，自然就会形成以廉价、大量、充分供应为主轴的构架。所有经济的、物质的价值，其实已经凌驾于人性价值之上，并取得了一切事物的主宰地位。

如今，由于上述的目标早已被充分实现，对于产业化社会而言，充实的、大量的和廉价的供应，已经变成了常识上一切商品所必须具备的基本条件。所以，近年来重视人体奇妙的生理及心理情感变化的商品，开始逐步受到重视。我们相信，在21世纪里，商品与人类的关系将会受到更多的关注，各种能够反映使用者想法的商品也将陆续问世。而新的技术开发，也会随之转向以人的生理及心理因素为主的意识。一个以柔性的、智慧型商品概念为主流的时代即将到来。